"十二五"职业教育国家规划教材

经全国职业教育教材审定委员会审定

（第二版）

安装工程基础与计价

编　著　苗月季　刘临川

主　审　蒋传辉

中国电力出版社
CHINA ELECTRIC POWER PRESS

内 容 提 要

本书是"十二五"职业教育国家规划教材。全书共分6章,主要内容包括安装工程计价基础知识、建筑给排水工程基础与计价、建筑电气工程基础与计价、建筑通风空调工程基础与计价、工业管道工程基础与计价、消防设备安装工程基础与计价等。本书针对安装工程专业面广、技术性强等特点,在内容上力求通用性、适用性、可读性,突出技术理论的先进性与运用的规范性,结合安装工程新产品、新技术、新规范与标准,详细论述了安装工程基础知识与计价知识,而且每章都附有工程计价实例。

本书可作为高职高专院校工程造价管理、工程管理、建筑经济、工程经济、建筑设备等专业的教材,也可作为施工企业、建设单位、设计单位、建设监理公司、工程造价咨询公司、房地产经营开发公司等相关专业人员的培训教材和学习用书。

图书在版编目(CIP)数据

安装工程基础与计价/苗月季,刘临川编著.—2版.—北京:中国电力出版社,2014.8(2020.1重印)
"十二五"职业教育国家规划教材
ISBN 978-7-5123-6107-2

Ⅰ.①安… Ⅱ.①苗… ②刘… Ⅲ.①建筑安装-工程造价-高等职业教育-教材 Ⅳ.①TU723.3

中国版本图书馆 CIP 数据核字(2014)第 145078 号

中国电力出版社出版、发行
(北京市东城区北京站西街 19 号 100005 http://www.cepp.sgcc.com.cn)
三河市百盛印装有限公司印刷
各地新华书店经售

*

2010 年 8 月第一版
2014 年 8 月第二版 2020 年 1 月北京第六次印刷
787 毫米×1092 毫米 16 开本 27.25 印张 672 千字
定价 **65.00** 元

❋ 前　言

　　安装工程是建筑物的重要组成部分，主要涉及建筑给排水、建筑电气、建筑通风空调、建筑消防设备安装、工业管道工程等内容，具有专业面广、技术性强、实践性强的特点，对相关从业人员要求较高。随着我国建筑行业的快速发展，安装工程涉及的内容越来越丰富，新材料、新技术、新工艺发展迅速，并且我国近年来工程计价领域改革力度较大，继《建设工程工程量清单计价规范》（GB 50500—2008）之后，《建设工程工程量清单计价规范》（GB 50500—2013）已出台，并于2013年4月1日起开始施行，工程量清单计价在我国计价领域已逐步深入推进，培养满足新时期发展要求的安装工程相关从业人员显得日益迫切和重要。为满足知识更新及相关从业人员培养的需要，按照"十二五"职业教育国家规划教材的要求，修订了第一版教材。

　　全书共分6章。其中第1章介绍安装工程计价基础知识；第2章介绍建筑给排水工程基础与计价；第3章介绍建筑电气工程基础与计价；第4章介绍建筑通风空调工程基础与计价；第5章介绍工业管道工程基础与计价；第6章介绍消防设备安装工程基础与计价。本书为适应不同专业学生的学习，在结构编排上，力求易教易学，在内容上力求通用性、适用性、可读性，并对相关的基础知识做了一定的补充，大量使用图表使解释简明易懂，便于学生自学。通过阅读和学习本书，能较全面地了解安装工程基础与计价相关知识，为今后从事安装工程施工及现场管理、安装工程计价与控制等打下良好基础。

　　本书由苗月季、刘临川合作完成，苗月季负责统稿工作。中国建设工程造价管理协会教育专家委员会委员、江西省工程造价协会常务副会长、江西理工大学硕士生导师蒋传辉教授担任本书主审，对书中有关内容提出了许多宝贵的意见，在此表示衷心的感谢！本书参考了有关安装工程的大量文献资料，并引用了部分材料，在此对相关作者表示衷心感谢！

　　限于编者水平，书中难免有不妥之处，恳请读者批评指正。

编　者

2014年5月

※ 第一版前言

为贯彻落实教育部《关于进一步加强高等学校本科教学工作的若干意见》和《教育部关于以就业为导向深化高等职业教育改革的若干意见》的精神，加强教材建设，确保教材质量，中国电力教育协会组织制订了普通高等教育"十一五"教材规划。该规划强调适应不同层次、不同类型院校，满足学科发展和人才培养的需求，坚持专业基础课教材与教学急需的专业教材并重、新编与修订相结合。本书为新编教材。

安装工程是建设工程项目中的重要组成部分，具有很强的技术性、专业性和综合性，涉及许多专业，如建筑给排水、采暖、燃气、建筑电气、建筑通风空调、建筑消防、工业管道及相关设备安装等，由于涉及的专业多、内容多、知识面广，对相关从业人员的要求较高。随着我国建筑行业的快速发展，安装工程涉及的内容越来越丰富，新材料、新技术、新工艺发展迅速，加之我国近年来工程造价领域计价方式改革力度较大，工程量清单计价在实际工程中已经逐步推行和应用。因而，培养满足新时期发展要求的安装工程相关从业人员就显得日益迫切和重要。为满足知识更新及相关从业人员培养的需要，按照普通高等教育"十一五"规划教材的要求，特编著了本教材。

全书共分6章。其中第1章介绍了安装工程计价基础知识；第2章介绍了建筑给排水工程基础与计价；第3章介绍了建筑电气工程基础与计价；第4章介绍了建筑通风空调工程基础与计价；第5章介绍了工业管道工程基础与计价；第6章介绍了消防设备安装工程基础与计价。本书为适应不同专业学生的学习，在结构编排上力求易教易学，在内容上力求通用性、适用性、可读性，并对相关的基础知识做了一定的补充，大量使用了图表使解释简明易懂，便于学生自学。通过阅读和学习本书，能较全面地了解安装工程基础与计价相关知识，为今后从事安装工程施工及现场管理、安装工程计价与控制等打下良好基础。

本书由苗月季、刘临川合作完成，苗月季负责统稿工作。中国建设工程造价管理协会教育专家委员会委员、江西省工程造价协会常务副会长、江西理工大学硕士生导师蒋传辉教授担任本书主审，对书中有关内容提出了许多宝贵的意见，在此表示衷心的感谢！本书参考了有关安装工程的大量文献资料，并引用了部分材料，在此对相关作者表示衷心感谢！

由于编者水平有限，书中难免有不妥和错误之处，恳请读者批评指正。

作　者

2010 年 3 月

❈ 目 录

第1章

基 础 知 识

1.1 安装工程计价依据

1.1.1 计价依据

所谓计价依据，是指运用科学、合理的调查统计和分析测算方法，从工程建设经济技术活动和市场交易活动中获取的可用于预测、评估、计算工程造价的参数、量值、方法等，具体包括由政府设立的有关机构编制的工程定额、指标等指导性计价依据、建筑市场价格信息以及其他能够用于科学、合理地确定工程造价的计价依据。

1.1.2 安装工程计价依据的主要内容

目前安装工程计价依据主要有《建设工程工程量清单计价规范》（GB 50500—2013）（以下简称《计价规范》）、《浙江省建设工程计价规则（2010版）》（以下简称《建设工程计价规则》）、《浙江省安装工程预算定额（2010版）》（以下简称《安装工程预算定额》）、《浙江省建设工程施工费用定额（2010版）》（以下简称《建设工程施工费用定额》）、《浙江省安装工程概算定额（2010版）》（以下简称《安装工程概算定额》）等定额，以及浙江省工程造价管理机构发布的人工、材料、施工机械台班市场价格信息、价格指数等。

1.1.3 建设工程工程量清单计价规范

《建设工程工程量清单计价规范》（GB 50500—2013）自2013年4月1日起开始施行，原《建设工程工程量清单计价规范》（GB 50500—2003）、《建设工程工程量清单计价规范》（GB 50500—2008）废止。

1. 《计价规范》的编制依据

为规范建设工程施工发承包计价行为，统一建设工程工程量清单的编制和计价方法，根据《中华人民共和国建筑法》、《中华人民共和国合同法》、《中华人民共和国招标投标法》等法律法规，住房和城乡建设部制定出台了《建设工程工程量清单计价规范》（GB 50500—2013）。

2. 《计价规范》的适用范围

《计价规范》适用于建设工程施工发承包计价活动，具体包括工程量清单、招标控制价、投标报价的编制，工程合同价款的约定，竣工结算的办理，以及施工过程中的工程计量、工程价款支付、索赔与现场签证、工程价款调整和工程计价争议处理等。

全部使用国有资金投资或国有资金投资为主的建设工程施工发承包，必须采用工程量清单计价。非国有资金投资的建设工程，宜采用工程量清单计价。不采用工程量清单计价的建设工程，应执行《计价规范》除工程量清单等专门性规定外的其他规定。

3. 《计价规范》的主要内容

《计价规范》，将2008版《建设工程工程量清单计价规范》中的六个专业（建筑、装饰、安装、市政、园林、矿山）重新进行了精细化调整，将建筑与装饰专业进行合并为一个专业，将仿古从园林专业中分开，拆解为一个新专业，同时新增了构筑物、城市轨道交通、爆破工程三个专业，调整后分为九个专业计量规范，形成了一母［《建设工程工程量清单计价规范》（GB 50500—2013）］、九子［《《房屋建筑与装饰工程工程量计算规范》（GB 50854—2013）、《仿古建筑工程工程量计算规范》（GB 50855—2013）、《通用安装工程工程量计算规范》（GB 50856—2013）、《市政工程工程量计算规范》（GB 50857—2013）、《园林绿化工程工程量计算规范》（GB 50858—2013）、《矿山工程工程量计算规范》（GB 50859—2013）、《构筑物工程工程量计算规范》（GB 50860—2013）、《城市轨道交通工程工程量计算规范》（GB 50861—2013）、《爆破工程工程量计算规范》（GB 50862—2013）］的新《计价规范》架构体系，清单规范各个专业之间的划分更加清晰、更有针对性。

1.1.4 《建设工程计价规则》

《建设工程计价规则》是建设工程计价的一个统领性文件。

1.《建设工程计价规则》编制的指导思想

为规范建设工程计价行为，维护建设工程各方的合法权益，实现建设工程造价全过程管理，根据《中华人民共和国建筑法》、《中华人民共和国合同法》、《中华人民共和国招标投标法》、《计价规范》及各省建设工程造价计价管理办法等法律、法规、规章，并按照"政府宏观调控、企业自主报价、市场形成价格、加强市场监管、社会全面监督"的精神，结合各省实际制定。

（1）政府宏观调控体现在政府部门制定有关工程发包承包价格的竞争规则，引导市场计价行为，具体地讲，工程建设的各方主体必须遵守统一的建设工程计价规则、方法，规费和税金不得参与竞争等，全部使用国有资金投资或国有资金投资为主的建设工程必须采用工程量清单计价。

（2）企业自主报价体现在企业自行制定工程施工方法、施工措施；企业根据自身的施工技术、管理水平和自己掌握的工程造价资料自主确定人工、材料、施工机械台班消耗量，根据自己采集的价格信息，自主确定人工、材料、施工机械台班的单价；企业根据自身状况和市场竞争激烈程度并结合拟建工程实际情况，自主确定各项管理费、利润等。

（3）加强市场监管体现在工程建设各方的计价活动都是在有关部门的监督下进行，如绝大多数合同价的确定是通过招投标的形式确定，在工程招投标过程中，建立了招标控制价的备案制度，招投标管理机构、公证处、项目主管部门等都参与监督管理，中标单位的公示、合同签订通过合同签证、合同备案等工作，都体现了市场监管。加强了对市场中不规范和违法计价行为的监督管理。

2.《建设工程计价规则》的编制依据

《中华人民共和国建筑法》、《中华人民共和国合同法》、《中华人民共和国招标投标法》、《计价规范》及各省建设工程造价计价管理办法，以及直接涉及工程造价的工程质量、安全和环境保护的工程建设强制性标准、规范等。

3.《建设工程计价规则》的适用范围

《建设工程计价规则》适用于各省行政区域范围内从事房屋建筑工程和市政基础设施工程的计价活动，其他专业工程可参照执行。

4.《建设工程计价规则》的内容

《建设工程计价规则》的内容主要包括总则、术语、工程造价组成及计价方法、设计概算、工程量清单编制与计价、招标控制价、投标价与成本价、合同价款与工程结算、工程计价纠纷处理、附件及标准格式。

建设工程计价信息实施动态管理，省和设区的市建设工程造价管理机构应根据分工权限，定期采集、测算和发布人工、材料、施工机械台班市场信息价，向社会提供工程计价信息服务，遇价格波动较大时应及时发布预警信息，正确引导建设工程计价活动。

1.1.5　《安装工程预算定额》（以浙江省 2010 版为例）

《安装工程预算定额》（2010 版）经浙江省建设厅、发改委、浙江省财政厅联合批准颁发，于 2011 年 1 月 1 日起在全省范围内施行。

1. 适用范围

《安装工程预算定额》适用于省行政区域范围内新建、扩建、改建项目中的安装工程。本定额未包括的项目，可按省其他相应工程计价定额计算，如仍缺项的，应编制地区性补充定额或一次性补充定额，并按规定履行申报手续。

2. 主要内容

《安装工程预算定额》共分十三册，具体组成如下：

第一册机械设备安装工程，内容包括切削设备安装、锻压设备安装、铸造设备安装、起重设备安装、起重机轨道安装、输送设备安装、电梯安装、风机安装、泵安装、压缩机安装、工业炉设备安装、煤气发生设备安装、其他机械安装及灌浆、附属设备安装、冷水机组安装等。

第二册热力设备安装工程，内容包括 135t/h 以下锅炉设备本体及辅助设备、25MW 以下气轮发电机组本体及辅助设备安装等。

第三册静置设备与工艺金属结构制作工程，内容包括常压与一、二类金属容器、静置设备附件的制作与安装；静置设备安装；储罐、气柜、火炬、金属结构等及其附件的制作与安装等。

第四册电气设备安装工程，内容包括 10kV 以下变、配电设备及线路安装工程、车间动力电气设备及电气照明器具、防雷及接地装置安装、配管配线、电梯电气装置、太阳能电源的安装等。

第五册建筑智能化系统设备安装工程，内容包括综合布线、通信系统设备、计算机网络设备、建筑设备监控系统、有线电视系统、对媒体会议系统、扩声与背景音乐系统、电源与电子设备、防雷接地装置、停车场管理系统、楼宇安全防范系统设备、住宅小区智能化系统设备安装等。

第六册自动化控制仪表安装工程，内容包括各类自动化控制仪表安装与调试工程、工业计算机系统及其管缆敷设等。

第七册通风空调工程，内容包括为生产和生活服务的通风空调设备安装，各种材质管道、部件制作安装及相关器具制作，人防通风设备及部件安装，通风空调工程系统调试等。

第八册工业管道工程，内容包括厂区、罐区、车间、装置、站以内的各类工业用输送各种生产介质的高、中、低压管道及其附件、管廊及管道支架和长距离输水管道工程等。

第九册消防设备安装工程，内容包括火灾自动报警系统、水灭火系统、气体灭火系统、泡沫灭火系统各种消防设施安装工程及消防系统调试等。

第十册给排水、采暖、燃气工程，内容包括生活用给排水、采暖、燃气工程的管道、配件、器具等安装工程及系统调试等。

第十一册通信设备及线路工程，待编。

第十二册刷油、防腐蚀、绝热工程，内容包括设备、管道、金属结构等的刷油、绝热、防腐蚀工程等。

第十三册措施项目工程，内容包括常用的安装工程技术措施项目。

第十三册中所列的是常用的安装工程施工技术措施项目，具体内容包括脚手架搭拆费、高层建筑增加费、超高增加费、安装与生产同时进行增加费、在有害身体健康的环境中施工增加费、组装平台铺设与搭拆费、设备管道施工的安全、防冻和焊接保护措施费、压力容器和高压管道的检验费、机械设备安装措施费、格架式抱杆措施费、大型机械设备进出场及安拆费、施工排水降水费、其他技术措施费用。

3. 《安装工程预算定额》的总说明及其要点

(1)《安装工程预算定额》的性质和作用：是完成规定计量单位分项工程计价所需的人工、材料、施工机械台班的消耗量标准，是统一安装工程预算工程量计算规则、项目划分、计量单位的依据，是指导设计概算、施工图预算、投标报价的编制，以及工程合同价约定、竣工结算办理、工程计价纠纷调解处理、工程程造价鉴定等的依据。全部使用国有资金或国有资金投资为主的工程建设项目，编制招标控制价应执行本定额。

(2)《安装工程预算定额》编制的基本依据：是在《安装工程预算定额》（2003 版）的基础上，依据国家、省有关现行产品标准、设计规范、施工验收规范、技术操作规程、质量评定标准和安全操作规程，同时参考行业、地方标准，以及有代表性的工程设计、施工资料和其他相关资料，结合本省实际情况编制而成的。

(3)《安装工程预算定额》编制的水平：是按目前大多数施工企业在安全条件下采用的施工方法、机械化装备程度、合理的工期、施工工艺和劳动组织条件制定的，反映了社会平均消耗量水平。

(4)《安装工程预算定额》是按下列正常的施工条件进行编制的：

1) 设备、材料、成品、半成品、构件完整无损，符合质量标准和设计要求，附有合格证书和试验记录。

2) 安装工程和土建工程之间的交叉作业正常。

3) 安装地点、建筑物、设备基础、预留孔洞等均符合安装要求。

4) 水、电供应均能满足安装施工正常使用。

5) 正常的气候、地理条件和施工环境。

(5) 人工工日消耗量及单价的确定：

1)《安装工程预算定额》的人工工日不分列工种和技术等级，一律以综合工日表示，内容包括基本用工、超运距用工、辅助用工和人工幅度差。

2) 综合工日的单价采用二类日工资单价 43 元计。

(6) 材料消耗量及单价的确定：

1)《安装工程预算定额》中的材料消耗量包括直接消耗在安装工作内容中的主要材料、辅助材料和零星材料等，并计入了相应损耗，其内容和范围包括从工地仓库、现场集中堆放地点或现场加工地点到操作或安装地点的运输损耗、施工操作损耗、施工现场堆放损耗。

2) 凡定额未注明单价的材料均为主材，定额基价不包括主材价格，主材价格应根据"（　　）"内所列的用量，按实际价格结算。

3) 对用量很少，影响基价很小的零星材料合并为其他材料费，计入材料费内。

4) 施工措施性消耗部分，周转性材料按不同施工方法、不同材质分别列出一次使用量和一次摊销量。

5) 主材以外的材料单价是按《浙江省建筑安装材料基期价格》（2010 版）取定的。

6) 主要材料损耗率见各册附录。

7) 除另有说明外，施工用水、电（包括试验、空载、试车用水和用电）已全部进入基价，建设单位在施工中应装表计量，由施工单位自行支付水、电费。

（7）施工机械台班消耗量及单价的确定：

1)《安装工程预算定额》的机械台班消耗量是按正常合理的机械配备和大多数施工企业的机械化装备程度综合取定的。

2) 施工机械台班单价是按《浙江省施工机械台班费用定额》（2010 版）取定的。

（8）关于水平和垂直运输：

1) 设备，包括自安装现场指定堆放地点运至安装地点的水平和垂直运输。

2) 材料、成品、半成品，包括自施工单位现场仓库或现场指定堆放地点运至安装地点的水平和垂直运输。

3) 垂直运输基准面，室内以室内地平面为基准面，室外以安装现场地平面为基准面。

（9）关于各项费用的执行原则，《安装工程预算定额》各项技术措施费一律按第十三册定额的相关规定执行。

（10）《安装工程预算定额》中注有"×××以内"或"×××以下"者均包括×××本身，"×××以外"或"×××以上"者，均不包括×××本身。

1.2 安装工程类别划分及造价的构成

1.2.1 安装工程类别划分

安装工程按照专业可划分为机械设备安装工程、热力设备安装工程、静置设备与工艺金属结构工程、电气设备安装工程、建筑智能化系统设备安装工程、自动化控制装置及仪表安装工程、通风空调工程、工业管道工程、消防设备安装工程、给排水、采暖、燃气安装工程、刷油防腐蚀绝热工程等，在同一个专业内因安装对象的规格大小或级别高低等不同，其所需要的安装技术、采取的施工措施可能会有很大的区别，对施工企业的管理也将提出不同的要求，所需的安装费不同，综合费也不同，为此又将同一专业的安装工程分为一类、二类、三类共三个类别。

（1）安装工程以单位工程为类别划分单位，符合以下规定者为单位工程。

1) 建筑设备安装工程和民用建筑物或构筑物合并为一个单位工程，建筑设备安装工程同建筑工程类别（不包括单独锅炉房、变电所）。

2) 新建或扩建的住宅区、厂区室外的给水、排水、供热、燃气等建筑管道安装工程；室外的架空线路、电缆线路、路灯等建筑电气安装工程均为单位工程。

3) 厂区内的室外给水、排水、热力、煤气管道安装；架空线路、电缆线路安装；龙门起重机、固定式胶带输送机安装；拱顶罐、球形罐制作、安装；焦炉、高炉及热风炉砌筑等各自为单位工程。

4）工业建筑物或构筑物的安装工程各自为单位工程。工业建筑室内的给排水、暖气、煤气、卫生、照明等工程由建筑单位施工时，应同建筑工程类别执行。

（2）安装单位工程中，有几个专业工程类别时，凡符合其中之一者，即为该类工程。

（3）设备及工艺金属结构安装工程中带有水、电等其他专业工程的整体发包项目，其工程类别及费率按设备及工艺金属结构安装工程执行。

（4）一个类别工程中，部分子目套用其他工程子目时，按主册类别及费率执行。

（5）安装工程中的刷油、绝热、防腐蚀工程，不单独划分类别，归并在所属类别中。单独刷油、防腐蚀、绝热工程按相应工程三类取费。

（6）除建筑设备安装工程和民用建筑物或构筑物合并为单位工程外的其他专业智能化安装工程均按二类工程取费。

1.2.2　建筑安装工程费用项目组成

1. 按费用构成要素划分

建筑安装工程费按照费用构成要素划分：由人工费、材料（包含工程设备，下同）费、施工机具使用费、企业管理费、利润、规费和税金组成。其中人工费、材料费、施工机具使用费、企业管理费和利润包含在分部分项工程费、措施项目费、其他项目费中。

（1）人工费，是指按工资总额构成规定，支付给从事建筑安装工程施工的生产工人和附属生产单位工人的各项费用。内容包括：

1）计时工资或计件工资，是指按计时工资标准和工作时间或对已做工作按计件单价支付给个人的劳动报酬。

2）奖金，是指对超额劳动和增收节支支付给个人的劳动报酬。如节约奖、劳动竞赛奖等。

3）津贴、补贴，是指为了补偿职工特殊或额外的劳动消耗和因其他特殊原因支付给个人的津贴，以及为了保证职工工资水平不受物价影响支付给个人的物价补贴。如流动施工津贴、特殊地区施工津贴、高温（寒）作业临时津贴、高空津贴等。

4）加班加点工资，是指按规定支付的在法定节假日工作的加班工资和在法定日工作时间外延时工作的加点工资。

5）特殊情况下支付的工资，是指根据国家法律、法规和政策规定，因病、工伤、产假、计划生育假、婚丧假、事假、探亲假、定期休假、停工学习、执行国家或社会义务等原因按计时工资标准或计时工资标准的一定比例支付的工资。

（2）材料费，是指施工过程中耗费的原材料、辅助材料、构配件、零件、半成品或成品、工程设备的费用，内容包括：

1）材料原价，是指材料、工程设备的出厂价格或商家供应价格。

2）运杂费，是指材料、工程设备自来源地运至工地仓库或指定堆放地点所发生的全部费用。

3）运输损耗费，是指材料在运输装卸过程中不可避免的损耗。

4）采购及保管费，是指为组织采购、供应和保管材料、工程设备的过程中所需要的各项费用，包括采购费、仓储费、工地保管费、仓储损耗。

工程设备是指构成或计划构成永久工程一部分的机电设备、金属结构设备、仪器装置及其他类似的设备和装置。

（3）施工机具使用费，是指施工作业所发生的施工机械、仪器仪表使用费或其租赁费。

1）施工机械使用费，以施工机械台班耗用量乘以施工机械台班单价表示，施工机械台班单价应由下列七项费用组成：

①折旧费，指施工机械在规定的使用年限内，陆续收回其原值的费用。

②大修理费，指施工机械按规定的大修理间隔台班进行必要的大修理，以恢复其正常功能所需的费用。

③经常修理费，指施工机械除大修理以外的各级保养和临时故障排除所需的费用，包括为保障机械正常运转所需替换设备与随机配备工具附具的摊销和维护费用，机械运转中日常保养所需润滑与擦拭的材料费用及机械停滞期间的维护和保养费用等。

④安拆费及场外运费，安拆费指施工机械（大型机械除外）在现场进行安装与拆卸所需的人工、材料、机械和试运转费用，以及机械辅助设施的折旧、搭设、拆除等费用；场外运费指施工机械整体或分体自停放地点运至施工现场或由一施工地点运至另一施工地点的运输、装卸、辅助材料及架线等费用。

⑤人工费，指机上司机（司炉）和其他操作人员的人工费。

⑥燃料动力费，指施工机械在运转作业中所消耗的各种燃料及水、电等。

⑦税费，指施工机械按照国家规定应缴纳的车船使用税、保险费及年检费等。

2）仪器仪表使用费，是指工程施工所需使用的仪器仪表的摊销及维修费用。

（4）企业管理费，是指建筑安装企业组织施工生产和经营管理所需的费用。内容包括：

1）管理人员工资，是指按规定支付给管理人员的计时工资、奖金、津贴补贴、加班加点工资及特殊情况下支付的工资等。

2）办公费，是指企业管理办公用的文具、纸张、账表、印刷、邮电、书报、办公软件、现场监控、会议、水电、烧水和集体取暖降温（包括现场临时宿舍取暖降温）等费用。

3）差旅交通费，是指职工因公出差、调动工作的差旅费、住勤补助费，市内交通费和误餐补助费，职工探亲路费，劳动力招募费，职工退休、退职一次性路费，工伤人员就医路费，工地转移费以及管理部门使用的交通工具的油料、燃料等费用。

4）固定资产使用费，是指管理和试验部门及附属生产单位使用的属于固定资产的房屋、设备、仪器等的折旧、大修、维修或租赁费。

5）工具用具使用费，是指企业施工生产和管理使用的不属于固定资产的工具、器具、家具、交通工具和检验、试验、测绘、消防用具等的购置、维修和摊销费。

6）劳动保险和职工福利费，是指由企业支付的职工退职金、按规定支付给离休干部的经费，集体福利费、夏季防暑降温、冬季取暖补贴、上下班交通补贴等。

7）劳动保护费，是企业按规定发放的劳动保护用品的支出。如工作服、手套、防暑降温饮料以及在有碍身体健康的环境中施工的保健费用等。

8）检验试验费，是指施工企业按照有关标准规定，对建筑以及材料、构件和建筑安装物进行一般鉴定、检查所发生的费用，包括自设试验室进行试验所耗用的材料等费用。不包括新结构、新材料的试验费，对构件做破坏性试验及其他特殊要求检验试验的费用和建设单位委托检测机构进行检测的费用，对此类检测发生的费用，由建设单位在工程建设其他费用中列支。但对施工企业提供的具有合格证明的材料进行检测不合格的，该检测费用由施工企业支付。

9）工会经费，是指企业按《工会法》规定的全部职工工资总额比例计提的工会经费。

10）职工教育经费，是指按职工工资总额的规定比例计提，企业为职工进行专业技术和职业技能培训，专业技术人员继续教育、职工职业技能鉴定、职业资格认定以及根据需要对职工进行各类文化教育所发生的费用。

11）财产保险费，是指施工管理用财产、车辆等的保险费用。

12）财务费，是指企业为施工生产筹集资金或提供预付款担保、履约担保、职工工资支付担保等所发生的各种费用。

13）税金，是指企业按规定缴纳的房产税、车船使用税、土地使用税、印花税等。

14）其他，包括技术转让费、技术开发费、投标费、业务招待费、绿化费、广告费、公证费、法律顾问费、审计费、咨询费、保险费等。

（5）利润，是指施工企业完成所承包工程获得的盈利。

（6）规费，是指按国家法律、法规规定，由省级政府和省级有关权力部门规定必须缴纳或计取的费用。规费包括以下内容：

1）社会保险费：

①养老保险费，是指企业按照规定标准为职工缴纳的基本养老保险费。

②失业保险费，是指企业按照规定标准为职工缴纳的失业保险费。

③医疗保险费，是指企业按照规定标准为职工缴纳的基本医疗保险费。

④生育保险费，是指企业按照规定标准为职工缴纳的生育保险费。

⑤工伤保险费，是指企业按照规定标准为职工缴纳的工伤保险费。

2）住房公积金，是指企业按规定标准为职工缴纳的住房公积金。

3）工程排污费，是指按规定缴纳的施工现场工程排污费。

其他应列而未列入的规费，按实际发生计取。

（7）税金，是指国家税法规定的应计入建筑安装工程造价内的营业税、城市维护建设税、教育费附加以及地方教育附加。

建筑安装工程费用项目组成表（按费用构成要素划分）见图1-1。

2. 按造价形成划分

建筑安装工程费按照工程造价形成由分部分项工程费、措施项目费、其他项目费、规费、税金组成，分部分项工程费、措施项目费、其他项目费包含人工费、材料费、施工机具使用费、企业管理费和利润。

（1）分部分项工程费，是指各专业工程的分部分项工程应予列支的各项费用。

1）专业工程，是指按现行国家计量规范划分的房屋建筑与装饰工程、仿古建筑工程、通用安装工程、市政工程、园林绿化工程、矿山工程、构筑物工程、城市轨道交通工程、爆破工程等各类工程。

2）分部分项工程，指按现行国家计量规范对各专业工程划分的项目。如房屋建筑与装饰工程划分的土石方工程、地基处理与桩基工程、砌筑工程、钢筋及钢筋混凝土工程等。

各类专业工程的分部分项工程划分见现行国家或行业计量规范。

（2）措施项目费，是指为完成建设工程施工，发生于该工程施工前和施工过程中的技术、生活、安全、环境保护等方面的费用。措施项目费内容包括：

1）安全文明施工费：

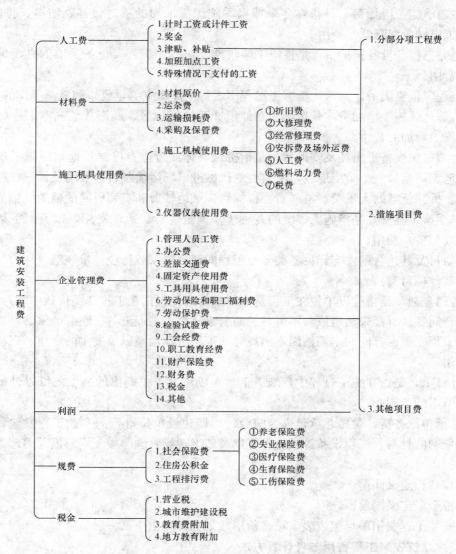

图 1-1　建筑安装工程费用项目组成表（按费用构成要素划分）

①环境保护费，是指施工现场为达到环保部门要求所需要的各项费用。

②文明施工费，是指施工现场文明施工所需要的各项费用。

③安全施工费，是指施工现场安全施工所需要的各项费用。

④临时设施费，是指施工企业为进行建设工程施工所必须搭设的生活和生产用的临时建筑物、构筑物和其他临时设施费用，包括临时设施的搭设、维修、拆除、清理费或摊销费等。

2）夜间施工增加费，是指因夜间施工所发生的夜班补助费、夜间施工降效、夜间施工照明设备摊销及照明用电等费用。

3）二次搬运费，是指因施工场地条件限制而发生的材料、构配件、半成品等一次运输不能到达堆放地点，必须进行二次或多次搬运所发生的费用。

　　4）冬雨季施工增加费，是指在冬季或雨季施工需增加的临时设施、防滑、排除雨雪，人工及施工机械效率降低等费用。

　　5）已完工程及设备保护费，是指竣工验收前，对已完工程及设备采取的必要保护措施所发生的费用。

　　6）工程定位复测费，是指工程施工过程中进行全部施工测量放线和复测工作的费用。

　　7）特殊地区施工增加费，是指工程在沙漠或其边缘地区、高海拔、高寒、原始森林等特殊地区施工增加的费用。

　　8）大型机械设备进出场及安拆费，是指机械整体或分体自停放场地运至施工现场或由一个施工地点运至另一个施工地点，所发生的机械进出场运输及转移费用及机械在施工现场进行安装、拆卸所需的人工费、材料费、机械费、试运转费和安装所需的辅助设施的费用。

　　9）脚手架工程费，是指施工需要的各种脚手架搭、拆、运输费用，以及脚手架购置费的摊销（或租赁）费用。

　　措施项目及其包含的内容详见各类专业工程的现行国家或行业计量规范。

　　（3）其他项目费：

　　1）暂列金额，是指建设单位在工程量清单中暂定并包括在工程合同价款中的一笔款项。用于施工合同签订时尚未确定或者不可预见的所需材料、工程设备、服务的采购，施工中可能发生的工程变更、合同约定调整因素出现时的工程价款调整以及发生的索赔、现场签证确认等的费用。

　　2）计日工，是指在施工过程中，施工企业完成建设单位提出的施工图纸以外的零星项目或工作所需的费用。

　　3）总承包服务费，是指总承包人为配合、协调建设单位进行的专业工程发包，对建设单位自行采购的材料、工程设备等进行保管以及施工现场管理、竣工资料汇总整理等服务所需的费用。

　　（4）规费，定义同前。

　　（5）税金，定义同前。

　　建筑安装工程费用项目组成表（按造价形成划分）见图 1-2。

1.2.3　建筑安装工程费用参考计算方法

　　1. 各费用构成要素参考计算方法

　　（1）人工费。

$$人工费 = \sum（工日消耗量 \times 日工资单价） \qquad (1-1)$$

$$日工资单价 = \frac{生产工人平均月工资（计时、计件）+ 平均月（奖金+津贴补贴+特殊情况下支付的工资）}{年平均每月法定工作日}$$

　　式（1-1）主要适用于施工企业投标报价时自主确定人工费，也是工程造价管理机构编制计价定额确定定额人工单价或发布人工成本信息的参考依据。

$$人工费 = \sum（工程工日消耗量 \times 日工资单价） \qquad (1-2)$$

　　日工资单价是指施工企业平均技术熟练程度的生产工人在每工作日（国家法定工作时间内）按规定从事施工作业应得的日工资总额。

　　工程造价管理机构确定日工资单价应通过市场调查、根据工程项目的技术要求，参考实

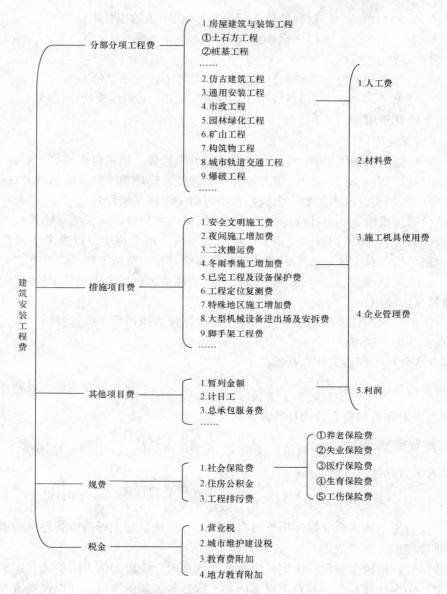

图1-2　建筑安装工程费用项目组成表（按造价形成划分）

物工程量人工单价综合分析确定，最低日工资单价不得低于工程所在地人力资源和社会保障部门所发布的最低工资标准的：普工1.3倍、一般技工2倍、高级技工3倍。

工程计价定额不可只列一个综合工日单价，应根据工程项目技术要求和工种差别适当划分多种日人工单价，确保各分部工程人工费的合理构成。

式（1-2）适用于工程造价管理机构编制计价定额时确定定额人工费，是施工企业投标报价的参考依据。

（2）材料费。

1）材料费。

$$材料费 = \sum(材料消耗量 \times 材料单价)$$

$$材料单价＝[(材料原价＋运杂费)×(1＋运输损耗率(\%))]$$
$$×[1＋采购保管费率(\%)]$$

2）工程设备费。

$$工程设备费＝\sum(工程设备量×工程设备单价)$$
$$工程设备单价＝(设备原价＋运杂费)×[1＋采购保管费率(\%)]$$

（3）施工机具使用费。

1）施工机械使用费。

$$施工机械使用费＝\sum(施工机械台班消耗量×机械台班单价)$$
$$机械台班单价＝台班折旧费＋台班大修费＋台班经常修理费＋台班安拆费及场外运费$$
$$＋台班人工费＋台班燃料动力费＋台班车船税费$$

工程造价管理机构在确定计价定额中的施工机械使用费时，应根据《建筑施工机械台班费用计算规则》，结合市场调查编制施工机械台班单价。施工企业可以参考工程造价管理机构发布的台班单价，自主确定施工机械使用费的报价，如租赁施工机械，计算式为

$$施工机械使用费＝\sum(施工机械台班消耗量×机械台班租赁单价)$$

2）仪器仪表使用费。

$$仪器仪表使用费＝工程使用的仪器仪表摊销费＋维修费$$

（4）企业管理费费率。

1）以分部分项工程费为计算基础。

$$企业管理费费率(\%)＝\frac{生产工人年平均管理费}{年有效施工天数×人工单价}×人工费占分部分项工程费比例(\%)$$

2）以人工费和机械费合计为计算基础。

$$企业管理费费率(\%)＝\frac{生产工人年平均管理费}{年有效施工天数×(人工单价＋每一工日机械使用费)}×100\%$$

3）以人工费为计算基础。

$$企业管理费费率(\%)＝\frac{生产工人年平均管理费}{年有效施工天数×人工单价}×100\%$$

上述公式适用于施工企业投标报价时自主确定管理费，是工程造价管理机构编制计价定额确定企业管理费的参考依据。

工程造价管理机构在确定计价定额中企业管理费时，应以定额人工费或（定额人工费＋定额机械费）作为计算基数，其费率根据历年工程造价积累的资料，辅以调查数据确定，列入分部分项工程和措施项目中。

（5）利润。

1）施工企业根据企业自身需求并结合建筑市场实际自主确定，列入报价中。

2）工程造价管理机构在确定计价定额中利润时，应以定额人工费或（定额人工费＋定额机械费）作为计算基数，其费率根据历年工程造价积累的资料，并结合建筑市场实际确定，以单位（单项）工程测算，利润在税前建筑安装工程费的比重可按不低于5％且不高于7％的费率计算。利润应列入分部分项工程和措施项目中。

（6）规费。

1）社会保险费和住房公积金。社会保险费和住房公积金应以定额人工费为计算基础，根据工程所在地省、自治区、直辖市或行业建设主管部门规定费率计算。

社会保险费和住房公积金＝∑(工程定额人工费×社会保险费和住房公积金费率)

式中，社会保险费和住房公积金费率可以每万元发承包价的生产工人人工费和管理人员工资含量与工程所在地规定的缴纳标准综合分析取定。

2) 工程排污费。工程排污费等其他应列而未列入的规费应按工程所在地环境保护等部门规定的标准缴纳，按实计取列入。

(7) 税金。税金计算式为

$$税金＝税前造价×综合税率(\%)$$

综合税率：

1) 纳税地点在市区的企业。

$$综合税率(\%)＝\frac{1}{1-3\%-(3\%×7\%)-(3\%×3\%)-(3\%×2\%)}-1$$

2) 纳税地点在县城、镇的企业。

$$综合税率(\%)＝\frac{1}{1-3\%-(3\%×5\%)-(3\%×3\%)-(3\%×2\%)}-1$$

3) 纳税地点不在市区、县城、镇的企业。

$$综合税率(\%)＝\frac{1}{1-3\%-(3\%×1\%)-(3\%×3\%)-(3\%×2\%)}-1$$

4) 实行营业税改增值税的，按纳税地点现行税率计算。

2. 建筑安装工程计价参考公式

(1) 分部分项工程费。

$$分部分项工程费＝∑(分部分项工程量×综合单价)$$

式中，综合单价包括人工费、材料费、施工机具使用费、企业管理费和利润以及一定范围的风险费用（下同）。

(2) 措施项目费。

1) 国家计量规范规定应予计量的措施项目，其计算式

$$措施项目费＝∑(措施项目工程量×综合单价)$$

2) 国家计量规范规定不宜计量的措施项目计算方法如下：

①安全文明施工费。

$$安全文明施工费＝计算基数×安全文明施工费费率(\%)$$

计算基数应为定额基价（定额分部分项工程费＋定额中可以计量的措施项目费）、定额人工费或（定额人工费＋定额机械费），其费率由工程造价管理机构根据各专业工程的特点综合确定。

②夜间施工增加费。

$$夜间施工增加费＝计算基数×夜间施工增加费费率(\%)$$

③二次搬运费。

$$二次搬运费＝计算基数×二次搬运费费率(\%)$$

④冬雨季施工增加费。

$$冬雨季施工增加费＝计算基数×冬雨季施工增加费费率(\%)$$

⑤已完工程及设备保护费。

$$已完工程及设备保护费＝计算基数×已完工程及设备保护费费率(\%)$$

　　上述②～⑤项措施项目的计费基数应为定额人工费或（定额人工费＋定额机械费），其费率由工程造价管理机构根据各专业工程特点和调查资料综合分析后确定。

　　（3）其他项目费。

　　1）暂列金额由建设单位根据工程特点，按有关计价规定估算，施工过程中由建设单位掌握使用、扣除合同价款调整后如有余额，归建设单位。

　　2）计日工由建设单位和施工企业按施工过程中的签证计价。

　　3）总承包服务费由建设单位在招标控制价中根据总包服务范围和有关计价规定编制，施工企业投标时自主报价，施工过程中按签约合同价执行。

　　（4）规费和税金。建设单位和施工企业均应按照省、自治区、直辖市或行业建设主管部门发布标准计算规费和税金，不得作为竞争性费用。

　　3. 相关问题的说明

　　（1）各专业工程计价定额的编制及其计价程序，均按本方法实施。

　　（2）各专业工程计价定额的使用周期原则上为5年。

　　（3）工程造价管理机构在定额使用周期内，应及时发布人工、材料、机械台班价格信息，实行工程造价动态管理，如遇国家法律、法规、规章或相关政策变化，以及建筑市场物价波动较大时，应适时调整定额人工费、定额机械费以及定额基价或规费费率，使建筑安装工程费能反映建筑市场实际。

　　（4）建设单位在编制招标控制价时，应按照各专业工程的计量规范和计价定额以及工程造价信息编制。

　　（5）施工企业在使用计价定额时除不可竞争费用外，其余仅作参考，由施工企业投标时自主报价。

1.2.4　建筑安装工程计价程序

　　建设单位工程招标控制价计价程序见表1-1。

　　表1-1　　　　　　　　　　建设单位工程招标控制价计价程序

工程名称：　　　　　　　　　　　　　　标段：

序号	内　　容	计算方法	金额（元）
1	分部分项工程费	按计价规定计算	
1.1			
1.2			
1.3			
1.4			
1.5			
2	措施项目费	按计价规定计算	
2.1	其中：安全文明施工费	按规定标准计算	

续表

序号	内　　容	计算方法	金额（元）
3	其他项目费		
3.1	其中：暂列金额	按计价规定估算	
3.2	其中：专业工程暂估价	按计价规定估算	
3.3	其中：计日工	按计价规定估算	
3.4	其中：总承包服务费	按计价规定估算	
4	规费	按规定标准计算	
5	税金（扣除不列入计税范围的工程设备金额）	（1＋2＋3＋4）×规定税率	
招标控制价合计＝1＋2＋3＋4＋5			

施工企业工程投标报价计价程序见表1-2。

表1-2　　　　　　　　　　施工企业工程投标报价计价程序

工程名称：　　　　　　　　　　　　　　标段：

序号	内　　容	计算方法	金额（元）
1	分部分项工程费	自主报价	
1.1			
1.2			
1.3			
1.4			
1.5			
2	措施项目费	自主报价	
2.1	其中：安全文明施工费	按规定标准计算	
3	其他项目费		
3.1	其中：暂列金额	按招标文件提供金额计列	
3.2	其中：专业工程暂估价	按招标文件提供金额计列	
3.3	其中：计日工	自主报价	
3.4	其中：总承包服务费	自主报价	
4	规费	按规定标准计算	
5	税金（扣除不列入计税范围的工程设备金额）	（1＋2＋3＋4）×规定税率	
投标报价合计＝1＋2＋3＋4＋5			

竣工结算计价程序见表1-3。

表 1 - 3　　　　　　　　　　　　　　　　竣工结算计价程序

工程名称：　　　　　　　　　　　　　　标段：

序号	汇 总 内 容	计算方法	金额（元）
1	分部分项工程费	按合同约定计算	
1.1			
1.2			
1.3			
1.4			
1.5			
2	措施项目	按合同约定计算	
2.1	其中：安全文明施工费	按规定标准计算	
3	其他项目		
3.1	其中：专业工程结算价	按合同约定计算	
3.2	其中：计日工	按计日工签证计算	
3.3	其中：总承包服务费	按合同约定计算	
3.4	索赔与现场签证	按发承包双方确认数额计算	
4	规费	按规定标准计算	
5	税金（扣除不列入计税范围的工程设备金额）	（1+2+3+4）×规定税率	

竣工结算总价合计＝1+2+3+4+5

1.3　安装工程计价方法

　　工程项目单件性的特征决定了每一个工程项目建设都需要按业主的特定需要单独设计、单独施工，不能批量生产和按工程项目直接确定价格，只能以特殊的程序和方法进行计价。工程计价的主要方法就是把工程进行分解，将整个工程分解至基本项就很容易计算出基本子项的费用。

　　工程计价需先找到适当的计量单位，根据特定计价依据，采取一定的计价方法，确定基本构造要求的分项工程费用，再进行组合汇总计算出某工程的全部造价。安装工程计价方法包括综合单价法和工料单价法。其中综合单价法对应于工程量清单计价，是指项目单价采用全费用单价（规费、税金按规定程序另行计算）的一种计价方法；工料单价法对应于预算定额计价法，是指项目单价由人工费、材料费、施工机械使用费组成，施工组织措施费、企业管理费、利润、规费、税金、风险费用等按规定程序另行计算的一种计价方法。

1.3.1　工程量清单计价

　　工程量清单计价应包括按招标文件规定，完成工程量清单所列项目的全部费用，包括分部分项工程费、措施项目费、其他项目费、规费和税金。工程量清单计价应采用综合单价法计价。在建设工程招投标中，招标人按照国家统一的工程量计算规则提供工程数量，由投标人依据工程量清单自主报价，确定工程造价。

1. 工程量清单编制

工程量清单是表现建设工程的分部分项工程项目、措施项目、其他项目、规费项目和税金项目的名称和相应数量等的明细清单。它是由具有编制能力的招标人或受其委托具有相应资质的工程造价咨询人，根据设计文件，按照各专业工程工程量计算规范中规定的项目编码、项目名称、项目特征、计量单位和工程量计算规则进行编制。

工程量清单体现了招标人要求投标人完成的工程及相应的工程数量，全面反映了投标报价要求，主要由分部分项工程量清单、措施项目清单、其他项目清单、规费项目清单和税金项目清单组成。

（1）分部分项工程量清单编制。分部分项工程量清单应根据《通用安装工程工程量计算规范》（GB 50856—2013）附录规定的项目编码、项目名称、项目特征、计量单位和工程量计算规则进行编制。

1）项目编码。项目编码是分部分项工程和措施项目工程量清单项目名称的阿拉伯数字标识。

项目编码采用十二位阿拉伯数字表示。根据《计价规范》规定，项目编码以五级编码设置，一至九位为统一编码。

各位数字的含义如下：

一、二位为相关工程国家计量规范代码。

三、四位表示专业工程顺序码。

五、六位表示分部工程顺序码。

七、八、九位表示分项工程项目名称顺序码。

十、十一、十二位表示清单项目名称顺序码。

项目编码结构如图 1-3 所示。

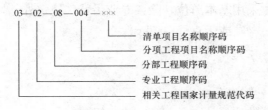

图 1-3　项目编码结构图

编制工程量清单出现《通用安装工程工程量计算规范》（GB 50856—2013）附录中未包括的项目，编制人应作补充，并报省级或行业工程造价管理机构备案，省级或行业工程造价管理机构应汇总报住房和城乡建设部标准定额研究所。补充项目的编码由《通用安装工程工程量计算规范》（GB 50856—2013）的代码 03 与 B 和三位阿拉伯数字组成，并应从 03B001 起顺序编制。

2）项目名称。分部分项工程量清单项目名称应按《通用安装工程工程量计算规范》（GB 50856—2013）附录的项目名称结合拟建工程的实际确定。

在安装工程清单项目设置中，凡涉及管沟、坑及井类的土方开挖、垫层、基础、砌筑、抹灰、地沟盖板预制安装、回填、运输、路面开挖及修复、管道支墩的项目，按现行国家标准《房屋建筑与装饰工程工程量计算规范》（GB 50854—2013）和《市政工程工程量计算规范》（GB 50857—2013）的相应项目执行。

3）项目特征。项目特征是构成分部分项工程量清单项目、措施项目自身价值的本质特征。分部分项工程量清单的项目特征应按《通用安装工程工程量计算规范》（GB 50856—2013）附录中规定的项目特征，结合拟建工程项目的实际予以描述。通过对清单项目特征的描述，使清单项目名称清晰化、具体化、细化，能够反映影响工程造价的主要因素。安装工程项目的特征主要体现在以下几个方面：

①项目的本体特征。属于这些特征的主要是项目的材质、型号、规格、甚至品牌等，这些特征对工程造价影响较大，若不加以区分，必然造成计价混乱。

②安装工艺方面的特征。对于项目的安装工艺，在清单编制时有必要进行详细说明。例如，DN≤100 的镀锌钢管采用螺纹连接，DN＞100 的管道连接可以采用法兰连接或卡套式专用管件连接，在清单项目设置时，必须描述其连接方法。

③对工艺或施工方法有影响的特征。有些特征将直接影响到施工方法，从而影响工程造价。例如设备的安装高度，室外埋地管道工程地下水的有关情况等。

安装工程项目的特征是清单项目设置的主要内容，在设置清单项目时，应对项目的特征做全面的描述。即使是同一规格、同一材质的项目，如果安装工艺或安装位置不一样时，应考虑分别设置清单项目。原则上具有不同特征的项目都应分别列项。只有做到清单项目清晰、准确，才能使投标人全面、准确地理解招标人的工程内容和要求，做到计价完整和正确。招标人编制工程量清单时，对项目特征的描述，是非常关键的内容，必须予以足够的重视。

4）计量单位。分部分项工程量清单的计量单位应根据《通用安装工程工程量计算规范》（GB 50856—2013）附录中规定的计量单位确定。当计量单位有两个或两个以上时，应根据所编工程量清单项目的特征要求，选择最适宜表现该项目特征并方便计量的单位。

清单项目的计量单位采用基本单位，除各专业另特殊规定外，均按以下单位计量。

以重量计算的项目——吨或千克（t 或 kg）。

以体积计算的项目——立方米（m³）。

以面积计算的项目——平方米（m²）。

以长度计算的项目——米（m）。

以自然计量单位计算的项目——个、套、块、组、台、……

没有具体数量的项目——系统、项……

5）工程量计算。清单项目工程量计算应严格执行各专业工程工程量计算规范所规定的计算规则。2008 版和 2013 版《计价规范》在工程量计算上是有区别的，例如在电缆、导线、母线的工程量计算上，2008 版《计价规范》规定工程量计算是图示尺寸，不包含预留线及附加长度，而《通用安装工程工程量计算规范》（GB 50856—2013）规定电缆、导线、母线工程量计算包含预留线及附加长度。

《通用安装工程工程工程量计算规范》（GB 50856—2013）对工程数量的有效位数作了如下规定：

以 "t" 为单位，应保留小数点后三位数字，第四位数字四舍五入。

以 "m³"、"m²"、"m"、"kg" 为单位，应保留小数点后两位数字，第三位小数四舍五入。

以"个"、"项"、"台"、"件"、"套"、"根"、"组"、"系统"等为单位，应取整数。

（2）措施项目清单编制。措施项目是为完成工程项目施工，发生于该工程施工准备和施工过程中的技术、生活、安全、环境保护等方面的非工程实体项目。措施项目清单的编制，应考虑多种因素，除工程本身的因素外，还涉及水文、气象、环境、安全等和施工企业的实际情况。措施项目中可以计算工程量的项目清单宜采用分部分项工程量清单的方式编制，列出项目编码、项目名称、项目特征、计量单位和工程量计算规则；不能计算工程量的项目清单，以"项"为计量单位。

（3）其他项目清单编制。其他项目清单是指除分部分项工程量清单、措施项目清单外，因招标人的要求而发生的与拟建工程有关的费用所设置的项目清单。

其他项目清单的具体内容主要取决于工程建设标准的高低、工程的复杂程度、工期长短、工程的组成内容、发包人对工程管理要求等因素。其他项目清单宜按照下列内容列项：

1）暂列金额，是指招标人在工程量清单中暂定并包括在合同价款中的一笔款项。用于施工合同签订时尚未确定或者不可预见的所需材料、设备、服务的采购，施工中可能发生的工程变更、合同约定调整因素出现时的工程价款调整以及发生的索赔、现场签证确认等的费用。

2）暂估价，是指招标人在工程量清单中提供的用于支付必然发生但暂时不能确定价格的材料的单价以及专业工程的金额。

3）计日工，是指在施工过程中，完成发包人提出的工程合同范围以外的零星项目或工作，按合同中约定的综合单价计价。

4）总承包服务费，是指为配合协调发包人进行的工程分包自行采购的设备、材料等进行管理、服务以及施工现场管理、竣工资料汇总整理等服务所需的费用。

《计价规范》还规定了对其他项目清单，如出现本规范未列的项目，可根据实际情况进行补充。

（4）规费项目清单编制。规费项目清单应按照下列内容列项：工程排污费、社会保障费、住房公积金、工伤保险。当出现《计价规范》未列的项目时，应根据省级政府或省级有关权力部门的规定列项。

（5）税金项目清单编制。税金项目清单应按照下列内容列项：营业税、城市维护建设税、教育费附加以及地方教育附加。当出现《计价规范》未列的项目，应根据税务部门的规定列项。

2. 工程量清单计价的编制

工程量清单计价的价款应包括按招标文件规定，完成工程量清单所列项目的全部费用，包括分部分项工程费、措施项目费、其他项目费、规费和税金，即

$$工程造价 = 分部分项工程清单计价表合计 + 措施项目清单计价表合计$$
$$+ 其他项目清单计价表合计 + 规费 + 税金$$

（1）分部分项工程费。分部分项工程费是指完成招标文件所提供的分部分项工程量清单项目的所需费用。分部分项工程量清单计价应采用综合单价计价。

1）综合单价定义。综合单价是指完成一个规定计量单位的分部分项工程和措施清单项目所需的人工费、材料和工程设备费、施工机具使用费和企业管理费、利润以及一定范围内的风险费用。

2）综合单价的组成。

$$综合单价＝规定计量单位项目人工费＋规定计量单位项目材料和工程设备费$$
$$＋规定计量单位项目施工机具使用费＋取费基数$$
$$×（企业管理费率＋利润率）＋风险费用$$
$$规定计量单位项目人工费＝\sum（人工消耗量×单价）$$
$$规定计量单位项目材料和工程设备费＝\sum（材料和工程设备消耗量×单价）$$
$$规定计量单位项目施工机具使用费＝\sum（施工机具台班消耗量×单价）$$

安装工程中，"取费基数"为规定计量单位项目的人工费和施工机具使用费之和。

3）综合单价计算步骤：

①根据工程量清单项目名称和拟建工程的具体情况，按照投标人的企业定额或参照行业及建设管理部门发布的计价定额，分析确定该清单项目的各项可组合的主要工程内容，并据此选择对应的定额子目。

②计算一个规定计量单位清单项目所对应定额子目的工程量。

③根据投标人的企业定额或参照本省计价依据，并结合工程实际情况，确定各对应定额子目的人工、材料、施工机械台班消耗量。

④依据投标人自行采集的市场价格或参照省、市工程造价管理机构发布的价格信息，结合工程实际分析确定人工、材料、施工机械台班价格。

⑤根据投标人的企业定额或参照本省计价依据，并结合工程实际、市场竞争情况，分析确定企业管理费率、利润率。

⑥风险费用，按照工程施工招标文件（包括主要合同条款）约定的风险分担原则，结合自身实际情况，投标人防范、化解、处理应由其承担的、施工过程中可能出现的人工、材料和施工机械台班价格上涨、人员伤亡、质量缺陷、工期拖延等不利事件所需的费用。

4）分部分项工程费。

$$分部分项工程费＝\sum分部分项工程数量×综合单价$$

（2）措施项目费。

1）措施项目的内容应根据招标人提供的措施项目清单和投标人投标时拟定的施工组织设计或施工方案。

2）措施项目费的计价方式应根据招标文件的规定，可以计算工程量的措施项目清单采用综合单价方式计价，其余的措施清单项目采用以"项"为单位的方式计价，包括除规费、税金外的全部费用。

3）招标人提出的措施项目清单是根据一般情况提出的，没有考虑不同投标人的"个性"，因此投标人在报价时，可以根据本企业的实际情况，增加措施项目内容报价，投标人增加的措施项目，应填写在相应的措施项目之后，并在"措施项目清单计价表"序号栏中以"增××"示之，"××"为增加的措施序号，自01起按顺序编制。措施项目计价时，对于不发生的措施项目，不能删除，金额一律以"0"表示。

（3）其他项目费。其他项目清单根据拟建工程的具体情况列项。其他项目一般包括：

1）暂列金额。由招标人根据工程特点，按有关计价规定进行估算确定，一般可以分部分项工程量清单费的 10%～15%为参考。

2）暂估价，包括材料暂估价和专业工程暂估价。其中材料暂估单价应按工程造价信息或参照市场价格估算，专业工程暂估价应分不同的专业，按有关计价规定进行估算。

3）计日工，包括计日工人工、材料和施工机械，招标人应根据工程特点和有关计价依据计算。

4）总承包服务费。具体可参照下列标准计算：

①发包人仅要求对分包的专业工程进行总承包管理和协调时，总包单位可按分包的专业工程造价的1%～2%向发包方计取总承包管理和协调费。

②发包人要求总承包单位对分包的专业工程进行总承包管理和协调，并同时要求提供配合服务时，总包单位可按分包的专业工程造价的1%～4%向发包方计取总承包管理、协调和服务费，分包单位则不能重复计算相应费用。

③发包人自行供应材料、设备的，对材料、设备进行管理、服务的单位可按材料、设备价值的0.2%～1%向发包方计取材料、设备的管理、服务费。

（4）规费。规费在工程计价时，必须按各省建设工程施工取费定额有关规定计取。

（5）税金。税金是指国家税法规定的应计入建筑安装工程造价内的营业税、城市维护建设税、教育费附加以及地方教育附加，按施工取费定额规定计取。

由于各省（市）费用定额包含的内容及相关规定存在差异，因而以综合单价法计算工程费用的程序也各不相同，以浙江省为例，单位工程投标报价计价程序表见表1-4。

表1-4　　　　　　　　　　　单位工程投标报价计价程序表

序号	费用项目		计算方法
一	分部分项工程费		Σ（分部分项工程量×综合单价）
	其中	1. 人工费＋机械费	Σ分部分项（人工费＋机械费）
二	措施项目费		（一）＋（二）
	（一）施工技术措施项目费		按综合单价
	其中	2. 人工费＋机械费	Σ技术措施项目（人工费＋机械费）
	（二）施工组织措施项目费		按项计算
	其中	3. 安全文明施工费	
		4. 冬雨季施工增加费	
		5. 夜间施工增加费	
		6. 已完工程及设备保护费	（1＋2）×费率
		7. 二次搬运费	
		8. 工程定位复测费	
		9. 特殊地区施工增加费	
		10. 其他施工组织措施费	按相关规定计算
三	其他项目费		按工程量清单计价要求计算
四	规费		11＋12
	11. 排污费、社保费、公积金		（1＋2）×费率
	12. 工伤保险费		按各市有关规定计算
五	税金		（一＋二＋三＋四）×费率
六	建设工程造价		一＋二＋三＋四＋五

3. 实例【工程量清单计价法示例】

【例 1-1】 某市区临街二类民用电气安装工程，其工程量清单分部分项工程费为 63 500 元，其中人工费为 12 475 元，机械费为 3350 元，施工技术措施费为 458 元（其中人工费为 125 元，机械费 50 元），施工组织措施费费率为 12.7%，规费费率 11.96%，试用工程量清单计价法计算该安装工程造价。

解 以综合单价法计价的工程费用计算程序见表 1-5。

表 1-5 综合单价法计价的工程费用计算程序

序号	费用项目		计算方法	计算结果
一	分部分项工程费		∑（分部分项工程量×综合单价）	63 500
	其中	1. 人工费＋机械费	∑分部分项（人工费＋机械费）	15 825
二	措施项目费		（一＋二）	2490
		（一）施工技术措施项目费	按综合单价	458
	其中	2. 人工费＋机械费	∑技术措施项目（人工费＋机械费）	175
		（二）施工组织措施项目费	（1＋2）×12.7%	2032
三	其他项目费		按工程量清单计价要求计算	0
四	规费		（1＋2）×11.96%	1914
五	税金		（一＋二＋三＋四）×3.577%	2429
六	建设工程造价		一＋二＋三＋四＋五	70 333

1.3.2 定额计价

定额计价采用工料单价法计价。

1. 工料单价法的定义及组成

工料单价法是指分部分项工程项目单价采用直接工程费单价（工料单价）的一种计价方法，综合费用（企业管理费和利润）、规费及税金单独计取。工料单价法计价的价款应包括预算定额分部分项工程费、施工组织措施费、企业管理费、利润、规费、总承包服务费、风险费、暂列金额、税金，即

$$工程造价＝预算定额分部分项工程费＋施工组织措施费＋企业管理费＋利润$$
$$＋规费＋总承包服务费＋风险费＋暂列金额＋税金$$

2. 工料单价法的计价步骤

(1) 熟悉施工图纸及准备有关资料。熟悉并检查施工图是否齐全、尺寸是否清楚，了解设计意图，掌握工程全貌。另外，针对要编制预算的工程内容搜集有关资料，包括熟悉预算定额的使用范围、工程内容及工程量计算规则等。

(2) 了解施工组织设计和施工现场情况。了解施工组织设计中影响工程造价的有关内容。

(3) 计算分项工程量。根据施工图确定的工程预算项目和预算定额规定的分项工程量计算规则，计算各分项工程量。

(4) 工程量汇总。各分项工程量计算完毕，经复核无误后，按预算定额规定的分部分项工程逐项汇总。

（5）套用定额消耗量，并结合当时当地人工材料机械台班市场单价计算单位工程直接工程费和施工技术措施费，即

$$直接工程费＝\sum 分部分项工程量×工料单价$$

$$施工技术措施费＝\sum 措施项目工程量×工料单价$$

（6）计算各项费用。直接工程费和施工技术措施费确定以后，还需根据建设工程施工取费定额，以人工费和机械费作为计算基础，计算施工组织措施费、综合费用、规费，按规定计取总承包服务费和税金等费用，最后汇总得出安装工程造价。

工料单价法计价的工程费用计算程序见表1-6。

表 1-6　　　　　　　　　　工料单价法计价的工程费用计算程序

序号	费 用 项 目		计 算 方 法
一	预算定额分部分项工程费		
	其中	1. 人工费＋机械费	$\sum$（定额人工费＋定额机械费）
二	施工组织措施费		措施项工程量×工料机单价
	其中	2. 安全文明施工费	1×费率
		3. 冬雨季施工增加费	
		4. 夜间施工增加费	
		5. 已完工程及设备保护费	
		6. 二次搬运费	
		7. 工程定位复测费	
		8. 特殊地区施工增加费	
		9. 其他施工组织措施费	按相关规定计算
三	企业管理费		1×费率
四	利润		
五	规费		10＋11
	10. 排污费、社保费、公积金		1×费率
	11. 工伤保险费		按各市有关规定计算
六	总承包服务费		（12＋14）或（13＋14）
	12. 总承包管理和协调费		分包项目工程造价×费率
	13. 总承包管理、协调和服务费		
	14. 甲供材料、设备管理服务费		（甲供材料费、设备费）×费率
七	风险费		（一＋二＋三＋四＋五＋六）×费率
八	暂列金额		（一＋二＋三＋四＋五＋六＋七）×费率
九	税金		（一＋二＋三＋四＋五＋六＋七＋八）×费率
十	建设工程造价		一＋二＋三＋四＋五＋六＋七＋八＋九

3. 实例【工料单价计价示例】

【例1-2】　某市区临街二类民用电气安装工程，其预算定额分部分项工程费为 58 198 元，

其中人工费为 12 600 元，机械费为 3400 元，施工组织措施费费率为 12.7%，企业管理费费率为 26%，利润费率为 10%，规费费率 11.96%，试用工料单价法计算该安装工程造价。

解 以工料单价法计价的工程费用计算见表 1-7。

表 1-7 工料单价法计价的工程费用计算表

序号	费 用 项 目		计 算 方 法	费用（元）
一	预算定额分部分项工程费			58 198
	其中	1. 人工费＋机械费	∑（定额人工费＋定额机械费）	16 000
二	施工组织措施费		1×12.7%	2032
三	企业管理费		1×26%	4160
四	利润		1×10%	1600
五	规费		1×11.96%	1914
六	总承包服务费		分包项目工程造价×费率	0
七	风险费		（一＋二＋三＋四＋五＋六）×费率	0
八	暂列金额		（一＋二＋三＋四＋五＋六＋七）×费率	0
九	税金		（一＋二＋三＋四＋五＋六＋七＋八）×3.577%	2429
十	建设工程造价		一＋二＋三＋四＋五＋六＋七＋八＋九	70 333

思 考 与 练 习

1. 简述安装工程计价依据的组成内容。

2. 安装工程造价有哪几部分组成？

3. 什么是措施费？措施费分几类？各包括哪些内容？

4.《建设工程工程量清单计价规范》（GB 50500—2013）包括哪些内容？

5. 简述《通用安装工程工程量计算规范》（GB 50856—2013）的内容及特点。

6. 安装工程类别划分的原则有哪些？

7. 安装工程施工取费的取费基数是什么？

8. 简述以综合单价法计价的安装工程费用计算程序。

9. 简述工程量清单的编制及工程量清单计价的编制。

第2章
建筑给排水工程基础与计价

2.1 基 础 知 识

2.1.1 公称直径、公称压力、试验压力和工作压力

1. 公称直径

管子、管件和管路附件的公称直径（也称为公称通径、名义直径），既不是实际的内径，也不是实际的外径，而是称呼直径。其直径数值近似于法兰式阀门和某些管子（如黑铁管、白铁管、上水铸铁管、下水铸铁管）的实际内径。例如：公称直径25mm的白铁管，实测其内径数值为25.4mm左右。

公称直径，便于管子与管子、管子与管件、管子与管路附件的连接，保持接口的一致。所以，无论管子的实际外径（或实际内径）多大，只要公称直径相同都能相互连接，并且具有互换性。

公称直径以符号"DN"表示，公称直径的数值写于其后，单位mm（单位不写）。

例如：DN50，表示公称直径为50mm。

管道安装与工程盘点过程中，当已知黑、白铁管和给排水铸铁管的实测内径，需要表示其公称直径时，其公称直径数值等于相应管材接近的公称直径等级值（查相应管材公称直径等级表）。例如：白铁管的实测内径是50.80mm，其公称直径表示为DN50；给水铸铁管的实测内径是148.60mm，其公称直径表示为DN150。

2. 公称压力、试验压力和工作压力

公称压力、试验压力和工作压力均与介质的温度密切相关，都是指在一定温度下制品（或管道系统）的耐压强度，三者的区别在于介质的温度不同。

（1）公称压力。管路中的管子、管件和附件都是用各种材料制成的制品。这些制品所能承受的压力，是受温度影响的，随着介质温度的升高，材料的耐压强度逐渐降低。所以，不仅不同材质的制品具有不同的强度，就材质的同一制品而言，在不同的温度下，它的耐压强度也不一样。为了判断和识别制品的耐压强度，必须选定某一温度为基准，该温度称为"基准温度"。制品在基准温度下的耐压强度称为"公称压力"。制品的材质不同，其基准温度也不同。一般碳素钢制品的基准温度采用200℃。公称压力以符号"PN"表示，公称压力数值写于其后，单位为MPa（单位不写）。例如：PN1，表示公称压力为1MPa。

（2）试验压力。通常是指制品在常温下的耐压强度。管子、管件和附件等制品，在出厂之前以及管道工程竣工之后，均应进行压力试验，以检查其强度和严密性。试验压力以符号"P_s"表示，试验压力数值写于其后，单位是MPa（单位不写）。例如：P_s1.6，表示试验压力为1.6MPa。

（3）工作压力。一般是指给定温度下的操作（工作）压力。工程上通常是按照制品的最高耐温界限，把工作温度划分成若干等级，并计算出每一个工作温度等级下的最大允许工作

压力。例如碳素钢制品，通常划分为 7 个工作温度等级，见表 2-1。工作压力以符号"P_t"表示，"t"为缩小为 1/10 之后的介质最高温度，工作压力数值写于其后，单位是 MPa（单位不写）。例如：$P_{25}2.3$，表示在介质最高温度为 250℃下的工作压力是 2.3MPa。

表 2-1　　　　　　　　　　　　碳素钢制品工作温度等级

温度等级	温度范围（℃）	温度等级	温度范围（℃）
1	0～200	5	351～400
2	201～250	6	401～425
3	251～300	7	426～450
4	301～350		

（4）试验压力、公称压力与工作压力之间的关系为

$$P_s > 公称压力 \geqslant P_t$$

碳素钢制品公称压力与最大工作压力之间的关系见表 2-2。碳素钢制品公称压力、试验压力与最大工作压力 $P_{t\max}$ 的关系见表 2-3（表中的试验压力不适用于管道系统，各种管道系统的试验压力标准，详见有关的验收规范）。

表 2-2　　　　　　　碳素钢制品公称压力与最大工作压力之间的关系

温度等级	$P_{t\max}$/公称压力	温度等级	$P_{t\max}$/公称压力
1	1.00	5	0.64
2	0.92	6	0.58
3	0.82	7	0.45
4	0.73		

表 2-3　　　　　　　碳素钢制品公称压力、试验压力与最大工作压力

公称压力（MPa）	P_s(MPa)	介质工作温度 t(℃)						
		200	250	300	350	400	425	450
		$P_{t\max}$(MPa)						
		P_{20}	P_{25}	P_{30}	P_{35}	P_{40}	P_{42}	P_{45}
0.10	0.2	0.10	0.10	0.10	0.07	0.06	0.06	0.05
0.25	0.4	0.25	0.23	0.20	0.18	0.16	0.14	0.11
0.40	0.6	0.40	0.37	0.33	0.29	0.26	0.23	0.18
0.60	0.9	0.60	0.55	0.50	0.44	0.38	0.35	0.27
1.00	1.5	1.00	0.92	0.82	0.73	0.64	0.58	0.45
1.60	2.4	1.60	1.50	1.30	1.20	1.00	0.90	0.70
2.50	3.8	2.50	2.30	2.00	1.80	1.60	1.40	1.10
4.00	6.0	4.00	3.70	3.30	3.00	2.80	2.30	1.80
6.40	9.6	6.40	5.90	5.20	4.30	4.10	3.70	2.90
10.00	15.0	10.00	9.20	8.20	7.30	6.40	5.80	4.50

2.1.2　管材及其管件

管材根据制造工艺和材质的不同有很多品种，按制造方法可分为无缝钢管、有缝钢管和铸造管等；按材质可分为钢管、铸铁管、有色金属管和非金属管等。

1. 常用钢管及其管件

在给水、采暖、供热、燃气、压缩空气等管道系统中，常用的钢管有：低压流体输送用焊接钢管（旧称水、煤气输送钢管）、无缝钢管、螺旋缝电焊钢管、直缝卷制电焊钢管。

（1）低压流体输送用焊接钢管及其管件。

1）管材。

①管材的材质。低压流体输送用焊接钢管，通常是用普通碳素钢中的 A2、A3、A4（即软钢）制造而成。

②管材的特征。低压流体输送用焊接钢管的特征为：纵向有一条缝，其缝迹有的很明显，有的则不太明显，如图 2-1 所示。

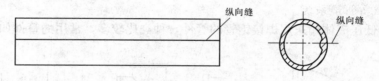

图 2-1　低压流体输送用焊接钢管的特征

③管材的分类。按表面是否镀锌可分为镀锌钢管（内外表面镀一层锌）和不镀锌钢管两种。镀锌钢管也叫白铁管，不镀锌钢管俗称黑铁管。按管端是否带螺纹可分为带螺纹和不带螺纹两种。按管壁的厚度可分为普厚管、加厚管和薄壁管。每根管的制造长度、带螺纹的黑、白铁管为 4~9m；不带螺纹的黑铁管为 4~12m。低压流体输送用焊接钢管的公称口径与钢管的外径、壁厚对照见表 2-4。

表 2-4　　　　低压流体输送用焊接钢管的公称口径与钢管的外径、壁厚对照表
（摘自 GB/T 3091—2008）　　　　　　　　　　　　　　单位：mm

公称口径	外径	壁厚	
		普通钢管	加厚钢管
6	10.2	2.0	2.5
8	13.5	2.5	2.8
10	17.2	2.5	2.8
15	21.3	2.8	3.5
20	26.9	2.8	3.5
25	33.7	3.2	4.0
32	42.4	3.5	4.0
40	48.3	3.5	4.5
50	60.3	3.8	4.5
65	76.1	4.0	4.5
80	88.9	4.0	5.0
100	114.3	4.0	5.0
125	139.7	4.0	5.5
150	168.3	4.5	6.0

注　表中的公称口径系近似内径的名义尺寸，不表示外径减去两个壁厚所得的内径。

低压流体输送用焊接钢管的理论重量按下式计算（钢的密度按 7.85kg/dm³）

$$W = 0.024\,661\,5(D-t)t$$

式中　W——钢管的单位长度理论重量，kg/m；

　　　D——钢管的外径，mm；

　　　t——钢管的壁厚，mm。

④管材的适用场合。在工业管道和水暖管道中，通常不使用薄壁管，而加厚管也较少采用，使用最多的是普厚管。其中白铁管的常用直径范围由公称直径 DN15～DN80；黑铁管的常用直径范围由公称直径 DN15～DN150。这种管材主要用于工作压力、工作温度较低，管径不大（公称直径 DN150 以内）和要求不高的管道系统中。例如室内给水、热水、采暖、燃气、压缩空气等管道系统。

2）管件。低压流体输送用焊接钢管的管件，种类比较多，常用的管件如图 2-2 所示。

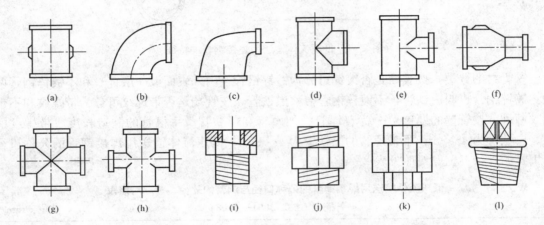

图 2-2　低压流体输送用焊接钢管的管件

（a）管接头；（b）90°弯头；（c）异径弯头；（d）等径三通；（e）异径三通；（f）大小头；

（g）等径四通；（h）异径四通；（i）补心；（j）外接头；（k）活接头；（l）丝堵

①管接头。也称为管箍、束结，用于公称直径相同的 2 根管子的连接。

②活接头。也称为由任，用于需要拆装处的 1 根公称直径相同的管子连接。

③弯头。一般为 90°，分为等径弯头和异径弯头，用来连接 2 根公称直径相同（或不同）的管子，并使管路转 90°弯。

④三通。分为等径三通和异径三通，用于直管上接出支管。

⑤四通。分为等径四通和异径四通，用于连接 4 根垂直相交的管子。

⑥大小头。也称为异径管，用于连接两根公称直径不同的管子。

⑦补心。也称为内外螺纹管接头，其作用与大小头相同。

⑧外接头。也称为双头外螺丝，用于连接两个公称直径相同的内螺纹管件或阀门。

⑨丝堵。也称为管塞、外方堵头，用于堵塞管路，常与管接头、弯头、三通等内螺纹管件配合用。管件的材质，通常由 KT33-8 可锻铸铁制造而成，分为镀锌和不镀锌两种。

3）管材、管件的规格表示。低压流体输送用焊接钢管及其管件的直径，以公称直径表示。例如白铁管的直径是 25mm，表示为 DN25。

（2）无缝钢管及其管件。

1）管材。

①无缝钢管的分类。按用途，无缝钢管可分为普通（一般）和专用两种，其中常用普通无缝钢管。按制造方法，无缝钢管可分为冷轧和热轧两种。冷轧管有外径 5～200mm 的各种规格；热轧管有外径 32～630mm 的各种规格。每根管的长度（即通常长度）：冷轧管 1.5～9m，热轧管 3～12.5m。

②无缝钢管的特征。无缝钢管的外观特征是纵、横向均无焊缝。

③普通无缝钢管的材质。由普通碳素钢、优质碳素钢或低合金钢制造而成（一般多采用 10 号、20 号、35 号、45 号钢制造）。

流体输送用无缝钢管规格及理论重量可参见《输送流体用无缝钢管》（GB/T 8163—2008）。

④普通无缝钢管的适用场合。广泛用于工业管道工程中，例如氧气、乙炔、室外蒸汽等管道。

2）管件。无缝钢管的管件种类不多，常用的有以下两种。

①无缝冲压弯头。通常分为 90°和 45°两种角度的弯头。其材质一般与相应无缝钢管的材质相同，如图 2-3（a）、（b）所示。

②无缝异径管。也称无缝大小头，分同心大小头和偏心大小头两种。其材质一般与相应无缝钢管的材质相同，如图 2-3（c）、（d）所示。

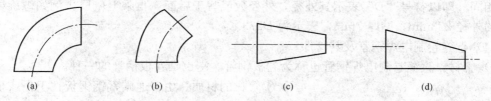

图 2-3　无缝冲压弯头及无缝异径管

（a）90°弯头；（b）45°弯头；（c）同心异径管；（d）偏心异径管

3）管材、管件的规格表示。无缝钢管在同一外径下，往往有几种壁厚，所以这种管材（管件）的规格一般不用公称直径表示，而以实际的外径乘以实际的壁厚来表示。通常以符号"D"表示外径，外径数值写于其后，再乘上壁厚。例如无缝钢管的外径是 57mm，壁厚是 4mm，表示为 D57×4。

（3）螺旋缝电焊钢管及其管件。

1）管材。螺旋缝电焊钢管也称为螺纹、螺旋钢管。它属于卷板钢管的一种。

①管材的材质。通常由普通碳素钢钢板在工厂卷制、焊接而成。

②管材的特征。这种管材纵向有一条螺旋形焊缝，如图 2-4 所示。

图 2-4　螺纹钢管的特征

③管材的规格。通常螺旋缝电焊钢管的最小外径为 219mm，最大外径为 1820mm。其常用规格、理论重量可参见《石油天然气工业　管线输送系统用钢管》（GB/T 9711—2011）。

④管材的适用场合。螺旋缝电焊钢管通常用于工作压力不大于 1.6MPa、介质温度不超过 200℃的直径较大的管道，例如室外燃气、凝结水、输油等管道。

2）管件。螺旋缝电焊钢管的管件种类不多，常用的有如下两种。

①有缝冲压弯头。也叫冲压焊接弯头，弯头的角度分为 90°和 45°两种，如图 2-5（a）和（b）所示。

②有缝异径管。也叫有缝冲压大小头，分为同心大小头和偏心大小头两种，如图 2-5（c）和（d）所示。

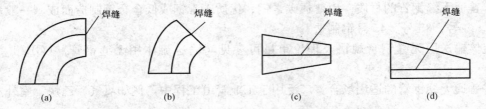

图 2-5 有缝冲压弯头及有缝异径管
（a）90°弯头；（b）45°弯头；（c）同心异径管；（d）偏心异径管

上述两种管件均用钢板冲压、电焊焊接而成，其材质一般与相应管材的材质相同，壁厚大于或等于相应管材的壁厚。

3）管材、管件的规格表示。螺旋缝电焊钢管及其管件的规格表示，与无缝钢管的规格表示相同。即以符号"D"表示其外径，外径数值写于后面，再乘上壁厚。例如螺旋缝电焊钢管的外径 273mm，壁厚 7mm，表示为 $D273×7$。

（4）直缝卷制电焊钢管及其管件。

1）管材。直缝卷制电焊钢管也称为卷板钢管。它也是卷板钢管的一种。

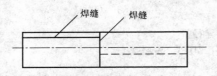

图 2-6 直缝卷制电焊钢管的特征

①管材的材质。由普通碳素钢钢板在工厂或现场卷制、焊接而成。

②管材的特征。这种管材纵、横向均有直的焊缝，如图 2-6 所示。

③管材的规格。直缝卷制电焊钢管，一般最小外径为 159mm；最大外径不限（根据需要而定）。每节管的长度不等，一般每节管的长度等于所卷钢板每块的宽度（或长度）其常用规格，见表 2-5。

表 2-5　　　　　　　　　　直缝卷制电焊钢管常用规格

外径 D（mm）	壁　厚（mm）					
	6	7	8	9	10	12
	质　量（kg/m）					
219	31.51	—	—	—	—	—
245	—	41.09	—	—	—	—
273	39.50	—	52.30	—	—	—
325	47.20	—	62.60			

续表

外径 D (mm)	壁　厚 (mm)					
	6	7	8	9	10	12
	质　量 (kg/m)					
377	54.90	—	—	81.60	—	—
426	62.10	—	—	92.60	—	—
480	70.14	—	—	104.50	—	—
530	77.30	—	—	115.60	—	—
630	—	—	—	137.80	152.90	—
720	—	—	—	157.80	175.09	—
820	—	—	—	180.00	199.75	—
920	—	—	—	202.20	224.41	—
1020	—	—	—	224.40	249.07	—
1220	—	—	—	—	298.39	357.47

④管材的适用场合。直缝卷制电焊钢管用于工作压力不大于 1.6MPa，工作温度不超过 200℃的气、水等介质管道，例如燃气、水泵房（水泵配管）等管道。

2）管件。直缝卷制电焊钢管的管件，常用的有如下两种。

①焊接弯头。也叫虾米腰。弯头的角度分为 90°和 45° 两种，如图 2-7 所示。

②焊接异径管。也叫焊接大小头。分为同心与偏心大 小头两种。其形式与有缝异径管（有缝冲压大小头）相同。

以上两种管件，通常是用钢板卷制、组对、焊接而 成。其材质和壁厚与相应管材相同。

图 2-7　焊接弯头

(a) 90°弯头；(b) 45°弯头

3）管材、管件的规格表示。直缝卷制电焊钢管及其管件的规格表示，与无缝钢管的规格表示相同。例如直缝电焊钢管的外径是 377mm，壁厚是 9mm，表示为 D377×9。

2. 铸铁管及其管件

铸铁管分为给水铸铁管（也称为上水铸铁管、铸铁给水管）和排水铸铁管（也称为下水铸铁管、铸铁下水管）两种。

（1）给水铸铁管及其管件。

1）管材。

①管材的材质。给水铸铁管通常用灰口铸铁（有的用球墨铸铁）浇铸而成，出厂前，内外表面涂防锈沥青漆一层（有的在管内壁搪一层水泥）。

②管材的分类。给水铸铁管按接口形式可分为承插式和法兰式两种。其中常用承插式，如图 2-8 所示。按压力可分为高压给水铸铁管（工作压力为 1MPa）、中压给水铸铁管（工作压力为 0.75MPa）、低压给水铸铁管（工作压力为 0.45MPa），其中使用较多的是高压给水铸铁管。

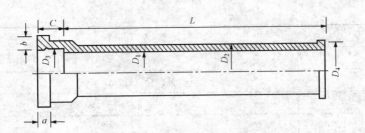

图 2-8　承插式给水铸铁管

常用承插式给水铸铁管的规格，见表 2-6。

表 2-6　　　　　　　　　承插式给水铸铁管常用规格（高压）

公称直径（mm）	D_1（mm）	D_2（mm）	D_3（mm）	D_4（mm）	a（mm）	b（mm）	c（mm）	L（m）
75	75	93.0	113.0	103.5	36	28	90	3～4
100	100	118.0	138.0	128.0	36	28	95	4
125	125	143.0	163.0	163.0	36	28	95	4
150	150	169.0	189.0	179.0	36	28	100	4～5
200	200	220.0	240.0	230.0	38	30	100	5
250	250	271.0	293.6	281.0	38	32	105	5
300	300	322.8	344.8	332.0	38	33	105	6
350	350	374.0	396.0	384.0	40	34	110	6
400	400	425.6	477.6	435.6	40	36	110	6
450	450	476.8	498.8	486.6	40	37	115	6

③管材的适用场合。高压给水铸铁管通常用于室外给水管道；中、低压给水铸铁管可用于室外燃气、雨水等管道。

2）管件。给水铸铁管的管件，也是用灰口铸铁铸造而成。其种类常用的有正三通、四通、大小头、90°和 45°弯头等，如图 2-9 所示。

3）管材、管件的规格。表示给水铸铁管及其管件的直径，以公称直径表示。例如给水铸铁管的直径是 100mm，表示为 DN100。

（2）排水铸铁管及其管件。

1）管材。

①管材的材质。排水铸铁管通常是用灰口铸铁浇铸而成，其管壁较薄，承口较小。出厂之前管子内外表面不涂刷沥青漆。

②管材的种类。接口形式只有承插式一种，如图 2-10 所示。

常用排水铸铁管的规格，见表 2-7。

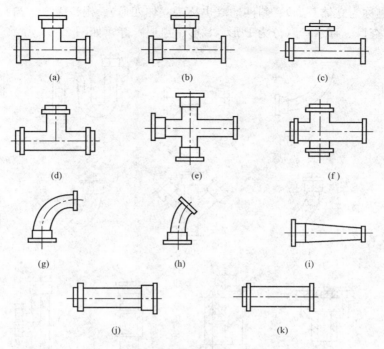

图 2-9 给水铸铁管的管件

(a) 三承三通；(b) 双承三通；(c) 双盘三通；(d) 三盘三通；(e) 三承四通；

(f) 三盘四通；(g) 90°弯头；(h) 45°弯头；(i) 大小头；(j) 承盘短管；(k) 插盘短管

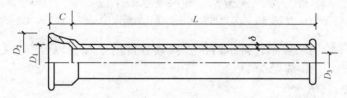

图 2-10 排水铸铁管

表 2-7   排水铸铁管常用规格

公称直径 (mm)	D_1 (mm)	D_2 (mm)	D_3 (mm)	δ (mm)	C (mm)	L (m)
50	80	92	50	5	60	0.5~1.5
75	105	117	75	5	65	0.9~1.5
100	130	142	100	5	70	0.9~1.5
125	157	171	125	6	75	1.0~1.5
150	182	198	150	6	75	1.5
200	234	250	200	7	80	1.5

③管材的适用场合。排水铸铁管主要用于室内生活污水、雨水等重力流的管道。

2）管件。排水铸铁管的管件，也是用灰口铸铁浇铸而成。其种类和式样比较多，常用的有斜三通（也称为立体三通）、斜四通（也称为立体四通）、出户大弯、清扫口（也称为扫除口）、立管检查口、存水弯（分为 P 形、S 形、盅形）等，如图 2-11 所示。

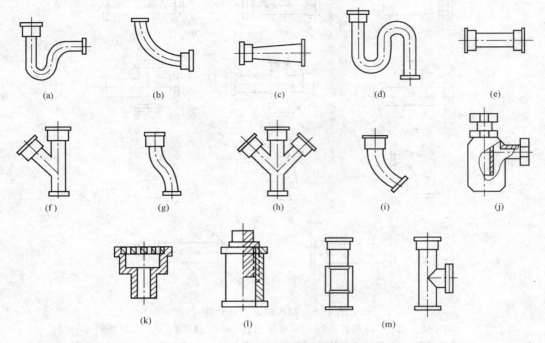

图 2-11　排水铸铁管的管件

（a）P 形存水弯；（b）出户大弯；（c）大小头；（d）S 形存水弯；（e）套袖；（f）斜三通；（g）乙字弯；
（h）斜四通；（i）45°弯头；（j）盅形存水弯；（k）地漏；（l）清扫口；（m）立管检查口

3）管材、管件的规格表示。排水铸铁管及其管件的直径，以公称直径表示，例如排水铸铁管的直径是 150mm，表示为 DN150。

3. 铝塑复合管（PA 管）

（1）铝塑复合管的结构。铝塑复合管简称铝塑管，其结构为 5 层，如图 2-12 所示。

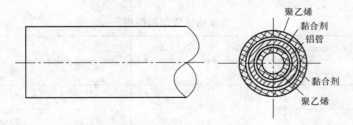

图 2-12　铝塑管的结构

（2）铝塑复合管常用直径。铝塑复合管常用外径等级为 D14，16，20，25，32，40，50，63，75，90，110 共 11 个等级。

（3）铝塑复合管的管件与附件。目前铝塑复合管的管件、附件采用铜管件和铜附件。常用铜阀和铜管件，如图 2-13 所示。

（4）铝塑复合管的适用场所。目前铝塑复合管主要用于室内燃气和压缩空气等工程。

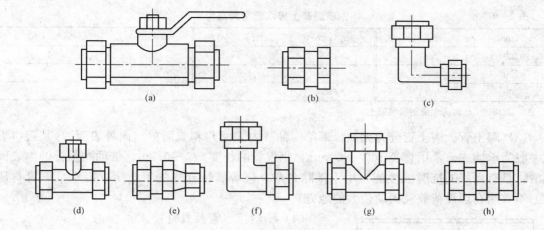

图 2-13　铝塑管的铜阀和铜管件

（a）球阀；（b）堵头；（c）异径弯头；（d）异径三通；（e）异径外接头；

（f）等径弯头；（g）等径三通；（h）等径外接头

4. 非金属管

常用的非金属管有自应力和预应力钢筋混凝土输水管、钢筋混凝土排水管、陶土管、塑料排水管和硬聚氯乙烯塑料管等。

（1）自应力和预应力钢筋混凝土输水管。通常为承插式，如图 2-14 所示。该管材可代替钢管和给水铸铁管用于农田水利工程。其常用直径见表 2-8。

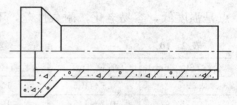

图 2-14　自应力和预应力钢筋混凝土输水管

表 2-8　　　　自应力和预应力钢筋混凝土输水管常用直径

自 应 力 管				预 应 力 管	
d (mm)	管长 (m)	d (mm)	管长 (m)	d (mm)	管长 (m)
200	3	400	4	400	5
250	3	500	4	500	5
300	3	600	4	600	5
350	4			700	5

注　$d \geqslant 800$mm 时为现浇混凝土。

（2）钢筋混凝土排水管。钢筋混凝土排水管的接口形式分为平口式和承插式两种，如图 2-15 所示。该管材主要用于室外生活污水、雨水等排水管道工程。其常用直径见表 2-9。

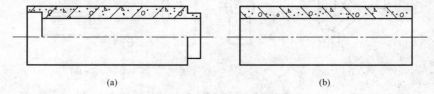

图 2-15　钢筋混凝土排水管

（a）承插式；（b）平口式

表 2-9 钢筋混凝土排水管常用直径

d（mm）	管长（m）	d（mm）	管长（m）	d（mm）	管长（m）
200	1	400	1	700	1
250	1	500	1		
300	1	600	1		

注 $d \geqslant 800$mm 时为现浇钢筋混凝土。

（3）陶土管。陶土管分为无釉、带单面釉（内表面）和双面釉（内外表面）。其接口形式一般为承插式。常用直径 100～600mm，每根管的长度 0.5～0.8m。带釉陶土管的内表面光滑，具有良好的抗腐蚀性能，用于排除含酸、碱等腐蚀介质的工业污、废水（该管材质脆，不宜用在埋设荷载及振动较大的地方）。

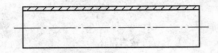

图 2-16 塑料排水管

（4）塑料排水管及其管件。

1）管材。塑料排水管如图 2-16 所示，常用规格见表 2-10。这种管材的主要优点是耐腐蚀，质量轻，管内表面光滑，水力损失比钢管和铸铁管都小；主要缺点是强度低，容易老化，耐久性差，不耐高温，负温时易脆裂，系统噪声大。

表 2-10 塑料排水管常用规格

公称直径（mm）	管长（m）	公称直径（mm）	管长（m）	公称直径（mm）	管长（m）
50	0.5～1.5	100	0.5～1.5	150	0.5～1.5
75	0.5～1.5	125	0.5～1.5	200	0.5～1.5

塑料排水管主要用于室内生活污水和屋面雨水排水等管道工程。

2）管件。塑料排水管的管件，常用的有斜三通、斜四通、存水弯、立管检查口、清扫口、套袖等，如图 2-17 所示。

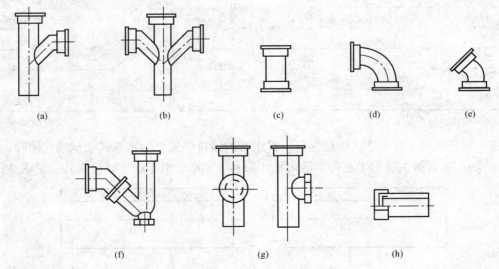

图 2-17 塑料排水管的管件

（a）异径斜三通；（b）异径斜四通；（c）套袖；（d）90°弯头；

（e）45°弯头；（f）P 形存水弯；（g）立管检查口；（h）清扫口

（5）硬聚氯乙烯塑料管。也称为硬聚氯乙烯管，是将聚氯乙烯树脂与稳定剂、润滑剂等配合后，利用挤压机连续挤压而成型。这种管材的主要优、缺点与塑料排水管的主要优、缺点基本相同。按使用压力不同可分为：轻型管（使用压力不大于 0.6MPa）和重型管（使用压力不大于 1MPa）两种。其规格见表 2-11。硬聚氯乙烯塑料管通常用于输送含酸、碱的工业污水管道；并可用于工业给水管道（由于稳定剂中含有氧化铅，因此该管材不可用于饮用水管道）。

表 2-11　　　　　　　　　　　　　　硬聚氯乙烯塑料管常用规格

公称直径（mm）	外径（mm）	轻 型 管		重 型 管	
		壁厚（mm）	质量（kg/m）	壁厚（mm）	质量（kg/m）
8	12.5	—	—	2.25	0.10
10	15.0	—	—	2.50	0.14
15	20.0	2.0	0.16	2.50	0.19
20	25.0	2.0	0.20	3.00	0.29
25	32.0	3.0	0.38	4.00	0.49
32	40.0	3.5	0.56	5.00	0.77
40	51.0	4.0	0.88	6.00	1.49
50	65.0	4.5	1.17	7.00	1.74
65	76.0	5.0	1.56	8.00	2.34
80	90.0	6.0	2.20	—	—
100	114.0	7.0	3.30	—	—
125	140.0	8.0	4.34	—	—
150	166.0	8.0	5.60	—	—
200	218.0	10.0	7.50	—	—

2.1.3　管道的连接方式

1. 给水管材

给水管道必须采用与管材相适应的管件，一般最好用同一厂家生产的管道及管件；生活给水管材料必须达到饮用水卫生标准。给水管道材料及其连接方式多种多样，视工程造价、用途等多种因素选用。

（1）金属管。

1）铜管。有钎焊、卡套连接、压接连接，主要用于生活饮用水。

2）薄壁不锈钢管。有螺纹连接、焊接连接（承插氩弧焊、对接焊）、法兰连接（快接法兰、活接法兰）、卡压式连接（压缩式、压紧式），主要用于生活饮用水。

3）热镀锌钢管。有螺纹连接、卡箍连接（沟槽式）、法兰连接，主要用于消防给水。螺纹连接如图 2-18 所示，沟槽式连接如图 2-19 所示，沟槽式连接连接件及管件如图 2-20 所示，沟槽式连接管道连接步骤如图 2-21 所示，法兰连接如图 2-22 所示，部分法兰如图 2-23 所示。

图 2-18　螺纹连接（丝接）

图 2-19　沟槽式连接

4）焊接钢管。有螺纹连接、焊接连接，主要用于消防给水。焊接连接如图 2-24 所示。

5）给水铸铁管。有承插连接（水泥捻口、青铅接口、橡胶圈柔性接口）、法兰连接，主要用于小市政给水（建筑给水引入管与大市政之间的连接）。球墨铸铁管道承插连接如图 2-25 所示。

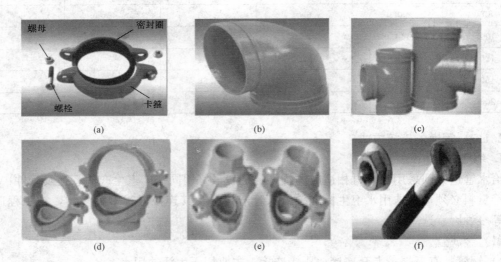

图 2-20　沟槽式连接连接件及管件

(a) 沟槽式连接连接件；(b) 沟槽式连接弯头；(c) 沟槽式连接三通；
(d) 机械三通；(e) 机械四通；(f) 沟槽式连接件的螺栓及螺母

（2）塑料管。

1）PP-R 管（聚丙烯）。有热（电）熔连接、法兰连接。PP-R 聚丙烯给水管道热熔连接如图 2-26 所示，连接步骤如图 2-27 所示。

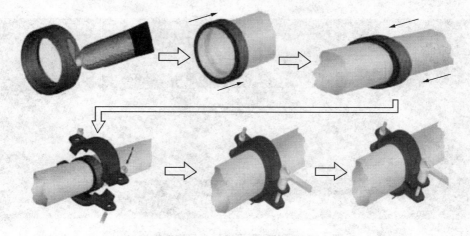

图 2-21　沟槽式管道连接步骤

图 2-22　法兰连接

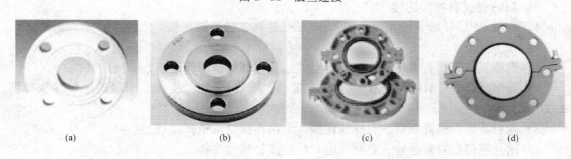

图 2-23　法兰
（a）ABS法兰；（b）不锈钢法兰；（c）、（d）卡箍式连接法兰

图 2-24　焊接连接　　　　　　　图 2-25　球墨铸铁管道承插连接

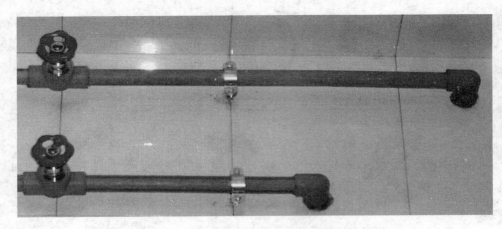

图 2-26　PP-R 聚丙烯给水管道热熔连接

图 2-27　PP-R 聚丙烯热熔连接步骤

2）PE 管（聚乙烯）。有热（电）熔连接、卡套（环）连接、卡压连接。

3）ABS 管。有粘接连接。

4）给水 PVC-U 管（硬聚氯乙烯）。有粘接连接、橡胶圈连接。

（3）复合管。

1）铝塑复合管。有卡压式连接、卡套式连接、螺纹挤压式连接、过渡连接。

2）钢塑复合管。有螺纹连接、卡箍连接（沟槽式）、法兰连接。卡箍式连接接头如图 2-28所示。

3）内衬不锈钢镀锌钢管。有螺纹连接、卡箍连接（沟槽式）、法兰连接。

4）网孔钢带塑料复合管。有热（电）熔连接、螺纹连接。

2. 排水管材

（1）金属管。

1）机制排水铸铁管。有承插式法兰连接（A 形）、钢带卡箍连接（W 形），主要用于室内污废水系统。

2）钢管。有焊接连接、法兰连接，主要用于雨水系统。

3）排水铸铁管。有承插连接。

（2）塑料管。

1）PVC-U 排水塑料管。有粘接连接、橡胶圈连接。PVC-U 塑料管承插粘接如图 2-29所示。

2）PVC-U 排水螺旋消声管。有粘接连接、橡胶圈连接。

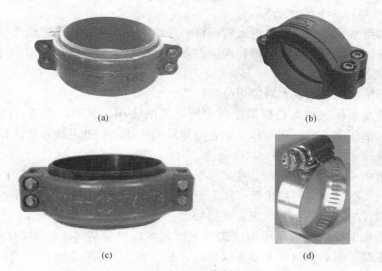

(a)　　　　　　　　　　　　(b)

(c)　　　　　　　　　　　　(d)

图 2-28　卡箍式连接接头

（a）GJH 型卡箍式柔性管接头；（b）KRH 型卡箍式柔性环形管接头

（c）卡箍式接头；（d）卡箍

图 2-29　PVC-U 塑料管承插粘接

2.2　建筑给排水系统的分类及组成

2.2.1　给水工程系统

给排水系统由给水和排水两大系统组成。给水系统通常由江河一级泵房取水，送至过滤池、沉淀池、消毒池、净水池，再经二级泵房、加压等一系列处理通过城市公用管网向用户供水的整个给水系统，也可以是一个小区或一个单位工程的局部给水系统，分室外给水系统和室内给水系统两部分。室外给水系统包括城镇和庭院给水系统，由取水、净水处理、泵站和室外配水管网等部分组成。室内给水系统，一般由引水管（包括水表阀门）、管道系统（包括干、立、支管）、给水附件（或用水设备）等基本部分以及水泵、水箱等设备组成。同样排水系统可以是包括城市公用下水道的整个排水系统，也可以是一个小区或一个单位工程的局部排水系统（也分室外排水和室内排水两个系统）。室外排水系统也包括城镇和庭院排水系统，由排水管网、窨井、污水泵站及污水处理和出口等部分组成。室内排水系统由卫生器具、存水弯、排水干管、立管、支管、通气管、检查口、扫除口等组成。

1. 建筑物内部给水系统的分类

建筑物内部给水系统是指通过引入管，将室外给水管网或建筑小区给水管网的水输送到建筑内部的各种用水器具、生产机组和消防设备等各用水点，并能满足用户对水质、水量和水压要求的给水系统。

建筑物内部给水系统按供水对象可分为三类：

（1）生活给水系统。给人们提供生活中所需要的饮用、烹调、盥洗、洗涤、淋浴等用水。所供范围包括住宅、公共建筑和工业企业建筑的生活间。此系统水质必须符合国家规定的饮用水质标准。

（2）生产给水系统。给人们提供生产中所需要的设备冷却水、原材料和产品的洗涤用水、锅炉用水及某些工业原料用水等。供水范围主要在工业企业内部的各生产车间。对水质要求视生产类别及生产工艺不同而定，差异较大。

（3）消防给水系统。为多层民用建筑、大型公共建筑及某些生产车间提供消防设备用水。水质要求不高，但对水量和水压要求较高，必须满足建筑物防火规范的规定值。

2. 建筑物内部给水系统的组成

对于建筑物内部的生活给水系统，主要由下列各部分组成：

（1）引入管。将建筑物内部给水系统与城市给水管网或建筑小区给水管网连接起来的联络管段称为引入管，也称进户管。将城市给水管网与建筑小区给水系统连接起来的联络管段称为总进水管。

（2）水表节点（水表井），指引入管上装设的水表及其前后设置的阀门、泄水装置的总称。

（3）管道系统，指由水平干管、立管、支管等组成的建筑内部的一套供水管网系统。干管是室内给水管道的主线；立管是指从干管通往各楼层的管线；支管是指从立管（或干管）接往各用水点的管线。

（4）用水设备，对生活给水系统是指各种用水器具；对于生产给水系统是指各生产用水设备；对消防给水系统则是指各消防设备。

（5）给水管道附件，指为保证给水系统正常运行而设置在管路上的各种闸阀、止回阀、安全阀和减压阀等，可用来控制和分配水量。

（6）增压和储水设备，指当城市管网压力不足或建筑对安全供水、水压稳定有要求时，需设置的水箱、水泵、气压装置、水池等增压和储水设备。

2.2.2　排水工程系统

1. 建筑物内部排水系统的分类

建筑物内部排水系统，按其排除污水的性质，可分为三类：

（1）生活污（废）水排除系统。该系统主要排除人们日常生活中所产生的洗涤废水和粪便污水等。为最常见的室内排水系统。这类污废水的有机物和细菌含量较高，应进行局部处理后才允许排入管道，医院污水还应进行消毒处理。

（2）生产污（废）水排除系统。该系统用以排除工矿企业车间在生产过程中所产生的污水和废水。工业污（废）水因生产的产品、工艺流程的种类繁多，其水质极其复杂。因此，在排水中根据污（废）水的污染程度，有的可直接排放，或经简单处理后重复利用；有的则需经处理后才能排放。

（3）雨水排除系统。该系统用于排除建筑物屋面的雨水和融化的雪水。

2. 建筑物内部排水系统的组成

在建筑物排水系统中，为数最多的是生活污水排除系统，一个完整建筑物内部生活污水排除系统由下列几部分所组成：

（1）污（废）水收集器，包括生活污水排除系统的卫生器具、生产污（废）水排除系统的生产设备受水器及雨水排除系统的雨水斗。

（2）排水管道系统，包括器具排水管、排水横管、立管及排出管等。

（3）通气管系，是为排除排水管道中的气体而设置的专用管道，有伸顶通气管和专用通气管等。

（4）清通设备，指设在排水管道中的检查口、清扫口及检查井等，用以疏通排水管道。

（5）污水抽升设备，用于排除某些建筑物内污（废）水不能自流排出的系统中，如民用建筑中的地下室、人防建筑物、高层建筑地下室等。

（6）室外排水管道，指从建筑物排出管接出的第一个检查井后端至城市下水道的一段排水管。

（7）污水局部处理构筑物。当建筑内部污水未经处理不允许直接排入城市下水道或污染水体时，需设置局部处理构筑物，如化粪池、隔油池等。

室内生活污水排水系统的组成如图 2 - 30 所示。

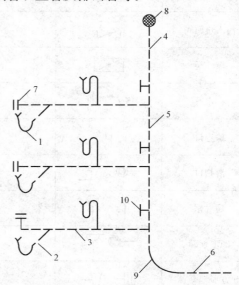

图 2 - 30　室内生活污水排水系统
1—存水弯；2—排水支管；3—排水干管；4—透气管；
5—排水立管；6—排出管；7—清扫口；8—铁丝球；
9—出户大弯；10—立管检查口

2.3　建筑给排水工程识图

2.3.1　施工图常用图例符号

给排水工程常用图例见表 2 - 12、管道常用图例见表 2 - 13。

表 2 - 12　　　　　　　　　　　给排水工程常用图例

名　称	图　例	说　明	名　称	图　例	说　明
闸　阀			水盆水池		一张图内只有一种水池或水盆
截止阀			挂式洗脸盆		
延时自闭冲洗阀			立式洗脸盆		

名　称	图　例	说　明	名　称	图　例	说　明
减压阀			台式洗脸盆		
球　阀			浴　盆		
止回阀			化验盆洗涤盆		
消声止回阀			污水池		
蝶　阀			带沥水板洗涤盆		不锈钢制品
存水弯			盥洗槽		
检查口			妇女卫生盆		
清扫口			立式小便器		
通气帽			挂式小便器		
圆形地漏			蹲式大便器		
方形地漏			坐式大便器		
水锤消除器			小便槽		
可曲挠橡胶接头			饮水器		
刚性防水套管			淋浴喷头		
柔性防水套管			雨水口		
水　泵			检查井 阀门井		
水　表			放气井		
防回流污染止回阀		本图例与流量计相同	泄水井		
水龙头			水封井		
水表井			跌水井		

表 2-13 管 道 常 用 图 例

名　称	图　例	名　称	图　例
生活给水管	—— J ——	废水管	—— F ——
热水给水管	—— R ——	压力废水管	—— YF ——
热水回水道	—— RH ——	通气管	—— T ——
中水给水管	—— ZJ ——	污水管	—— W ——
循环给水管	—— XJ ——	压力污水管	—— YW ——
循环回水管	—— Xh ——	多孔管	多孔管图例
热媒给水管	—— RM ——	雨水管	—— Y ——
热媒回水管	——RMH——	压力雨水管	—— YY ——
蒸汽管	—— Z ——	膨胀管	—— PZ ——
凝结水管	—— N ——	地沟管	地沟管图例

2.3.2　室内给排水工程图的作用、组成及特点

1. 室内给排水工程图的作用

室内给排水工程图是建筑安装施工图的一个重要组成部分。它主要用于解决室内给水及排水方式用材料及设备的规格型号、安装方式及安装要求、给排水设施在房屋中的位置及与建筑结构的关系、与建筑中其他设施的关系、施工操作要求等一系列内容，是重要的技术文件。

2. 室内给排水工程图的组成

室内给排水工程图包括设计总说明、给排水平面图、给排水系统图、详图等部分。

3. 室内给排水工程图的特点

了解室内给排水工程图的特点，对识读施工图有很大的帮助。室内给排水工程图的最大特点是管道首尾相连，来龙去脉清楚，从给水引入管到各用水点，从污水收集器到污水排出管，给排水管道不突然断开消失，也不突然产生，具有十分清楚的连贯性。由于这一特点，给识读给排水工程图带来很大方便。因此可以按照从水的引入到污水的排出这条主线，循序渐进，逐一理清给水、排水管道及与之相连的给排水设施。说明就是用文字而非图形的形式表达有关必须交代的技术内容。说明是图纸重要组成部分，按照先文字、后图形的识读原则，在识读其他图纸之前，首先应仔细阅读说明的有关内容。说明中交代的有关事项，往往对整套给排水工程图的识读有着重要影响。因此，仔细阅读说明是进行识读整套给排水工程图的第一步。对说明提及的相关问题，如引用的标准图集、有关施工验收规范、操作规程、要求等内容，也要收集查阅，熟悉掌握。

4. 室内给排水平面图

给排水平面图是以建筑平面图为基础，结合给排水工程图的特点绘制成的反映给排水平面内容的图样。它主要反映的内容是：

（1）房屋建筑的平面形式。

（2）有关给排水设施在房屋平面中处在什么位置。这是给排水设施定位的重要依据。

（3）卫生设备、立管等平面布置位置，尺寸关系。表明卫生设备、立管等前后、左右关系，相距尺寸。

（4）给排水管道的平面走向、管材的名称、规格、型号、尺寸、管道支架的平面位置。

（5）给水及排水立管的编号。

（6）管道的敷设方式、连接方式、坡度及坡向。

（7）管道剖面图的剖切符号、投射方向。

（8）与室内给水相关的室外引入管、水表节点、加压设备等平面位置。

（9）与室内排水相关的室外检查井，化粪池、排出管等平面位置。

（10）屋面雨水排水管道的平面位置、雨水排水口的平面布置、管道安装的敷设方式。

（11）如有屋顶水箱，屋顶给排水平面图反映水箱容量、平面位置、进出水箱的各种管道的平面位置、管道支架、保温等内容。

5. 室内给排水系统图

室内给排水系统图反映系统从下至上全方位的关系。给排水系统图与给排水平面图相辅相成，互相说明又互相补充，反映的内容是一致的。给排水系统图侧重于反映下列内容：

（1）系统编号。该系统编号与平面图中系统编号是一致的。

（2）管径，主要反映立管的管径。

（3）标高，主要包括建筑标高、给水排水管道的标高、卫生设备的标高、管件的标高、管道的埋深等内容。

（4）管道及设备与建筑的关系。比如管道穿墙、穿地下室、穿水箱的位置，卫生设备与管道接口的位置。

（5）管件的位置。如给水管道中的阀门、污水管道中的检查口等，一般在系统图中标注。

（6）与管道相关的有关给排水设施的空间位置。如屋顶水箱、室外阀门井等与给水相关的设施的空间位以及室外排水检查井、管道等与排水相关的设施的空间位置等内容。

（7）雨水排水情况。雨水排水系统图是反映管道走向、落水口、雨水斗等内容。

6. 给排水详图

详图又称大样图，由于比例的原因不能表达清楚的内容，一般通过详图来识读。详图就是将给排水平面图或给排水系统图中的某一位置放大或剖切再放大而得到的图样。其表达了某一被表达位置的详细做法。一般给排水工程图上的详图有两类：一类是由设计人员在图纸上绘出的；另一类则是引自有关的安装图册。所以在识读一套给排水工程图时，仅仅只看设计图纸还是不够的，同时还要查阅有关的标准图册及施工验收规范。

2.4　建筑给水施工

2.4.1　室内给水管道

1. 引入管的布置

根据建筑物内各用水点（用水设备）的分布、供水要求和给水方式，引入管通常设在如下位置：

（1）由建筑物的中部引入，如图 2-31（a）所示。

（2）由建筑物的左（右）侧引入，如图 2-31（b）所示。

（3）设两条引入管，从不同水源和建筑物不同侧引入，如图 2-31（c）所示。

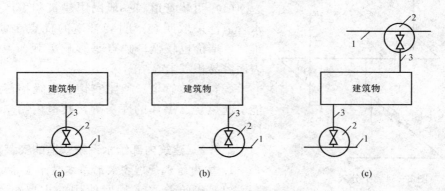

图 2-31　引入管的布置

（a）由建筑物的中部引入；（b）由建筑物的右侧引入；（c）设两条引入管，从不同水源和建筑物不同侧引入

1—室外供水管网；2—室外阀门井；3—引入管

2. 干管的布置

按照干管的位置不同，通常分为如下几种布置形式：

（1）下分（下行上给）式。水平干管在底层直接埋地或设在地沟内，由下向上供水，如图 2-32 所示。

（2）上分（上行下给）式。水平干管位于顶层天花板下（或吊顶内）。由上向下供水，如图 2-33 所示。

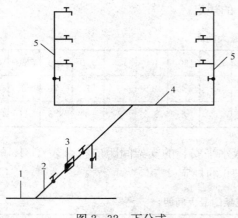

图 2-32　下分式

1—室外管网；2—引入管；3—水表；
4—水平干管；5—主立管

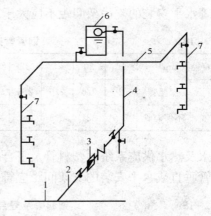

图 2-33　上分式

1—室外管网；2—引入管；3—水表；4—主立管；
5—水平干管；6—水箱；7—立管

（3）中分式。水平干管设在建筑物的中间层，分别向上、下供水，如图 2-34 所示。

（4）环状式。将水平干管布成环状。

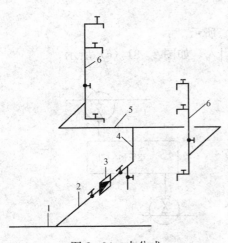

图 2-34　中分式
1—室外管网；2—引入管；3—水表；
4—主立管；5—水平干管；6—立管

3. 敷设形式

室内给水管道的敷设形式一般为两种，即明装和暗装。

（1）明装管道。一般民用建筑和生产厂房的给水管道都采取明装。明装管道的优点是便于安装、维修，造价也较低；缺点是影响美观、卫生，管道表面容易积灰尘或结露。

（2）暗装管道。通常宾馆、高级招待所和遇水能引起燃烧、爆炸的库房等，其室内给水管道均采取暗装。

2.4.2　建筑内部给水系统管道的安装

1. 室内给水管道安装的基本技术要求

（1）建筑给水工程所使用的主要材料、成品、半成品、配件、器具和设备必须具有质量合格证明文件，其规格、型号及性能检测报告应符合国家技术标准或设计要求。

（2）主要器具和设备必须有完整的安装使用说明书。

（3）地下室或地下构筑物外墙有管道穿过的应采取防水措施。对有严格防水要求的建筑物，必须采用柔性防水套管。

（4）明装管道成排安装时，直线部分应互相平行。曲线部分：当管道水平或垂直并行时，应与直线部分保持等距；管道水平上下并行时，弯管部分的曲率半径应一致。

（5）管道支、吊、托架安装位置应正确，埋设应平整牢固，与管道接触要紧密。

钢管水平安装的支吊架间距不应大于表 2-14 的规定。

表 2-14　　　　　　　　钢管管道支架的最大间距

公称直径（mm）		15	20	25	32	40	50	70	80	100	125	150	200	250	300
支架的最大间距（m）	保温管	2	2.5	2.5	2.5	3	3	4	4	4.5	6	7	7	8	8.5
	不保温管	2.5	3	3.5	4	4.5	5	5	6	6.5	7	8	9.5	11	12

给水及热水供应系统的塑料管及复合管垂直或水平安装的支架间距应符合表 2-15 的规定。铜管垂直或水平安装的支架间距应符合表 2-16 的规定。

表 2-15　　　　　　　　塑料管及复合管管道支架的最大间距

管径（mm）			12	14	16	18	20	25	32	40	50	63	75	90	110
最大间距（m）	立管		0.5	0.6	0.7	0.8	0.9	1.0	1.1	1.3	1.6	1.8	2.0	2.2	2.4
	水平管	冷水管	0.4	0.4	0.5	0.5	0.6	0.7	0.8	0.9	1.0	1.1	1.2	1.35	1.55
		热水管	0.2	0.2	0.25	0.3	0.3	0.35	0.4	0.5	0.6	0.7	0.8		

表 2 - 16　　　　　　　　　　　　　　铜管管道支架的最大间距

公称直径（mm）		15	20	25	32	40	50	65	80	100	125	150	200
支架的最大间距（m）	垂直管	1.8	2.4	2.4	3.0	3.0	3.0	3.5	3.5	3.5	3.5	4.0	4.0
	水平管	1.2	1.8	1.8	2.4	2.4	2.4	3.0	3.0	3.0	3.0	3.5	3.5

（6）给水及热水供应系统的金属管道立管管卡安装应符合规定。楼层高度小于或等于5m时，每层不得少于2个。管卡安装高度，距地面应为1.5～1.8m，2个以上管卡应均匀安装，同一房间管卡应安装在同一高度上。

（7）管道穿过墙壁和楼板，应设置金属或塑料套管。安装在楼板内的套管，其顶部应高出装饰地面20mm。安装在卫生间及厨房内的套管，其顶部应高出装饰地面50mm，底部应与楼板底面相平。安装在墙壁内的套管，其两端应与饰面相平。穿过楼板的套管与管道之间的缝隙应用阻燃密实材料和防水油膏填实，端面光滑。穿墙套管与管道之间缝隙宜用阻燃密实材料填实，且端面应光滑。管道的接口不得设在套管内。

（8）给水支管和装有3个或3个以上配水点的支管始端，均应安装可拆卸连接件。

（9）冷热水管道上、下平行安装时，热水管应在冷水管上方；垂直平行安装时，热水管应在冷水管左侧。

2. 给水管道的安装

建筑内部生活给水、消防给水及热水供应系统管道安装的一般程序是：安装准备、预制加工、引入管安装、水平干管安装、立管安装、横支管、支管安装、管道试压、管道清洗、管道防腐保温。

（1）安装准备。熟悉图样，依据施工方案确定的施工方法和技术交底的具体措施，做好准备工作。认真阅读相关专业设备图样，核对各管道的位置、坐标。检查标高是否有交叉，管道排列所用空间尺寸是否合理，如若存在问题应及时协调解决。若需变更设计，应及时办好变更并保存相关记录。依据施工图进行备料，并在施工前按图样要求检查材料、设备的质量规格、型号等是否符合设计要求。了解引入管与室外给水管的接点位置，穿越建筑物的位置、标高及做法。管道穿越基础、墙体和楼板时，应及时配合土建施工做好孔洞预留及预埋件。

（2）预制加工。按施工图画出管道分路、管径、变径、预留口、阀门等位置的施工草图，在实际安装的位置做好标记。按标记分段量出实际安装的准确尺寸，标在施工草图上，然后按草图的尺寸预制加工，以确保质量，提高工效。

（3）引入管的安装。敷设引入管时，应尽量与建筑物外墙轴线相垂直，这样穿过基础或外墙的管段最短。如引入管需穿越建筑物基础时，应预留孔洞或预埋钢套管。预留孔洞的尺寸或钢套管的直径应比引入管直径大100～200mm，引入管管顶距孔洞或套管顶应大于100mm。预留孔与管道间的间隙应用黏土填实，两端用1:2水泥砂浆封口，如图2-35所示。当引入管由基础下部进入室内或穿过建筑物地下室进入室内时，其敷设方法如图2-36和图2-37所示。引入管时，其坡度应不小于0.003，坡向室外，并在最低点设泄水阀或管堵，以利于管道系统试压及冲洗时排水。采用直埋敷设时，埋深应符合设计要求。当设计无要求时，其埋深应大于当地冬季冻土深度，以防冻结。

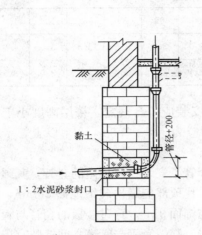

图 2-35　引入管穿越墙基础

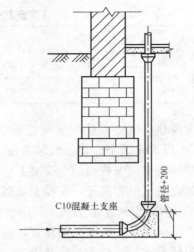

图 2-36　引入管由基础下部进入室内

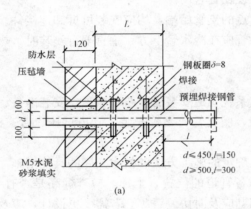

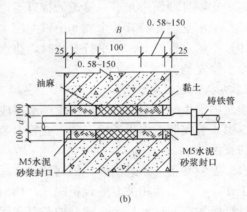

图 2-37　引入管穿越地下室墙壁

（a）在潮湿土壤区；（b）在干土壤区

（4）给水干管的安装。在安装给水干管前应先画出各立管的安装位置，作为干管预制加工、量尺下料的依据；干管的分支用 T 形三通管件连接。当分支干管上安装阀门时，先将阀杆卸下，再安装管道。干管的安装标高应符合设计要求，并按规定安装支架，以便固定管道。给水干管宜设 0.002～0.005 的坡度，坡向泄水装置。安装完毕后应及时清除接口麻丝头，将所有管口装好丝堵。当给水干管布置在不采暖房间内并有可能冻结时，应对干管采取保温措施。

（5）给水立管的安装。给水立管的安装方式有明装和暗装两种。立管安装前，应在各层楼板预留孔洞，自上而下吊线并弹出立管安装的垂直中心线，作为安装的基准线。按楼层设计标高预制好立管单元管段。自各层地面向上量出横支管的安装高度，在立管垂直中心线上画出十字线。测量各横支管三通（顶层为弯头）的距离，得出各楼层预制管段长度，用比量法下料，编号存放，以备安装使用。每安装一层立管，应按要求设置管卡。校核预留横支管管口高度、方向，并用临时丝堵堵口。给水立管与排水立管、热水立管并行时，给水立管应设于排水立管外侧、热水立管右侧。为便于在检修时不影响其他立管的正常供水，每根立管的始端应安装阀门，并在阀门的后面安装可拆卸件（活接头）。立管穿楼板时应设套管，并配合土建堵好预留孔洞，套管与立管之间的环形间隙也应封堵。

（6）横支管的安装。横支管的始端应安装阀门，阀后还应安装可拆卸件。横支管应有0.002～0.005的坡度，坡向立管或配水点，支管应用托钩或管卡固定。横支管可明装或暗装。明装时，可将预制好的支管从立管甩口依次逐段地进行安装。核定不同卫生器具的冷、热水预留口高度、位置是否正确。找坡找正后栽埋支管管卡，上好临时丝堵。支管上如装有水表应先装上连接管，试压后交工前拆下连接管，再装上水表。暗装时，横支管装于墙槽内，应把立管上的三通口向墙外拧偏一个适当角度。当横支管装好后，再推动横支管使立管三通转向原位，横支管即可进入管槽内，找平找正后用管卡固定。给水支管的安装一般先做到卫生器具的进水阀处，待卫生器具安装后再进行后续管段的连接。

2.4.3　建筑给水硬聚氯乙烯管道的安装

1. 对材料的要求

（1）生活饮用水塑料管道选用的管材和管件应具有卫生检验部门的检验报告或认证文件。

（2）给水管道的使用温度不得大于 45℃，给水压力不得大于 0.6MPa，给水用塑料管材不得用于消防给水，采用塑料管的给水系统不得与消防给水系统连接。

（3）管材和管件应有检验部门的质量合格证，并有明显的标志标明生产厂家的名称及材料规格。

（4）胶黏剂必须标有生产厂家名称、厂址、出厂日期、有效使用期限、出厂合格证、使用说明书及安全注意事项。

（5）胶黏剂必须符合有关技术标准，并具有卫生检验部门的检验报告或认证文件。

2. 管材质量要求与检验

（1）管材与管件的颜色应一致，无色泽不均及分解变色现象。

（2）管材与管的内外壁应光滑、平整，无气泡、裂口、裂纹、脱皮和严重的冷斑及明显的痕纹、凹陷。

（3）管材轴向不得有异向弯曲，其直线偏差应小于 1%；管材端口必须平整并垂直于管轴线。

（4）管件应完整，无缺损、变形，合膜缝口应平整、无开裂。

（5）管材在同一截面的壁厚偏差不得超过 14%，管件的壁厚不得小于相应管材的壁厚。

（6）塑料管材和管件的承、插粘接面，必须表面平整，尺寸准确，以保证接口的密封性能。

（7）塑料管道与金属管配件连接的塑料转换接头所承受的强度试验不应低于管道的试验压力，其所能承受的水密性试验压力不应低于管道系统的工作压力，其螺纹应符合《可锻铸铁管路连接件》（GB/T 3287—2011）的规定；螺纹应整洁、光滑，断丝或缺丝数不得大于螺纹总扣数的 10%，不得在塑料管上套螺纹。

（8）胶黏剂不得有团块、不溶颗粒和其他影响黏结剂粘接强度的杂质；自然状态下应呈自由流动状态。

（9）胶黏剂中不得含有毒和利于微生物生长的物质，不得对饮用水的味、嗅及水质有任何影响。

（10）给水管道的管材、管件应符合现行《给水用硬聚氯乙烯（PVC-U）管材》（GB/T 10002.1—2006）和《给水用硬聚氯乙烯（PVC-U）管件》（GB/T 10002.2—2003）的要求。用于室内的管道宜采用 1.0MPa 等级的管材。应在同一批管材和管件中抽样进行规格尺寸及必要的外观性检查。

3. 储存和运输

（1）管材应按不同规格分别进行捆扎，每捆长度应一致，且质量不宜超过 50kg。管件应按不同品种、规格分别装箱，不得散装。

（2）搬运管材和管件时，应小心轻放，避免油污；严禁剧烈撞击、与尖锐物品碰撞、抛摔滚拖。

（3）管材与管件应存放在通风良好、温度不超过 40℃ 的库房或简易棚内。不得露天存放，距离热源不小于 1m。

（4）管材应水平堆放在平整的支垫物上，支垫物宽度不应小于 75mm，间距不应大于 1m；管材外悬端部不应超过 0.5m，堆置高度不得超过 1.5m，应逐层码放，不得叠置过高。

（5）胶黏剂和丙酮等不应存放于危险品仓库中。现场存放处应阴凉干燥，安全可靠，严禁明火。

4. 安装的一般规定

（1）塑料管道的安装工程施工应具备的条件有：设计图样及其他技术文件齐全并经会审；按批准的施工方案或施工组织设计已进行技术交底；施工用材料、机具、设备等能保证正常施工；施工现场用水、用电等应能满足施工要求；施工场地平整，材料储放场地等临时设施能满足施工要求。

（2）安装人员必须熟悉硬聚氯乙烯塑料管的一般性能，掌握基本的操作要点，严禁盲目施工。

（3）施工现场与材料存放处温差较大时，应于安装前将管材与管件在现场放置一定时间，使其温度接近施工现场的环境温度。

（4）安装前应对材料的外观和接头配合的公差进行仔细的检查，必须清除管材及管件内外的污垢和杂物。

（5）安装过程中，应防止油漆、沥青等有机污染物与硬聚氯乙烯塑料管材、管件接触。

（6）安装间断或安装完毕的敞口处，应及时封堵。

（7）管道穿墙壁，楼板及嵌墙暗装时，应配合土建预留孔槽。孔槽尺寸设计无规定时，应按下列规定执行：

1）预留孔洞尺寸宜比管外径 d_e 大 50～100mm。

2）嵌墙暗装时墙槽尺寸的宽度宜为 d_e+60mm，深度为 d_e+30mm。

3）架空管顶上部的净空尺寸不宜小于 100mm。

（8）管道穿过地下室或地下构筑物外墙时，应采取严格的防水措施。

（9）塑料管道之间的连接宜采用胶黏剂粘接；塑料管与金属管配件、阀门等的连接应采用螺纹连接，如图 2-38 所示。

（10）管道的粘接接头应牢固，连接部位应严密无孔隙。螺纹管件应清洁不乱丝，连接应紧固，连接完毕的接头应外露 2～3 扣螺纹。

（11）注塑成型的螺纹塑料管件与金属管配件螺纹连接时，宜采用聚四氟乙烯生料带作

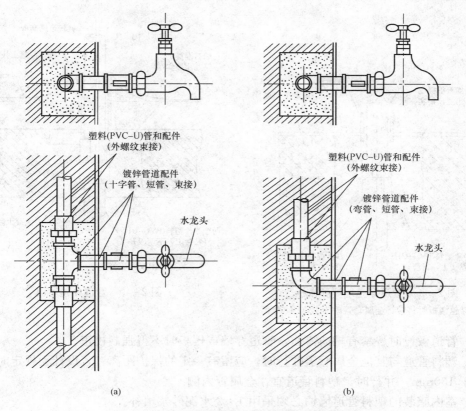

图 2 - 38　塑料管与管件、附件的连接（暗装）
(a) 系统沿程用水器具安装；(b) 系统尽端用水器具安装

密封填料，不宜使用厚白漆或麻丝作填料。

（12）水平管道的纵横方向弯曲、立管垂直度、平行管道和成排阀门安装应符合施工规范规定。

（13）水箱（池）进水管、出水管、排污管、自水箱（池）至阀门间的管段应采用金属管。与水泵相连的吸水管、出水管应采用金属管。

（14）工业建筑和公共建筑中管道直线长度大于 20m 时，应采取热补偿措施，尽可能利用管道转弯、转向等进行自然补偿。

（15）系统交工前应进行水压、通水试验和冲洗、消毒，并做好记录。

5. 塑料给水管道的安装

塑料给水管道的安装与前面介绍的基本相同，这里仅介绍其不同的要求。

（1）室内明装管道应在土建工程粉饰完毕后进行安装。

（2）管道安装前，宜按要求先设置管卡。支架材料若采用金属时，金属管卡与塑料管间应采用塑料带或橡胶板作隔垫，不得使用硬物隔垫。

（3）在金属管配件与塑料管道连接时，管卡应设在金属管件一端，并尽量靠近金属管配件。

（4）塑料管穿过楼板时，应设置套管，套管可用塑料管，也可用金属管。但穿屋面时必须采用金属套管，且高出屋面不小于 100mm，并采取严格的防水措施，如图 2 - 39 和图 2 - 40 所示。

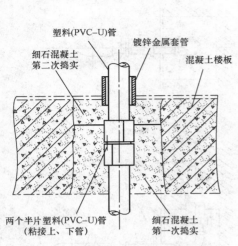

图 2-39　管道穿越地坪和楼板
注：穿越楼板时将镀锌金属套管改为 PVC-U 套管。

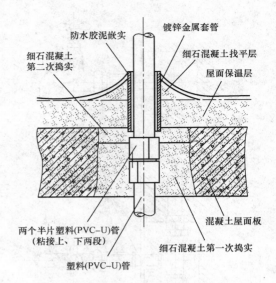

图 2-40　管道穿越屋面

（5）管道敷设时严禁有轴向弯曲，管道穿墙或楼板时不得强制校正。

（6）塑料管道与其他金属管道并行时，应留有一定的保护距离。若设计无规定时，净距不宜小于 100mm，并行时，塑料管道宜在金属管内侧。

（7）室内暗装的塑料管道墙槽必须采用 1：2 水泥砂浆填补。

（8）在塑料管道的各配水点、受力点处，必须采取可靠的固定措施。

2.4.4　建筑给水聚丙烯 PP-R 管道的安装

1. 对聚丙烯管材的要求

（1）生活给水系统所选用的无规共聚丙烯管材，应有质量检验部门的产品合格证，并具有卫生、建材等部门的认证文件。

（2）管材和管件上应标明规格、公称压力和生产厂家名称和商标，包装上应有批号、数量、生产日期和检验代号。

（3）管道热熔连接时，应由生产厂提供专用的热熔工具。熔接工具应安全可靠，便于操作，并附有产品合格证和使用说明书。

（4）管道电熔连接时，应采用管道生产厂家生产的电熔管件，并由生产厂家提供专用配套的电熔连接工具。电熔工具应安全可靠，便于操作，并附有产品合格证和使用说明书。

（5）管道用法兰连接时，应由管道生产厂家提供专用法兰连接件。

2. 材料的质量要求

（1）管材和管件的内外壁应光滑平整，无气泡、裂口、裂纹、脱皮和明显的痕纹、凹陷，且色泽基本一致；冷水管、热水管必须有醒目的标志；管材的端面应垂直于管材的轴线；管件应完整，无缺损、无变形，合模缝口应平整、无开裂。

（2）管材的公称外径、壁厚，管件的承插口尺寸、材料的物理力学性能符合规定。

（3）与金属管道及用水器具连接的塑料管件，必须带有耐腐蚀金属螺纹嵌件，其螺纹、强度和水密性试验均应符合有关规定。

3. 管材的运输和储存

（1）搬运管材和管件时，应小心谨慎，轻拿轻放，严禁撞击，严禁与尖锐物品碰触和抛、摔、滚、拖。

（2）搬运管材时应避免沾染油污。

（3）管材和管件应放在通风良好的库房或简易棚内，不得露天存放，防止阳光直射。注意防火安全，距热源不得小于 1m。

（4）管材应水平堆放在平整的场地上，避免管材弯曲。管材堆置高度不得超过 1.5m，管件应逐层堆码，不宜叠得过高。

4. 安装的一般规定

（1）管道在安装前应具备下列条件：

1）施工图及其他技术文件齐全，且已进行图样技术交底，满足施工要求。

2）施工方案、施工技术、材料机具等能保证正常施工。

3）施工人员应经过建筑给水聚丙烯管道安装的技术培训。

（2）提供的管材和管件应符合设计规定，并附有产品说明书和质量合格证书。

（3）不得使用有损坏迹象的材料。

（4）管道系统安装过程中的开口处应及时封堵。

（5）施工安装时应复核冷、热水管压力等级和使用场合。

（6）施工过程所做标记应面向外侧，处于显眼位置。

（7）管道嵌墙暗装时，宜配合土建预留凹槽。其尺寸无设计规定时为深度 d_e+20mm，宽度 $d_e+(40\sim60)$mm。凹槽表面必须平整，不得有尖角等突出物。管道试压合格后，墙槽用 M7.5 级水泥砂浆填补密实。

（8）管道暗设在地坪面层内的位置应按设计图样规定，如施工现场有更改，应做好图示记录。

（9）管道安装时不得有异向扭曲，穿墙或穿楼板时，不宜强制校正。PP-R 管道与其他金属管平行敷设时应有一定的距离，净距不宜小于 100mm，且宜位于金属管道的内侧。

（10）管道穿过楼板时应设钢套管，穿过屋面时应采取防水措施，穿越前应设固定支架。

（11）室内明装管道，宜在土建粉饰完毕后进行。安装前应正确预留孔洞或预埋套管。

（12）热水管道穿墙时，应设钢套管；冷水管道穿墙时，应预留孔洞，洞口尺寸较管径大 50mm。

（13）直埋在地坪面层以及墙体内的管道，应在隐蔽前试压，并做好隐蔽工程记录。

（14）建筑物埋地引入管和室内埋地管安装要求与给水硬聚氯乙烯管施工要求相同。

5. 管道的连接

PP-R 管道的连接方式有热熔连接、电熔连接、螺纹连接和法兰连接。

（1）热熔连接。

（2）电熔连接。电熔承插连接管材的连接端应切割垂直，并应用洁净棉纱擦净管材和管连接面的污物，标出插入深度，刮除其表皮。保持电熔管件与管材的熔合部位不潮湿。校直两对对应的连接件，使其处于同一轴线上。电熔连接机具与电熔管件的导线连接应正确。连接前应检查通电加热的电压是否符合要求，加热时间应符合电熔连接机具与电熔管件生产厂家的有关规定。在熔合及冷却过程中，不得移动、转动电熔管件和熔合的管道，不得对连接件施加任何压力。电熔连接的标准加热时间应由生产厂家提供，并随环境温度的不同而加以调整。电熔连接的加热时间与环境温度的关系应符合表2-17的规定。

表2-17　　　　　　　　　　　电熔连接的加热时间与环境温度的关系

环境温度（T_e）（℃）	修正值	加热时间（s）	环境温度（T_e）（℃）	修正值	加热时间（s）
−10	$T_e+12\%T_e$	112	30	$T_e-4\%T_e$	96
0	$T_e+8\%T_e$	108	40	$T_e-8\%T_e$	92
10	$T_e+4\%T_e$	104	50	$T_e-12\%T_e$	88
20	标准加热时间×T_e	100			

（3）螺纹连接。PP-R管与金属管件、附件相连时，应采用带金属嵌件的聚丙烯管件作为连接件。

（4）法兰连接。将法兰盘套在管道上，PP-R过渡接头与管道热熔连接，如图2-41所示。

PP-R管道采用法兰连接时，应校直两对应的连接件，使连接的两片法兰垂直于管道中心线，两个法兰端面应平行。法兰垫片应采用耐热无毒胶圈，拧紧法兰的螺栓规格应相同，安装方向应一致，把紧螺栓时应对称把紧。紧固好的螺栓应露出螺母之外，其长度不少于2个螺纹，但不得大于螺栓直径的1/2。PP-R管道上采用法兰连接的部位，应加设支吊架。

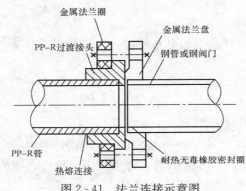

图2-41　法兰连接示意图

6. 支吊架安装

PP-R管道所用支吊架按材料分为塑料支吊架和金属支吊架。若采用金属支吊架，支吊架与管道之间应采用塑料带或橡胶等软物隔垫。在金属管配件与给水聚丙烯管道连接部位，支架应设在金属管配件一端。

明装的支吊架采用防膨胀的措施时，应按固定点要求施工。管道的各配水点、受力点以及穿墙支管节点处，应采取可靠的固定措施。

2.4.5　塑料复合管的安装

塑料复合管安装的一般要求与其他管道基本相同。其连接方法采用长套式连接。管件材料一般用黄铜制成。连接时先用专用剪刀将管子切断，然后用整圆器插入切断的管口按顺时针方向整圆，最后穿入螺母，再穿入C形铜环卡套（见图2-42），将管子插入连接件，再用螺母锁紧。接头与管的配合如图2-43所示。

2.4.6　管道试压与清洗

1. 试压前应具备的条件

（1）试压管段已安装完毕，对室内给水管道可安装至卫生器具的进水阀前。

（2）支、吊架已安装完毕。管子涂漆和保温前，经观感检验合格后。

（3）直埋管道、室内管道隐蔽前，应有临时加固措施。

（4）试压装置完好，并已连接完毕。压力表应经检验校正，其精度等级不应低于1.5级。表盘满刻度值约为试验压力的1.5～2.0倍。

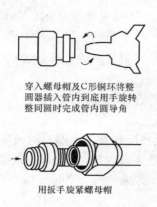

穿入螺母帽及 C 形铜环将整
圆器插入管内到底用手旋转
整同圆时完成管内圆导角

用扳手旋紧螺母帽

图 2 - 42　接头的锁紧

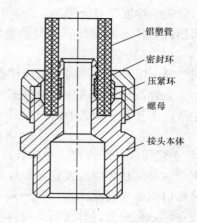

铝塑管

密封环

压紧环

螺母

接头本体

图 2 - 43　接头与管的配合示意图

2. 水压试验的步骤

（1）在试压管段系统的高处装设排气阀，低处设灌水试压装置。

（2）向系统内注入洁净水，注水时应先打开管路各处的排气阀，直至系统内的空气排尽。满水后关闭排气阀和进水阀，当压力表指针向回移动时，应检查系统有无渗漏，否则应及时维修。

（3）打开进水阀，起动注水泵缓慢加压到一定值，暂停加压，对系统进行检查，无问题再继续加压，直至达到试验压力值。

（4）将水压试验结果填入管道系统试压记录表中。

3. 管道清洗

水压试验合格后，应分段对管道进行清洗。给水管道一般用洁净水冲洗。在沿海城市先可用海水冲洗，然后再用淡水冲洗。冲洗时以能达到的最大流量和压力进行，并使水的流速不小于 1.5m/s。水冲洗应连续进行。当设计无规定时，以出口的水色和透明度与入口处相一致为合格。冲洗合格后，将水排尽。

生活给水管道在交付使用前必须消毒，应用含有 20～30mg/L 游离氯的水充满系统浸泡 24h，再用饮用水冲洗。经有关部门取样检验，符合国家生活饮用水标准方可使用。

2.5　建 筑 排 水 施 工

2.5.1　一般规定

1. 管材

（1）生活污水管道使用塑料管、铸铁管或混凝土管；洗脸盆或饮水器到共用水封之间的水管和连接卫生器具的排水短管可用钢管。

（2）雨水管道使用塑料管、铸铁管、镀锌和非镀锌钢管或混凝土管等。

（3）悬吊式雨水管道选用钢管、铸铁管或塑料管。易受振动的雨水管（如锻造车间等）使用钢管。

2. 排水管道及配件安装

（1）隐蔽或埋地排水管道在隐蔽前必须作灌水试验。

（2）排水管道的坡度应符合规定。

（3）排水塑料管必须按设计要求及位置设伸缩节。如设计无要求时，伸缩节间距不大于 4m。

（4）高层建筑中明设排水塑料管道应按设计要求设置阻火圈或防火套管。

（5）排水主立管及水平管道应作通球试验。

（6）在生活污水管道上设置的清扫口或检查口应符合设计要求。当设计无要求时应符合下列规定：

1）在立管上应每隔一层设置一个检查口，但在最底层和有卫生器具的最高层必须设置。如为两层建筑时，可仅在底层设置立管检查口；如有乙字弯管时，则在该乙字弯管的上部设置检查口。检查口中心高度距操作地面一般为 1m，允许偏差为 ±20mm 检查口的朝向应便于检修。暗装立管，在检查口处应安装检修门。

2）在连接 2 个及 2 个以上大便器或 3 个及 3 个以上卫生器具的污水横管上应设置清扫口。当污水管在楼板下悬吊敷设时，可将清扫口设在上一层的楼板上面，污水管起点的清扫口与管道相垂直的墙面距离不得小于 200mm；若污水管起点设置堵头代替清扫口时，与墙面距离不得小于 400mm。

3）在转角小于 135°的污水横管上，应设置检查口或清扫口。

4）污水横管的直线管段，应按设计要求的距离设置检查口或清扫口。

（7）埋在地下或地板下的排水管道的检查口，应设在检查井内。井底表面标高与检查井的法兰相平，井底表面应有 5% 的坡度坡向检查口。

（8）金属排水管上的吊钩或卡箍应固定在承重结构上。固定件间距：横管不大于 2m，立管不大于 3m。楼层高度小于或等于 4m 时，立管可安装 1 个固定件。立管底部的弯管处应设支墩或采取固定措施。

（9）排水塑料管道支吊架间距应符合表 2 - 18 的规定。

表 2 - 18　　　　　　　　　　排水塑料管道支吊架最大间距

管径（mm）	50	75	110	125	160
立　管	1.2	1.5	2.0	2.0	2.0
横　管	0.5	0.75	1.10	1.30	1.6

（10）金属和非金属的排水管道接口形式和所用填料应符合设计要求。

（11）排水通气管不得与风管或烟道连接。

（12）未经消毒处理的医院含菌污水管道，不得与其他排水管道直接连接。

（13）饮食业工艺设备引出的排水管及饮用水水箱的溢流管，不得与污水管道直接连接，并应留出不小于 100mm 的隔断空间。

（14）通向室外的排水管，穿过墙壁或基础必须下返时，应采用 45°三通和 45°弯头连接，并应在垂直管段顶部设置清扫口。

（15）由室内通向室外排水检查井的排水管，井内引入管应高于排出管或两管顶相平，并有不小于 90°的水流转角，如跌落差大于 300mm，可不受角度限制。

（16）用于室内排水的水平管道与水平管道、水平管道与立管的连接，应采用 45°三通或 45°四通和 90°斜三通或 90°斜四通。立管与排出管两端的连接，应采用两个 45°弯头或曲率半径大于 4 倍管径的 90°弯头。

（17）管道坡度及承口方向。水平铺设的排水支、干管和排出管均应留坡度，见表 2-19。其中，支管坡向干管；干管坡向立管；排出管坡向室外检查井（下水井）。铺设室内排水管道时，排水铸铁管的承口均应向着来水方向（其中透气管的承口向上）。

表 2-19   生活污水管道坡度

规格	标准坡度	最小坡度	规格	标准坡度	最小坡度
DN50	0.035	0.025	DN150	0.010	0.007
DN75	0.025	0.015	DN200	0.008	0.005
DN100	0.020	0.012			

3. 雨水管道及配件安装

（1）雨水管不得与生活污水管相连接。

（2）安装在室内的雨水管道安装后，应作灌水试验。

（3）悬吊式雨水管的敷设坡度应符合要求。

2.5.2 排水管道的安装

室内排水管道安装的程序一般是：安装准备工作、排出管安装、底层埋地横管及器具支管安装、立管安装、通气管安装、各层横支管安装、器具短支管安装等。

1. 安装前的准备

根据设计图样及技术交底检查、校对预留孔洞大小、管道坐标、标高是否正确。有条件时可对部分管段按测绘的草图进行管道预制加工，连好接口，编号后存放，待安装时使用。

2. 排水管道的连接

（1）承插连接。排水管材为铸造铁管，接口以麻丝或石棉绳填充，用水泥或石棉水泥打口。

（2）承插粘接。排水管为硬聚氯乙烯塑料管时可采用承插粘接。

3. 排出管的安装

排水管一般铺设在地下室或直埋于地下。排出管穿过承重墙或基础时，应预留孔洞，当公称直径≤80mm 时，洞口尺寸为 300mm×300mm，公称直径＞80mm 时，洞口尺寸为（300mm＋管径）×（300mm＋管径），并加设防水套管。敷设时，管顶上部净空不得小于建筑物的沉降量，一般不小于 0.15m。

排出管与排水立管的连接宜采用两个 45°弯头或曲率半径大于 4 倍管径的 90°弯头，也可采用带清扫口的弯头。

排出管安装是整个排水系统安装工程的起点，应保证安装质量。采用量尺法及比量法下料，预制成整体管道后，穿过基础预留洞，调整排出管安装位置、标高、坡度，满足设计要求后固定，并按设计要求做好防腐。

为便于检修，排出管不宜过长，一般由检查井中心至建筑外墙不小于 3m 且不大于 10m。排出管安装如图 2-44 所示。

4. 底层排水横管及器具支管安装

底层排水横管一般采用直埋敷设或悬吊敷设于地下室内。底层排水横管直埋敷设，当将房心土回填至管底标高时，以安装好的排出管斜三通上的 45°弯头承口内侧为基准，将预制

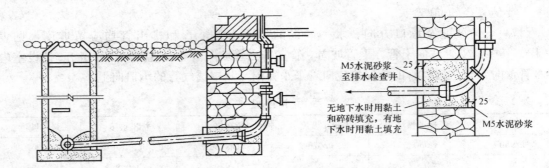

M5水泥砂浆
至排水检查井

无地下水时用黏土
和碎砖填充，有地
下水时用黏土填充

M5水泥砂浆

图 2-44　排出管安装

好的管段按顺序排好，找准位置、坡度和标高以及各预留口的方向和中心线，将承插口相连。

对敷设好的管道（排出管、底层横支管）进行灌水试验，各接口及管子应不渗漏，经验收合格后堵好各预留管口，配合土建封堵孔、洞和回填。

排水横管悬吊敷设时，应按设计坡度栽埋好吊卡，量好吊杆尺寸，对好排出管上的预留管口、底层卫生器具的排水预留管口，同时按室内地坪线、轴线尺寸接至规定高度。在复核管标高和预留管口方向后，进行灌水试验。

底层器具支管均应实测下料。对坐便器支管应用不带承口的短管接至地表面处；蹲式大便器支管应用承口短管，高出地面 10mm；洗脸盆、洗涤盆、化验盆等的器具支管均应高出地面 200mm；浴盆支管应高出地面 50mm；地漏应低于地面 5～10mm，地面清扫口应与地面相平。

5. 排水立管的安装

排水立管一般在墙角明装。当建筑物有特殊要求时，也可暗装于管道井、管槽内，在检查口处应设检修门。安装时根据施工图校对预留孔洞位置及尺寸（对预制板可凿洞，但不得破坏楼板钢筋）。两人配合，一人在上层由管洞用结实的麻绳将安装管段拴牢吊起，另一人在下层协助上拉下托将管段插入下层承口内，然后将管甩口及检查口方向找正，用木楔将安装管段在楼板洞口处卡牢，吊直后打麻捻口（或粘接）。最后，复查立管垂直度，用管卡固定牢固。立管安装合格后，配合土建用不低于楼板强度的混凝土将洞灌满捣实。

6. 楼层排水横支管的安装

楼层排水横支管均用悬吊敷设，安装方法与底层横支管的安装方法相同。排水管道穿墙、穿楼板时预留孔洞的尺寸见表 2-20。

表 2-20　　　　　　　　　　　　排水管道预留孔洞尺寸

管道名称	管径（mm）	孔洞尺寸（长×宽，mm×mm）	管道名称	管径（mm）	孔洞尺寸（长×宽，mm×mm）
排水立管	50	150×150	排水横管	≤80	250×200
	70～100	200×200		100	300×250

连接卫生器具的排水支管的离墙距离及预留洞尺寸应根据卫生器具的型号、规格确定。

2.5.3　建筑排水硬聚氯乙烯管道安装

1. 一般规定

（1）排水塑料管管道系统的安装宜在墙面粉刷结束后连续施工。当安装间断时，敞口处应临时封闭。

（2）管道应按设计要求设置检查口或清扫口，其位置应符合下列规定：

1）立管在底层或在楼层转弯时应设置检查口，检查口中心距地面 1.0m，在最冷月平均气温低于 -13℃ 的地区，立管尚应在最高层离室内顶棚 0.5m 处设置检查口。立管宜每 6 层设一个检查口。

2）公共建筑物内，在连接 4 个及其以上的大便器的污水横管上宜设置清扫口。

3）横管、排出管直线距离大于表 2-21 的规定时，应设置检查口或清扫口。

表 2-21　　　　　　　　　横管直线管段上检查口或清扫口之间的最大距离

管径（mm）	50	75	90	110	125	160
距离（m）	10	12	12	15	20	20

（3）立管和横管按要求设置伸缩节。横管伸缩节采用锁紧式橡胶圈管件，当管径大于或等于 160mm 时，横管应采用弹性橡胶圈连接形式。当设计对伸缩量无规定时，管端插入伸缩节处预留的间隙：夏季为 5～10mm；冬季为 15～20mm。

（4）非固定支撑件的内壁应光滑，与管壁之间应留有微隙。

（5）横管坡度应符合设计要求，当设计无要求时坡度应为 0.026。

（6）立管管件的承口外侧与墙饰面的距离宜为 20～50mm。

（7）管道的配管及坡口应符合下列规定：

1）锯管长度应根据实测并结合各连接件的尺寸逐段确定。锯管工具宜选用细齿锯、割管机等机具。

2）管口端面应平整、无毛刺，并垂直于管轴线，不得有裂痕、凹陷。

3）插口处可用中号板锉锉成 15°～30° 坡口。坡口厚度宜为管壁厚度的 1/3～1/2，坡口完成后应将残屑清除干净。

（8）塑料管与铸铁管连接时，宜采用专用配件。当采用水泥捻口连接时，应先将塑料管插入承口部分的外侧，用砂纸打毛或涂刷胶黏剂后滚粘干燥的粗黄砂；插入后用油麻丝填嵌均匀，用水泥捻口。塑料管与钢管、排水栓连接时应采用专用配件。

（9）管道穿越楼层处的施工应符合下列规定：

1）管道穿越楼层处为固定支撑点时，管道安装结束应配合土建进行支模，并应采用 C20 细石混凝土分两次浇捣密实。浇筑结束后，结合地平面或面层施工，在管道周围应筑成厚度不小于 20mm，宽度不小于 30mm 的阻水圈。

2）管道穿越楼板处为非固定支撑时，应加装金属或塑料套管，套管内径可比穿越立管大 10～20mm，套管高出地面不少于 50mm。

（10）高层建筑内明装管道，当设计要求采取防止火灾贯穿措施时，应符合下列规定：

1）立管管径大于或等于 110mm 时，在楼板贯穿部位设置阻火圈或长度不小于 500mm 的防火套管，在防火套管周围筑阻水圈，如图 2-45 所示。

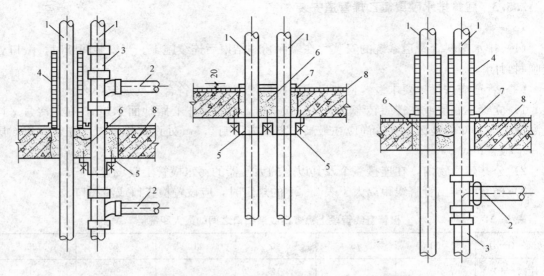

图 2-45　立管穿越楼层阻火圈、防火套管安装

1—立管；2—横支管；3—立管伸缩节；4—防火套管；5—阻火圈；

6—细石混凝土二次嵌缝；7—阻水圈；8—混凝土楼板

2）管径大于或等于 110mm 的横支管与暗设立管相接时，墙体贯穿部位应设置阻火圈（由阻燃膨胀剂制成的，套在硬塑料排水管外壁可在发生火灾时将管道封堵，防止火势蔓延的套圈式装置）或一段长度不小于 300mm 的防火套管（由耐火材料和阻燃剂制成的，套在硬塑料排水管外壁可阻止火势沿管道贯穿部位蔓延的短管），且防火套管的明露部分长度不宜小于 200mm，如图 2-46 所示。

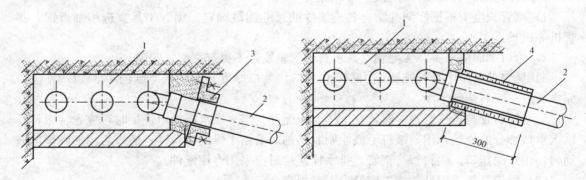

图 2-46　横支管接入管道井中立管阻火圈、防火套管安装

1—管道井；2—横支管；3—阻火圈；4—防火套管

阻火圈主要由金属外壳和热膨胀芯材组成，安装时套在 PVC-U 管的管壁上，固定于楼板或墙体部位。火灾发生时，阻火圈内芯材受热后急剧膨胀，并向内挤压塑料管壁，在短时间内封堵住洞口，起到阻止火势蔓延的作用。该产品结构紧凑、设计合理、施工安全方便。防火套管及阻火圈如图 2-47、图 2-48 所示。

3）水平干管穿越防火分区隔墙时，管道穿越墙体的两侧应设置防火圈或长度不小于 500mm 的防火套管，如图 2-49 所示。

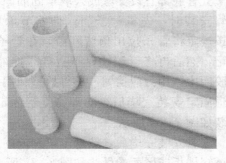

图 2-47　防火套管

图 2-48　阻火圈

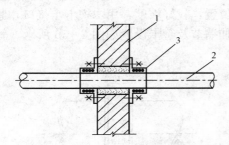
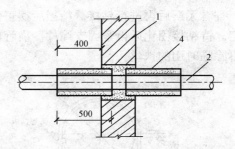

图 2-49　穿越防火分区隔墙阻火圈、防火套管安装
1—墙体；2—水平管；3—阻火圈；4—防火套管

2. 安装前的准备工作

（1）设计图样及其他技术文件齐全，并经会审；有切实可行的施工方案或施工组织设计，并进行技术交底；材料、施工机具准备就绪，土建施工已满足安装要求，能正常施工并符合质量要求；施工现场有材料堆放库房，能满足施工要求。

（2）按管道系统和卫生设备的设计位置，配合土建作好孔洞预留。孔洞尺寸当设计无规定时，可按管外径为 50～100mm 进行。管道安装前，检查预留孔洞及预埋件的位置和标高是否正确。

3. 管道安装

硬聚氯乙烯管应根据《建筑给水排水及采暖工程施工质量验收规范》（GB 50242—2002）、《建筑排水塑料管道工程技术规程》（CJJ/T 29—2010）进行安装。

按设计要求在施工现场进行测量，绘制加工安装图，根据加工安装图进行配管。管道安装应自下而上分层进行，先安装立管、后安装横支管，应连续施工。否则，应及时封堵管口，以防杂物进入管内。

立管安装前应先按立管布置位置在墙面画线，安装固定支架或滑动支架。明装立管穿越楼板处应有防水措施，采用细石混凝土补洞，分层填实后，可形成固定支架；暗装于管道井内的立管，若穿越楼板处未能形成固定支架时，应每层设置 1 个固定支架。

当层高 $H \leqslant 4m$（公称直径 $\leqslant 50mm$，$H \leqslant 3m$）时，层间设 1 个滑动支架；若层高 $H >$ 4m（公称直径 $\leqslant 50mm$，$H > 3m$）时，层间设 2 个滑动支架，如图 2-50 所示。

常用固定支架、滑动支架如图 2-51～图 2-53 所示。

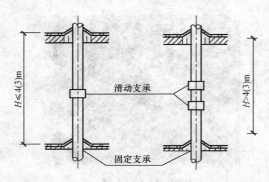

图 2-50　立管支架示意图

立管底部宜设支墩或采取牢固的固定措施。立管安装时，先将管子插入伸缩节承口底部，再按规定将管子拉出预留间隙，在管子上作出标记，然后再将管端插口平直插入伸缩节承口橡胶圈中，用力应均匀，不得摇挤和用力过猛。管道固定安装完毕后，随即将立管固定。立管安装如图 2-54 所示。

立管安装完毕后，按规定堵洞或固定套管。管道穿楼板或屋面的做法如图 2-55 所示。

安装横管时，先将预制好的管段用铁丝临时吊挂，查看无误后再进行粘接。粘接后摆正位置，找好坡度，用木楔卡牢接口，紧住铁丝临时固定。待粘接固化后再紧固支撑件。横管伸缩节及管卡设置如图 2-56 所示。管道支撑好后应拆除临时用的铁丝。

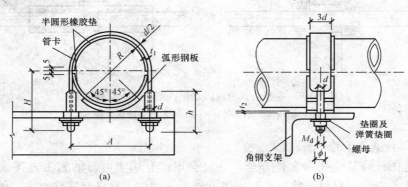

图 2-51　固定支架（一）
（a）立面图；（b）侧面图

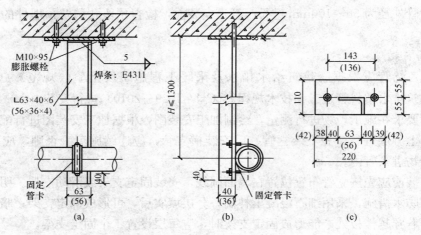

图 2-52　固定支架（二）
（a）立面图；（b）侧面图；（c）铁件仰视图

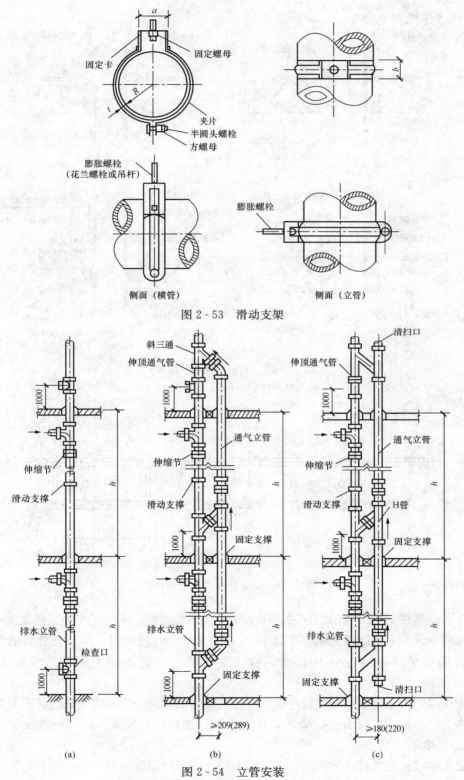

图 2-53　滑动支架

图 2-54　立管安装

(a) 单立管；(b) Ⅰ型双立管；(c) Ⅱ型双立管

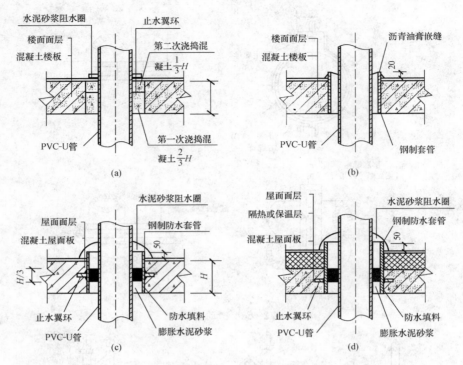

图 2-55　管道穿楼板、屋面

（a）穿楼面（Ⅰ型）；（b）穿楼面（Ⅱ型）；（c）穿屋面（Ⅰ型）；（d）穿屋面（Ⅱ型）

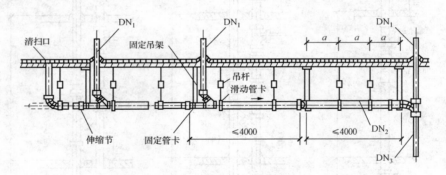

图 2-56　横管伸缩节及管卡设置

当排水立管在中间层竖向拐弯时，排水支管与排水立管、排水横管的连接如图 2-57 所示。排水横支管与立管底部的垂直距离 h_1 应符合表 2-22 的规定；排水支管与横管连接点至立管底部水平距离不得小于 1.5m；排水竖支管与立管的拐弯处的垂直距离不得小于 0.6m。

埋地排水管及排出管的安装程序为：按设计规定的管道位置确定坐标与标高并放线，开挖的管沟宽度和深度应符合设计要求；检查预留孔洞位置、尺寸及标高；铺设预制好的管段，作灌水试验。

铺设管段时宜先做设计标高±0.00。以下的室内部分至伸出外墙为止，管道伸出外墙不得小于 250mm。待土建施工结束后，再从外墙边铺设管道接入检查井。

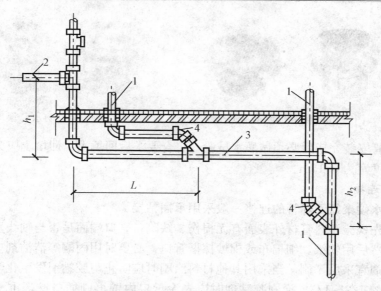

图 2-57　最低横支管与立管连接处至排出管管底的垂直距离

1—立管；2—横支管；3—排出管；4—45°弯头

表 2-22　　　　　　　　最低横支管与立管连接处至排出管管底的垂直距离

建筑层数	垂直距离 h_1（m）	建筑层数	垂直距离 h_1（m）
≤4	0.45	13～19	3.00
5～6	0.75		
7～12	1.20	≥20	6.00

注　1. 当立管管径底部，排出管管径放大一号时，可将表中垂直距离缩小一挡。

　　2. 当立管底部小能满足本条及其注 1 的要求时，最低排水横支管应单独排出。

埋地管道的沟底面应平整，无突出的尖硬物。沟底宜设厚度为 100～150mm 的砂垫层，垫层宽度不小于管径的 2.5 倍，其坡度与管道坡度相同。管道回填应采用细土回填，并高出管顶至少 200mm 处，压实后再回填至设计标高。

管道穿越建筑基础预留孔洞时，管顶上部净空不宜小于 150mm。

埋地管道穿过地下室或地下构筑物外墙处应采取防水措施，应采用刚性防水套管，可按图 2-58 施工。翼环及钢套管加工完成后必须做防腐处理，刚性防水套管安装时，必须随同混凝土施工一次性浇固于墙（壁）内，套管内的填料应在最后充填，填料必须紧密捣实。刚性防水套管外形见图 2-59 所示。

对有严格防水要求的建筑物，必须采用柔性防水套管；且应进行预埋套管法施工，严禁采用安装时再打洞、凿孔的方法。凡受震动或有沉降伸缩处的进出水管的过墙（壁）套管应选用柔性防水套管，套管部分必须都浇固于混凝土墙内。柔性防水套管如图 2-60 所示。

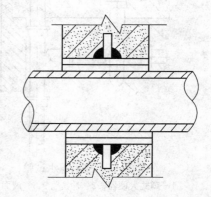

图 2-58　地下室外墙预埋

刚性防水套管

图 2-59　刚性防水套管外形　　　　图 2-60　柔性防水套管

埋地塑料管安装完毕后必须做灌水试验，符合要求后回填土。回填土应为素土，且分层夯实，每层厚度宜为 0.15m。

4. 管道的连接

建筑用排水硬聚氯乙烯管的连接一般采用承插粘接。

连接前应先检验塑料管材外表面有无损伤、缺陷；管口端面是否与轴线垂直；切削的坡口是否合格。然后用软纸、细棉布或棉纱擦揩管口，必要时用丙酮等清洁剂擦净。

涂刷胶黏剂宜采用鬃刷。当采用其他材料涂刷时应防止与胶黏剂发生化学反应。刷子宽度一般为管径的 1/2～1/3。涂刷胶黏剂时应先涂承口内壁再刷插口壁，重复刷 2 次。涂刷时应适量、均匀、迅速、无漏涂。胶黏剂涂刷结束时应将管子插口迅速插入承口，轴向用力应准确，插入深度应符合标记，稍加旋转，注意不要使管子弯曲。插入后应扶持 1～2min，再静置待胶黏剂完全干燥和固化。管径大于 110mm 时，应两人共同操作，但不可用力过猛。粘接后，应迅速揩干净外溢的胶黏剂，以免影响美观。粘接时的注意事项与给水塑料管相同。

5. 室内排水系统的灌水试验与防腐

室内排水系统安装完毕后，应分系统进行灌水（也称为闭水）试验。试验时，灌水至规定高度后停 20～30min 进行检查、观察，以液（水）面不下降、不渗漏为合格。试验完毕后及时将水放净（以防冬季负温时冻裂管道）。

（1）生活污水系统。生活污水系统应分层进行试验，灌水高度以一层的高度为准。

1）底层灌水试验。先将室外检查井内排出管的管端封堵，然后向管道内灌水至底层大便器下水口满水。

2）楼层灌水试验。楼层灌水试验需逐层进行。试验时，先打开本层的立管检查口，将球胆由此放入到排水立管的适当位置（使水柱高度与底层试验时的水柱高度相等），再向球胆内充气至 0.10～0.20MPa（此时球胆形成塞子），然后向本层管道内灌水至大便器下水口满水，如图 2-61 所示。

（2）屋面雨水系统。屋面雨水系统试验时先将其立管下端封堵，然后向管道内灌水至最高点雨水斗满水。

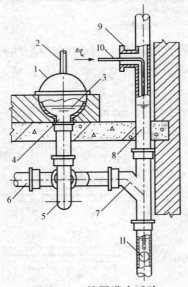

图 2-61　楼层灌水试验
1—蹲式大便器；2—冲洗管；3—液面；
4—大便器下水口；5—P 形存水弯；
6—排水干（横）管；7—斜三通；8—排水立管；
9—立管检查口；10—胶管；11—球胆

2.6　建筑给排水规范

2.6.1　室内给水系统

（1）地下室或地下构筑物外墙有管道穿过的，应采取防水措施。对有严格防水要求的建筑物，必须采用柔性防水套管。

（2）钢管水平安装的支、吊架间距不应大于表 2-23 的规定。

表 2-23　　　　　　　　　　　钢管管道支架的最大间距

公称直径（mm）		15	20	25	32	40	50	70	80	100	125	150	200	250	300
支架的最大间距（m）	保温管	2	2.5	2.5	2.5	3	3	4	4	4.5	6	7	7	8	8.5
	不保温管	2.5	3	3.5	4	4.5	5	6	6	6.5	7	8	9.5	11	12

（3）采暖、给水及热水供应系统的塑料管及复合管垂直或水平安装的支架间距应符合表 2-24 的规定。采用金属制作的管道支架，应在管道与支架间加衬非金属垫或套管。

表 2-24　　　　　　　　　　塑料管及复合管管道支架的最大间距

管径（mm）			2	14	16	18	20	25	32	40	50	63	75	90	110
最大间距（m）	立管		0.5	0.6	0.7	0.8	0.9	1.0	1.1	1.3	1.6	1.8	2.0	2.2	2.4
	水平管	冷水管	0.4	0.4	0.5	0.5	0.6	0.7	0.8	0.9	1.0	1.1	1.2	1.35	1.55
		热水管	0.2	0.2	0.25	0.3	0.3	0.35	0.4	0.5	0.6	0.7	0.8		

（4）铜管垂直或水平安装的支架间距应符合表 2-25 的规定。

表 2-25　　　　　　　　　　　铜管管道支架的最大间距

公称直径（mm）		15	20	25	32	40	50	65	80	100	125	150	200
支架的最大间距（m）	垂直管	1.8	2.4	2.4	3.0	3.0	3.0	3.5	3.5	3.5	3.5	4.0	4.0
	水平管	1.2	1.8	1.8	2.4	2.4	2.4	3.0	3.0	3.0	3.0	3.5	3.5

（5）采暖、给水及热水供应系统的金属管道立管管卡安装应符合下列规定：

1）楼层高度小于或等于 5m，每层必须安装 1 个。

2）楼层高度大于 5m，每层不得少于 2 个。

3）管卡安装高度，距地面应为 1.5～1.8m，2 个以上管卡应匀称安装，同一房间管卡应安装在同一高度上。

（6）管道穿过墙壁和楼板，应设置金属或塑料套管。安装在楼板内的套管，其顶部应高出装饰地面 20mm；安装在卫生间及厨房内的套管，其顶部应高出装饰地面 50mm，底部应与楼板底面相平；安装在墙壁内的套管其两端与饰面相平。穿过楼板的套管与管道之间缝隙应用阻燃密实材料和防水油膏填实，端面光滑。穿墙套管与管道之间缝隙宜用阻燃密实材料填实，且端面应光滑。管道的接口不得设在套管内。

（7）各种承压管道系统和设备应做水压试验，非承压管道系统和设备应做灌水试验。

（8）本章适用于工作压力不大于 1.0MPa 的室内给水和消火栓系统管道安装工程的质量检验与验收。

（9）给水管道必须采用与管材相适应的管件。生活给水系统所涉及的材料必须达到饮用水卫生标准。

（10）管径小于或等于 100mm 的镀锌钢管应采用螺纹连接，套丝扣时破坏的镀锌层表面及外露螺纹部分应做防腐处理；管径大于 100mm 的镀锌钢管应采用法兰或卡套式专用管件连接，镀锌钢管与法兰的焊接处应二次镀锌。

（11）给水塑料管和复合管可以采用橡胶圈接口、粘接接口、热熔连接、专用管件连接及法兰连接等形式。塑料管和复合管与金属管件、阀门等的连接应使用专用管件连接，不得在塑料管上套丝。

（12）给水铸铁管管道应采用水泥捻口或橡胶圈接口方式进行连接。

（13）铜管连接可采用专用接头或焊接，当管径小于 22mm 时宜采用承插或套管焊接，承口应迎介质流向安装；当管径大于或等于 22mm 时宜采用对口焊接。

（14）给水立管和装有 3 个或 3 个以上配水点的支管始端，均应安装可拆卸的连接件。

（15）冷、热水管道同时安装应符合下列规定：

1）上、下平行安装时热水管应在冷水管上方。

2）垂直平行安装时热水管应在冷水管左侧。

（16）室内给水管道的水压试验必须符合设计要求。当设计未注明时，各种材质的给水管道系统试验压力均为工作压力的 1.5 倍，但不得小于 0.6MPa。

检验方法：金属及复合管给水管道系统在试验压力下观测 10min，压力降不应大于 0.02MPa，然后降到工作压力进行检查，应不渗不漏；塑料管给水系统应在试验压力下稳压 1h，压力降不得超过 0.05MPa，然后在工作压力的 1.15 倍状态下稳压 2h，压力降不得超过 0.03MPa，同时检查各连接处不得渗漏。

（17）给水系统交付使用前必须进行通水试验并做好记录。

检验方法：观察和开启阀门、水嘴等放水。

（18）生活给水系统管道在交付使用前必须冲洗和消毒，并经有关部门取样检验，符合国家《生活饮用水标准》方可使用。

检验方法：检查有关部门提供的检测报告。

（19）室内直埋给水管道（塑料管道和复合管道除外）应做防腐处理。埋地管道防腐层材质和结构应符合设计要求。

检验方法：观察或局部解剖检查。

（20）给水引入管与排水排出管的水平净距不得小于 1m。室内给水与排水管道平行敷设时，两管间的最小水平净距不得小于 0.5m；交叉铺设时，垂直净距不得小于 0.15m。给水管应铺在排水管上面，若给水管必须铺在排水管的下面时，给水管应加套管，其长度不得小于排水管管径的 3 倍。

检验方法：尺量检查。

（21）给水水平管道应有 2‰～5‰ 的坡度坡向泄水装置。检验方法：水平尺和尺量检查。

（22）给水管道和阀门安装的允许偏差应符合表 2 - 26 的规定。

（23）管道的支、吊架安装应平整牢固，其间距应符合规定。

检验方法：观察、尺量及手扳检查。

表 2 - 26　　　　　　　　　管道和阀门安装的允许偏差和检验方法

项次	项　目			允许偏差（mm）	检验方法
1	水平管道纵横方向弯曲	钢管	每米	1	用水平尺、直尺、拉线和尺量检查
			全长 25m 以上	≤25	
		塑料管复合管	每米	1.5	
			全长 25m 以上	≤25	
		铸铁管	每米	2	
			全长 25m 以上	≤25	
2	立管垂直度	钢管	每米	3	吊线和尺量检查
			5m 以上	≤8	
		塑料管复合管	每米	2	
			5m 以上	≤8	
		铸铁管	每米	3	
			5m 以上	≤10	
3	成排管段和成排阀门	在同一平面上间距		3	尺量检查

2.6.2　室内消火栓系统

（1）室内消火栓系统安装完成后应取屋顶层（或水箱间内）试验消火栓和首层取二处消火栓做试射试验，达到设计要求为合格。

检验方法：实地试射检查。

（2）安装消火栓水龙带，水龙带与水枪和快速接头绑扎好后，应根据箱内构造将水龙带挂放在箱内的挂钉、托盘或支架上。

检验方法：观察检查。

（3）箱式消火栓的安装应符合下列规定：

1）栓口应朝外，并不应安装在门轴侧。

2）栓口中心距地面为 1.1m，允许偏差±20mm。

3）阀门中心距箱侧面为 140mm，距箱后内表面为 100mm，允许偏差±5mm。

4）消火栓箱体安装的垂直度允许偏差为 3mm。

检验方法：观察和尺量检查。

2.6.3　室内排水系统

（1）生活污水管道应使用塑料管、铸铁管或混凝土管（由成组洗脸盆或饮用喷水器到共用水封之间的排水管和连接卫生器具的排水短管，可使用钢管）。雨水管道宜使用塑料管、铸铁管、镀锌和非镀锌钢管或混凝土管等。悬吊式雨水管道应选用钢管、铸铁管或塑料管。易受振动的雨水管道（如锻造车间等）应使用钢管。

（2）隐蔽或埋地的排水管道在隐蔽前必须做灌水试验，其灌水高度应不低于底层卫生器具的上边缘或底层地面高度。

检验方法：满水 15min 水面下降后，再灌满观察 5min，液面不降，管道及接口无渗漏为合格。

（3）生活污水铸铁管道的坡度必须符合设计或表 2-27 的规定。

表 2-27　　　　　　　　　　　生活污水铸铁管道的坡度

项次	管径（mm）	标准坡度（‰）	最小坡度（‰）	项次	管径（mm）	标准坡度（‰）	最小坡度（‰）
1	50	35	25	4	125	15	10
2	75	25	15	5	150	10	7
3	100	20	12	6	200	8	5

检验方法：水平尺、拉线尺量检查。

（4）生活污水塑料管道的坡度必须符合设计或表 2-28 的规定。

表 2-28　　　　　　　　　　　生活污水塑料管道的坡度

项次	管径（mm）	标准坡度（‰）	最小坡度（‰）	项次	管径（mm）	标准坡度（‰）	最小坡度（‰）
1	50	25	12	4	125	10	5
2	75	15	8	5	160	7	4
3	110	12	6				

检验方法：水平尺、拉线尺量检查。

（5）排水塑料管必须按设计要求及位置装设伸缩节。如设计无要求时，伸缩节间距不得大于 4m。高层建筑中明设排水塑料管道应按设计要求设置阻火圈或防火套管。

检验方法：观察检查。

（6）排水主立管及水平干管管道均应做通球试验，通球球径不小于排水管道管径的 2/3，通球率必须达到 100%。

检验方法：通球检查。

（7）在生活污水管道上设置的检查口或清扫口，当设计无要求时应符合下列规定：

1）在立管上应每隔一层设置一个检查口，但在最底层和有卫生器具的最高层必须设置。如为两层建筑时，可仅在底层设置立管检查口；如有乙字弯管时，则在该层乙字弯管的上部设置检查口。检查口中心高度距操作地面一般为 1m，允许偏差±20mm；检查口的朝向应便于检修。暗装立管，在检查口处应安装检修门。

2）在连接 2 个及 2 个以上大便器或 3 个及 3 个以上卫生器具的污水横管上应设置清扫口。当污水管在楼板下悬吊敷设时，可将清扫口设在上一层楼地面上，污水管起点的清扫口与管道相垂直的墙面距离不得小于 200mm；若污水管起点设置堵头代替清扫口时，与墙面距离不得小于 400mm。

3）在转角小于 135° 的污水横管上，应设置检查口或清扫口。

4）污水横管的直线管段，应按设计要求的距离设置检查口或清扫口。

检验方法：观察和尺量检查。

（8）埋在地下或地板下的排水管道的检查口，应设在检查井内。井底表面标高与检查口的法兰相平，井底表面应有 5% 坡度，坡向检查口。

检验方法：尺量检查。

（9）金属排水管道上的吊钩或卡箍应固定在承重结构上。固定件间距：横管不大于 2m；立管不大于 3m。楼层高度小于或等于 4m，立管可安装 1 个固定件。立管底部的弯管处应设支墩或采取固定措施。

检验方法：观察和尺量检查。

（10）排水塑料管道支、吊架间距应符合表 2-29 的规定。

表 2-29　　　　　　　　　　排水塑料管道支吊架最大间距　　　　　　　　　　m

管径（mm）	50	75	110	125	160
立管	1.2	1.5	2.0	2.0	2.0
横管	0.5	0.75	1.10	1.30	1.6

检验方法：尺量检查。

（11）排水通气管不得与风道或烟道连接，且应符合下列规定：

1）通气管应高出屋面 300mm，但必须大于最大积雪厚度。

2）在通气管出口 4m 以内有门、窗时，通气管应高出门、窗顶 600mm 或引向无门、窗一侧。

3）在经常有人停留的平屋顶上，通气管应高出屋面 2m，并应根据防雷要求设置防雷装置。

4）屋顶有隔热层应从隔热层板面算起。

检验方法：观察和尺量检查。

（12）安装未经消毒处理的医院含菌污水管道，不得与其他排水管道直接连接。

检验方法：观察检查。

（13）通向室外的排水管，穿过墙壁或基础必须下返时，应采用 45° 三通和 45° 弯头连接，并应在垂直管段顶部设置清扫口。

检验方法：观察和尺量检查。

（14）用于室内排水的水平管道与水平管道、水平管道与立管的连接，应采用 45° 三通或 45° 四通和 90° 斜三通或 90° 斜四通。立管与排出管端部的连接，应采用两个 45° 弯头或曲率半径不小于 4 倍管径的 90° 弯头。

检验方法：观察和尺量检查。

（15）室内排水管道安装的允许偏差应符合表 2-30 的相关规定。

表 2 - 30　　　　　　　　　　　　室内排水和雨水管道安装的允许偏差和检验方法

项次	项　目			允许偏差（mm）	检验方法
1	坐　标			15	
2	标　高			±15	
3	横管纵横方向弯曲	铸铁管	每米	≤1	用水准仪（水平尺）、直尺、拉线和尺量检查
			全长（25m 以上）	≤25	
		钢管	每米　管径小于或等于 100mm	1	
			管径大于 100mm	1.5	
			全长（25m 以上）　管径小于或等于 100mm	≤25	
			管径大于 100mm	≤308	
		塑料管	每米	1.5	
			全长（25m 以上）	≤38	
		钢筋混凝土管、混凝土管	每米	3	
			全长（25m 以上）	≤75	
4	立管垂直度	铸铁管	每米	3	吊线和尺量检查
			全长（5m 以上）	≤15	
		钢管	每米	3	
			全长（5m 以上）	≤10	
		塑料管	每米	3	
			全长（5m 以上）	≤15	

2.6.4　雨水管道及配件

（1）安装在室内的雨水管道安装后应做灌水试验，灌水高度必须到每根立管上部的雨水斗。

检验方法：灌水试验持续 1h，不渗不漏。

（2）雨水管道如采用塑料管，其伸缩节安装应符合设计要求。

检验方法：对照图纸检查。

（3）悬吊式雨水管道的敷设坡度不得小于 5‰；埋地雨水管道的最小坡度，应符合表 2-31的规定。

表 2 - 31　　　　　　　　　　　地下埋设雨水排水管道的最小坡度

项次	管径（mm）	最小坡度（‰）	项次	管径（mm）	最小坡度（‰）
1	50	20	4	125	6
2	75	15	5	150	5
3	100	8	6	200～400	4

检验方法：水平尺、拉线尺量检查。

（4）雨水管道不得与生活污水管道相连接。

检验方法：观察检查。

（5）雨水斗管的连接应固定在屋面承重结构上。雨水斗边缘与屋面相连处应严密不漏。连接管管径当设计无要求时，不得小于 100mm。

检验方法：观察和尺量检查。

（6）悬吊式雨水管道的检查口或带法兰堵口的三通的间距不得大于表 2 - 32 的规定。

检验方法：拉线、尺量检查。

表 2 - 32　　　　　　　　　　　　悬 吊 管 检 查 口 间 距

项次	悬吊管直径（mm）	检查口间距（m）	项次	悬吊管直径（mm）	检查口间距（m）
1	≤150	≤15	2	≥200	≤20

（7）雨水管道安装的允许偏差应符合规范的规定。

2.6.5　室内热水供应系统安装

（1）适用于工作压力不大于 1.0MPa，热水温度不超过 75℃的室内热水供应管道安装工程的质量检验与验收。

（2）热水供应系统的管道应采用塑料管、复合管、镀锌钢管和铜管。

（3）热水供应系统安装完毕，管道保温之前应进行水压试验，试验压力应符合设计要求。当设计未注明时，热水供应系统水压试验压力应为系统顶点的工作压力加 0.1MPa，同时在系统顶点的试验压力不小于 0.3MPa。

检验方法：钢管或复合管道系统试验压力下 10min 内压力降不大于 0.02MPa，然后降至工作压力检查，压力应不降，且不渗不漏；塑料管道系统在试验压力下稳压 1h，压力降不得超过 0.05MPa，然后在工作压力 1.15 倍状态下稳压 2h，压力降不得超过 0.03MPa，连接处不得渗漏。

（4）热水供应管道应尽量利用自然弯补偿热伸缩，直线段过长则应设置补偿器。补偿器型式、规格、位置应符合设计要求，并按有关规定进行预拉伸。

检验方法：对照设计图纸检查。

（5）热水供应系统竣工后必须进行冲洗。

检验方法：现场观察检查。

（6）管道安装坡度应符合设计规定。

检验方法：水平尺、拉线尺量检查。

（7）温度控制器及阀门应安装在便于观察和维护的位置。

检验方法：观察检查。

（8）热水供应管道和阀门安装的允许偏差应符合本规范的规定。

（9）热水供应系统管道应保温（浴室内明装管道除外），保温材料、厚度、保护壳等应符合设计规定。保温层厚度和平整度的允许偏差应符合本规范的规定。

（10）敞口水箱的满水试验和密闭水箱（罐）的水压试验必须符合设计与本规范的规定。

检验方法：满水试验静置 24h，观察不渗不漏；水压试验在试验压力下 10min 压力不降，不渗不漏。

2.6.6　卫生器具安装

（1）适用于室内污水盆、洗涤盆、洗脸（手）盆、盥洗槽、浴盆、淋浴器、大便器、小便器、小便槽、大便冲洗槽、妇女卫生盆、化验盆、排水栓、地漏、加热器、煮沸消毒器和饮水器等卫生器具安装的质量检验与验收。

（2）卫生器具的安装应采用预埋螺栓或膨胀螺栓安装固定。

（3）卫生器具安装高度如设计无要求时，应符合表2-33的规定。

表2-33　　　　　　　　　　　　　卫生器具的安装高度

项次	卫生器具名称		卫生器具安装高度（mm）		备　注
			居住和公共建筑	幼儿园	
1	污水盆（池）	架空式	800	800	
		落地式	500	500	
2	洗涤盆（池）		800	800	
3	洗脸盆、洗手盆（有塞、无塞）		800	500	自地面至器具上边缘
4	盥洗槽		800	500	
5	浴　盆		≤520	—	
6	蹲式大便器	高水箱	1800	1800	自台阶面至高水箱底
		低水箱	900	900	自台阶面至低水箱底
7	坐式大便器	高水箱	1800	1800	自地面至高水箱底
	低水箱	外露排水管式	510	370	自地面至低水箱底
		虹吸喷射式	470		
8	小便器	挂　式	600	450	自地面至下边缘
9	小便槽		200	150	自地面至台阶面
10	大便槽冲洗水箱		≥2000		自台阶面至水箱底
11	妇女卫生盆		360	—	自地面至器具上边缘
12	化验盆		800		自地面至器具上边缘

（4）卫生器具给水配件的安装高度，如设计无要求时，应符合表2-34的规定。

表2-34　　　　　　　　　　　卫生器具给水配件的安装高度

项次	给水配件名称		配件中心距地面高度（mm）	冷热水龙头距离（mm）
1	架空式污水盆（池）水龙头		1000	—
2	落地式污水盆（池）水龙头		800	—
3	洗涤盆（池）水龙头		1000	150
4	住宅集中给水龙头		1000	
5	洗手盆水龙头		1000	
6	洗脸盆	水龙头（上配水）	1000	150
		水龙头（下配水）	800	150
		角阀（下配水）	450	

续表

项次		给水配件名称	配件中心距地面高度（mm）	冷热水龙头距离（mm）
7	盥洗槽	水龙头	1000	150
		冷热水管 上下并行，其中热水龙头	1100	150
8	浴盆	水龙头（上配水）	670	150
9	淋浴器	截止阀	1150	95
		混合阀	1150	—
		淋浴喷头下沿	2100	—
10	蹲式大便器 （台阶面算起）	高水箱角阀及截止阀	2040	—
		低水箱角阀	250	—
		手动式自闭冲洗阀	600	—
		脚踏式自闭冲洗阀	150	—
		拉管式冲洗阀（从地面算起）	1600	—
		带防污助冲器阀门（从地面算起）	900	—
11	坐式大便器	高水箱角阀及截止阀	2040	—
		低水箱角阀	150	—
12	大便槽冲洗水箱截止阀（从台阶面算起）		≥2400	—
13	立式小便器角阀		1130	—
14	挂式小便器角阀及截止阀		1050	—
15	小便槽多孔冲洗管		1100	—
16	实验室化验水龙头		1000	—
17	妇女卫生盆混合阀		360	—

注　装设在幼儿园内的洗手盆、洗脸盆和盥洗槽水嘴中心离地面安装高度应为 700mm，其他卫生器具给水配件的安装高度，应按卫生器具实际尺寸相应减少。

（5）排水栓和地漏的安装应平正、牢固，低于排水表面，周边无渗漏。地漏水封高度不得小于 50mm。

检验方法：试水观察检查。

（6）卫生器具交工前应做满水和通水试验。

检验方法：满水后各连接件不渗不漏；通水试验给、排水畅通。

（7）有饰面的浴盆，应留有通向浴盆排水口的检修门。

检验方法：观察检查。

（8）小便槽冲洗管，应采用镀锌钢管或硬质塑料管。冲洗孔应斜向下方安装，冲洗水流同墙面成 45°角。镀锌钢管钻孔后应进行二次镀锌。

检验方法：观察检查。

（9）卫生器具的支、托架必须防腐良好，安装平整、牢固，与器具接触紧密、平稳。

检验方法：观察和手扳检查。

（10）卫生器具给水配件安装标高的允许偏差应符合表 2-35 的规定。

表 2-35　　　　　卫生器具给水配件安装标高的允许偏差和检验方法

项次	项　　　目	允许偏差（mm）	检验方法
1	大便器高、低水箱角阀及截止阀	±10	尺量检查
2	水嘴	±10	
3	淋浴器喷头下沿	±15	
4	浴盆软管淋浴器挂钩	±20	

（11）浴盆软管淋浴器挂钩的高度，如设计无要求，应距地面 1.8m。

检验方法：尺量检查。

（12）与排水横管连接的各卫生器具的受水口和立管均应采取妥善可靠的固定措施；管道与楼板的接合部位应采取牢固可靠的防渗、防漏措施。

检验方法：观察和手扳检查。

（13）连接卫生器具的排水管道接口应紧密不漏，其固定支架、管卡等支撑位置应正确、牢固，与管道的接触应平整。

检验方法：观察及通水检查。

（14）卫生器具排水管道安装的允许偏差应符合表 2-36 的规定。

表 2-36　　　　　卫生器具排水管道安装的允许偏差及检验方法

项次	检　查　项　目		允许偏差（mm）	检验方法
1	横管弯曲度	每米	2	用水平尺量检查
		横管长度≤10m，全长	<8	
		横管长度>10m，全长	10	
2	卫生器具的排水管口及横支管的纵横坐标	单独器具	10	用尺量检查
		成排器具	5	
3	卫生器具的接口标高	单独器具	±10	用水平尺和尺量检查
		成排器具	±5	

（15）连接卫生器具的排水管管径和最小坡度，如设计无要求时，应符合表 2-37 的规定。

检验方法：用水平尺和尺量检查。

表 2-37　　　　　连接卫生器具的排水管管径和最小坡度

项次	卫生器具名称	排水管管径（mm）	管道的最小坡度（‰）
1	污水盆（池）	50	25
2	单、双格洗涤盆（池）	50	25
3	洗手盆、洗脸盆	32~50	20

续表

项次	卫生器具名称		排水管管径（mm）	管道的最小坡度（‰）
4	浴盆		50	20
5	淋浴器		50	20
6	大便器	高、低水箱	100	12
		自闭式冲洗阀	100	12
		拉管式冲洗阀	100	12
7	小便器	手动、自闭式冲洗阀	40～50	20
		自动冲洗水箱	40～50	20
8	化验盆（无塞）		40～50	25
9	净身器		40～50	20
10	饮水器		20～50	10～20
11	家用洗衣机		50（软管为30）	—

2.7 阀 门

1. 阀门型号的组成

阀门的型号由 7 部分组成：阀门类别、驱动方式、连接形式、结构形式、密封面材料、公称压力和阀体材料，如图 2-62 所示。

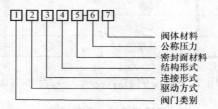

图 2-62 阀门型号的组成

（1）阀门类别。用汉语拼音字母表示，见表 2-38。部分阀门如图 2-63 所示。

表 2-38　　　　　　　　　　　　　阀门类别及其代号

阀门类别	代号	阀门类别	代号	阀门类别	代号
闸阀	Z	止回阀	H	旋塞	X
截止阀	J	减压阀	Y	节流阀	L
安全阀	A	调节阀	T	电磁阀	ZCLF
疏水器	S	隔膜阀	G		
蝶阀	D	球阀	Q		

（2）阀门的驱动方式。用 1 位阿拉伯数字表示（当阀门为手轮、手柄、扳手等可以直接用手驱动，或是自动阀门，此部分不写），见表 2-39。

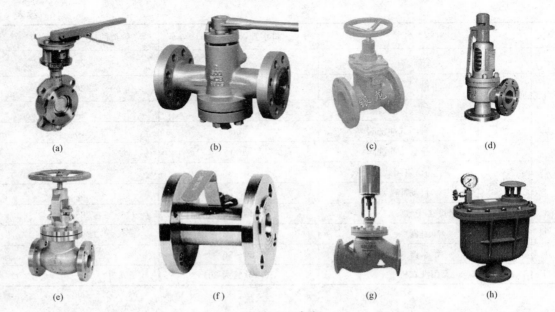

图 2 - 63　阀门
(a) 对夹手动蝶阀；(b) 法兰旋塞阀；(c) 法兰闸阀；(d) 法兰安全阀
(e) 法兰截止阀；(f) 法兰球阀；(g) 电动调节阀；(h) 自动排气阀

表 2 - 39　　　　　　　　　　阀门驱动方式及其代号

驱动方式	代号	驱动方式	代号	驱动方式	代号
蜗轮	3	气动	6	电动机	9
正齿轮	4	液动	7		
伞齿轮	5	电磁	8		

（3）阀门的连接形式。用 1 位阿拉伯数字表示，见表 2 - 40。

表 2 - 40　　　　　　　　　　阀门连接形式及其代号

连接形式	代号	连接形式	代号	连接形式	代号
内螺纹	1	法兰	4	对夹	7
外螺纹	2	焊接	6	卡箍	8

（4）阀门的结构形式。用 1 位阿拉伯数字表示，见表 2 - 41。

表 2 - 41　　　　　　　　　　阀门结构形式及其代号

结 构 形 式	代号	结 构 形 式	代号
a. 闸阀		暗杆楔式单闸板	5
明杆楔式单闸板	1	暗杆楔式双闸板	6
明杆楔式双闸板	2	暗杆平行式单板	7
明杆平行式单板	3	暗杆平行式双板	8
明杆平行式双板	4	b. 截止阀	

续表

结 构 形 式	代号	结 构 形 式	代号
直通式（铸造）	1	f. 止回阀	
直角式（铸造）	2	直通升降式（铸）	1
直通式（锻造）	3	立式升降式	2
直角式（锻造）	4	直通升降式（锻）	3
直流式	5	单瓣旋启式	4
压力计用	9	多瓣旋启式	5
c. 杠杆式安全阀		g. 球阀	
单杠杆微启式	1	直通式（铸造）	1
单杠杆全启式	2	直通式（锻造）	3
双杠杆微启式	3	h. 疏水阀	
双杠杆全启式	4	浮球式	1
d. 弹簧式安全阀		钟形浮子式	5
封闭微启式	1	脉冲式	8
封闭全启式	2	热动力式	9
封闭带扳手微启式	3	i. 蝶阀	
封闭带扳手全启式	4	垂直板式	1
不封闭带扳手微启	7	斜板式	3
不封闭带扳手全启	8	杠杆式	0
带散热片全启式	0	j. 调节阀	
脉冲式	9	薄膜弹簧式	
e. 减压阀		带散热片气开式	1
外弹簧薄膜式	1	带散热片气关式	2
内弹簧薄膜式	2	不带散热片气开式	3
膜片活塞式	3	不带散热片气关式	4
波纹管式	4	活塞弹簧式	
杠杆弹簧式	5	阀前	7
气垫薄膜式	6	阀后	8

（5）阀门的密封圈（面）材料。用汉语拼音字母表示，见表 2 - 42。

表 2 - 42　　　　　　　　　　　阀门的密封圈材料及代号

密封圈或衬里材料	代　号	密封圈或衬里材料	代　号
铜（黄铜或青铜）	T	橡胶	X
耐酸钢或不锈钢	H	硬橡胶	J
渗氮钢	D	皮革	P
巴比特合金	B	四氟乙烯	SA
硬质合金	Y	聚氯乙烯	SC

续表

密封圈或衬里材料	代　号	密封圈或衬里材料	代　号
酚醛塑料	SD	衬塑料	CS
石墨石棉（层压）	S	搪瓷	TC
衬胶	CJ	尼龙	NS
衬铅	CQ	阀体上加工密封圈	W

（6）阀门的公称压力。直接以公称压力数值表示（旧型号公称压力单位为 kgf/cm^2），并用横线与前部分隔开。

（7）阀体材料。用汉语拼音字母表示，见表 2-43。对于灰铸铁阀体，当公称压力≤1.6MPa 和碳素钢阀体当公称压力≥2.5MPa 时，此部分省略不写。

表 2-43　　　　　　　　　　　阀体材料及代号

阀　体　材　料	代　号	阀　体　材　料	代　号
灰铸铁	Z	碳钢	C
可锻铸铁	K	中铬钼合金钢	I
球墨铸铁	Q	铬钼钒合金钢	V
铜合金（铸铜）	T	铬镍钼钛合金钢	R
铝合金	L	铬镍钛钢	P

2. 阀门型号举例

（1）Z944T-1 DN500：公称直径 500mm，电动机驱动，法兰连接，明杆平行式双闸板闸阀，密封圈材料为铜，公称压力为 1MPa，阀体材料为灰铸铁（灰铸铁阀门公称压力≤1.6MPa 不写材料代号）。

（2）J11T-1.6 DN32：公称直径 32mm，手轮驱动（第二部分省略），内螺纹连接，直通式（铸造），铜密封圈，公称压力为 1.6MPa，阀体材料为灰铸铁的截止阀。

（3）H11T-1.6K DN5：公称直径 50mm，自动启闭（第二部分省略），内螺纹连接，直通升降式（铸造），铜密封圈，公称压力为 1.6MPa，阀体材料为可锻铸铁的止回阀。

3. 阀门的外观标示

（1）公称直径、公称压力和介质流向标志。为了便于从外观上识别阀门的直径、压力和介质的流向，阀门在出厂前将公称直径 DN、公称压力 PN 的数值和介质流动方向（以箭头）标示在阀体的正面。

（2）阀门的涂色为了标示阀体、密封圈材料或衬里材料（有衬里时），通常阀门出厂前，在阀门的手轮、阀盖、杠杆和阀体等不同部位涂上各种颜色的漆，以供安装阀门时识别。例如阀体上涂黑色，表明阀体材料为灰铸铁或可锻铸铁；手轮上涂红色，表明密封圈材料为铜。

4. 常用阀门

管道工程中，常用的阀门有闸阀、截止阀、球阀、止回阀、安全阀和水龙头、旋塞等。

（1）闸阀。阀体内有一块平板与介质流动方向垂直，故亦称为闸板阀。靠平板的升降来启闭介质流。按闸板（平板）的结构不同分为楔式、平行式和弹性闸板，其中楔式与平行式闸板应用普遍。按阀杆的结构不同可分为明杆式（闸板升降时可看到阀杆同时升降）与暗杆式（闸板升降时看不到阀杆升降）；按连接型式不同可分为内螺纹式与法兰式。

　　闸阀的体形较短，流体阻力小，广泛用于室内外的给水工程中。法兰式和内螺纹式闸阀如图 2 - 64 所示，常用闸阀见表 2 - 44。

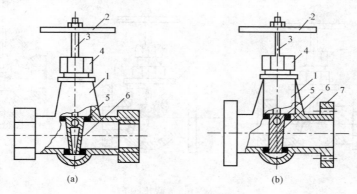

图 2 - 64　闸阀

（a）内螺纹式；（b）法兰式

1—阀体；2—手轮；3—阀杆；4—压盖；5—密封圈；6—闸板；7—法兰

表 2 - 44　　　　　　　　　常 用 闸 阀

阀门名称	型　号	阀体材料	公称直径
内螺纹闸阀	Z15T-1	灰铸铁	DN15～DN40
内螺纹闸阀	Z15T-1K	可锻铸铁	DN25～DN50
法兰式闸阀	Z44W-1	灰铸铁	DN125～DN250
法兰式闸阀	Z41T-1	灰铸铁	DN50～DN100

　　（2）截止阀。利用阀杆下端的阀盘（或阀针）与阀孔的配合来启、闭介质流。按结构形式不同分为直通式、直角式和直流式，其中直通式应用普遍，直角式次之，直流式很少应用；按连接形式不同可分为螺纹式与法兰式。截止阀的流体阻力较闸阀大些，体形较同直径的闸阀长些。广泛用于水暖管道和工业管道工程中，其常用规格、型号见表 2 - 45。法兰式和内螺纹式直通、直角式截止阀如图 2 - 65 所示。

表 2 - 45　　　　　　　　　常 用 截 止 阀

阀门名称	型　号	阀体材料	公称直径
内螺纹截止阀	J11T-1.6	灰铸铁	DN15～DN65
内螺纹截止阀	J11P-1K	可锻铸铁	DN15～DN65
法兰式截止阀	J41T-1.6	灰铸铁	DN80～DN200

　　（3）止回阀。止回阀也称逆止阀、单向阀、单流阀，是一种自动启闭的阀门。在阀体内有一个阀盘（或摇板），当介质顺流时，靠其推力将阀盘升起（或将摇板旋开），介质流过；当介质倒流时，阀盘或摇板靠其自重和介质的反向压力自动关闭。按结构不同可分为升降式和旋启式，其中旋启式又分为单瓣和多瓣；升降式又分为立式升降式与升降式。立式升降式

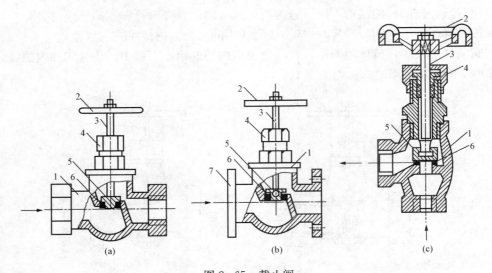

图 2 - 65　截止阀

（a）内螺纹直通式；（b）法兰直通式；（c）内螺纹直角式

1—阀体；2—手轮；3—阀杆；4—压盖；5—阀盘（或阀针）；6—密封圈；7—法兰

安装在垂直管道上；升降式和旋启式安装在水平管道上。按连接形式不同可分为内螺纹式和法兰式。止回阀广泛用于水暖管道和工业管道工程中，其常用规格、型号见表 2 - 46。法兰立式升降式、内螺纹升降式和法兰旋启式止回阀如图 2 - 66 所示。

表 2 - 46　　　　　　　　　　　　常 用 止 回 阀

阀门名称	型号	阀体材料	公称直径
升降式止回阀	H11T-1.6K	可锻铸铁	DN15～DN65
升降式底阀	H42X-0.25	灰铸铁	DN100～DN200
旋启式止回阀	H14T-1	灰铸铁	DN15～DN50

（4）安全阀。安全阀是自动保险（保护）装置。当设备、容器或管道系统内的压力超过工作压力（或调定压力值）时，安全阀自动开启，排放出部分介质（气或液）；当设备、容器或管道系统内的压力低于工作压力（或调定压力值）时，安全阀便自动关闭。按结构不同分为弹簧式和杠杆式；按连接形式不同可分为法兰式和内螺纹式。通常固定容器、设备（如锅炉）应安装弹簧式和杠杆式安全阀各一个，管道系统一般安装弹簧式安全阀。内螺纹弹簧式和法兰杠杆式安全阀如图 2 - 67 所示。

（5）球阀。在阀体内，位于阀杆的下端有一个球体，在球体上有一个水平圆孔，利用阀杆的转动来启闭介质流（当阀杆转动 90°时为全开，再转动 90°时为全闭）。常用的为小直径内螺纹球阀，其公称直径一般在 DN50 以内。球阀的主要优点：比闸阀、截止阀开、闭迅速，适用于工作压力、温度不高的水、气等管道工程中。利用手柄驱动的内螺纹式球阀，如图 2 - 68 所示。

（6）旋塞。在阀体内，位于阀杆的下端有一个圆柱体，在圆柱体上有一个矩形孔（或水平圆孔），利用阀杆的转动来启闭介质流。常用的为小直径内螺纹旋塞，一般其公称直径在

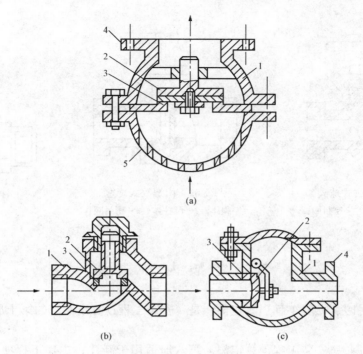

图 2 - 66　止回阀

（a）法兰立式升降式；（b）内螺纹升降式；（c）法兰旋启式

1—阀体；2—阀盘；3—密封圈；4—法兰；5—笼头

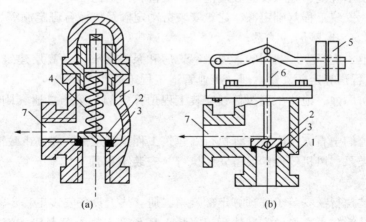

图 2 - 67　安全阀

（a）弹簧式；（b）杠杆式

1—阀体；2—阀盘（针）；3—密封圈；4—弹簧；

5—重锤（配重）；6—杠杆；7—介质排出口

DN50 以内。旋塞的主要优点和适用场所与球阀基本相同，利用手柄驱动的内螺纹式旋塞，如图 2 - 69 所示。

　　（7）水龙头。水龙头的种类比较多，普通水龙头如图 2 - 70 所示。其公称直径常用的有 DN15，DN20，DN25 三个等级。

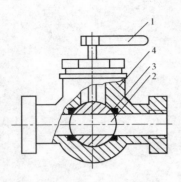
图 2-68　内螺纹式球阀
1—手柄；2—球体；3—密封圈；
4—阀体

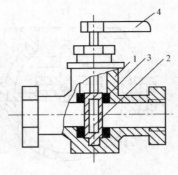
图 2-69　内螺纹式旋塞
1—阀体；2—圆柱体；3—密封圈；
4—手柄

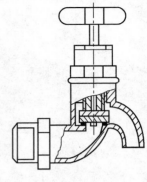
图 2-70　普通水龙头

2.8　定额内容概述

《给排水、采暖、燃气工程预算定额》是《安装工程预算定额》的第十册。

1. 内容说明

（1）适用范围。《安装工程预算定额》第八册适用于新建、扩建工程项目中的生活用给水、排水、燃气、采暖热源管道以及附件配件安装、小型容器制作安装工程。

（2）编制依据。

1）有关的技术规范、施工及验收规范、质量检验评定标准等。

2）全国统一安装工程基础定额、建筑安装劳动定额及机械台班定额等。

（3）与其他安装定额册的关系。

1）工业管道、生产生活共用的管道、锅炉房和泵类配管以及高层建筑内的加压泵间管道执行《安装工程预算定额》第六册《工业管道工程定额》。

2）刷油、防腐蚀、绝热工程执行《安装工程预算定额》第十二册《刷油、防腐蚀、绝热工程定额》。

3）埋地管道的土石方及砌筑工程执行《建筑工程预算定额》和《市政工程预算定额》。

4）有关各类泵、风机等传动设备安装执行《安装工程预算定额》第一册《机械设备安装工程定额》。

5）锅炉安装执行《安装工程预算定额》第二册《热力设备安装工程定额》。

6）消火栓及消防报警设备安装执行《安装工程预算定额》第九册《消防设备安装工程定额》。

7）压力表、温度计执行《安装工程预算定额》第六册《自动化控制仪表安装工程定额》。

（4）有关费用的规定。

1）高层建筑增加费，指高度在 6 层以上的高层建筑（不含 6 层）或单层建筑物自室外设计正负零至檐口（或最高层屋面）高度在 20m 以上（不含 20m，不包括屋顶水箱、电梯间、屋顶平台出入口等）的建筑物，高层建筑增加费列入施工技术措施项目进行计算。

2）超高增加费。定额中操作高度均以 3.6m 为界，如超过 3.6m 时，按其超过部分（指由 3.6m 至操作物高度）的定额人工费计算超高增加费，超高增加费列入施工技术措施项目进行计算。

3）设置于管道井、封闭式管廊内的管道、阀门、法兰、支架安装，其定额人工乘以系数 1.3。

4）采暖工程系统调试费。按采暖工程系统人工总工日数套定额进行计算。

5）脚手架搭拆费。列入施工技术措施项目进行计算。但单独承包的室外埋地管道工程不得计取此项费用。

2. 章节划分

《安装工程预算定额》第十册按产品技术特性及用途划分为八章。

（1）第一章——管道安装。

（2）第二章——阀门、水位标尺安装。

（3）第三章——低压器具、水表组成与安装。

（4）第四章——卫生器具制作与安装。

（5）第五章——供暖器具安装。

（6）第六章——小型容器制作安装。

（7）第七章——燃气管道、附件、器具安装。

（8）第八章——系统调试。

3. 附录组成

（1）附录一——主要材料损耗率一览表。

（2）附录二——管道接头零件价格取定表。包括室内外镀锌钢管、室内外焊接钢管、燃气室内外镀锌钢管、室内排水铸铁管、柔性抗震铸铁排水管、室外塑料排水管（粘接）、塑料排水管 PVC-U（零件粘接）的接头零件的价格取定。

（3）附录三——塑料给水管接头零件用量取定表。包括室内外钢塑管、硬聚氯乙烯管、聚丙烯管、ABS 管及室内铝塑复合管接头零件的定额用量的取定。

（4）附录四——塑料给水管件基期价。

2.9　定额编制说明

《安装工程预算定额》第十册是按国内大多数施工企业采用的施工方法、机械化程度、合理的工期、施工工艺和合理的劳动组织条件进行编制的。

2.9.1　管道安装

适用于室内外生活用给水、排水、雨水、采暖热源管道、法兰、套管、伸缩器等的安装。

1. 管道安装与有关定额的划分界限

（1）给水管道。

1）室内外界限以建筑物外墙皮 1.5m 为界，入口处设阀门者以阀门为界。

2）与市政管道界限以水表井为界，无水表井者，以与市政管道碰头点为界。

（2）排水管道。

1）室内外以出户第一个排水检查井为界。

2）室外管道与市政管道以室外管道与市政管道碰头井为界。

（3）采暖热源管道。

1）室内外以入口阀门或建筑物外墙皮 1.5m 为界。

2）与工业管道界线以锅炉房或泵站外墙皮 1.5m 为界。

3）工厂车间内采暖管道以采暖系统与工业管道碰头点为界。

4）设在高层建筑内的加压泵间管道以泵间外墙皮为界。

2. 工作内容

（1）管道及接头零件安装。

（2）水压试验或灌水试验。

（3）钢管包括弯管制作与安装（伸缩器除外），无论是现场煨制或成品弯管均不得换算。

（4）铸铁排水管、雨水管及塑料排水管均包括管卡、托吊支架、透气帽制作安装及雨水斗安装。

（5）承插塑料排水管（零件粘接）DN50、DN75、DN100、DN150 的管件为计价材料，接头零件见表 2-47。

表 2-47　　　　　塑料排水管 PVC-U（零件粘接）接头零件　　　　计量单位：10m

材料名称	单位	DN50			DN70			DN100			DN150		
		用量	单价（元）	金额（元）	用量	单价（元）	金额（元）	用量	单价（元）	金额（元）	用量	单价（元）	金额（元）
塑料承插三通	个	1.15	2.13	2.45	1.93	4.70	9.07	4.48	9.81	43.95	3.45	32.91	113.54
塑料承插弯头	个	5.53	1.63	9.05	1.59	3.00	4.77	4.14	5.87	24.30	1.33	19.68	26.17
塑料承插四通	个				0.13	6.33	0.82	0.25	11.62	2.91	0.11	11.62	1.28
塑料承插接轮（直接头）	个	2	0.83	1.66	2.86	1.45	4.15	1.04	3.07	3.19	1.44	6.65	9.58
塑料承插扫除口	个	0.21	3.00	0.63	2.72	3.74	10.17	0.81	5.22	4.23	0.1	5.22	0.52
塑料承插异径管	个				0.17	1.34	0.23	0.25	2.55	0.64	0.14	6.13	0.86
塑料承插伸缩节	个	0.11	3.50	0.39	1.36	4.56	6.20	0.41	9.40	3.85	0.41	25.65	10.52
合计	个	9.02		14.18	10.76		35.41	11.38		83.07	6.98		162.47
综合单价（元）			1.57			3.29			7.30			23.28	

3. 有关解释说明

（1）管道安装中不包括法兰、阀门及伸缩器的制作、安装，按相应项目另行计算。

（2）室内外给水、雨水铸铁管包括接头零件安装所需的人工，但接头零件价格应另行计算。

（3）所有钢管支架按管道支架另行计算。

（4）穿墙、过楼板的钢套管制作安装执行第八册《工业管道工程》相应定额，即 8-2940～8-2949 一般穿墙套管制作安装子目，其中过楼板套管执行"一般穿墙套管制作安装"项目，主材按 0.2m 计，其余不变。

（5）管道预安装（即二次安装，指确实需要且实际发生管子吊装上去进行点焊预安装，然后拆下来，经镀锌后再二次安装的部分），其人工费乘以系数 2.0。

（6）卫生间暗敷管道每间补贴 1.5 工日，厨房暗管每间补贴 0.5 工日，其他室内管道安装，不论明敷或暗敷，均套用相应管道安装子目，不作调整。

（7）当承插铸铁给水管用的胶圈随铸铁管及接头零件配套供应时，则胶圈不能再另行计价。

（8）当柔性抗振铸铁排水管（柔性接口）用的橡胶密封圈及法兰压盖随管材及接头零件配套供应时，则这两种材料不能再计价。

2.9.2　阀门、水位标尺安装

（1）螺纹阀门安装适用于各种内外螺纹连接的阀门安装。

（2）法兰阀门安装适用于各种法兰阀门的安装，如仅为一侧法兰连接时，定额中法兰、带帽螺栓及钢垫圈数量减半。

（3）各种法兰连接用垫片均按石棉橡胶板计算。如设计用其他材料时，可作调整。

2.9.3　低压器具、水表组成与安装

（1）减压器、疏水器组成与安装是按《采暖通风国家标准图集》N108 编制的，如实际组成与此不同时，阀门和压力表数量可按实际调整，其余不变。

（2）法兰水表安装应区分带旁通管与不带旁通管两种，法兰水表带旁通管安装是按《全国通用给水排水标准图集》S145 编制的，定额内包括旁通管及止回阀。

（3）减压器、疏水器、水表组成与安装时，阀门按实计算。

2.9.4　卫生器具制作与安装

卫生器具制作与安装中所有卫生器具安装项目均参照《全国通用给水排水标准图集》中有关标准图集计算。

（1）浴盆安装适用于各种型号的浴盆，但浴盆支座和浴盆周边的砌砖、瓷砖粘贴应另行计算。

（2）洗脸盆、洗手盆、洗涤盆适用于各种型号。

（3）化验盆安装中的鹅颈水嘴、化验单嘴、双嘴适用于成品件安装。

（4）洗脸盆肘式开关安装不分单双把均执行同一项目。

（5）淋浴器铜制品安装适用于各种成品淋浴器安装。

（6）高（无）水箱蹲式大便器、低水箱坐式大便器安装，适用于各种型号。

（7）淋浴器、大便器、小便器中的水嘴、阀门、配件及给水管，发生时另行计算。

（8）当卫生器具的各种水嘴、阀门、给水软管及排水配件等随卫生器具成套供应时，则此类附材不得再计价。

（9）开水炉、容积式热交换器的水位计、温度计、压力表、阀门等随设备成套供应时，则此类附材不得再计价。

2.9.5　小型容器制作安装

小型容器制作安装参照《全国通用给水排水标准图集》S151、S342 及《全国通用采暖通风标准图集》T905、T906 编制，适用于给排水、采暖系统中一般低压碳钢容器的制作和安装。

（1）各种水箱的连接管，均未包括在定额内，可执行室内管道安装的相应项目。

（2）各类水箱均未包括支架制作安装，如为型钢支架，执行《安装工程预算定额》第十册"一般管道支架"项目，混凝土或砖支座可按《建筑工程预算定额》相应项目执行。

（3）水箱制作包括水箱本身及人孔的重量。水位计、内外人梯均未包括在定额内，发生时，可另行计算。

2.10 工程量计算规则与定额解释

2.10.1 工程量计算规则

1. 管道安装

（1）各种管道，均以施工图所示中心长度，以"m"为计量单位，不扣除阀门、管件（包括减压器、疏水器、水表、伸缩器等组成安装）所占的长度。各种管道的主材费按照定额中的含量乘以相应的单价计算。

（2）管道支架制作安装以"kg"为计量单位。

（3）各种伸缩器制作安装，均以"个"为计量单位。方形伸缩器的两臂，按臂长的两倍合并在管道长度内计算。

（4）管道消毒、冲洗、压力试验，均按管道长度以"m"为计量单位，不扣除阀门、管件所占的长度。

2. 阀门、水位标尺安装

（1）各种阀门安装均以"个"为计量单位。

（2）法兰阀（带短管甲乙）安装，均以"套"为计量单位，如接口材料不同时，可作调整。

（3）自动排气阀安装以"个"为计量单位。

（4）浮球阀安装均以"个"为计量单位，已包括了联杆及浮球的安装，不得另行计算。

（5）浮标液面计、水位标尺是按国标编制的，如设计与国标不符时，可作调整。

3. 低压器具、水表组成与安装

（1）减压器、疏水器组成与安装以"组"为计量单位，如设计组成与定额不同时，阀门和压力表数量可按设计用量调整，其余不变。

（2）减压器安装按高压侧的直径计算。

（3）各种水表安装应以型号、连接方式及计量单位，计算并套用相应定额。

（4）电子除垢仪、水锤消除器安装以"个"为计量单位。

4. 卫生器具制作安装

（1）卫生器具组成安装以"组"为计量单位，定额已按标准图集综合了卫生器具与给水管、排水管连接的人工与材料用量，不得另行计算。

1）浴盆的安装范围：给水是水平管与支管交接处，排水到存水弯处。浴盆的安装范围如图 2 - 71 所示。

2）蹲式大便器（瓷高水箱）安装范围：给水是水平管与支管的交叉处，排水到存水弯处。蹲式大便器（瓷高水箱）安装范围如图 2 - 72 所示。

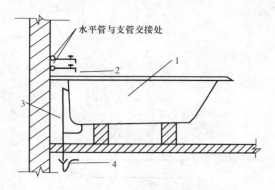

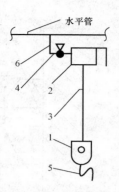

图 2-71　浴盆安装范围
1—浴盆；2—浴盆水嘴；3—浴盆排水配件；
4—浴盆存水弯

图 2-72　蹲式大便器（瓷高水箱）安装范围
1—蹲式大便器；2—高水箱（带全部铜活）；
3—冲洗管；4—阀门；5—存水弯；6—支管

3）普通阀门冲洗蹲式大便器安装范围：以水平管与分支管的交叉处为准，但给水支管与水平管交叉的地点标高定额是按 1m 考虑的，标高不同可以换算。普通阀门冲洗蹲式大便器安装范围如图 2-73 所示。

4）低水箱坐式大便器。坐式大便器一般为虹吸式排水，坐式大便器本体构造中自带水封装置，故不另设存水弯；坐式大便器坐落在卫生间地面上，不设台阶。在地面的垫层里，按坐式大便器底座上螺孔的位置预先埋上梯形木砖，然后用木螺丝钉把坐式大便器固定在木砖上；水箱也需要用木砖固定在墙上。坐式大便器的水箱分为高、低两种，一般常用低水箱坐式大便器。低水箱坐式大便器每组的工程量计算具体位置如图，给水是水平管与支管的交接处。低水箱坐式大便器安装范围如图 2-74 所示。

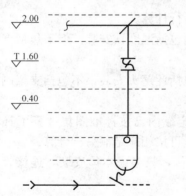

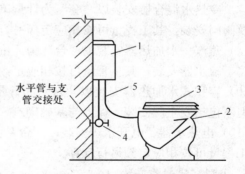

图 2-73　普通阀门冲洗蹲式大便器

图 2-74　低水箱坐式大便器
1—低水箱（带全部铜活）；2—坐式便器；
3—坐式便器坐盖；4—角阀；5—冲洗管及配件

5）冷热水钢管洗脸盆安装范围：给水是水平管与支管的交接处，排水到塑料存水弯处。冷热水钢管洗脸盆安装范围如图 2-75 所示。

6）冷热水钢管淋浴器安装范围：水平管与支管的交接处至淋喷头，冷热水钢管淋浴器安装范围如图 2-76 所示。

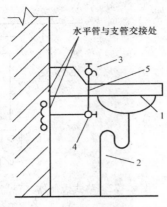

图 2-75　冷热水钢管洗脸盆安装范围
1—洗脸盆；2—存水弯；3—立式水嘴；
4—截止阀；5—支管

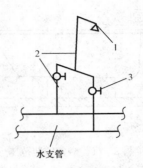

图 2-76　冷热水钢管淋浴器
1—莲蓬头；2—支管；3—截止阀

（2）浴盆安装不包括支座和浴盆四周侧面的砌砖及瓷砖粘贴，其工程量应另行计算。

（3）蹲式大便器的安装，已包括了固定大便器的垫砖，但不包括大便器蹲台砌筑，其工程量应另行计算。

（4）大便槽、小便槽自动冲洗水箱安装以"套"为计量单位，不包括阀门安装，其工程量可按相应定额另行计算；大、小便槽水箱托架安装已按标准图集计算，在定额内作为未计价材料。

（5）小便槽冲洗管制作与安装以"m"为计量单位，不包括阀门安装，其工程量可按相应定额另行计算。

（6）脚踏开关安装包括弯管和喷头的安装，不得另行计算。

（7）冷热水混合器安装以"套"为计量单位，定额包括温度计安装。但不包括支架制作安装及阀门安装，其工程量可按相应定额另行计算。

（8）蒸汽—水加热器安装以"台"为计量单位，包括莲蓬头安装，不包括支架制作安装及阀门、疏水器安装，其工程量可按相应定额另行计算。

（9）容积式水加热器安装以"台"为计量单位，定额内已按标准图集计算了其中的附件，但不包括安全阀安装、保温与基础砌筑，其工程量可按相应定额另行计算。

（10）电热水器、电开水炉安装以"台"为计量单位，只考虑本体安装，连接管、连接件等工程量可按相应定额另行计算。

5. 小型容器制作安装

（1）钢板水箱制作，按施工图所示尺寸，不扣除人孔、手孔质量，以"kg"为计量单位，法兰和短管、水位计可按相应定额另行计算。

（2）钢板水箱安装，按国家标准图集水箱容量（m^3），执行相应定额，各种水箱安装，均以"个"为计量单位。

【例 2-1】　室内钢塑给水管（螺纹连接）DN20，假设主材预算单价 30 元/m，钢塑管管件预算单价：1.87 元/个。

套用定额 10-144，计量单位：10m；基价：69 元；其中人工费：62.31 元。主材 DN20

钢塑给水管定额含量（10.2），钢塑管管件定额含量（11.52），应另行计算。

未计价主材钢塑给水管单位价值＝30×10.2＝306（元/10m）

未计价主材钢塑给水管管件单位价值＝1.87×11.52＝21.54（元/10m）

钢塑给水管主材＝306＋21.54＝327.54（元/10m）

2.10.2　定额解释

（1）把原组合在《安装工程预算定额》第十册中的一些随市场影响价格变化较大的材料，现都作为未计价主材提出。如水表安装中的阀门、减压器安装中的阀门等，可以随行就市定价，更加贴近实际。

（2）安装的设计规格与定额子目规格不符时，使用接近规格的项目，居中时按大者套用定额，超过定额最大规格的则作补充定额。

（3）卫生间内穿楼板管道加装钢套管执行第八册《工业管道工程》相应定额，即 8-2940～8-2949 "一般穿墙套管制作安装"子目，主材按 0.2m 计，其余不变。但是，如果设计要求建筑物的卫生间内穿楼板管道（排水管、给水管）要安装刚性防水套管，则因该"刚性防水套管"与第八册中的"刚性防水套管"不完全一样，因此，该"刚性防水套管"的安装，可参照 8-2193～8-2939 "刚性防水套管安装"相应子目，定额基价乘 0.3 系数，"刚性防水套管"主材费另计。若"刚性防水套管"由施工单位自制，则执行 8-2914～8-2930 "刚性防水套管制作"相应子目，定额基价乘 0.3 系数，焊接钢管按相应定额主材用量乘 0.3 系数计算。

2.11　工程量清单编制

2.11.1　概况

《通用安装工程工程量计算规范》（GB 50856—2013）附录 K（给排水、采暖、燃气工程）适用于采用工程量清单计价的新建、扩建的生活用给排水、采暖、燃气工程。其内容包括给排水、采暖、燃气管道及管道附件安装，管道支架制作安装，卫生、供暖、燃气器具安装，采暖工程系统调整等项目。

编制清单项目如涉及管沟及管沟的土石方、垫层、基础、砌筑抹灰、地沟盖板、土石方回填、土石方运输等工程内容时，按照《房屋建筑与装饰工程工程量计算规范》（GB 50854—2013）的相关项目编制工程量清单。路面开挖及修复、管道支墩、井砌筑等工程内容，按照《市政工程工程量计算规范》（GB 50857—2013）的有关项目编制工程量清单。

管道除锈、油漆，支架的除锈、油漆，管道的绝热、防腐等，应按《通用安装工程工程量计算规范》（GB 50856—2013）附录 M（刷油、防腐蚀、绝热工程）相关项目列项。

2.11.2　工程量清单的编制

1. 给排水、采暖、燃气管道（编码：031001）

（1）清单项目设置。给排水、采暖、燃气管道安装，是按照部位、输送介质、管径、管道材质、连接形式、接口材料、压力试验，以及吹、洗设计要求等不同特征设置的清单项目。

（2）项目特征的描述。

1）安装部位应按室内、室外的不同编制清单项目。

2）输送介质是指给水、排水、采暖、雨水、热媒体。

3）材质应按焊接钢管（镀锌、不镀锌）、无缝钢管、铸铁管（一般铸铁管、球墨铸铁管）、铜管（T1、T2、T3、H59-96）、不锈钢管（0Cr18Ni9、1Cr18Ni9Ti）、非金属管（PVC、PVC-U、PP-R、PE、ABS 铝塑复合、水泥、陶土、缸瓦管）等不同特征分别编制清单项目。

4）型号、规格分别按照不同的管径大小编制清单项目。

5）连接方式应按接口形式的不同，如螺纹连接、焊接（电弧焊、氧乙炔焊）、承插、卡接、热熔、粘接等不同特征分别列项。

6）接口材料是指承插连接的管道的接口材料，如铅、膨胀水泥、石棉水泥、橡胶圈等。

7）压力试验及吹、洗按设计要求进行描述。

（3）工程量计算规则。各种管道按照设计图示管道中心线的长度以延长米计算，不扣除阀门、管件（包括减压器、疏水器表、伸缩器等组成安装）及各种井类所占的长度；方形补偿器以其所占的长度按管道安装工程量计算。

【例 2-2】　已知某住宅楼给排水工程室内给水镀锌钢管（螺纹连接）DN20 为 10m，DN40 为 35m，DN50 为 20m（穿屋面设刚性防水套管），管道消毒冲洗，编制工程量清单见表 2-48。

表 2-48　　　　　　　　　　　　分部分项工程量清单

工程名称：某住宅楼给排水工程

序号	项目编码	项 目 名 称	计量单位	工程数量
1	031001001001	室内镀锌钢管安装（螺纹连接）DN20，管道消毒、冲洗	m	10.00
2	031001001002	室内镀锌钢管安装（螺纹连接）DN40，管道消毒、冲洗	m	35.00
3	031001001003	室内镀锌钢管安装（螺纹连接）DN50，管道消毒、冲洗	m	20.00

2. 支架及其他（编码：031002）

（1）清单项目设置。支架及其他包括管道支架、设备支架、套管等，按名称、类型、材质、规格、管架形式等不同特征设置清单项目。

（2）项目特征的描述。按照支架的材质形式，套管的名称、类型、材质、规格、填料材质等进行列项描述。

（3）工程量计算规则。以"kg"计量，按设计图示质量计算；以"套"计量，按设计图示数量计算；套管以"个"计量。

3. 管道附件（编码：031003）

（1）清单项目设置。管道附件包括阀门、法兰、计量表、减压器、疏水器、塑料排水管消声器和伸缩器、水位标尺、抽水缸、燃气管道调长器等，按类型、材质、型号、规格、压力等级、连接方式等不同特征设置清单项目。

（2）项目特征的描述。按照各种管道附件的类型、材质、型号、规格、压力等级、连接方式、用途等不同特征描述。

（3）工程量计算规则。

1）阀门按照设计图示数量计算，阀门的类型包括浮球阀、手动排气阀、液压式水位控制阀、不锈钢阀门、煤气减压阀、液相自动转换阀、过滤阀、安全阀和各种法兰连接及螺纹连接的低压阀门。

2）各管道附件的工程量按设计图示数量计算。其中方形伸缩器的两臂，按臂长的 2 倍合并在管道安装长度内计算。

【例 2-3】 已知某住宅楼采暖工程内螺纹暗杆楔式闸阀 Z15T-1.0　DN50 有 4 个，内螺纹截止阀 J11X-1.6　DN25 有 5 个，编制工程量清单见表 2-49。

表 2-49　　　　　　　　　　　　　　　分部分项工程量清单

工程名称：某住宅楼采暖工程

序号	项目编码	项　目　名　称	计量单位	工程数量
1	031003001001	内螺纹暗杆楔式闸阀 Z15T-1.0　DN50	个	4
2	031003001002	内螺纹截止阀 J11X-1.6　DN25	个	5

4. 卫生器具（编码：031004）

（1）清单项目设置。卫生器具包括浴缸、净身盆、洗脸盆、洗涤盆、化验盆、淋浴器、淋浴间、烘手器、大便器、小便器、桑拿浴房、大小便槽自动冲洗水箱、小便槽冲洗管、给排水附（配）件、冷热水混合器、隔油器、饮水器等。

（2）项目特征的描述。卫生器具中浴盆的材质包括搪瓷、玻璃钢、塑料，规格有 1400、1650、1800mm 等，组装形式有冷水、冷热水、冷热水带喷头；洗脸盆的型号包括普通式、立式、台式，组装形式有冷水、冷热水，开关种类有肘式、脚踏式；淋浴器的组装形式包括钢管组成和铜管制品；大便器的规格型号包括蹲式、坐式、低水箱、高水箱，开关及冲洗形式有普通冲洗阀冲洗、手压冲洗、脚踏冲洗、自闭式冲洗；小便器的规格型号包括挂斗式、立式等。按照材质及组装的形式、型号、规格、附件名称、数量、安装方式等特征进行描述。

（3）工程量计算规则。卫生器具的工程量均按照设计图示数量计算。

5. 采暖、给排水设备（编码：031006）

（1）清单项目设置。采暖、给排水设备包括变频给水设备、稳定给水设备、气压罐、水处理器、超声波灭藻设备、水质净化器、紫外线杀菌设备、热水器、开水炉、消毒器、直饮水设备、水箱等。

（2）项目特征的描述。对设备的名称、型号、材质、规格、安装方式、能源种类、水泵主要技术参数、附件名称、规格、数量等特征进行描述。

（3）工程量计算规则。采暖、给排水设备的工程量均按设计图示数量计算。

6. 相关问题及说明

（1）管道、设备及支架除锈、刷油、保温除注明者外，应按《计算规范》附录 M 刷油、防腐蚀、绝热工程相关项目编码列项。

（2）凿槽（沟）、打洞项目，应按《计算规范》附录 D 电气设备安装工程相关项目编码列项。

2.12　计　价　实　例

2.12.1　工程概况

某住宅楼给排水工程施工图如图 2-77 所示，该住宅楼为砖混结构，共 7 层，层高 3m，屋顶为可上人屋面，透气管伸出屋面 2m，给水管道用钢塑管，丝接，排水用承插塑料管道粘接。挂式 13102 型陶瓷洗脸盆，配备冷热水龙头；1500mm 搪瓷浴盆，配备冷热水混合龙头带喷头；蹲式 6203 型陶瓷大便器，配备按压式延时自动关闭冲洗阀；不锈钢地漏及地面扫除口；旋翼式螺纹水表；内螺纹直通式截止阀和闸阀；卫生间内穿楼板管道加装钢套管；穿屋面管道设置刚性防水套管，排出管道标高为 −1.20m，管中心距离墙面的距离给水管按 50mm 计，排水管按 100mm 计，管道支架除轻锈，刷红丹防锈漆两遍、调和漆两遍。

1. 施工图说明

（1）本工程采用相对标高，单位以"m"计，室内管线标高均以管中心线计；其余尺寸以"mm"计。

（2）管材。生活给水管采用钢塑管，丝接，安装参照《建筑给水钢塑复合管管道工程技术规程》（CECS 125—2001），排水管采用 PVC-U 排水塑料管。安装详见《建筑排水用硬聚氯乙烯（PVC-U）管件》（GB/T 5836.2—2006），并符合《建筑排水塑料管道工程技术规程》（CJJ/T 29—2010）要求。

（3）管道穿越屋面须做防水套管，详见 S312，穿楼板或混凝土墙须加设钢制套管。

（4）卫生设备排水留洞应根据所定洁具型号预留。

（5）各系统工作压力：给水系统为 0.35MPa。

（6）未尽事宜按有关施工规范执行。

（7）排水管一般采用坡度：DN50 为 0.03，DN100 为 0.02，DN200 为 0.01，DN75 为 0.025，DN150 为 0.01。

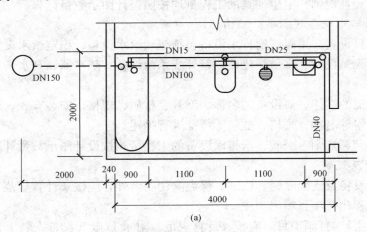

图 2-77　某住宅楼给排水工程平面图及系统图（一）

（a）平面图

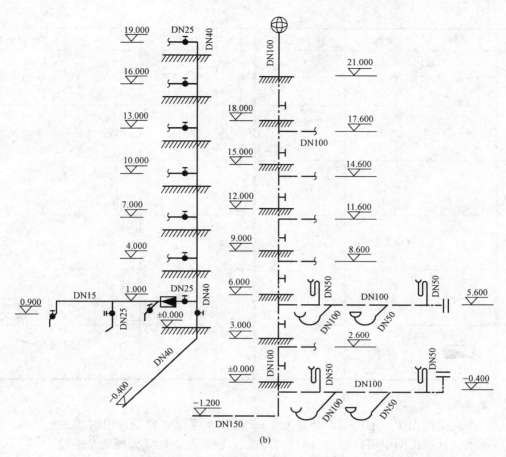

(b)

图 2-77　某住宅楼给排水工程平面图及系统图（二）

（b）系统图

（8）图例见表 2-50。

表 2-50　　　　　　　　　　　　　给 排 水 图 例

序号	图例	名称	参照标准图	序号	图例	名称	参照标准图
1	—— J ——	生活给水管		5	JL	给水立管	
2	—— Y ——	雨水管		6	YL	雨水立管	
3	—— W ——	污水管		7	WL	污水立管	
4	—— F ——	废水管		8	FL	废水立管	

续表

序号	图例	名称	参照标准图	序号	图例	名称	参照标准图
9	●	截止阀		15	⊘ ▽	地漏	96S341/22
10	─○	浮球阀		16	◎ ├	清扫口	96S341/21
11	▷◁	闸阀		17	⌒	透气帽	92S220/51, 56
12	𝖹	缓闭式止回阀		18	⊕	雨水斗	01S302 页 7
13	├─	检查口		19	▶	水表井	S145
14	◣	水表					

2. 施工图识读

（1）平面图的识读。图 2-77（a）为 1～7 给排水平面布置图，粗实线表示给水，粗虚线表示排水。从平面图中可以看出每户设有浴缸、洗脸盆、蹲式大便器及地漏。

（2）系统图的识读。从图 2-77（b）可知，给水管道 DN40 在－0.4m 标高处从室外进入室内，立管底标高－0.4m，顶标高 19.00m，在一层立管上安装 DN40 的截止阀，每户的分支管道从立管接出后首先是连接一个闸阀，闸阀之后连接水表，水表之后分别接至洗脸盆、蹲式大便器及浴缸。这里注意，管道在蹲式大便器冲洗管的分支处由 DN25 变为 DN15。

从排水管道系统图可知，洗脸盆、浴盆排水支管分别为 DN50，排水横管管径 DN100，排水横管末端安装 DN100 清扫口，排水立管底标高－1.2m，透气管伸出屋面 2m。排出管在－1.2m 处由室内排出至室外第一个排水检查井。

3. 计价要求

根据建设工程施工取费定额，该工程属三类民用建筑工程，工程所在地在市区，企业管理费按 25% 计取，利润按 12% 计取，风险费按主材费的 10% 计取，施工组织措施费中计取的费用内容及费率为：安全文明施工费 15.81%，冬雨季施工增加费 0.36%，夜间施工增加费 0.08%，已完工程及设备保护费 0.24%，二次搬运费 0.8%；其他项目清单费不计取，规费按 11.96% 计取，工伤保险费按 0.114% 计取，税金按 3.577% 计取。试用综合单价法计算该住宅楼给排水工程造价。

2.12.2 工程量计算

工程量按给水系统、排水系统分别进行计算。

1. 给水系统工程量计算

（1）钢塑管 DN40。

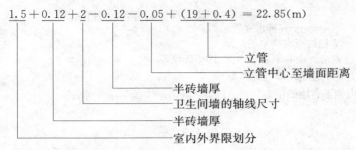

$$1.5+0.12+2-0.12-0.05+(19+0.4)=22.85(\text{m})$$

立管
立管中心至墙面距离
半砖墙厚
卫生间墙的轴线尺寸
半砖墙厚
室内外界限划分

（2）钢塑管 DN25。

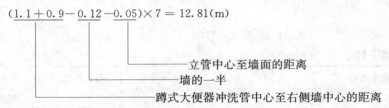

$$(1.1+0.9-0.12-0.05)\times7=12.81(\text{m})$$

立管中心至墙面的距离
墙的一半
蹲式大便器冲洗管中心至右侧墙中心的距离

（3）钢塑管 DN15。

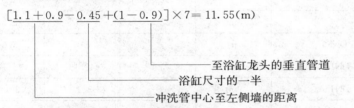

$$[1.1+0.9-0.45+(1-0.9)]\times7=11.55(\text{m})$$

至浴缸龙头的垂直管道
浴缸尺寸的一半
冲洗管中心至左侧墙的距离

（4）穿楼板设置钢套管 DN65：6 个。

（5）截止阀 DN40：1 个。

（6）水表 DN25：7 个。

（7）管道支架。按建筑给排水施工规范要求设置，水平管道支架每层设置六个，共七层，垂直管道支架每层设置二个，共七层，七层设一个。

水平管道支架

$$6\times7=42\ \text{个}$$

垂直管道支架 13 个。

为简化计算，管道支架重量每个均按 2.5kg 计算。

2. 排水系统工程量计算

（1）PVC-U 排水管 DN150。

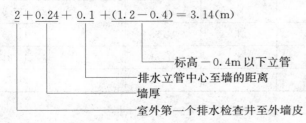

$$2+0.24+0.1+(1.2-0.4)=3.14(\text{m})$$

标高-0.4m 以下立管
排水立管中心至墙的距离
墙厚
室外第一个排水检查井至外墙皮

（2）PVC-U 排水管 DN100。

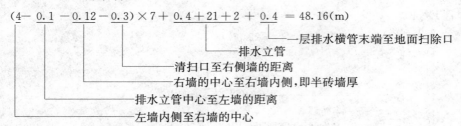

$$(4-\underline{0.1}-\underline{0.12}-\underline{0.3})\times7+\underline{0.4}+\underline{21}+2+\underline{0.4}=48.16(\text{m})$$

（3）PVC-U 排水管 DN50

$$0.4\times2\times7=5.6(\text{m})$$

（4）穿屋面设置刚性防水套管 DN100：1 个。

3. 工程量汇总（见表 2-51）

表 2-51　　　　　　　　　工 程 量 汇 总 表

工程名称：某住宅楼给排水工程

序号	项目名称及规格	单位	给水系统	排水系统	小计
1	钢塑管 DN15	m	11.55	—	11.55
2	钢塑管 DN25	m	12.81	—	12.81
3	钢塑管 DN40	m	22.85	—	22.85
4	排水塑料管 PVC-U，DN50	m		5.6	5.6
5	排水塑料管 PVC-U，DN100	m	—	48.16	48.16
6	排水塑料管 PVC-U，DN150	m		3.14	3.14
7	螺纹截止阀 J11T-1.6，DN40	个	1		1
8	螺纹水表 DN20	个	7	—	7
9	刚性防水套管 DN100	个	—	1	1
10	一般钢套管 DN70	个	6	—	6
11	不锈钢地漏	个	—	7	7
12	铸铁搪瓷浴盆	套	—	7	7
13	蹲式 6203 型陶瓷大便器	套	—	7	7
14	挂式 13102 型陶瓷洗脸盆	套	—	7	7
15	不锈钢地面扫除口	个	—	7	7
16	塑料 P 形存水弯 DN50	组	—	7	7
17	管道支架制作安装及除锈、刷油	kg	137.5	0	137.5
18	管道消毒、冲洗 DN15	米	11.55	—	11.55
19	管道消毒、冲洗 DN25	米	12.81	—	12.81
20	管道消毒、冲洗 DN40	米	22.85	—	22.85

2.12.3　工程量清单编制

（1）分部分项工程量清单见表 2-52。

表 2-52　　　　　　　　　　　　分部分项工程量清单

工程名称：某住宅楼给排水工程

序号	项目编码	项目名称	项　目　特　征	计量单位	工程数量
1	031001007001	塑料复合管	室内钢塑给水管安装（螺纹连接）DN15，管道消毒、冲洗	m	11.55
2	031001007002	塑料复合管	室内钢塑给水管安装（螺纹连接）DN25，管道消毒、冲洗	m	12.81
3	031001007003	塑料复合管	室内钢塑给水管安装（螺纹连接）DN40，管道消毒、冲洗	m	22.85
4	031001006001	塑料管	室内承插塑料 UPVC 排水管安装（零件粘接）DN50	m	5.6
5	031001006002	塑料管	室内承插塑料 UPVC 排水管安装（零件粘接）DN100	m	48.16
6	031001006003	塑料管	室内承插塑料 UPVC 排水管安装（零件粘接）DN150	个	3.14
7	031002001001	管道支架	一般管道支架制作安装	kg	137.5
8	031002003001	套管	一般钢套管制作安装 DN70（穿楼板）	个	6
9	031002003002	套管	刚性防水套管制作安装 DN100（穿屋面）	个	1
10	031003001001	螺纹阀门	螺纹截止阀安装 J11T-1.6 DN40	组	1
11	031003013001	水表	旋翼湿式螺纹水表 LXS-20C 组成、安装 DN20	组	7
12	031004001001	浴缸	1500 搪瓷浴盆，配备冷热水混合龙头带喷头	套	7
13	031004003001	洗脸盆	挂式 13102 型陶瓷洗脸盆，配备冷热水龙头	组	7
14	031004006001	大便器	蹲式 6203 型陶瓷大便器，配备按压式延时自动关闭冲洗阀	个	7
15	031004014001	给、排水附（配）件	不锈钢地漏安装 DN50	个	7
16	031004014002	给、排水附（配）件	不锈钢地面扫除口	个	7
17	031004014003	给、排水附（配）件	塑料 P 形存水弯 DN50 安装	组	7
18	031201003001	金属结构刷油	管道支架除轻锈、刷红丹防锈漆两遍、调和漆两遍	kg	137.5

（2）施工技术措施项目清单、施工组织措施项目清单、其他项目清单见表 2-53～表 2-55。

表 2-53　　　　　　　　　　　　施工技术措施项目清单

工程名称：某住宅给排水工程

序号	项目编码	项目名称	项目特征	计量单位	工程数量
1	031301017001	脚手架搭拆费		项	1
2	031302007001	高层施工增加费		项	1

表 2-54　　　　　　　　　　　　施工组织措施项目清单

工程名称：某住宅给排水工程

序号	项目编码	项目名称	费率（%）	金额（元）
1	031302001001	安全文明施工费		
2	031302005001	冬雨季施工增加费		
3	031302003001	夜间施工增加费		
4	031302006001	已完成工程及设备保护费		
5	031302004001	二次搬运费		

表2-55   **其 他 项 目 清 单**

工程名称：某住宅给排水工程

序号	项 目 名 称	金额（元）	序号	项 目 名 称	金额（元）
1	暂列金额	0	2.2	专业工程暂估价	0
2	暂估价	0	3	计日工	0
2.1	材料暂估价	0	4	总承包服务费	0

2.12.4 工程量清单计价

（1）单位工程投标报价计算表见表2-56。

表2-56   **单位工程投标报价计算表**

工程名称：某住宅楼给排水工程

序号	项目名称	计算公式	金额（元）
1	分部分项工程量清单项目费		22 568.00
1.1	其中：人工费＋机械费		2324.85
2	措施项目清单费		423.29
2.1	施工技术措施项目清单费		201.00
2.1.1	其中：人工费＋机械费		136.40
2.2	施工组织措施项目清单费		308.82
3	其他项目清单费	3.1＋3.2＋3.3＋3.4	0.00
3.1	暂列金额		0.00
3.2	专业工程暂估价		0.00
3.3	计日工		0.00
3.4	总承包服务费		0.00
4	规费	(1.1＋2.1.1)×11.96％	294.37
5	工伤保险	(1＋2＋3＋4)×0.114％	26.64
6	税金	(1＋2＋3＋4＋5)×3.577％	836.98
7	安装工程造价	1＋2＋3＋4＋5＋6	24 235.81

注 工伤保险费费率按浙江省杭州市费率计取。

（2）分部分项工程量清单与计价表见表2-57。

（3）工程量清单综合单价计算表见表2-58。

（4）施工技术措施项目清单与计价表见表2-59。

（5）施工技术措施项目清单综合单价计算表见表2-60。

（6）施工组织措施项目清单与计价表见表2-61。

（7）主要材料价格表见表2-62。

表 2 - 57

工程名称：某住宅楼给排水工程

分部分项工程量清单与计价表

序号	项目编码	项目名称	项目特征	计量单位	工程量	综合单价	合价	其中 人工费	其中 机械费	备注
1	031001007001	塑料复合管	室内钢塑复合给水管安装（螺纹连接）DN15，管道消毒、冲洗	m	11.55	24.20	280	74.04	2.66	
2	031001007002	塑料复合管	室内钢塑复合给水管安装（螺纹连接）DN25，管道消毒、冲洗	m	12.81	37.96	486	98.25	4.36	
3	031001007003	塑料复合管	室内钢塑复合给水管安装（螺纹连接）DN40，管道消毒、冲洗	m	22.85	54.95	1256	212.05	16.91	
4	031001006001	塑料排水管	室内承插塑料 UPVC 排水管安装（零件粘接）DN50	m	5.6	15.57	87	23.86	0.00	
5	031001006002	塑料排水管	室内承插塑料 UPVC 排水管安装（零件粘接）DN100	m	48.16	37.65	1813	303.41	0.00	
6	031001006003	塑料排水管	室内承插塑料 UPVC 排水管安装（零件粘接）DN150	个	3.14	71.76	225	29.96	0.00	
7	031002001001	管道支架	一般管道支架制作安装	kg	137.5	13.33	1833	457.88	130.63	
8	031002003001	套管	一般钢套管制作安装 DN70（穿楼板）	个	6	34.62	208	76.86	3.96	
9	031002003002	套管	刚性防水套管制作安装 DN100（穿屋面）	个	1	205.98	206	59.17	18.68	
10	031003001001	螺纹阀门	螺纹截止阀 J11T-1.6 DN40	组	1	93.43	93	8.60	0.00	
11	031003013001	水表	旋翼湿式螺纹水表 LXS-20C 组成，安装 DN20	组	7	91.64	641	115.57	0.00	
12	031004001001	浴缸	1500 搪瓷浴盆，配备冷热水混合龙头-带喷头	套	7	1160.85	8126	241.50	0.00	
13	031004003001	洗脸盆	挂式 13102 型陶瓷洗脸盆，配备冷热水龙头	组	7	446.64	3126	87.29	3.57	
14	031004006001	大便器	蹲式 6203 型陶瓷大便器，配备按压式延时自动关闭冲洗阀	个	7	493.73	3456	156.24	0.84	
15	031004014001	给、排水附（配）件	不锈钢地漏安装 DN50	个	7	31.91	223	34.65	0.00	
16	031004014002	给、排水附（配）件	不锈钢地面扫除口	个	7	26.24	184	21.00	0.00	
17	031004014003	给、排水附（配）件	塑料 P 形存水弯 DN50 安装	组	7	15.56	109	41.16	0.00	
18	031201003001	金属结构刷油	管道支架除轻锈，刷红丹防锈漆两遍，调和漆两遍	kg	137.5	1.57	216	57.75	44	
合 计							22 568.00	2099.24	225.61	

表 2 - 58

工程量清单综合单价计算表

工程名称：某住宅楼给排水工程

序号	编号	项 目 名 称	计量单位	数量	综合单价（元）							合计（元）
					人工费	材料费	机械费	管理费	利润	风险费	小计	
1	031001007001	复合管：室内钢塑给水管安装（螺纹连接）DN15、管道消毒、冲洗	m	11.55	6.41	13.78	0.23	1.66	0.8	1.33	24.2	280
	10-143	室内钢塑给水管安装（螺纹连接）DN15	10m	1.155	62.31	136.68	2.27	16.15	7.75	13.24	238.39	275
	主材	钢塑给水管 DN15	m	10.2		10.97					10.97	112
	主材	钢塑管管件 DN15	个	16.37		1.25					1.25	20
	10-416	管道消毒、冲洗（公称直径50mm以内）	100m	0.116	17.89	10.75	0	4.47	2.15	1.06	36.32	4
	主材	水	m³	4.25		2.5					2.5	11
2	031001007002	复合管：室内钢塑给水管安装（螺纹连接）DN20、管道消毒、冲洗	m	12.81	7.67	24.57	0.34	2	0.96	2.42	37.96	486
	10-145	室内钢塑给水管安装（螺纹连接）DN25	10m	1.281	74.91	244.62	3.41	19.58	9.4	24.05	375.97	482
	主材	钢塑给水管 DN25	m	10.2		20.71					20.71	211
	主材	钢塑管管件 DN25	个	9.78		2.99					2.99	29
	10-416	管道消毒、冲洗（公称直径50mm以内）	100m	0.128	17.89	10.75	0	4.47	2.15	1.06	36.32	5
	主材	水	m³	4.25		2.5					2.5	11
3	031001007003	复合管：室内钢塑给水管安装（螺纹连接）DN40、管道消毒、冲洗	m	22.85	9.28	37.51	0.74	2.51	1.20	3.71	54.95	1256
	10-147	室内钢塑给水管安装（螺纹连接）DN40	10m	2.285	91.03	374.01	7.44	24.62	11.82	36.96	545.87	1247
	主材	钢塑给水管 DN40	m	10.2		32.09					32.09	327
	主材	钢塑管管件 DN40	个	7.16		5.9					5.9	42
	10-416	管道消毒、冲洗（公称直径50mm以内）	100m	0.229	17.89	10.75	0	4.47	2.15	1.06	36.32	8
	主材	水	m³	4.25		2.5					2.5	11
4	031001006001	塑料管：室内承插塑料 UPVC 排水管安装（零件粘接）DN50	m	5.6	4.26	9.08	0	1.06	0.51	0.65	15.57	87
	10-271	室内承插塑料 UPVC 排水管安装（零件粘接）DN50	10m	0.56	42.57	90.83	0	10.64	5.11	6.5	155.65	87
	主材	塑料排水管 DN50	m	9.67		6.5					6.5	63

续表

序号	编号	项 目 名 称	计量单位	数量	综合单价（元） 人工费	材料费	机械费	管理费	利润	风险费	小计	合计（元）
5	主材	粘结剂	kg	0.11		19.59					19.59	2
	03001006002	塑料管：室内承插塑料 UPVC 排水管安装（零件粘接）DN100	m	48.16	6.3	27.44	0	1.58	0.76	1.58	37.65	1813
	10-273	室内承插塑料 UPVC 排水管安装（零件粘接）DN100	10m	4.816	63	274.41	0	15.75	7.56	15.77	376.49	1813
	主材	塑料排水管 DN100	m	8.52		18					18	153
	主材	粘结剂	kg	0.22		19.59					19.59	4
6	03001006003	塑料管：室内承插塑料 UPVC 排水管安装（零件粘接）DN150	m	3.14	9.54	55.33	0	2.38	1.14	3.36	71.76	225
	10-274	室内承插塑料 UPVC 排水管安装（零件粘接）DN150	10m	0.314	95.37	553.28	0	23.84	11.44	33.63	717.57	225
	主材	塑料排水管 DN150	m	9.47		35					35	331
	主材	粘结剂	kg	0.25		19.59					19.59	5
7	03002001001	管道支架：一般管道支架制作安装	kg	137.5	3.33	6.94	0.95	1.07	0.51	0.53	13.33	1833
	10-325	一般管架制作安装	100kg	1.375	332.99	694.3	95.01	107	51.36	52.5	1333.16	1833
	主材	型钢	kg	105		5					5	525
8	03002003001	套管：一般钢套管制作安装 DN70（穿楼板）	个	6	12.81	15.4	0.66	3.37	1.62	0.76	34.62	208
	8-2941	一般穿端钢套管制作安装 DN70（穿楼板）	个	6	12.81	15.4	0.66	3.37	1.62	0.76	34.62	208
	主材	碳钢管 DN70	m	0.2		38.19					38.19	8
9	03002003002	套管：刚性防水套管制作安装 DN100（穿屋面）	个	1	59.17	94.38	18.68	19.47	9.34	4.93	205.98	206
	8-2916	刚性防水套管制作 DN100（穿屋面）	个	1	34.06	72.01	18.68	13.19	6.33	4.93	149.21	149
	主材	焊接钢管	kg	5.14		4.8					4.8	25
	主材	中厚钢板 8~20.0	kg	4.92		5					5	25
	8-2932	刚性防水套管安装 DN100（穿屋面）	个	1	25.11	22.37	0	6.28	3.01	0	56.77	57
10	03003001001	螺纹阀门：螺纹截止阀安装 J11T-1.6, DN40	个	1	8.6	74.27	0	2.15	1.03	7.37	93.43	93

续表

序号	编号	项目名称	计量单位	数量	人工费	材料费	机械费	管理费	利润	风险费	小计	合计（元）
	10-431	螺纹阀门安装 DN40	个	1	8.6	74.27	0	2.15	1.03	7.37	93.43	93
	主材	螺纹截止阀安装 J11T-1.6, DN40	个	1.01		58					58	59
	主材	镀锌活接头	个	1.01		15					15	15
11	03103013001	水表：旋翼湿式螺纹水表 LXS-25C组成、安装 DN25	组	7	16.51	62.79	0	4.13	1.98	6.23	91.64	641
	10-567	螺纹水表安装 DN25	组	7	16.51	62.79	0	4.13	1.98	6.23	91.64	641
	主材	旋翼湿式螺纹水表 LXS-25C组成、安装 DN25	个	1		35					35	35
	主材	螺纹闸阀	个	1.01		27					27	27
12	03100400 1001	浴缸：1500 搪瓷浴盆、配备冷热水混合龙头带喷头	组	7	34.5	1013.38	0	8.63	4.14	100.2	1160.85	8126
	10-619	搪瓷浴盆	10组	0.7	345.02	10133.83	0	86.26	41.4	1002	11608.5	8126
	主材	搪瓷浴盆	套	10		800					800	8000
	主材	浴盆混合水嘴	套	10.1		120					120	1212
	主材	浴缸排水配件	套	10.1		80					80	808
13	03100400 3001	洗脸盆：壁挂式洗脸盆安装	组	7	12.47	391.49	0.51	3.25	1.56	37.37	446.64	3126
	10-635	壁挂式洗脸盆安装	10组	0.7	124.7	3914.86	5.1	32.45	15.58	373.7	4466.39	3126
	主材	陶瓷洗脸盆	套	10.1		200					200	2020
	主材	墙体隐蔽水箱及支架安装	套	10.1		120					120	1212
	主材	水嘴	个	10.1		50					50	505
14	03100400 6001	大便器：蹲式 6203型陶瓷大便器、配备按压式延时自动关闭冲洗阀	组	7	22.32	422.6	0.12	5.61	2.69	40.39	493.73	3456
	10-660	蹲式大便器安装	10套	0.7	223.22	4225.96	1.2	56.11	26.93	403.9	4937.32	3456
	主材	搪瓷蹲式大便器	个	10.1		300					300	3030
	主材	自闭式冲洗阀 DN25	个	10.1		80					80	808

续表

序号	编号	项目名称	计量单位	数量	综合单价（元） 人工费	材料费	机械费	管理费	利润	风险费	小计	合计（元）
	主材	大便器存水弯 DN100	个	10.05		20					20	201
15	03100404001	给、排水附（配）件：不锈钢地漏安装	个	7	4.95	22.86	0	1.24	0.59	2.27	31.91	223
	10-699	地漏安装 DN50	10 个	0.7	49.54	228.58	0	12.39	5.94	22.65	319.1	223
	主材	不锈钢地漏 DN50	个	10		22					22	220
	主材	排水管 DN50	m	1		6.5					6.5	7
16	03100404002	给、排水附（配）件：不锈钢地面扫除口	个	7	3	20.13	0	0.75	0.36	2	26.24	184
	10-705	地面扫除口安装	10 个	0.7	30.03	201.28	0	7.51	3.6	20	262.42	184
	主材	地面扫除口	个	10		20					20	200
17	03100404003	给、排水附（配）件：塑料 P 形存水弯 DN50 安装	组	7	5.88	7.5	0	1.47	0.71	0	15.56	109
	10-695	塑料 P 形存水弯 DN50 安装	10 组	0.7	58.82	75	0	14.71	7.06	0	155.58	109
18	031201003001	金属结构刷油：管道支架除轻锈，刷红丹防锈漆两遍，调和漆两遍	kg	137.5	0.42	0.79	0.32	0.19	0.09	0.04	1.57	216
	12-7	一般钢结构手工除轻锈	100kg	1.375	11.7	2.45	6.4	4.53	2.17	0	27.25	37
	12-117	一般钢结构刷红丹防锈漆第一遍	100kg	1.375	7.91	13.73	6.4	3.58	1.72	1.16	34.49	47
	主材	醇酸防锈漆	kg	1.16		10					10	12
	12-118	一般钢结构刷红丹防锈漆第二遍	100kg	1.375	7.57	11.35	6.4	3.49	1.68	0.95	31.44	43
	主材	醇酸防锈漆	kg	0.95		10					10	10
	12-126	一般钢结构刷调和漆第一遍	100kg	1.375	7.57	12.64	6.4	3.49	1.68	1.2	32.98	45
	主材	酚醛调和漆	kg	0.8		15					15	12
	12-127	一般钢结构刷调和漆第二遍	100kg	1.375	7.57	11.07	6.4	3.49	1.68	1.05	31.26	43
	主材	酚醛调和漆	kg	0.7		15					15	11
合　计												22 568

表 2 - 59

施工技术措施项目清单与计价表

工程名称：某住宅楼给排水工程

序号	项目编码	项目名称	项目特征	计量单位	工程量	综合单价	合价	其中		备注
								人工费	机械费	
1	031301017001	脚手架搭拆费		项	1	114.63	115	26.23	78.69	
2	031302007001	高层建筑增加费		项	1	86.24	86	31.48	0.00	
		合　计					201	57.71	78.69	

表 2 - 60

施工技术措施项目清单综合单价计算表

工程名称：某住宅楼给排水工程

序号	编号	项目名称	计量单位	数量	综合单价（元）								合计（元）
					人工费	材料费	机械费	管理费	利润	风险费	小计		
1	031301017001	脚手架搭拆费	项	1	26.23	78.69	0.00	6.56	3.15	0.00	114.63		115
	13-13	脚手架搭拆费	100 工日	0.488	53.75	161.25	0.00	13.44	6.45	0.00	234.89		115
2	031302007001	高层建筑增加费	项	1	31.48	0.00	31.48	15.74	7.55	0.00	86.24		86
	13-71	高层建筑增加费	100 工日	0.488	64.50	0.00	64.50	32.25	15.48	0.00	176.73		86
		合　计											201

表 2‑61　　　　　　　**施工组织措施项目清单与计价表**

工程名称：某住宅楼给排水工程

序号	项目编码	名称	计算基数	费率（%）	金额（元）
1	031302001001	安全文明施工费	2325.30＋136.40＝2461.25	15.81×0.7	272.39
2	031302005001	冬雨季施工增加费	2325.30＋136.40＝2461.25	0.36	8.86
3	031302003001	夜间施工增加费	2325.30＋136.40＝2461.25	0.08	1.97
4	031302006001	已完成工程及设备保护费	2325.30＋136.40＝2461.25	0.24	5.91
5	031302004001	二次搬运费	2325.30＋136.40＝2461.25	0.8	19.69
		合　　计			308.82

注　浙江省建设工程施工费用定额（2010 版）规定：建筑设备安装工程和民用建筑物或构筑物合并为单位工程的，安装工程的安全文明施工费费率乘以系数 0.7。

表 2‑62　　　　　　　**主 要 材 料 价 格 表**

工程名称：某住宅楼给排水工程

序号	材 料 名 称	单位	数量	单价	合价（元）
1	室内钢塑给水管 DN40	m	23.307	32.090	747.92
2	室内钢塑给水管 DN25	m	13.066	20.710	270.60
3	室内钢塑给水管 DN15	m	11.781	10.970	129.24
4	钢塑管管件 DN15	个	18.907	1.250	23.63
5	钢塑管管件 DN25	个	12.528	2.990	37.46
6	钢塑管管件 DN40	个	16.361	5.900	96.53
7	镀锌活接头	个	1.01	15	15.15
8	中厚钢板	kg	4.92	5	24.6
9	焊接钢管	kg	5.14	4.800	24.67
10	焊接钢管 DN50	m	0.7	28.00	19.60
11	焊接钢管 DN70	m	1.2	38.190	45.83
12	室内承插塑料 UPVC 排水管 DN50	m	5.415	6.500	35.20
13	室内承插塑料 UPVC 排水管 DN100	m	41.748	18.000	751.46
14	室内承插塑料 UPVC 排水管 DN150	m	2.974	35.000	104.09
15	黏结剂	kg	1.219	19.59	27.59
16	螺纹截止阀 J11T‑1.6 DN40	个	1.000	58.000	58.00
17	旋翼湿式螺纹水表 LXS‑25C DN25	个	7.000	35.000	245.00
18	螺纹闸阀 Z15T‑10K DN25	个	7.000	27.000	190.89
19	搪瓷浴盆	个	7.000	800.000	5600.00
20	挂式 13102 型陶瓷洗脸盆	个	7.07	200.000	1414.00
21	蹲式 6203 型陶瓷大便器	个	7.070	300.000	2121.00
22	不锈钢地漏 DN50	个	7.000	22.000	154.00

续表

序号	材 料 名 称	单位	数量	单价	合价（元）
23	不锈钢地面扫除口 DN100	个	7.000	20.000	140.00
24	自闭式冲洗阀 DN25	个	7.07	80	565.60
25	大便器存水弯 DN100	个	7.035	20	140.70
26	浴盆混合水嘴	套	7.07	120	848.4
27	浴缸排水配件	套	7.07	80	565.60
28	墙体隐蔽水箱及支架安装	套	7.07	120	848.40
29	水嘴	个	7.07	50	353.5
30	型钢	kg	144.375	5	721.88
31	醇酸防锈漆	kg	2.822	10	28.22
32	酚醛调和漆	kg	1.733	15	26.00
33	水	m²	12.190	2.5	30.48

思 考 与 练 习

1. 简述给排水管道常用材质、连接方式及施工工艺。

2. 简述给排水系统的组成。

3. 简述给排水工程图的组成及其表示的内容。

4. 试述《安装工程预算定额》第十册的适用范围及与工业管道的分工关系。

5. 给排水、采暖、燃气管道的室内外分界线是如何划分的？

6. 《安装工程预算定额》第十册对脚手架搭拆费、高层建筑增加费、超高增加费有哪些规定？

7. 写出管道工程量的计算方法及计算时应注意的问题。

8. 填写表 2-63 中各项目的定额编号、计量单位及单位价值。

表 2-63　　　　　　　　　　　　**定 额 套 用 与 换 算**

定额编号	项 目 名 称	定额计量单位	单位价值（元）			
			主材费	主材价格	安装费	安装费计算式
	室内塑料排水管（零件粘接）DN100			18 元/m		
	型钢管架制作安装（管道间内）			3 元/kg		
	带甲乙短管法兰阀安装 Z45T-10，DN100（膨胀水泥接口）			500 元/个		
	承插塑料雨水管（零件粘接）DN100			18 元/m		
	铸铁搪瓷浴缸安装（三联）（1200×650×360）			1000 元/套		
	室内塑料 PP-R 给水管安装（热熔连接）DN25			8 元/m		

续表

定额编号	项目名称	定额计量单位	单位价值（元）		安装费	安装费计算式
			主材费	主材价格		
	穿楼板的钢套管制作安装 DN100			36 元/m		
	民用建筑封闭式管廊 DN50 钢塑给水管道（螺纹连接）			钢塑管 53 元/m，弯头 8.67 元/个，三通 10.64 元/个，异径管 5.72 元/个，直接头 7.05 元/个，四通 15.34 元/个		
	ϕ219 沟槽式刚性接头采用橡塑板保温			橡塑板 2000 元/m³，黏结剂 40 元/L		
	穿楼板的钢性防水套管制作安装 DN100			5 元/kg		

9. 试述《安装工程预算定额》第十册与其他定额的关系。

10. 某住宅楼的给排水工程，已知室内 PP-R 给水管 DN50（热熔连接）的工程量为 100m，材料单价为 45 元/m，管道消毒冲洗，穿屋面刚性防水套管 DN50 为 4 个，钢管 DN50 的单价为 5000 元/t，穿楼层钢套管 DN80 为 28 个，钢管 DN80 的单价为 50 元/m。试列出工程量清单，并计算相应的综合单价。

11. 某市区临街综合楼（三类工程）的给排水工程已知分部分项工程量清单项目费为 100 000 元，其中人工费 10 000 元，机械费为 3000 元；施工技术措施项目清单费为 1000 元，其中人工费 400 元，机械费 150 元，施工组织措施项目清单费为 5000 元，规费费率 11.96%。试计算该综合楼给排水工程项目的工程造价。

第3章
建筑电气工程基础与计价

3.1 基 础 知 识

3.1.1 系统组成

电力系统一般由发电厂、输电线路、变电所、配电线路及用电设备构成。通常将35kV及以上电压的线路称为送电线路，10kV及其以下电压的线路称为配电线路。380V电压用于民用建筑内部动力设备供电或工业生产设备供电，220V电压多用于向生活设备、小型生产设备及照明设备供电。

电气设备安装工程可以包括整个电力系统，也可以是其中的一部分。一般有变配电工程、动力工程、照明工程、弱电工程和防雷接地工程。

1. 变配电工程

是用来变换和分配电能的电气装置的总称。它的范围为电力网接入电源点到分配电能的输出点，同时还包括工程内的照明、防雷接地等设施。变配电工程由变电设备和配电设备两部分组成，主要包括变压器、高（低）压开关设备、电抗器、电容器、避雷器、控制保护设备、连接母线、绝缘子等。

2. 动力工程

是用电能作用于电机来拖动各种设备和以电能为能源用于生产的电气装置。它的范围是电源引入—各种控制设备—配电管线（包括二次线路）—电机或用电设备以及接地、调试等。由各种控制设备（如动力开关柜、箱、屏及闸刀开关等）、保护设备、测量仪表、母线架设、配管、配线、接地装置等组成。

3. 照明工程

通过电光源将电能转换为光能的电气装置称照明工程。它的范围是电源引入—控制设备—配电线路—照明灯（器）具，常用电压为220V。

4. 弱电工程

所谓弱电是针对建筑物的电力、照明用电相对而言的。通常把电力、照明称强电；而把传播信号、进行信息交换的电能称为弱电。目前，建筑弱电系统主要包括火灾自动报警与自动灭火系统、通信系统、有线电视和卫星电视接收系统、扩声与音响系统、安全防范系统等。

5. 防雷接地工程

建筑物防雷主要由接闪器、引下线、接地装置三大部分组成。接闪器包括避雷针、避雷带和避雷网。接地装置是接地体和接地母线的总称。

（1）接地。不带电的金属或设备与大地作良好的金属连接。

（2）接地体（接地极）。埋入地中直接与大地接触的金属导体。

（3）接地母线。连接设备接地部分与接地体的金属导体。

3.1.2　常用电气施工图图例符号

常用电气施工图图例符号见表 3-1。

表 3-1　　　　　　　　　　　　　　　　常用电气施工图图例符号

序号	图例符号	名　称	备　注	序号	图例符号	名　称	备　注
1	○	变电所、配电所	规划（设计）的	21		电动机起动幕	
2	⊘	变电所、配电所	运行的	22		阀	
3	○V/V	变电所	规划（设计）的	23		电磁阀	
4	⊘V/V	变电所	运行的	24		电动阀	
5	○	柱上变电所	规划（设计）的	25	◎	按钮	
6	⊘	柱上变电所	运行的	26	□	一般或保护型按钮盒	示出一个按钮
7	○A-B C	电杆	A—杆材或属部门；B—杆长；C—杆号	27	□□	一般或保护型按钮盒	示出两个按钮
8	○•	引上杆		28	□□	密闭型按钮盒	
9	$\frac{a\frac{b}{c}Ad}$	电杆（示出灯具投照方向）	a—编号；b—杆型；c—杆高；d—容量；A—连接相序	29	□□▶	防爆型按钮盒	
10	▭	屏台，箱，柜的一般符号		30		电锁	
11	▬	动力或动力照明配电箱		31	⊖	热水器（示出引线）	
12	⊗	信号箱（板、屏）		32	∞	电扇（示出引线）	若不会混淆，方框可省略
13	▨	照明配电箱（屏）		33	Y	明装单相插座	
14	⊠	事故照明配电箱（屏）		34	⊻	暗装单相插座	
15	◪	多种电源配电箱（屏）		35	Ⴤ	密闭（防水）单相插座	
16	▱	电源自动切换箱（屏）		36	⊻	防爆单相插座	
17	▮	低压断路器箱		37	Y	带接地插孔的明装单相插座	
18	▤	刀开关箱		38	⊻	带接地插孔的暗装单相插座	
19	▬	低压负荷开关箱		39	Ⴤ	带接地插孔的密闭（防水）单相插座	
20	▤	组合开关箱		40	⊻	带接地插孔的防爆单相插座	

续表

序号	图例符号	名　　称	备　　注	序号	图例符号	名　　称	备　　注
41		带接地插孔的明装三相插座		62		双控开关（单极三线）	
42		带接地插孔的暗装三相插座		63		指示灯开关	
43		带接地插孔的密闭（防水）三相插座		64		多拉开关	
44		带接地插孔的防爆三相插座		65		调光器	
45		插座箱（板）		66		限时装置	
46		带隔离变压器的插座如剃须插座	如剃须插座	67		钥匙开关	
47		明装单极开关		68		单管荧光灯	
48		暗装单极开关		69		双管荧光灯	
49		密闭（防水）单极开关		70		三管荧光灯	
50		防爆单极开关		71		五管荧光灯	
51		明装双极开关		72		防爆荧光灯	
52		暗装双极开关		73		深照型灯	
53		密闭（防水）双极开关		74		广照型灯（配照型灯）	
54		防爆双极开关		75		防水防尘灯	
55		明装三极开关		76		球形灯	
56		暗装三极开关		77		局部照明灯	
57		密闭（防水）三极开关		78		矿山灯	
58		防爆三极开关		79		安全灯	
59		单极拉线开关		80		隔爆灯	
60		单极双控拉线开关		81		天棚灯	
61		单极限时开关		82		花灯	

序号	图例符号	名　　称	备　　注	序号	图例符号	名　　称	备　　注
83		弯灯		103	TV	电视插座	
84		壁灯		104		火灾报警装置	
85		专用线路上的事故照明灯		105		感烟探测器	
86		应急灯（自带电源）		106		感温探测器	
87		气体放电灯的辅助设备		107		手动报警装置	
88		电缆交接间		108		水流指示器	
89		架空交接箱		109		消防箱按钮	
90		落地交接箱		110		地下线路	
91		壁龛交接箱		111		架空线路	
92		分线盒		112		事故照明线	
93		室内分线盒		113		50V 及以下电力及照明线路	
94		室外分线盒		114		控制及信号线路（电力及照明用）	
95		分线箱		115		母线	
96		壁龛分线箱		116		装在支柱上的封闭式母线	
97		两路分配器		117		装在吊钩上的封闭式母线	
98		四路分配器		118		滑触线	
99		用户二分支器		119		中性线	
100		用户四分支器		120		保护线	
101		CATV 系统出线端		121		保护和中性线共用	
102	TP	电话插座		122		具有保护和中性线的三相配线	

序号	图例符号	名　称	备　注	序号	图例符号	名　称	备　注
123	- - - - - - -	电缆铺砖保护		133	Wh	电度表	
124	▭	电缆穿管保护	可加注文字符号表示其规格数量	134		断路器	
125	-o⁄·⁄o-	接地装置		135		隔离开关	
126	⁄·⁄	接地装置		136		负荷开关	
127		向上配线		137		熔断器	
128		向下配线		138		跌开式熔断器	
129		垂直通过配线		139		熔断器式开关	
130		变压器		140		熔断器式负荷开关	
131		变压器		141		避雷器	
132		变压器					

3.1.3　线路及设备的标注方法

1. 线路标注格式

$$a-b(c\times d)e-f$$

其中：a 为回路编号；b 为导线型号；c 为导线根数；d 为导线截面积；e 为敷设方式及穿管直径；f 为敷设部位。

线路敷设方式文字符号见表 3-2。

表 3-2　　　　　　　　　　　　线路敷设方式文字符号

序　号	名　称	旧　符　号	新　符　号	备　注
1	暗敷	A	C	
2	明敷	M	E	
3	铝皮线卡	QD	AL	
4	电缆桥架		CT	
5	金属软管		F	

续表

序　号	名　称	旧　符　号	新　符　号	备　注
6	水煤气管	G	G	
7	瓷绝缘子	CP	K	
8	钢索敷设	S	M	
9	金属线槽		MR	
10	电线管	DG	T	
11	塑料管	VG，SG	P	
12	塑料线卡		PL	含尼龙线卡
13	塑料线槽		PR	
14	钢管	GG	S	

线路敷设部位文字符号见表 3-3。

表 3-3　　　　　　　　　　　　　　线路敷设部位文字符号

序　号	名　称	旧　符　号	新　符　号	备　注
1	梁	L	B	
2	顶棚	P	CE	
3	柱	Z	C	
4	地面（板）	D	F	
5	构架		R	
6	吊顶		SC	
7	墙	Q	W	
8	电缆沟敷设		TC	

2. 用电设备标注格式

$$\frac{a}{b} \text{ 或 } \frac{a}{b}\bigg|\frac{c}{d}$$

其中：a 为设备编号；b 为额定功率，kW；c 为线路首端熔断片或自动开关释放器的电流，A；d 为标高，m。

3. 动力和照明设备一般标注

$$a\frac{b}{c} \text{ 或 } a-b-c$$

其中：a 为设备编号；b 为设备型号；c 为设备功率，kW。

4. 开关及熔断器一般标注

$$a\frac{b}{c/i} \text{ 或 } a-b-c/i$$

其中：a 为设备编号；b 为设备型号；c 为额定电流，A；i 为整定电流，A。

5. 照明变压器标注格式

$$a/b-c$$

其中：a 为一次电压，V；b 为二次电压，V；c 为额定容量，VA。

6. 照明灯具的标注

（1）一般标注方法。

$$a-b\frac{c\times d\times L}{e}f$$

（2）灯具吸顶安装。

$$a-b\frac{c\times d\times L}{e}f$$

其中：a 为灯具数量；b 为型号或编号；c 为每个照明灯具的灯泡数；d 为灯泡容量，W；e 为灯泡安装高度，m；f 为安装方式；L 为光源种类。

照明灯具安装方式文字符号见表 3-4。

表 3-4　　　　　　　　　　　照明灯具安装方式文字符号

序　号	名　　称	旧　符　号	新　符　号	备　注
1	吊链式	L	C	
2	吊管式	G	P	
3	线吊式	X	WP	
4	吸顶式			安装高度处标一横线不必注明符号
5	嵌入式		R	
6	壁装式	B	W	

3.2　建筑电气工程识图

3.2.1　电气图的特点

1. 电气图的表达形式

GB 6988《电气制图》规定电气图的表达形式分为 4 种。

（1）图（drawing）。图是"用图示法的各种表达形式的统称"。根据定义，图的概念是广泛的。它不仅指用投影法绘制的图（如各种机械图），也包括用图形符号绘制的图（如各种简图）以及用其他图示法绘制的图（如各种表图）等。图也可以定义为用图的形式来表示信息的一种技术文件。

（2）简图（diagram）。简图是用图形符号、带注释的围框或简化外形表示系统或设备中各组成部分之间相互关系及其连接关系的一种图。在不致引起混淆时，简图也可简称为图。应该说明的是，"简图"是技术术语，不要从字义上去理解为简单的图。应用这一术语的目的，是为了把这种图与其他的图相区别。再者，我国有些部门曾经把这种图称为"略图"。为了与其他国家标准的术语协调一致，采用"简图"而不用"略图"。在电气图中的大多数图种，如系统图、电路图和接线图等都属于简图。

（3）表图（chart）。表图是表明两个以上变量之间关系的一种图。在不致引起混淆时，表图也可简称为图。根据定义，表图所表示的内容和方法都不同于简图。经常碰到的曲线图、时序图都属于表图之列。应该指出，"表图"也是技术术语，之所以用"表图"，而不用"图表"，是因为这种表达形式主要是图而不是表的缘故。

（4）表格（table）。表格是把数据按纵横排列的一种表达形式，用以说明系统、成套装置或设备中各组成部分的相互关系或连接关系，或者用以提供工作参数。表格也可简称表。表格可以作为图的补充，也可以用来代替某种图。

2. 电气图的种类及用途

（1）种类。电气图的种类经过综合和统一，按照用途划分为 15 种，即系统图或框图、功能图、逻辑图、功能表图、电路图、等效电路图、端子功能图、程序图、设备元件表、接线图或接线表、单元接线图或单元接线表、互连接线图或互连接线表、端子接线图或端子接线表、数据单、位置简图或位置网。电缆配置图或电缆配置表为后增加的，实际划分为 16 种。由于建筑电气工程中常见的只是部分种类，所以本书只介绍几种常见的图。

（2）系统图或框图，用符号或带注释的框概略表示系统或分系统的基本组成、相互关系及其主要特征的一种简图。其用途是：为进一步编制详细的技术文件提供依据；供操作和维修时参考。系统图的规模有大有小，一个变配电所的系统图规模一般都比较大，一个住宅户的系统图就比较简单了，例如图 3 - 1 就是某用户照明配电系统图。从系统图中所表达的内容，可以了解到 A 栋 2 单元 3 层楼的电度表箱共有 2 户，电表箱的进线为 3 相 5 线，其中的 L1 相与电度表连接，经过 1 个 40A 的漏电保护自动开关再通过 3 根（相线 L1、零线 N 和接地保护线 PE）10mm 的 BV 型号导线进入户内，户内也有一个配电箱，又分成 5 个回路经自动开关向用户的电气设备配电，而 L2、L3 是向 4 层以上配电的，零线 N 和接地保护线 PE 是共用的。对于 1 栋楼的配电系统图将会更复杂，但其作用是相同的。

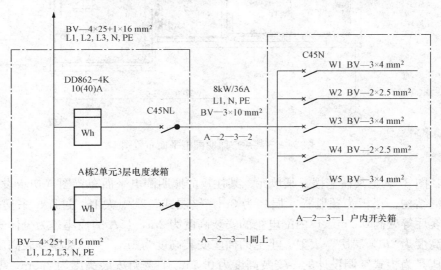

图 3 - 1　某用户照明配电系统图

（3）位置简图或位置图，表示成套装置、设备或装置中各个项目的位置的一种简图或图。根据定义，可以这样来理解：位置简图是用图形符号绘制的图，用来表示一个区域或一个建筑物内成套电气装置中的元件和连接布线。而位置图则是用投影法绘制的图，根据描述对象的不同，它可以用来表示一个地理区域、一个建筑物或一个设备中的各个项目的位置。

在建筑电气工程中常见的"照明平面布置图"或"动力平面布置图"等均属于位置简图或位置图，例如图 3-2 就是某用户照明配电平面布置图。

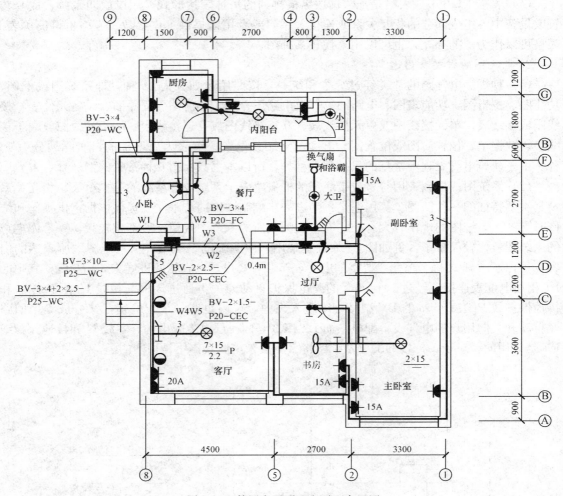

图 3-2　某用户照明配电平面布置图

说明：图 3-2 是某住宅楼、某单元、某住户的照明配电平面布置图（初步设计），建筑结构为砖混结构，楼板为预制板，层高为 3m，错层式，其中大卫、过厅、书房、主卧室、副卧室比客厅等处高 0.4m。户内配电箱的安装高度为 2m，15A 的插座是为分体式空调设计的，安装高度为 2m，厨房、大卫、小卫的插座安装高度为 1m，其他插座安装高度为 0.3m，20A 的插座是为柜式空调设计的，安装高度为 0.3m。日光灯安装高度为 2.5m，壁灯安装高度为 2m，开关安装高度为 1.3m，户内配电箱的下面有一个嵌入式鞋柜。

从照明配电平面布置图中所表达的内容，可以进一步了解到该用户的配电情况，灯具、开关、插座的安装位置情况及导线的走向。但平面布置图只能反映安装位置，不能反映安装高度，安装高度可以通过说明或文字标注进行了解，另外还需详细了解建筑结构，因为导线的走向和布置与建筑结构密切相关。平面布置图的识读方法是重点。

（4）电路图。用图形符号并按工作顺序排列，详细表示电路、设备或成套装置的全部基本组成和连接关系，而不考虑其实际位置的一种简图。目的是便于详细理解作用原理，分析和计算电路特性。其用途是：详细理解电路、设备或成套装置及其组成部分的作用原理；为测试和寻找故障提供信息；作为编制接线图的依据。电路图的形式如图 3-3 所示。在建筑电气工程中，这种电路图常用于说明某种设备的控制原理，所以我国习惯上也称为电气原理图。主要是电气工程技术人员安装调试和运行管理需要使用的一种图。

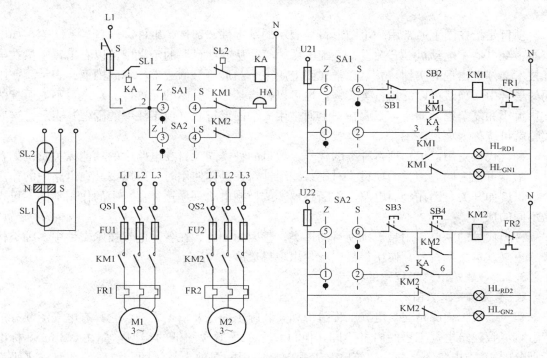

图 3-3　生活水泵的控制电路图

3. 电气图用图形符号

图形符号是用于电气图或其他文件中表示一个设备或概念的一种图形、记号或符号，是电气技术领域中最基本的工程语言。前面已经讲到，简图主要是用图形符号绘制的，因此，对于图形符号，不仅要熟悉它，还要熟练地应用它。

目前，我国已经有了一整套图形符号国家标准《电气简图用图形符号》（GB 4728.1～GB 4728.13），在绘制简图时必须遵循。在该标准中，除了分专业规定了图形符号外，还规定了一般符号、符号要素、限定符号和通用的其他符号，并且规定了符号的绘制方法和使用规则。有些符号规定了几种形式，有的符号分优选形和其他形，在绘图时，可以根据需要选用。对符号的大小、取向、引出线位置等可按照使用规则做某些变化，以达到图面清晰、减少图线交叉或突出某个电路等目的。对标准中没有规定的符号，可以选取《电气简图用图形符号》中给定的符号要素、限定符号和一般符号，按其中规定的组合原则进行派生，但此时应在图纸空白处加注说明。

根据建筑电气工程的特点，本书摘录了《电气简图用图形符号》中部分图形符号供选用。使用规则中规定：符号的大小和符号图线的粗细不影响符号的含义，在绝大多数情况下，符号的含义只由其形式决定；大多数符号的取向是任意的。在不改变符号含义的前提下，符号可以根据图面布置的需要，按 90°角的倍数旋转或取其镜像形态。

4. 项目种类代号

为便于查找、区分各种图形符号所表示的元件、器件、装置和设备等，在电气图和其他技术文件上采用一种称作"项目代号"的特定代码，将其标注在各个图形符号近旁，必要时也可标注在该符号表示的实物上或其近旁，以便在图形符号和实物之间建立起明确的一对应关系。

项目是指在图上通常用一个图形符号表示的基本件、部件、组件、设备、系统等，如电阻器、继电器、电动机、开关设备、配电系统等。从"项目"的定义中可以看出，它指在电气技术文件中出现的实物，并且通常在图上用一个图形符号（或带注释的围框）表示。在不同的场合中，项目可以泛指各类实物，也可以特指某一个具体的元器件。总之，不论所指的实物大小和复杂程度如何，只要在图上通常用一个图形符号（或带注释的围框）表示，这些实物就可统称为项目。

种类代号是用以识别项目种类的代号。项目的种类同项目在电路中的功能无关，例如各种电阻器可视为同一种类的项目。对于某些组件，在具体使用时，可以按其在电路中的作用分类，例如开关，因在电力电路（作断路器）或控制电路（作选择器）中的作用不同，可视为不同的项目。

种类代号的主要作用是识别项目的种类。正因为如此，在各种电气技术文件中，种类代号（也是基本文字符号）使用得最广泛，出现得最多。

3.2.2 建筑电气工程图的特点

1. 建筑电气工程图的特点

建筑电气工程图是建筑电气工程造价和安装施工的主要依据之一，它具有电气图共有的特点，尽管建筑电气工程的内容不同，但每一个工程所含图纸的类型，都在 GB 6988 标准所划分的 16 类电气图之内。建筑电气工程中最常用的图种为系统图、位置简图（施工平面图）、电路图（控制原理图）等。

建筑电气工程图的特点可概括为以下几点：

（1）建筑电气工程图大多是采用统一的图形符号并加注文字符号绘制出来的，属于简图之列。因为构成建筑电气工程的设备、元件、线路很多，结构类型不一，安装方法各异，只有借助统一的图形符号和文字符号来表达才比较合适。所以，绘制和阅读建筑电气工程图，首先就必须明确和熟悉这些图形符号所代表的内容和含义，以及它们之间的相互关系。

（2）任何电路都必须构成其闭合回路。只有构成闭合回路，电流才能够流通，电气设备才能正常工作，这是判断电路图正误的首要条件。一个电路的组成包括 4 个基本要素，即电源、用电设备、导线和开关控制设备等，如图 3-4 所示。

（3）电路中的电气设备、元件等，彼此之间都是通过导线将其连接起来构成一个整体的。导线可长可短，能够比较方便地跨越较远的空间距离，所以建筑电气工

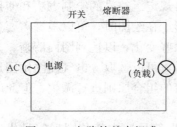

图 3-4　电路的基本组成

程图有时就不像机械工程图或建筑工程图那样比较集中、直观。有时电气设备安装位置在 A 处，而控制设备的信号装置、操作开关则可能在很远的 B 处，而两者又不在同一张图纸上。了解这一特点，就可将各有关的图纸联系起来，对照阅读。一般而言，应通过系统图、电路图找联系；通过布置图、接线图找位置；交错阅读，这样读图的效率可以提高。

（4）建筑电气工程施工是与主体工程（土建工程）及其他安装工程（给排水管道、供热管道、采暖通风的空调管道、通讯线路、消防系统及机械设备等安装工程）施工相互配合进行的，所以建筑电气工程图与建筑结构图及其他安装工程图不能发生冲突。例如，线路的走向与建筑结构的梁、柱、门、窗、楼板的位置及走向有关，还与管道的规格、用途及走向等有关；安装方法与墙体结构、楼板材料有关；特别是对于一些暗敷的线路、各种电气预埋件及电气设备基础更与土建工程密切相关。因此，阅读建筑电气工程图时，需要对应阅读有关的土建工程图、管道工程图，以了解相互之间的配合关系。

（5）建筑电气工程图对于设备的安装方法、质量要求以及使用、维修等方面的技术要求等往往不能完全反映出来，而且也没有必要全部标注清楚，因为这些技术要求在有关的国家标准和规范、规程中都有明确规定，为了保持图面清晰，只要在说明栏中说明"参照××规范"就行了。所以，在阅读图纸时，有关安装方法、技术要求等问题，要注意参照有关标准图集和有关规范执行以满足进行工程造价和安装施工的要求。

（6）建筑电气工程的位置简图（施工平面布置图）是用投影和图形符号来代表电气设备或装置绘制的，阅读图纸时，比其他工程的透视图难度大。投影法在平面图中无法反映空间高度，空间高度一般是通过文字标注或文字说明来实现的，因此，读图时首先要建立起空间立体概念。图形符号也无法反映设备的尺寸，设备的尺寸是通过阅读设备手册或设备说明书获得，图形符号所绘制的位置并不一定是按比例给定的，它仅代表设备出线端口的位置，所以在安装设备时，要根据实际情况来准确定位。

了解建筑电气工程图的主要特点，可以帮助提高识图效果，尽快完成读图目的。

2. 阅读建筑电气工程图的一般程序

阅读建筑电气工程图必须熟悉电气图基本知识（表达形式、通用画法、图形符号、文字符号）和建筑电气工程图的特点，同时掌握一定的阅读方法，才能比较迅速全面地读懂图纸，以完全实现读图的意图和目的。

阅读建筑电气工程图的方法没有统一规定。拿到一套建筑电气工程图，面对一大摞图纸时，究竟如何下手？通常可按下面方法去做，即了解情况先浏览，重点内容反复看；安装方法找大样，技术要求查规范。

具体针对一套图纸，一般可按以下顺序阅读（浏览），而后再重点阅读。

（1）看标题栏及图纸目录。了解工程名称、项目内容、设计日期及图纸数量和内容等。

（2）看总说明。了解工程总体概况及设计依据，了解图纸中未能表达清楚的各有关事项，如供电电源的来源、电压等级、线路敷设方法、设备安装高度及安装方式、补充使用的非国标图形符号、施工时应注意的事项等。有些分项的局部问题是在分项工程图纸上说明的，看分项工程图纸时，也要先看设计说明。

（3）看系统图。各分项工程的图纸中都包含有系统图，如变配电工程的供电系统图、电力工程的电力系统图、照明工程的照明系统图以及电缆电视系统图等。看系统图的目的是了解系统的基本组成，主要电气设备、元件等连接关系及它们的规格、型号、参数等，掌握该系统的组成概况。

（4）看平面布置图。平面布置图是建筑电气工程图纸中的重要图纸之一，如变配电所的电气设备安装平面图（还应有剖面图）、电力平面图、照明平面图、防雷和接地平面图等，都是用来表示设备安装位置、线路敷设部位、敷设方法及所用导线型号、规格、数量、电线管的管径大小等。在通过阅读系统图，了解系统组成概况之后，就可依据平面图编制工程预算和施工方案，具体组织施工了，所以对平面图必须熟读。阅读平面图时，一般可按此顺序：进线—总配电箱—干线—支干线—分配电箱—支线—用电设备。

（5）看电路图。了解各系统中用电设备的电气自动控制原理，用来指导设备的安装和控制系统的调试工作。因电路图多是采用功能布局法绘制的，看图时应依据功能关系从上至下或从左至右一个回路、一个回路地阅读。熟悉电路中各电器的性能和特点，对读懂图纸将是一个极大的帮助。

（6）看安装接线图。了解设备或电器的布置与接线，与电路图对应阅读，进行控制系统的配线和调校工作。

（7）看安装大样图。安装大样图是用来详细表示设备安装方法的图纸，是依据施工平面图，进行安装施工和编制工程材料计划时的重要参考图纸。特别是对于初学者更显重要，甚至可以说是不可缺少的。安装大样图多采用全国通用电气装置标准图集。

（8）看设备材料表。设备材料表提供了该工程所使用的设备、材料的型号、规格和数量，是编制购置设备、材料计划的重要依据之一。

阅读图纸的顺序没有统一的规定，可以根据需要，自己灵活掌握，并应有所侧重。为更好地利用图纸指导施工，使安装施工质量符合要求，还应阅读有关施工及验收规范、质量检验评定标准，以详细了解安装技术要求，保证施工质量。

3.3　建筑供电方式

3.3.1　建筑工程供电系统

建筑工程供电使用的基本供电系统有三相三线制、三相四线制、三相五线制，但这些名词术语内涵不是十分严格的。

国际电工委员会（IEC）对此作了统一规定，称为 TT 系统、TN 系统、IT 系统，其中 TN 系统又分为 TN-C、TN-S、TN-C-S 系统，如图 3-5 所示。

图 3-5　建筑工程供电系统

3.3.2　TN 方式供电系统

1. TN-C 方式供电系统

这种供电系统是电源中性点接地，电气设备的金属外壳与工作零线相接的保护系统，称作接零保护系统。TN 方式供电系统中，根据其保护零线是否与工作零线分开而划分为

TN-C和 TN-S 两种。TN-C 中的 C 表示它的工作零线 N 和保护线 PE 共用一根线，即用工作零线兼作接零保护线，可以称作保护性中线，可用 PEN 表示，如图 3-6 所示。

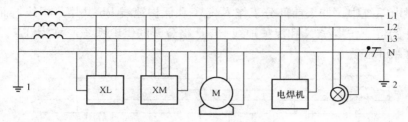

图 3-6　TN-C 方式供电系统
1—工作接地；2—重复接地

TN-C 系统的特点如下：

（1）TN-C 方式供电系统只适用于三相负载基本平衡的情况。

（2）如果工作零线断线，则保护接零的漏电设备外壳带电。

（3）由于三相负载不平衡，工作零线上有不平衡电流，对地有电压，所以与保护线所连接的电器设备金属外壳有一定的电压。

（4）TN 系统节省材料和工时，在我国和其他许多国家得到广泛应用。

2. TN-S 方式供电系统

它是把工作零线 N 和专用保护线严格分开的供电系统，称作 TN-S 方式供电系统，如图 3-7 所示。

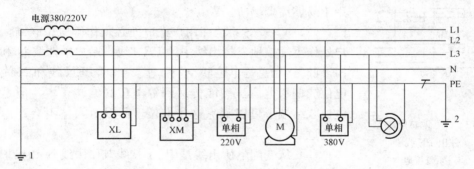

图 3-7　TN-S 方式供电系统
1—工作接地；2—重复接地

N-S 供电系统的特点如下：

（1）系统正常运行时，专用保护线上没用电流，只是工作零线上有不平衡电流，PE 线对地没有电压，即使是当相线和中性线短路，或中性线电位偏移所引起的对地电位也传不到 PE 线上，有利于防止人身间接触电及电火花引起火灾甚至引起爆炸。电器设备金属外壳接零保护是接在专用的保护线 PE 上，安全可靠。

（2）工作零线只用作照明单相负载的回线，当三相负载很不平衡时，工作零线对地有电压，尤其是当工作零线出现高电位时，有可能导致检修人员间接触电的危险。因此，进户线处总开关和末级线路保护开关需要为检修隔离而采用四级或双级开关切断工作零线。所以需要增加开关的投资成本。

（3）专用保护线 PE 不许断线，也不许进入漏电开关。

3. TN-C-S 方式供电系统

在低压供电系统中，如果前部分工作零线 N 和保护地线 PE 共用一根线，而后部分从进户总配电箱开始将工作零线 N 和保护地线 PE 严格分开的供电系统，称为 TN-C-S 系统，如图 3-8、图 3-9 所示。

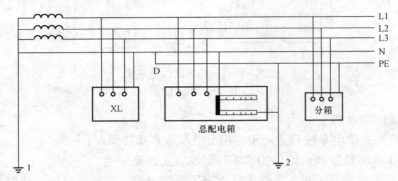

图 3-8　TN-C-S 方式供电系统

1—工作接地；2—重复接地

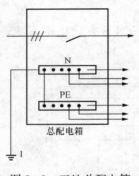

图 3-9　工地总配电箱
分出 PE 线

1—重复接地

TN-C-S 系统的特点如下：

（1）PE 线上平时没有电流，避免了因对地电位放电产生的火花而引起火灾甚至爆炸事故。可见 TN-C-S 系统可以有条件地用于易燃易爆场所。

（2）TN-C-S 系统在用户进户处必须作等电位联结，并在进户处作重复接地。将出线中的 PEN 线、用户中性线 N 和保护线 PE 同时接到总等电位联结端子上，此时 PEN 线和 N 线上的高电位或偏移电位虽然能传递到等电位联结端子上，但是由于等电位联结端子可以消除这些电位，所以对人体不会产生间接触电的危险。

（3）从变配电所出线是用 PEN 线兼作中线 N 和保护线 PE，节省了一根线，而且在用户进户处和末级配电线路不需要为断开 N 线而设置四级和双级开关。一次投资比 TN-S 系统节省。

（4）对 PE 线除了在总箱处必须和 N 线相接以外，其他各分箱处均不得把 N 线和 PE 线相连。PE 线上不许安装开关和熔断器，也不得用大地兼作 PE 线。

（5）PE 线在任何情况下都不得进入漏电断路器，因为断路器跳闸将 PE 线也切断，这是不允许的。PE 线在任何情况下都不得断线。

（6）工作零线 N 与专用保护线 PE 相连接，如图 3-9 中 ND 这段中线不平衡电流比较大时，电气设备的接零保护受零线电位的影响。D 点至后面 PE 线上没有电流，即该段导线上没有电压降，因此，TN-C-S 系统可以降低电动机外壳对地的电压，然而又不能完全消除这个电压，这个电压的大小取决于 ND 线的负载不平衡的情况及 DN 这段线路的长度。如果负载越不平衡，DN 线又很长时，则设备外壳对地电压偏移就越大。所以要求负载不平衡电流不能太大，而且在 PE 线上应作重复接地，如图 3-9 所示。

3.3.3　IT方式供电系统

IT方式的 I 表示电源侧没有工作接地，T 表示负载侧电气设备进行接地保护，如图 3-10 所示。IT方式供电系统在供电距离不是很长时，供电的可靠性高、安全性好。一般用于不允许停电的场所，或者是要求严格连续供电的地方，例如电炉炼钢、大医院的手术室、地下矿井等处。如果地下矿井内供电条件比较差，电缆易受潮，即使电源中性点不接地，设备一旦漏电，单相对地漏电电流也很小，也不破坏电源电压的平衡，所以比电源中性点接地的系统还安全。IT 系统发生接地故障时，接地故障电压不会超过 50V，不会引起间接电击的危险。

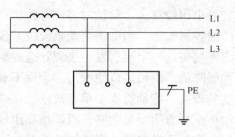

图 3-10　IT方式供电系统

3.3.4　TT方式供电系统

TT方式是指将电气设备的金属外壳直接接地的保护系统，称为保护接地系统，也称TT 系统。第一个符号 T 是表示电力系统中性点直接接地；第二个符号 T 表示负载设备外露不与带电体相连接的金属导电部分与大地直接连接，而与系统的任何接地无关。在 TT 系统中的负载所有接地均称为保护接地，如图 3-11 所示。

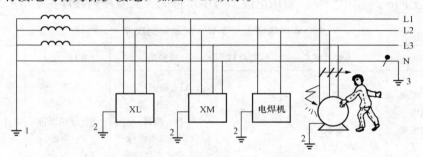

图 3-11　TT方式供电系统

1—工作接地；2—保护接地；3—重复接地

IT方式供电系统的特点如下：

（1）当电气设备的金属外壳带电时，由于有接地保护，可以大大减少触电的危险性。

（2）TT 系统接地装置耗用的钢材多，而且难以回收，费工、费料。

（3）TT 系统适用于接地保护点很分散的地方。

3.4　建筑电气材料

3.4.1　电缆

1. 电力电缆

电力电缆是用来输送和分配大功率电能的，按其所采用的绝缘材料可分为纸绝缘电力电缆、橡皮绝缘电力电缆和聚氯乙烯绝缘、聚乙烯绝缘及交联聚乙烯绝缘电力电缆。纸绝缘电力电缆有油浸纸绝缘和不滴流浸渍纸绝缘两种，油浸纸绝缘电力电缆具有使用寿命长、耐压强度高、热稳定性能好等优点，且制造运行经验也都比较丰富，是传统的主要产品，但它工艺要求比较复杂，敷设时容许弯曲半径不能太小，且在低温时敷设有困难，在工作时电缆中的油容易流动，当电缆两端敷设位差较大时，低端往往因积油而产生很大的静压力，致使电缆终端头，甚至铅套发生胀裂，造成漏油。而高端由于油的流失造成绝缘纸干枯，使其绝缘性能降低，以致造成绝缘击穿。而不滴流浸渍型电缆解决了油的流淌问题，加上允许工作温度的提高，特别适宜于垂直敷设和在热带地区使用，可取代油浸纸绝缘电缆。这种电缆在浸渍剂配料方面要复杂些，浸渍周期也较长。

聚氯乙烯绝缘、聚乙烯绝缘及交联聚乙烯绝缘电缆，人们习惯简称为塑料电缆。这几种电力电缆没有敷设位差的限制，工作温度有所提高，电缆的敷设、维护、连接都比较简便，又有较好地抗腐蚀性能等优点。目前在工程上得到了愈来愈广泛地应用，特别是在 10kV 及以下电力系统中塑料绝缘电力电缆已基本取代了油浸纸绝缘电力电缆。橡皮绝缘电力电缆则多使用在 500V 及以下的电力线路中。

电力电缆都是由导电线芯、绝缘层及保护层三个主要部分组成。导电线芯用来传导电流，绝缘层用以隔离导电线芯，使线芯与线芯间有可靠的绝缘，保证电能沿线芯传输；保护层用来使绝缘层密封不受潮气侵入，并免受外界损伤。

（1）电缆的型号及名称。我国电缆产品的型号系采用汉语拼音字母组成，有外护层时则在字母后加上两个阿拉伯数字。常用电缆型号中字母的含义及排列顺序见表 3-5。

表 3-5　　　　　　　　　　常用电缆型号字母含义及排列次序

类　　别	绝缘种类	线芯材料	内护层	其他特征	外　护　层
电力电缆不表示 K—控制电缆 Y—移动式软电缆 P—信号电缆 H—市内电话电缆	Z—纸绝缘 X—橡皮 V—聚氯乙烯 Y—聚乙烯 YJ—交联聚乙烯	T—铜 （省略） L—铝	Q—铅护套 L—铝护套 H—橡套 （H）F—非燃性橡套 V—聚氯乙烯护套 Y—聚乙烯护套	D—不滴流 F—分相铅包 P—屏蔽 C—重型	2个数字（含义见 表 3-6）

表示电缆外护层的两个数字，前一个数字表示铠装结构，后一个数字表示外被层结构。数字代号的含义见表 3-6。

表 3-6　　　　　　　　　　电缆外护层代号的含义

第一个数字		第二个数字	
代号	铠装层类型	代号	外被层类型
0	无	0	无
1	—	1	纤维绕包
2	双钢带	2	聚氯乙烯护套
3	细圆钢丝	3	聚乙烯护套
4	粗圆钢丝	4	—

（2）电力电缆结构如图 3-12、图 3-13 所示。

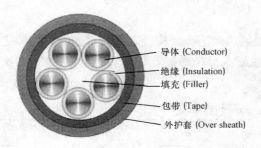

图 3-12　五芯交联聚乙烯绝缘
氯乙烯护套电力电缆

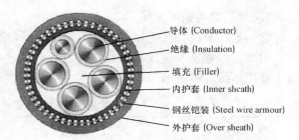

图 3-13　五芯交联聚乙烯绝缘钢丝铠装
聚氯乙烯护套电力电缆

1) 导电线芯。导电线芯所用材料通常是高导电率的铜或铝，为了制造和应用上的方便，线芯截面有统一标称等级，分为 2.5，4，6，10，16，25，35，50，70，95，120，150，185，240，300，400，500，630，800mm² 等。

电缆按其芯数有单芯、双芯、三芯、四芯和五芯之分。其线芯的形状有圆形、半圆形、扇形和椭圆形等。当线芯截面积为 16mm² 及以上时，通常是采用多股导线绞合并经过压紧而成，这样可以增加电缆的柔软性和结构稳定性。敷设时可在一定程度内弯曲而不受损伤。

2) 绝缘层。电缆的绝缘层通常采用纸、橡皮、聚氯乙烯、聚乙烯、交联聚乙烯等。

3) 保护层。电力电缆的保护层较为复杂，分内护层和外护层两部分。内护层用来保护电缆的绝缘不受潮湿和防止电缆浸渍剂的外流及轻度机械损伤。所用材料有铅套、铝套、橡套、聚氯乙烯护套和聚乙烯护套等。外护层是用来保护内护层的，包括铠装层和外被层。外护层所用材料及代号见表 3-6。

(3) 电力电缆的外形如图 3-14 所示。

2. 控制电缆

控制电缆是在配电装置中传输操作电流、连接电气仪表、继电保护和自动控制等回路用的，它属于低压电缆。运行电压一般在交流 500V 或直流 1000V 以下，电流不大，而且是间断性负荷，所以导电线芯截

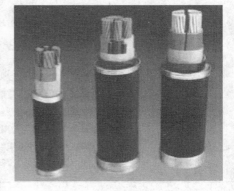

图 3-14　铜（铝）芯聚氯乙烯绝缘钢带
铠装聚氯乙烯护套电力电缆

面积小，一般为 1.5～10mm²，均为多芯电缆，芯数从 4 芯到 37 芯，控制电缆的绝缘层材料及规格型号的表示方法与电力电缆基本相同。控制电缆结构如图 3-15、图 3-16 所示。

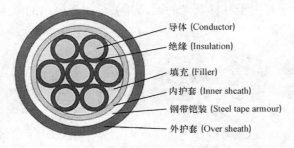

图 3-15　控制电缆（KVV22）

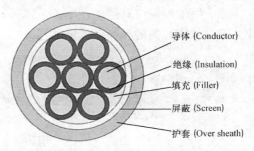

图 3-16　屏蔽控制软电缆（KVVRP）

3.4.2 常用绝缘导线

常用绝缘导线按其绝缘材料分为橡皮绝缘和聚氯乙烯绝缘。按线芯材料有铜线和铝线之分，按线芯性能又有硬线和软线之分。导线的这些特点都是通过其型号表示的。表 3-7 给出了常用绝缘导线的型号、名称和用途。

表 3-7　　　　　　　　　常用绝缘导线的型号、名称和用途

型　　号	名　　称	用　　途
BX BLX BXF BLXF BXR	铜芯橡皮绝缘线 铝芯橡皮绝缘线 铜芯氯丁橡皮绝缘线 铝芯氯丁橡皮绝缘线 铜芯橡皮绝缘软线	适用交流 500V 及以下，或直流 1000V 及以下的电气设备及照明装置之用
BV BLV BVV BLVV BVVB BLVVB BVR BV-105	铜芯聚氯乙烯绝缘线 铝芯聚氯乙烯绝缘线 铜芯聚氯乙烯绝缘聚氯乙烯护套圆形电线 铝芯聚氯乙烯绝缘聚氯乙烯护套圆形电线 铜芯聚氯乙烯绝缘聚氯乙烯护套平形电线 铝芯聚氯乙烯绝缘聚氯乙烯护套平形电线 铜芯聚氯乙烯绝缘软电线 铜芯耐热 105℃聚氯乙烯绝缘电线	适用于各种交流、直流电器装置，电工仪表、仪器，电讯设备，动力及照明线路固定敷设之用
RV RVB RVS RV-105 RXS RX	铜芯聚氯乙烯绝缘软线 铜芯聚氯乙烯绝缘平行软线 铜芯聚氯乙烯绝缘绞型软线 铜芯耐热 105℃聚氯乙烯绝缘连接软电线 铜芯橡皮绝缘棉纱编织绞形软电线 铜芯橡皮绝缘棉纱编织圆形软电线	适用于各种交、直流电器、电工仪器、家用电器、小型电动工具、动力及照明装置的连接

3.4.3 常用灯具开关

灯具开关用来控制灯具的通和断。灯具开关的种类较多，按使用方式的不同可分为拉线开关和跷板式开关；按外壳防护型式可分为普通型、防水防尘型、防爆型等；按控制数量可分为单联、双联、三联等；按控制方式可分为单控、双控、三控等。

除了用于控制灯具通、断的开关以外，还有用于灯具调光的调光开关、用于风扇的调速开关等。常用开关的种类及外形如图 3-17 所示。

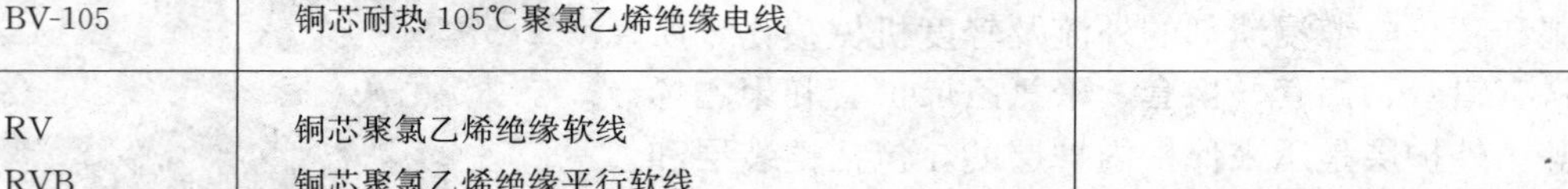

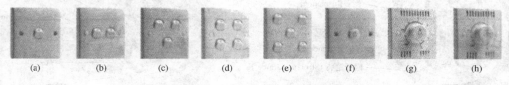

(a)　　　　(b)　　　　(c)　　　　(d)　　　　(e)　　　　(f)　　　　(g)　　　　(h)

图 3-17　常用开关的种类

（a）单联；（b）双联；（c）三联；（d）四联；（e）五联；（f）门铃开关；（g）调速开关；（h）调光开关

3.4.4　常用插座

插座主要用来插接移动式的电器装置。插座的种类较多，按电源相数可分为单相插座和三相插座；按安装方式可分为明装插座和暗装插座；按外壳防护型式可分为普通插座、防水防尘插座、防爆插座等；按插接极数可分为单相二极插座、单相三极插座、单相二三极插座等；此外，还有带开关二、三极插座、带开关三极插座等。常用插座的外形如图 3 - 18 所示。

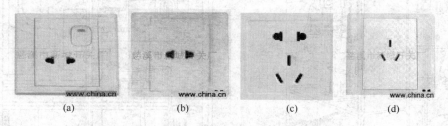

图 3 - 18　常用插座

（a）单相二极带开关插座；（b）单相二极扁圆插座；（c）单相二三极插座；（d）单相三极插座

3.5　建　筑　电　气　设　备

3.5.1　高、低压配电柜

1. 高压配电柜

高压配电柜又称为高压开关柜，有固定式和手车式两类。固定式高压配电柜的所有电气元件都是固定安装的。手车式高压配电柜中的主要电气元件如高压断路器、电压互感器和避雷器等，安装在可移开的手车上，因此手车式又称移开式。固定式配电柜较为简单经济，而手车式配电柜则可大大提高供电可靠性。当断路器发生故障或需要检修时，可随时拉出，再推入同类备用手车，即可恢复供电。在一般中小型工厂中，普遍采用较为经济的固定式高压配电柜。

近年来我国设计生产了一些技术性能指标接近或达到国际电工委员会（IEC）标准的新型先进的高压配电柜，固定式有 KGN-10 等型交流金属铠装固定式配电柜，手车式有 KYN□-10 型交流金属铠装手车式配电柜和 JYN2-10 型交流金属封闭型手车式配电柜等。

图 3 - 19 所示为装有 SN10-10 型少油断路器的 GG-1A(F)-07S 型高压配电柜的外形结构图，该型配电柜属于"五防"产品。所谓"五防"即防止误分、合高压断路器，防止带负荷拉、合隔离开关，防止带电挂接地线，防止带接地线合隔离开关，防止人员误入带电隔离区。

图 3 - 20 所示为 KYN28C-12(MDS)型高压配电柜结构示意图，该型配电柜主开关可选用性能优良的 ABB 公司的 VD4 型抽出式真空断路器和国产的 ZN63A-12（VBI）、VK 型等抽出式真空断路器。二次回路可配置传统的继电保护装置，也可装置 WZJK 型综合智能检测保护装置。该型开关柜是多种老型金属封闭开关设备的替代产品，并且同国外同类型产品相比，具有较优越的性能价格比。

高压配电柜的型号表示如图 3 - 21 所示。

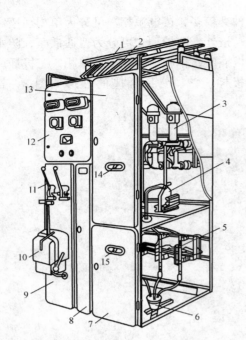

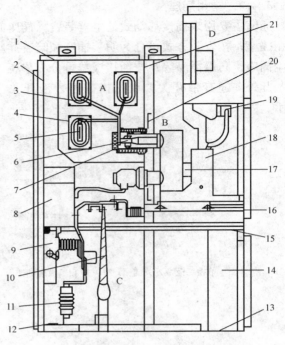

图 3-19　GG-1A(F)-07S 型高压配电柜

1—母线；2—母线侧隔离开关（QS1，GN8-10型）；3—少油断路器（QS1，SN10-10型）；4—电流互感器（TA，LQJ-10型）；5—线路侧隔离开关（QS2，GN6-10型）；6—电缆头；7—下检修门；8—端子箱门；9—操作板；10—断路器的手力操作机构（CS2型）；11—隔离开关操作手柄（CS6型）；12—仪表继电器屏；13—上检修门；14、15—观察窗孔

图 3-20　KYN28C-12（MDS）型高压配电柜

A—母线室；B—断路器手车式；C—电缆室；D—继电仪表室；1—泄压装置；2—外壳；3—分支小母线；4—母线套管；5—主母线；6—静触头装置；7—静触点盒；8—电流互感器；9—接地开关；10—电缆；11—避雷器；12—接地主母线；13—底板；14—控制线槽；15—接地开关操作机构；16—可抽出式水平隔板；17—加热装置；18—断路器手车；19—二次插头；20—隔板（活门）；21—装卸式隔板

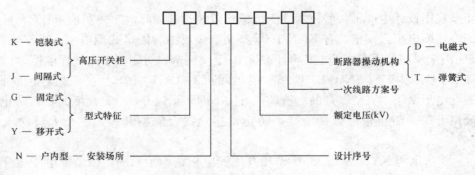

图 3-21　高压配电柜的型号表示

2. 低压配电柜

低压配电柜又称为低压配电屏，有固定式和抽屉式两类。固定式中的所有电器是固定安装的；而抽屉式的某些电器元件按一定线路方案组成若干功能单元，然后灵活组装成配电柜，各功能单元类似抽屉，可按需要抽出或推入，因此又称为抽出式。常用的固定式低压配

电柜有 PGL1 和 PG12 型、GGD 型、GGL1 型等。如图 3 - 22 所示为 PCL 型低压配电柜的外形结构图。

常用的抽屉式低压配电柜主要有 BFC 型、GCL 型、GCK 型、GCS 型、GHT1 型、MSG 型等。其中 GHT1 型是 GCK(L)-1A 的更新换代产品，该设备采用 NT 型高分断能力熔断器和 ME、CW1、CMI 型断路器等新型元件。性能较好，但价格较贵。图 3 - 23 所示为 GCS 型低压抽出式配电柜外形图。

低压配电柜的型号表示如图 3 - 24 所示。

3.5.2　电力变压器

电力变压器型号及技术参数如下：

（1）电力变压器的结构及类型。电力变压器是 10kV 变电所的主要设备，又称主变压器。电力变压器用来将 10kV 高压转换为三相四线制的低压（220/380V），供给建筑物内的用电设备使用。电

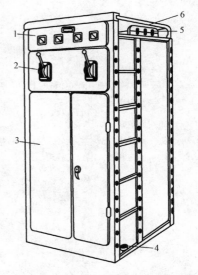

图 3 - 22　PCL 型低压配电柜外形结构图
1—仪表板；2—操作板；3—检修门；
4—中性母线绝缘子；5—母线绝缘；
6—母线防护罩

力变压器的种类较多，按相数分，有单相和三相；按冷却介质分，有干式和油浸式；按冷却方式分，有油浸自冷式、油浸风冷式以及强迫油循环风冷式和水冷式等。在防火要求高的民用建筑物内应采用干式变压器或 SF_6 变压器。三相油浸式电力变压器如图 3 - 25 所示，三相干式电力变压器如图 3 - 26 所示。

（2）电力变压器的型号。电力变压器的型号命名方法及各部分的意义如图 3 - 27 所示。

（3）变压器的安装。变压器运输到现场之后，在安装之前还应做好以下几方面的工作。

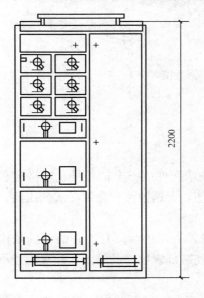

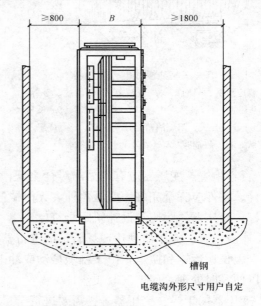

槽钢

电缆沟外形尺寸由用户自定

图 3 - 23　GCS 型低压抽出式配电柜外形图

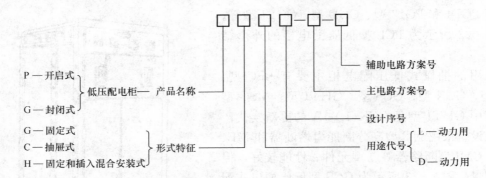

图 3-24　低压配电柜的型号表示

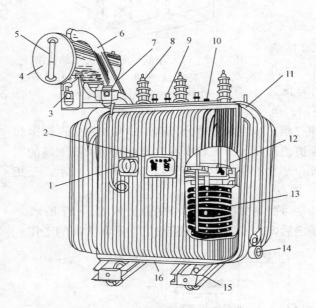

图 3-25　三相油浸式电力变压器

1—信号温度计；2—铭牌；3—吸湿器；4—油枕；5—油
标；6—防爆管；7—气体继电器；8—高压套管；9—低压
套管；10—分接开关；11—油箱；12—铁心；13—绕组及
绝缘；14—放油阀；15—小车；16—接地端子

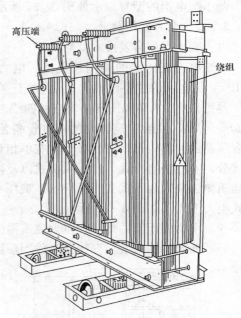

图 3-26　三相干式电力变压器

1）资料检查。变压器应有产品出厂合格证，技术文件应齐全；型号、规格应和设计相符，附件、备件应齐全完好；变压器外表无机械损伤，无锈蚀；若为油浸式变压器，油箱应密封良好；变压器轮距应与设计轨距相符。

2）器身检查。变压器到达现场后，应进行器身检查。进行器身检查的目的是检查变压器是否有因长途运输和搬运，由于剧烈振动或冲击使芯部螺栓松动等一些外观检查不出来的缺陷，以便及时处理，保证安装质量。

3）变压器的干燥。变压器是否需要进行干燥，应根据"新装电力变压器不需要干燥的条件"进行综合分析判断后确定。电力变压器常用的干燥方法有铁损干燥法、铜损干燥法、

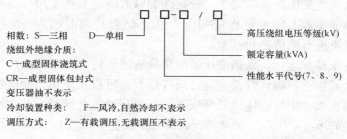

图 3 - 27　电力变压器的型号命名方法及各部分的意义

零序电流干燥法、真空热油喷雾干燥法、煤油气相干燥法、热风干燥法以及红外线干燥法等。干燥方法的选用应根据变压器绝缘受潮程度及变压器容量大小、结构形式等具体条件确定。

4）变压器就位安装。变压器经过一系列检查之后，若无异常，即可就位安装。变压器就位安装时应注意以下问题：

①变压器推入室内时，要注意高、低压侧方向应与变压器室内的高、低压电气设备的装设位置一致，否则变压器推入室内之后再调转方向就困难了。

②变压器基础导轨应水平，轨距应与变压器轮距相吻合。装有气体继电器的变压器，应使其顶盖沿气体继电器气流方向有 $1\%\sim15\%$ 的升高坡度（制造厂规定不需安装坡度者除外）。

③装有滚轮的变压器，其滚轮应能灵活转动，就位后，应将滚轮用能拆卸的制动装置加以固定。

④装接高、低压母线。母线中心线应与套管中心线相符。母线与变压器套管连接，应用两把扳手。一把扳手固定套管压紧螺母，另一把扳手旋转压紧母线的螺母，以防止套管中的连接螺栓跟着转动。应特别注意不能使套管端部受到额外拉力。

⑤在变压器的接地螺栓上接上地线。如果变压器的接线组别是 Yyn0，还应将接地线与变压器低压侧的零线端子相连。变压器基础轨道亦应和接地干线连接。接地线的材料可采用铜绞线或扁钢，其接触处应搪锡，以免锈蚀，并应连接牢固。

⑥当需要在变压器顶部工作时，必须用梯子上下，不得攀拉变压器的附件。变压器顶盖应用油布盖好。严防工具材料跌落，损坏变压器附件。

⑦变压器的油箱外表面如有油漆剥落，应进行喷漆或补刷。

5）变压器的试运行。

①补充注油。在施工现场给变压器补充注油应通过油枕进行。为防止过多的空气进入油中，开始时，先将油枕与油箱间联管上的控制阀关闭，把合格的绝缘油从油枕顶部注油孔注入油枕，至油枕额定油位。让油枕里面的油静止 $15\sim30min$，使混入油中的空气逐渐逸出。然后，适当打开联管上的控制阀，使油枕里面的绝缘油缓慢地流入油箱。重复这样的操作，直到绝缘油充满油箱和变压器的有关附件，并且达到油枕额定油位为止。补充油工作完成以后，在施加电压前，应保持绝缘油在电力变压器里面静置 24h，再拧开气体继电器的放气阀，检查有无气体积聚，并加以排放。同时，从变压器油箱中取出油样做电气强度试验。在补充注油过程中，一定要采取有效措施，使绝缘油中的空气尽量排出。

②整体密封检查。变压器安装完毕，补充注油以后应在油枕上用气压或油压进行整体密封试验，其压力为油箱盖上能承受 0.03MPa 压力，试验持续时间为 24h，应无渗漏。整体运输的变压器，可不进行整体密封试验。

③试运行。变压器试运行，是指变压器满负荷连续运行 24h 所经历的过程。变压器在试运行前，应进行全面检查，确认其符合运行条件后，方可投入使用。变压器第一次运行合闸时，一般由高压侧投入。中性点接地的变压器，在进行冲击合闸时，其中性点必须接地。受电后，持续观察 10min，变压器无异常情况，即可继续进行。变压器应进行五次空载全电压冲击合闸，应无异常情况；励磁涌流不应引起保护装置的误动。冲击合闸正常，带负荷运行24h，无任何异常情况，则可认为试运行合格。

3.5.3 柴油发电机

1. 柴油发电机的种类及型号

常用的柴油发电机组有两大类：一类是进口机组，如美国的康明斯、卡特彼勒，英国的佩特波等产品；另一类是国产机组，生产厂家及产品很多。柴油发电机的外形如图 3-28所示。

图 3-28　柴油发电机外形

2. 柴油发电机的选用

在初步方案设计阶段，可按供电变压器容量的 10%～20% 估算柴油发电机容量。在施工图设计阶段可根据一级负荷、消防负荷以及某些重要的二级负荷的容量计算选择发电机容量，也可以按最大单台电动机或成组电动机启动的需要，计算选择发电机的容量。柴油发电机宜选用无刷型自动励磁的机组。当容量不超过 800kW 时，可以选择单台发电机，如果容量超过 800kW，宜选择两台机组，且应选择相同的机组型号。发电机组一般不宜超过 3 台。

3. 柴油发电机的启动要求

柴油发电机作为建筑供配电系统的应急备用电源，要求市电中断后应能立即投入运行，故所选择的柴油发电机组应有自启动装置，一旦市电中断，应在 15s 内启动且投入供电，当市电恢复后，机组延时 2～15min 不卸载运行，5min 后，主开关自动跳闸。

4. 柴油发电机的供电范围

按照《高层民用建筑设计防火规范》（2005 版）（GB 50045—1995）的有关要求，柴油发电机应向建筑物内的消防设施和其他重要的一、二级负荷供电。供电范围一般包括以下几个方面：

（1）消防设施用电。

（2）楼梯及客房走道照明用电的 50%。

（3）重要场所的动力、照明、空调用电。

（4）消防电梯、消防水泵。

（5）中央控制室与经营管理电脑系统。

（6）保安、通信设施和航空障碍灯用电。

（7）重要的会议厅堂和演出场所用电。

5. 柴油发电机的安装

（1）柴油发电机房的布置。发电机机房应靠近变电所、外墙或内天井、楼梯间等，布置方案如图 3-29 所示。排烟由地下竖井升至一层，在一层对外开百叶窗，进风靠近进入地下室的楼梯，排烟管可在排风口上部进入排风竖井，由竖井引至室外，但在排风竖井内的这段管道应用耐火材料进行保温隔热处理。

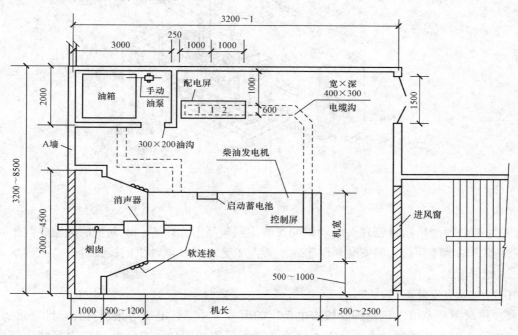

图 3-29　柴油发电机房在地下室的平面布置

（2）柴油发电机的安装。柴油发电机的安装应符合所用发电机组的技术要求，其安装示意图如图 3-30 所示。机组不操作的一侧离墙最小距离为 500mm；机组散热器距墙 800～1500mm；机尾发电机端距墙最小距离 500～1000mm；单面操作侧面距墙 1500～2500mm；两台并列时，机组之间相距 1200～1500mm。机组出线屏装在机房内，屏后离墙 800～1000mm，屏前操作距离最小为 1500mm。启动蓄电池安装在机组基础上。机组自带防振垫，因此基础台可不作防振处理。柴油发电机房应作隔声处理，以使其噪声符合规定。

3.5.4　电动机安装

电动机是车间的主要动力设备之一。电动机的安装质量直接影响它的安全运行，如安装质量不好，不仅会缩短电动机的寿命，严重时还会损坏电动机和被拖动的机器，造成损失。

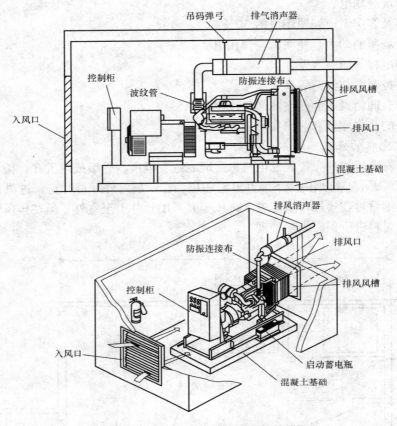

图 3-30　柴油发电机安装示意图

因此安装时必须严格质量管理。电动机的安装主要包括下列内容：电动机的运输、起吊，定子、转子、轴承座和机轴的安装调整等钳工装配工艺，以及电动机的接线等。

1. 电动机的安装

（1）电动机安装前的检查。

1）核对图纸及电动机铭牌，检查电动机的型号、功率、电压等是否符合设计要求。

2）检查电动机外观。电动机有无锈蚀及严重受潮的现象，有无在运输中碰撞损坏的地方，转轴有无弯曲，有无因运输振动而松动或脱落的部件。

3）盘动转子，检查转子转动是否灵活，有无碰卡声，轴向窜动是否超过规定的范围。

4）拆开接线盒，用万用表检查电动机绕组有无断线故障，电阻是否对称。引出线鼻子焊接或压接是否良好。编号应齐全。

5）用绝缘电阻表测量电动机各相绕组之间及各相绕组与机壳之间的绝缘电阻，对于 500V 以下的电动机，应使用 500V 绝缘电阻表测量，其绝缘电阻应不小于 0.5MΩ。

6）对于较大的电动机，应测量滑动轴承的空气间隙，其不均匀度应符合产品的规定，若无规定时，各点空气隙的相互差值不应超过 10%。

7）绕线式电动机需检查电刷的提升装置，提升装置应标有"启动"、"运行"的标志，动作顺序应是先短路集电环，然后提升电刷。

8）当电动机有下列情况时，应进行抽芯检查：①出厂日期超过制造厂保证期限者；②经外观检查或电气试验，质量有可疑时；③开启式电动机经端部检查发现可疑时；④试运转时有异常情况者。

（2）电动机的固定和校正。

1）稳装固定。电动机通常安装在钢制机座上或混凝土机座上。前者是将电动机用螺栓紧固在钢制机座上，后者是将电动机紧固在埋入混凝土基础内的地脚螺栓上。电动机安装在混凝土基础上，一般有两种方法：①浇筑混凝土基础时，根据电动机安装尺寸，将地脚螺栓和钢筋绑在一起，准确地埋入混凝土中，待混凝土硬化后，将电动机的地脚孔对正螺栓，就位后固定即可；②在浇灌混凝土基础时，根据电动机安装尺寸，在混凝土基础上预留孔洞（一般是 4 个 100mm×100mm、深度 200～400mm 的方孔），待混凝土硬化后将电动机就位，然后将地脚螺栓下端做成钩状的，垂直放入孔内，上端穿过电动机地脚并拧上螺母，此时用高标号水泥砂浆浇灌地脚螺栓，硬化后，再精细调整电动机位置，并拧紧地脚螺母。第二种方法又称二次浇灌法。由于浇筑混凝土基础时，准确地预埋地脚螺栓比较困难，所以在大型电动机的安装中，二次浇灌法得到广泛的应用。

另外，在搬运电动机时要注意，较重的电动机在搬运前，要查看现场的道路是否良好，土壤有无松软处，过沟时盖板的承载能力是否足够，防止在搬运中摔坏设备。电动机在就位时，质量较大的要用机具（滑轮组、手拉葫芦或起重机），较轻的电动机可用人抬。索具应拴在电动机的吊环上，而不能拴在端盖孔或电动机轴上。

2）电动机的校正。电动机安装在机座上以后，就要对电动机和所驱动的机器传动装置进行校正。传动装置通常有皮带传动、靠背轮传动及齿轮传动三种。不管是哪种传动，在校正之前首先要检查水平情况，即用水平尺进行纵向和横向的水平校正。如果不平，可用 0.5～5mm 厚的钢片垫在机座下找平、找正，直到符合要求为止。校正方法如图 3-31 所示。

下面将三种传动装置的校正方法分述如下：

（1）皮带传动校正。用皮带传动时，必须使电动机皮带轮的轴和被传动机器皮带轮的轴保持平行，同

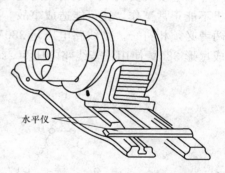

水平仪

图 3-31　用水平仪校正电动机水平

时还要使两皮带轮宽度的中心线在同一直线上。校正宽度中心线的方法如图 3-32 所示。如果两个皮带轮宽度相等，校正时可在皮带轮的侧面进行，如图 3-32（a）所示。利用一根弦线拉紧靠两个皮带轮端面，看弦线是否接触 A、B、C、D 四点。如果两个皮带轮宽度不相同，可先找出皮带轮的中心线，并画出记号如图3-32（b）所示。然后拉一根弦线，一端紧靠在宽皮带轮的 A、B 两点轮缘上，如图 3-32（b）中虚线所示，再在 C、D 点用钢尺量出 l_c 和 l_d，应使：$l_c+b_1=l_d+b_1$。

（2）靠背轮（联轴器）传动校正。校正靠背轮联轴器最简单的方法，是用钢尺校正，如图 3-33 所示。校正时先取下连接螺栓，用钢尺测量径向水平间隙 a 和轴向间隙 b，这两个尺寸必须是在垂直线上和水平线上测得的。测量后把一个靠背轮转动180°再测。如果靠背轮的平面平行，并且轴心也对准，那么在各个位置上所测得的 a 值和 b 值都相等。如果不等就说明靠背轮没有安装好，必须反复校正，直到符合要求为止。

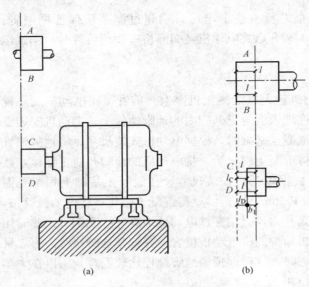

（3）齿轮传动校正。齿轮传动时必须使电动机的轴与驱动机械的轴保持平行，并使大小齿轮咬合适当，如果两齿轮的齿间间隙均匀，则表明两轴达到了平行。间隙的大小可用塞尺进行检查。

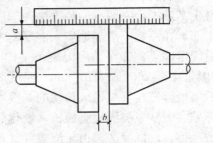

图 3-33　用钢尺校正靠背轮

图 3-32　皮带轮校正法
（a）两皮带轮等宽；（b）两皮带轮不等宽

2. 电动机的接线

在电动机安装中，电动机的接线是一项非常重要的工作，如果接线不正确，不仅使电动机不能正常工作，还可能造成事故。接线时注意电动机铭牌上的额定电压与线路使用电压，两者必须相符合。如线路电压是 380V，铭牌电压为 220/380V，则需将电动机的三相绕组接成星形 380V 使用；若线路电压为 220V 则电动机应接成三角形使用，如图 3-34 所示。

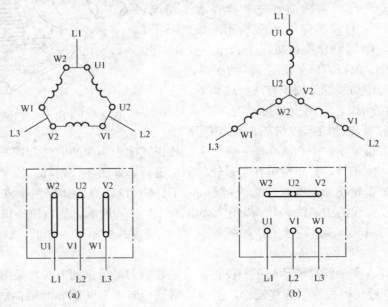

图 3-34　电动机接线
（a）△接 220V；（b）Y 接 380V

三相感应电动机有三相绕组，三相绕组共有 6 个端子，各相的始端用 U1、V1、W1 表示，终端用 U2、V2、W2 表示。标号 U1—U2 为第一相，V1—V2 为第二相，W1—W2 为第三相。

如果电动机的绕组没有标号，且 6 个端头单独甩出，不能确定各绕组的始端和终端时，可用感应法进行测定。先用万用表或绝缘电阻表确定同一绕组的两个端头，从而找出三个绕组。再将任意两个绕组串联起来，在两端加上单相交流低电压（约为电动机额定电压的 40%），在第三相的绕组两端接上电压表或灯泡，接线如图 3 - 35 所示。如果电压表有读数或灯泡发亮，说明串联的两绕组对第三绕组的电磁感应方向相同，则为第一绕组的终端和第二绕组的始端是接在一起的，如图 3 - 35 (a) 所示；反之，电压表无读数或灯泡不亮，即表明串联的两个绕组对第三绕组的电磁感应方向相反，则为两个绕组的终端接在一起，如图 3 - 35 (b) 所示。然后将第一相和第二相绕组的始端和终端做好标志，再用同样的方法决定第三绕组的始端和终端。

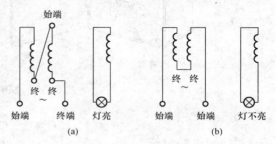

图 3 - 35　电动机识别三相绕组始端和终端的接线图
(a) 始端接终端；(b) 始端接始端

导线靠近电动机的一端，应用金属软管或塑料套管保护，并放长些，以便电动机位置改变时可以伸缩，软管与管子连接必须用扎头扎牢固定。另一端与进线盒连接，应做固定支点。

电动机及电动执行机构的可接近裸露导体必须可靠接地（或接零），接地线应用螺栓固定在电动机的接地螺栓上。接地线的截面作为干线时，一般为电动机进线的 30%（最大不超过铝芯 35mm²，铜芯 25mm²）。但如采用橡皮绝缘导线作支线时最小应用铝芯导线为 4mm²，铜芯导线为 2.5mm²。

3. 电动机的试车

电动机及其控制设备安装、接线与详细检查完成后，即可进行试车。

（1）接通电源前，应再次检查电动机的电源进线、接地线、与控制设备的电气连线等是否符合要求，连接是否牢固可靠。

（2）接通电源，控制电动机启动。电动机启动后，应严格监视电动机的启动与运行情况。通过仪表观察电动机的电流是否超过允许值。电动机运行中应无杂音，无异味，无过热现象。电动机的振动幅值与轴承温升应在允许范围内。

（3）冷态时连续启动 2～3 次。

（4）空载运行 2h，并记录电机的空载电流。

3.5.5　照明配电箱

1. 照明配电箱的选择

配电箱是线路分支时的接头连接处，也是线路控制开关及保护电器的安装场所。目前建筑物中所使用的照明配电箱都是标准的定型产品，配合断路器及漏电保护器的安装。照明配电箱分为明装式和嵌入式两种，主要由箱体、箱盖、汇流排（接线端子排）、断路器安装支架等部分组成。箱体由薄钢板制成（房间开关箱可为塑料制品），箱盖拉伸成盘状，断路器手柄外露，打开盖门可操作断路器。带电部分均被箱盖遮盖，箱体上、下两面设有敲落孔，可根据安装需要任意敲落。当断路器未装满留有空位时，用配套的遮片遮盖窗口，使配电箱整齐美观。照明配电箱型号较多，常用的有 XXM、XRM、PXT 系列，其外形如图 3-36 所示。PXT 系列照明配电箱的型号及各部分的意义如图 3-37 所示。

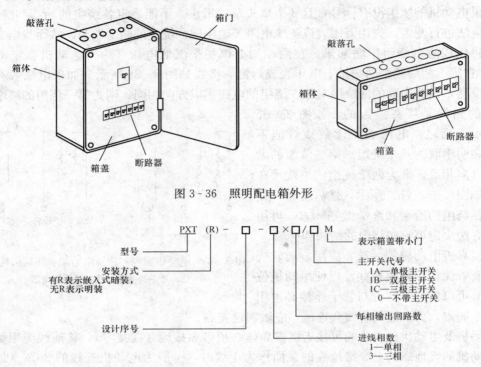

图 3-36　照明配电箱外形

图 3-37　PXT 系列照明配电箱的型号及各部分的意义

选择照明配电箱时，首先考虑配电箱的安装方式，明装时选择悬挂式的照明配电箱，暗装时选择嵌入式的照明配电箱；其次考虑配电箱是否能够容纳所要安装的断路器。照明配电所用的小型断路器均为标准产品，断路器额定电流在 100A 以下时，单极（1P）的宽度为 18mm；额定电流在 100A 及以上时，单极（1P）的宽度为 27mm。带漏电保护的小型断路器，额定电流在 50A 以下时，单相漏电保护单元宽度为 27mm，三相漏电保护单元宽度为 36mm；额定电流在 50A 及以上时，单相漏电保护单元宽度为 36mm，三相漏电保护单元宽度为 45mm。

2. 照明配电箱安装的施工工序

（1）墙上明装的照明配电箱，其螺栓等预埋件须在抹灰前预埋和预留；暗装的照明配电箱的预留孔、配管及线盒等，经检查确认后，才能安装配电箱。

（2）接地（PE）或接零（PEN）连接完成后，核对箱内元件的型号、规格后，才能进行交接试验。交接试验合格后，才能投入试运行。

3. 照明配电箱的安装

照明配电箱的安装主要有明装、嵌入式暗装、落地式安装三种方式。要求较高的场所一般采用嵌入式暗装的方式，要求不高的场所或由于配电箱体积较大不便暗装时可采用明装方式，容量、体积较大的照明总配电箱则采用落地安装方式。

（1）照明配电箱安装的基本要求。

1）照明配电箱的安装环境。照明配电箱应安装在干燥、明亮、不易受振、便于操作的场所，不得安装在水池的上、下侧，若安装在水池的左、右侧时，其净距不应小于 1m。

2）配电箱的安装高度。配电箱的安装高度应按设计要求确定。一般情况下，暗装配电箱底边距地面的高度为 1.4～1.5m，明装配电箱的安装高度不应小于 1.8m。配电箱安装的垂直偏差不应大于 3mm，操作手柄距侧墙的距离不应小于 200mm。

3）暗装配电箱后壁的处理和预留孔洞的要求。在 240mm 厚的墙壁内暗装配电箱时，其墙后壁需加装 10mm 厚的石棉板和直径为 2mm、孔洞为 10mm 的钢丝网，再用 1：2 水泥砂浆抹平，以防开裂。墙壁内预留孔洞的大小，应比配电箱的外形尺寸略大 20mm 左右。

4）配电箱的金属构件、铁制盘及电器的金属外壳，均应作保护接地（或保护接零）。接零系统中的零线，应在引入线处或线路末端的配电箱处做好重复接地。

5）配电箱内的母线应有黄（L1）、绿（L2）、红（L3）等分相标志，可用刷漆涂色或采用与分相标志颜色相应的绝缘导线。

6）配电箱外壁与墙面的接触部分应涂防腐漆，箱内壁及盘面均刷两道驼色油漆。除设计有特殊要求外，箱门油漆颜色一般均应与工程门窗颜色相同。

（2）照明配电箱明装。照明配电箱明装时，可以直接安装在墙上，也可安装在支架上或柱上。

1）配电箱在墙上安装。照明配电箱明装在墙上的方法如下：

①预埋固定螺栓。在墙上安装配电箱之前，应先量好配电箱安装孔的尺寸。在墙上画好孔的位置，然后钻孔，预埋胀管螺栓。预埋螺栓的规格应根据配电箱的型号和重量选择，螺栓的长度应为埋设深度（一般为 120～150mm）加上箱壁、螺母和垫圈的厚度，再加上 3～5mm 的余留长度。配电箱一般有上、下各两个固定螺栓，埋设时应用水平尺和线坠校正使其水平和垂直，螺栓中心间距应与配电箱安装孔中心间距相等，以免错位，造成安装困难。

②固定配电箱。待预埋件的填充材料凝固干透后，方可进行配电箱的安装固定。固定前，先用水平尺和线坠校正箱体的水平度和垂直度，如不符合要求，应检查原因，调整后再将配电箱固定，如图 3 - 38 所示。

2）配电箱在支架上安装。在支架上安装配电箱之前，应先将支架加工焊接好，并在支架上钻好固定螺栓的孔洞。然后将支架安装在墙上或埋设在地坪上。配电箱的安装固定与上述方法相同，配电箱在落地支架上的安装如图 3 - 39 所示。

3）配电箱在柱上安装。安装之前一般先装设角钢和抱箍，然后在上、下角钢中部的配电箱安装孔处焊接固定螺栓的垫铁，并钻好孔，最后将配电箱固定安装在角钢垫铁上，如图 3 - 40 所示。

（3）照明配电箱暗装。照明配电箱暗装时，一般将其嵌入在墙壁内。安装时应配合配线工程的暗敷设进行。待预埋线管工作完毕后，将配电箱的箱体嵌入墙内（有时用线管与箱体组合后，在土建施工时埋入墙内），并做好线管与箱体的连接固定和跨接地线的连接工作，然后在箱体四周填入水泥砂浆，如图 3 - 41 所示。当墙壁的厚度不能满足嵌入式安装的需要时，可采用半嵌入式安装，使配电箱的箱体一半在墙面外，一半嵌入墙内。

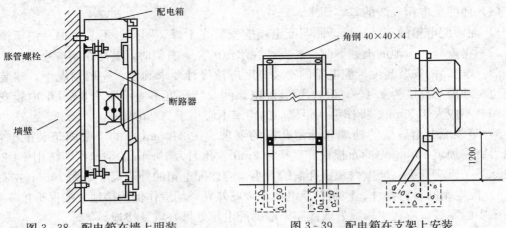

图 3-38　配电箱在墙上明装　　　　　图 3-39　配电箱在支架上安装

（4）照明配电箱落地式安装。较大的照明总配电箱应采用落地式安装。在安装之前，一般先预制一个高出地面约 100mm 的混凝土空心台，这样可以方便进、出线，不进水，保证安全运行。进入配电箱的钢管应排列整齐，管口高出基础面 50mm 以上，如图 3-42 所示。

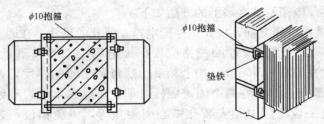

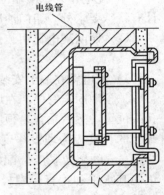

图 3-40　配电箱在柱上安装　　　　　图 3-41　照明配电箱暗装

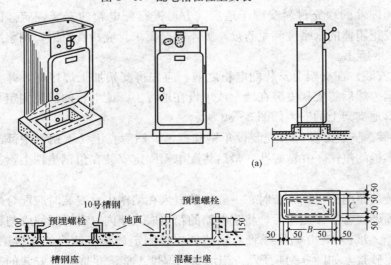

(a)

(b)

图 3-42　照明配电箱落地式安装

（a）安装示意图；（b）基座示意图

3.6　建筑电气施工

3.6.1　照明配电系统

建筑照明配电系统通常按照"三级配电"的方式进行，由照明总配电箱、楼层配电箱、房间开关箱及配电线路组成。

1. 照明总配电箱

照明总配电箱把引入建筑物的三相总电源分配至各楼层的配电箱。当每层的用电负荷较大时，采用独立线路（放射式）对该层配电，如图 3 - 43（a）所示；当每层的用电负荷不大时，采用树干式方法对该层配电，如图 3 - 43（b）所示。总配电箱内的进线及出线应装设具有短路保护和过载保护功能的断路器。

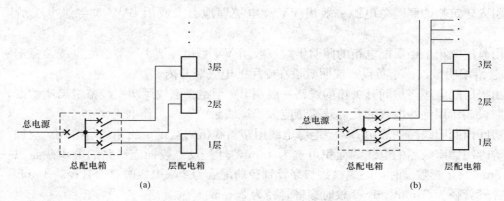

图 3 - 43　总配电箱配电示意图
（a）放射式配电；（b）树干式配电

楼层配电箱把三相电源分为单相，分配至该层的各房间开关箱以及楼梯、走廊等公共场所的照明电器进行供电。当房间的用电负荷较大时（如大会议室、大厅、大餐厅等），则由楼层配电箱分出三相支路给该房间的开关箱，再由开关箱分出单相线路给房间内的照明电器供电。楼层配电箱内的进线及出线也应装设断路器进行保护，如图 3 - 44 所示。

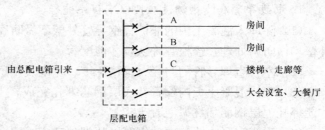

图 3 - 44　层配电箱配电示意图

房间开关箱分出插座支线、照明支线以及专用支线（如空调器、电热水器等）给相应电器供电。插座支线应在开关箱内装设断路器及漏电保护器，其他支线应装设断路器。一般房间内的照明灯具由其邻近的、装在墙壁上的灯具开关控制，如图 3 - 45（a）所示；灯数较多且同时开、关的大房间（如大会议室、大厅、大餐厅等），则由开关箱内的断路器分组控制，如图 3 - 45（b）所示。

房间开关箱、楼层配电箱、总配电箱一般明装或暗装在墙壁上，配电箱底边距地 1.5～1.8m。体积较大且较重的配电箱则落地安装。安装在配电箱内的断路器，其额定电流应大

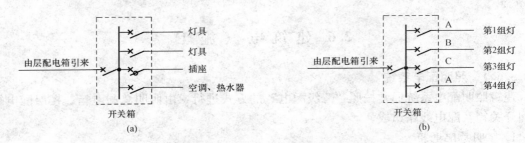

图 3-45　房间开关箱配电示意图

(a) 小房间配电；(b) 大房间配电

于所控制线路的正常工作电流；漏电保护器的动作电流一般为 30mA，潮湿场所为 15mA。

2. 照明配电线路

引入建筑物的照明总电源一般用 VV 型电缆埋地引入或用 BVV 型绝缘电线沿墙架空引入。

由总配电箱至楼层配电箱的照明干线一般用 VV 型电缆或 BV 型绝缘电线，穿钢管或穿 PVC 管沿墙明敷设或暗敷设，或明敷设在专用的电气竖井内。

由楼层配电箱至房间开关箱的线路一般用 BV 型绝缘电线用塑料线槽沿墙明敷设，或穿管暗敷设。所用绝缘电线的允许载流量应大于该线路的实际工作电流。

房间内照明线路一般用 BV 型绝缘电线用塑料线槽明敷设，或穿管暗敷设。空调、电热水器等专用插座线路的电线截面积可选为 4mm，灯具及一般插座线路的电线截面积一般选为 2.5mm。穿管敷设时，电线根数与穿管管径的配合为 2 根电线时穿管管径为 15mm，3～5 根时穿管管径为 20mm，6～9 根时穿管管径为 25mm。

3.6.2　线路敷设

室内照明线路的敷设又称为配管配线，常用的敷设方式主要有铝线卡明敷、线槽（塑料线槽、金属线槽）明敷、穿钢管明（暗）敷、穿 PVC 管明（暗）敷等。

1. 电线导管和线槽敷设应按以下程序进行

（1）除埋入混凝土中的非镀锌钢导管外壁不做防腐处理外，其他场所的非镀锌钢导管内外壁均做防腐处理，经检查确认，才能配管。

（2）室外直埋导管的路径、沟槽深度、宽度及垫层处理经检查确认，才能埋设导管。

（3）现浇混凝土板内配管在底层钢筋绑扎完成，上层钢筋未绑扎前敷设，且检查确认，才能绑扎上层钢筋和浇捣混凝土。

（4）现浇混凝土墙体内的钢筋网片绑扎完成，门、窗等位置已放线，经检查确认，才能在墙体内配管。

（5）被隐蔽的接线盒和导管在隐蔽前检查合格，才能隐蔽。

（6）在梁、板、柱等部位明配管的导管套管、埋件、支架等检查合格，才能配管。

（7）吊顶上的灯位及电气器具位置先放样，且与土建及各专业施工单位商定，才能在吊顶内配管。

（8）顶棚和墙面的喷浆、油漆或壁纸等基本完成，才能敷设线槽、槽板。

2. 电线穿管及线槽敷线应按以下程序进行

（1）接地（PE）或接零（PEN）及其他焊接施工完成，经检查确认，才能穿入电线或电缆以及线槽内敷线。

（2）与导管连接的柜、屏、台、箱、盘安装完成，管内积水及杂物清理干净，经检查确认，才能穿入电线、电缆。

（3）电缆穿管前绝缘测试合格，才能穿入导管。

（4）电线、电缆交接试验合格，且对接线去向和相位等检查确认，才能通电。

3. 铝线卡明敷

铝线卡明敷的代号为 AL。铝线卡敷设方式简单方便，但由于电线紧贴墙面且裸露，容易受到外物的损伤，主要用在要求不高且干燥的场所。所敷设的电线必须为 BVV 型或 BLVV 型塑料护套线。铝线卡的外形如图 3-46 所示。

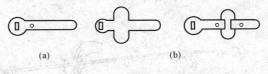

图 3-46　铝线卡外形
(a) 钉装式；(b) 粘结式

铝线卡明敷的施工顺序及施工方法如下：

（1）划线。对照施工图在建筑物相应位置划出线路的中心线。划线时要求横平竖直、整齐美观，转弯时要转直角。

（2）固定铝线卡。在木结构、有抹灰层的墙上固定铝线卡时，一般用圆钢钉（俗称水泥钉）直接钉牢；在混凝土结构上固定铝线卡时，可用环氧树脂胶黏剂进行粘结。粘结时，要把铝线卡底片及建筑物表面处理干净，用手施加一定的压力，使粘结面接触良好，养护 1～5 天，待胶黏剂充分硬化后，方可敷设导线。铝线卡要排列整齐，间距要均匀，直线敷设时间距为 150～200mm，与转角处、交叉点、线管出口、开关、插座、灯具、接线盒等的间距为 50～100mm，如图 3-47 所示。

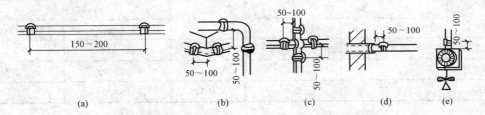

图 3-47　铝线卡固定点示意图
(a) 直线；(b) 转角；(c) 交叉；(d) 进、出线管；(e) 进、出开关

（3）放线。把准备敷设的电线放开，如图 3-48 所示。

（4）勒直、勒平电线，如图 3-49 所示。

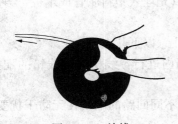

图 3-48　放线

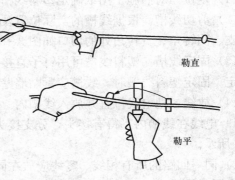

图 3-49　勒直、勒平电线

（5）收紧电线并绑紧，如图 3-50 所示。

用铝线卡敷设电线对，电线至地面的最小距离为：水平敷设时为 2.5m；垂直敷设时为 1.8m，低于 1.8m 的部分，应穿管保护。

4. 塑料线槽明敷

塑料线槽明敷的代号为 PR。用塑料线槽敷设的线路整齐美观、耐火、耐腐蚀、造价低，是室内线路常用的敷设方式。塑料线槽采用非燃性塑料制成，由槽体和槽盖两部分组成，槽盖和槽体挤压结合，安装、维修及更换导线简便，如图 3-51 所示。常用塑料线槽的型号、规格见表 3-8。

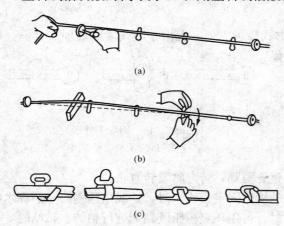

图 3-50　收紧电线并绑紧
（a）收紧；（b）绑紧；（c）绑铝线卡步骤

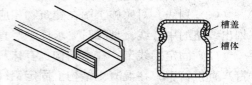

图 3-51　塑料线槽外形

表 3-8　　　　　　　　　　　　常用塑料线槽的型号、规格

型　号	规　格		型　号	规　格	
	宽×高（mm×mm）	壁厚（mm）		宽×高（mm×mm）	壁厚（mm）
VXC20	20×10	1.0	VXC80	80×30	2.0
VXC40	40×15	1.2	VXC100	100×30	2.5
VXC60	60×15	2.0	VXC120	120×30	2.5

塑料线槽一般敷设在室内的墙角、地角、横梁等较隐蔽的地方，并尽量与建筑物线条平行，使线路整齐美观。如图 3-52 所示为塑料线槽敷设示意图及常用的线槽附件。

塑料线槽明敷的施工顺序及施工方法如下：

（1）定位。对照施工图纸确定塑料线槽的走向及位置。

（2）剪切线槽。根据线槽的实际位置及所需长度进行剪切，切口应光滑，不留毛刺。线路分支、阴转角、直转角处的切口如图 3-53 所示。

（3）固定线槽。塑料线槽可用钉子直接钉牢，也可以先埋入塑料胀管或木桩，再用木螺钉固定。固定塑料线槽时，线槽应紧贴墙壁。

（4）放线。把电线拉直并放入线槽内。放线时，应注意以下几点：

1）电线在线槽内不得有接头，分支接头应在接线箱内进行，线槽与接线箱的配接如图 3-54 所示。

2）同一回路的所有相线、零线应放在同一线槽内，不同回路的电线在无防干扰要求时，可放在同一线槽内。

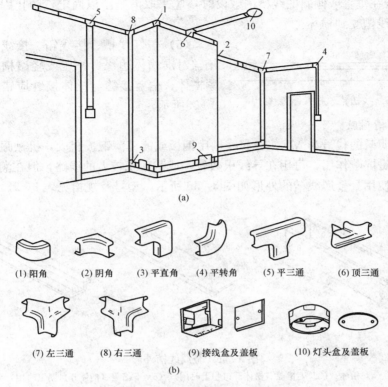

(1) 阳角　(2) 阴角　(3) 平直角　(4) 平转角　(5) 平三通　(6) 顶三通

(7) 左三通　(8) 右三通　(9) 接线盒及盖板　(10) 灯头盒及盖板

(b)

图 3-52　塑料线槽敷设示意图

(a) 塑料线槽敷设位置；(b) 线槽附件

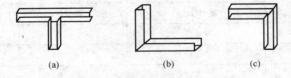

(a)　　　　　　(b)　　　　　　(c)

图 3-53　塑料线槽切口示意图

(a) 分支；(b) 阴转角；(c) 平直角

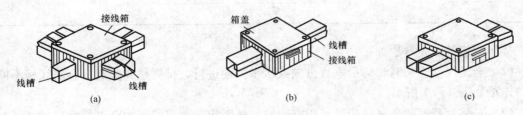

(a)　　　　　　(b)　　　　　　(c)

图 3-54　接线箱安装示意图

(a) 线路分支；(b) 单线槽接头；(c) 双线槽接头

3) 线槽内导线截面积（包括外护层）的总和不应超过线槽内截面积的 20%，载流导线不超过 30 根；控制、信息等弱电线路的导线截面积总和不应超过线槽内截面积的 50%，导线根数不限。

4）当导线在垂直或倾斜的线槽内敷设时，应采取措施予以固定，防止因导线的自重而产生移动或使线槽受到损坏。

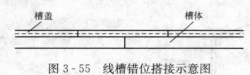

图 3-55　线槽错位搭接示意图

（5）盖好线槽、接线箱、接线盒的盖子。把槽盖对准槽体边缘。挤压或轻敲槽盖，使槽盖卡紧槽体。槽盖接缝与槽体接缝应错位搭接，如图 3-55 所示。

5. 金属线槽明敷

金属线槽明敷的代号为 MR。金属线槽用钢板或镀锌薄钢板制成，机械强度高，对所敷设的线路有电磁屏蔽作用，可用在导线根数较多或截面积较大的线路，但在潮湿或有腐蚀性的场所则不宜使用。金属线槽的外形如图 3-56 所示，型号及规格见表 3-9。

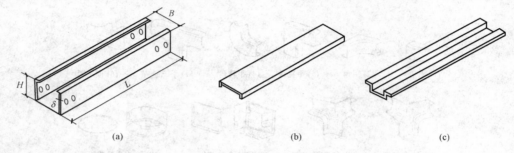

图 3-56　金属线槽外形

（a）槽体；（b）上槽盖（槽体开口朝上时用）；（c）下槽盖（槽体开口朝下时用）

表 3-9　　　　　　　　　　　　金属线槽型号及规格

型号	规格		长 L(mm)
	宽 B(mm)	高 H(mm)	
GXC40	40	25	
GXC50	50	30	
GXC60	60	30	2000
GXC70	70	35	
GXC100	100	50	
GXC120	120	65	

金属线槽的安装方法如下：

（1）金属线槽安装时，应沿垂直方向或水平方向进行，排列整齐美观。金属线槽不同位置的连接如图 3-57 所示。

（2）安装大截面的金属线槽时可用支架或吊杆固定，垂直安装的金属线槽穿过楼板时应加角钢固定。支架或吊杆的间距为：线槽宽度在 300mm 以内时，最大间距为 2.4m；宽度在 300～500mm 时，最大间距为 2.0m；宽度在 500～800mm 时，最大间距为 1.8mm，如图 3-58 所示。

（3）安装小截面的金属线槽对，可用塑料胀管和木螺钉固定，固定点的最大间距为 500mm。

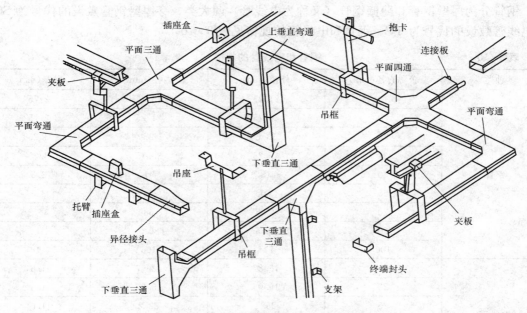

图 3-57　金属线槽不同位置连接示意图

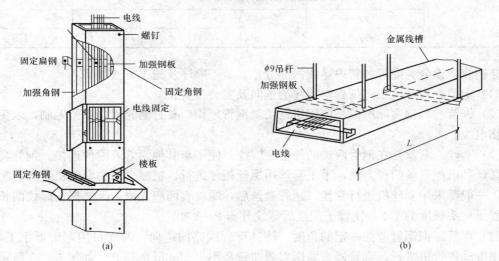

图 3-58　金属线槽安装示意图
（a）垂直安装；（b）水平安装

（4）电线在线槽内不得有接头，同一回路的所有电线应放在同一线槽内；不同回路的电线无相互干扰时，可放在同一线槽内。

（5）金属线槽应良好接地。

6. 穿钢管敷设

把绝缘电线穿在钢管内敷设。对电线具有较好的保护作用，能防止电线受到灰尘、潮气的侵蚀以及外界的机械损伤。穿钢管敷设还具有较好的防火、防触电功能，能方便地更换电线。在要求较高的建筑物内，应采用穿钢管敷设；在具有火灾危险或爆炸危险的场所，必须采用穿钢管敷设。穿钢管敷设又分为明敷和暗敷两种方式。

钢管分为厚壁钢管和薄壁钢管（又称为电线管）两大类，穿厚壁钢管敷设的代号为 SC，穿电线管敷设的代号为 TC。钢管和电线管的规格见表 3-10。

表 3-10   **钢管和电线管的规格**

种类	公称直径(mm)	外径(mm)	内径(mm)	壁厚(mm)
钢管	15	21.25	15.75	2.75
	20	26.75	21.25	2.75
	25	33.5	27	3.25
	32	42.25	35.75	3.25
	40	48	41	3.5
	50	60	53	3.5
	70	75.5	68	3.75
	80	88.5	80.5	4
	100	114	106	4
电线管	15	15.87	12.67	1.6
	20	19.05	15.85	1.6
	25	25.4	22.2	1.6
	32	31.75	28.55	1.6
	40	38.1	34.9	1.6
	50	50.8	47.6	1.6

穿钢管敷设分为配管和管内穿线两部分，其施工顺序及施工方法如下：

（1）定位。对照施工图纸确定管线的走向及安装位置。

（2）锯管。根据实际所需长度用钢锯切割钢管，切口要打磨光滑，不留毛刺，以免穿线时划伤电线。

（3）套丝。套丝是在钢管两端的外壁套螺纹，便于与其他钢管或附件连接。钢管套丝有手工套丝和机械套丝两种方法，手工套丝用螺丝板牙进行，机械套丝用套丝机进行。实际施工时，一般都采用套丝机进行套丝。钢管套丝后，螺纹表面应光滑、无缺损，螺纹的长度应大于管子接头长度的 1/2，使管子连接后螺纹外露 2～3 扣。

（4）弯管。把钢管弯曲一定的角度，使其符合线路的走向。弯管可用弯管器手工弯管，也可用电动弯管机进行，弯管器只能用来弯曲管径小于 25mm 的钢管，如图 3-59 所示。弯管时，钢管的弯曲半径不小于管外径的 6 倍，弯曲角度不小于 90°，如图 3-60 所示。管子的弯曲处不应有折皱、凹陷和裂纹，管子弯扁的程度不应大于管外径的 10%。

（5）连接钢管。钢管的连接分为钢管与钢管的连接、钢管与接线盒、箱的连接等几种情况。管径较小的钢管相互连接时，一般采用管接头螺纹连接，如图 3-61（a）所示。管径在 50mm 及以上的钢管相互连接时，一般采用套管焊接，如图 3-61（b）所示。钢管与接线盒、箱的连接一般采用锁紧螺母连接，如图 3-62 所示。管子在接线盒、箱内应露出锁紧螺母 2～4 扣。钢管连接好之后，应在管口套上护口，防止穿线时划伤电线的绝缘层。敷设钢管时，管路中间不宜有过多的弯，当管路较长或弯头较多时，中间应加装接线盒。加装接线盒的方法为：符合下列条件时，应在中间便于穿线的地方增设接线盒。

图 3-59　弯管器弯管

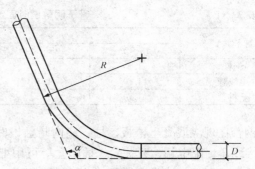

图 3-60　钢管的弯曲半径

R—弯曲半径；D—管子外径；α—弯曲角度

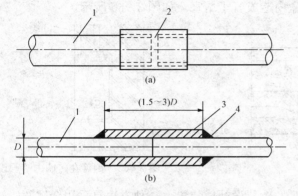

图 3-61　钢管的相互连接

（a）管接头螺纹连接；（b）套管焊接

1—钢管；2—管接头；3—套管；4—焊接点

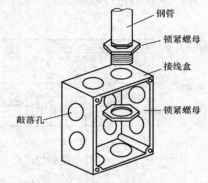

图 3-62　钢管与接线盒、箱的连接

1）管路长度超过 30m，无弯曲时。

2）管路长度超过 20m，有一个弯时。

3）管路长度超过 15m，有两个弯时。

4）管路长度超过 8m，有三个弯时。

（6）固定钢管。钢管明敷设时，可用鞍形管卡固定在建筑物的墙、柱、梁、顶板上，或者用 U 形管卡固定在支架上，如图 3-63 所示。固定点的最大间距见表 3-11。

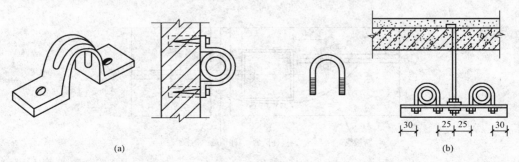

图 3-63　钢管明敷设示意图

（a）鞍形管卡；（b）U 形管卡

表 3 - 11　　　　　　　　**管子明敷设时固定点的最大间距**　　　　　　　　　　　m

管子类型	公称管径（mm）				
	15～20	25～32	40	50	65～100
钢管	1.5	2.0	2.5	2.5	3.5
电线管	1.0	1.5	2.0	2.0	—
塑料管	1.0	1.5	1.5	2.0	2.0

钢管在现浇混凝土楼板、柱、墙内暗敷设时，应在土建钢筋绑扎完毕后进行。暗配的钢管、接线盒、配电箱、开关盒、插座盒等可用细钢丝绑扎固定，也可焊接固定在结构钢筋上，固定后应对管口、箱或盒的开口进行封口保护，防止浇混凝土时被堵塞，如图 3-64 所示。

钢管在砖墙内暗敷设时，应在土建砌墙时，将钢管、配电箱、开关盒、插座盒等埋设在相应位置，注意防止砂浆流入管、箱、盒内造成管子堵塞，如图 3-65 所示。

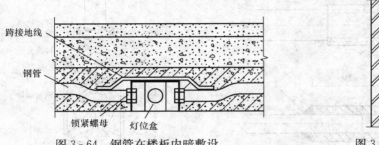

图 3-64　钢管在楼板内暗敷设

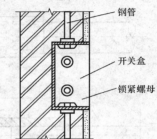

图 3-65　钢管在砖墙内暗敷设

钢管经过建筑物的伸缩缝、沉降缝时，应装设补偿装置。一种方法是采用金属软管进行补偿。如图 3-66（a）所示；另一种方法是装设补偿盒，在补偿盒的侧面开一个长孔，将管穿入长孔中。如图 3-66（b）所示。两种方法均应焊接跨接线。

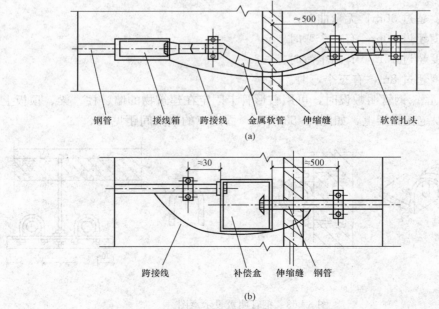

图 3-66　钢管经过伸缩缝的补偿装置

（a）软管补偿；（b）补偿盒补偿

（7）焊接地跨接线。用来敷设电线的钢管必须良好接地，固定钢管时，应同时在管子连接处用金属导体把两边的钢管焊接在一起，使其形成良好的电气通路。如图 3 - 67 所示。

跨接线的选择方法为：管径在 32mm 以内时用 $\phi6$ 的圆钢；管径为 40mm 时用 $\phi8$ 的圆钢；管径为 50mm 时用 $\phi10$ 的圆钢；管径在 70mm 及以上时用 25mm×4mm 的扁钢。

（8）管内穿线。暗敷设的钢管在土建施工结束之后，明敷设的钢管在配管结束后，根据施工图纸及电气控制原理，将该段线路所需的绝缘电线穿入管中。穿线前先将钢管、接线箱、接线盒中的杂物清除干净，把直径为 1.2～1.6mm 的钢丝穿入管中作为引线（管路较长或多弯时，可在固定钢管之前预先穿入引线），把电线绑在引线的一端，在引线的另一端用力拉，将电线拉入管中。电线与引线的绑扎方法如图 3 - 68 所示。

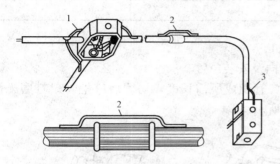

图 3 - 67　接地跨接线位置示意图
1—钢管与灯头盒之间；2—钢管接头处；
3—钢管与开关盒或插座盒之间

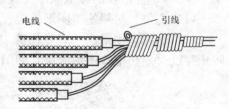

图 3 - 68　多根电线与引线的绑法

穿线时，应由两人操作，其中一人送电线，另一人拉引线。两人的送、拉动作要配合协调，不得硬送、硬拉。当电线拉不动时，两人应反复来回拉几次再向前拉，不可勉强硬拉而把引线或电线拉断，必要时可在电线上抹少量滑石粉以减小电线与管壁的摩擦力。穿线后，电线在管口应留出一定的长度，便于接线，预留长度为：接线盒预留 20～30cm，配电箱预留长度不少于箱体的半周长。

在较长的垂直管路中，由于电线本身的自重容易拉松接线盒中的接头，故当管路超过下列长度时，应在管口处或接线盒中对电线加以固定：截面积在 50mm^2 以下的导线，长度每超过 30m 时；截面积在 70～95mm^2 的导线，长度每超过 20m 时；截面积在 120～240mm^2 的导线，长度每超过 18m 时。电线在接线盒内的固定方法如图 3 - 69 所示。

7. 穿 PVC 管敷设

穿 PVC 管敷设的代号为 PC。PVC 管又称为塑料管，是以聚氯乙烯为主要原料，用制管机压制而成的。PVC 管具有重量轻、阻燃、绝缘、防潮、耐酸碱腐蚀、可冷弯、安装简便、管路无需接地等优点。PVC 管可明敷，也可暗敷，在现代建筑中得到广泛应用。常见 PVC 管的规格见表 3 - 12。

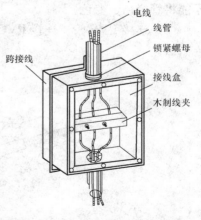

图 3 - 69　垂直线路在接线盒中的固定

表 3 - 12　　　　　　　　　　　　　　　　　常见 PVC 管的规格

型号	规　　格		单根长度(m)
	外径(mm)	壁厚(mm)	
GA16	16	1.6	
GA20	20	1.8	
GA25	25	2.0	
GA32	32	2.2	4
GA40	40	2.4	
GA50	50	2.8	
GA63	63	3.0	

穿 PVC 管敷设的施工顺序及施工方法如下：

（1）定位。对照施工图纸确定管线的走向及安装位置。

（2）切管。用钢锯条或专用剪刀把 PVC 管切成所需长度，切管后应把管口打磨光滑，防止穿线时划伤电线的绝缘层，如图 3 - 70 所示。

图 3 - 70　剪切 PVC 管的方法

（a）张开剪子；（b）把 PVC 管放入剪刀口；（c）用力剪断 PVC 管

（3）弯管。管径在 32mm 及以下的 PVC 管可直接冷弯，方法是把一根和管径相匹配的弹簧插入要弯曲的管内，用手将 PVC 管弯成所需角度，抽出弹簧即可，如图 3 - 71 所示。管径在 40mm 及以上的 PVC 管一般采用热弯法进行弯曲，方法是：把被弯管子的一端用塑料纸或胶带封闭，将干砂子装入管内摇实，再将另一端封闭。用喷灯均匀加热要弯曲的部分使其变软弯曲，待弯曲到所需角度后使其固定，管子冷却后将砂子倒出即可。加热时要注意不能将管烤伤、变色。

（4）连接 PVC 管。连接 PVC 管的方法主要有一步插入法、二步插入法、套接法、接头连接法。

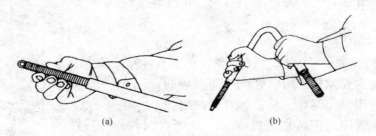

图 3 - 71　PVC 管冷弯

（a）插入弹簧防扁；（b）用力弯成所需角度

1）一步插入法。一步插入法适用于管径在 5mm 及以下的两根同管径 PVC 管的连接。方法如下：

①将要连接的两根 PVC 管的管口倒角，倒角角度约为 30°，如图 3-72（a）所示。

②用酒精擦净阴管和阳管的插接段。

③将阴管插接深度部分（插接深度 L 约为管外径的 1.5 倍）加热至 130℃左右，使其软化。

④将阳管插入部分涂上专用胶水，迅速插入阴管中，使两管的中心线一致，立即用湿布冷却定型即可。如图 3-72（b）所示。

2）二步插入法。二步插入法适用于管径在 65mm 及以上的两根同管径 PVC 管的连接。方法如下：

①将要连接的两根 PVC 管的管口倒角，倒角角度约为 30°。

②用酒精清理插接段。

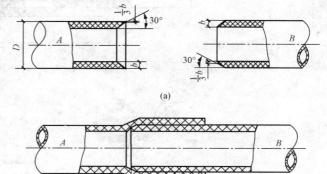

图 3-72　PVC 管连接的一步插入法
(a) 管口加工；(b) 插入成型

③将阴管插接深度部分（约为管外径的 1.5 倍）加热至 130℃左右，使其软化，插入金属模具或硬木模具进行扩口，冷却成型，如图 3-73（a）所示。

④将阳管插入部分涂上专用胶水，插入阴管中，使两管的中心线一致，待胶水干后定型即可，如图 3-73（b）所示。

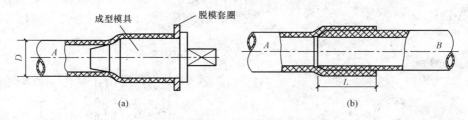

图 3-73　PVC 管连接的二步插入法
(a) 用模具扩口；(b) 插入成型

3）套接法。套接法适用于两根同管径的 PVC 管连接，方法是：截一段与将要连接的 PVC 管同管径的、长为管径的 1.5～3 倍的 PVC 管，将其加热至软化状态作为热套管；把要连接的两管倒角，清除油污，涂上胶水，迅速插入热套管中，用湿布冷却成型，如图 3-74 所示。

4）接头连接法。接头是 PVC 管的配件，用接头可连接同径或异径的 PVC 管。方法是：选择合适的接头，把 PVC 管的端口清理干净后涂上胶水，插入接头内，等胶水干后即可，如图 3-75 所示。

（5）PVC 管与接线盒、开关箱的连接。与 PVC 管连接的接线盒、开关箱一般都为配套的塑料制品。暗敷设时可把 PVC 管直接插入敲落孔，用塑料卡口或弹簧卡子卡住入盒接头，

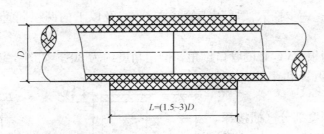

图 3-74　PVC 管套接

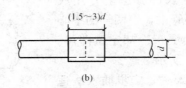

(a)　　　　　　　　　　(b)

图 3-75　PVC 管接头连接
（a）涂上胶水；（b）插接成型

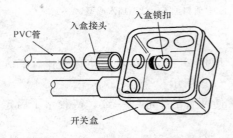

图 3-76　PVC 管与线盒的连接

防止管子从盒（箱）中脱出即可；明敷设时可用承插套筒胶水黏结，也可用线盒接头螺纹连接，如图 3-76 所示。

（6）固定 PVC 管。PVC 管明敷设时，可用配套的塑料管卡固定，管卡外形如图 3-77 所示。先把管卡固定好，再垂直按压 PVC 管即可卡入管卡内固定。如图 3-78 所示为 PVC 管在顶棚上安装的示意图。管卡的间距见表 3-11。

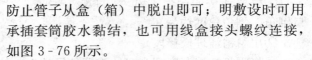

图 3-77　塑料管卡

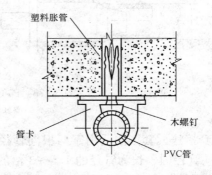

图 3-78　PVC 管在顶棚上安装

　　PVC 管暗敷设时，应将管子每隔 1m 用绑线与钢筋绑扎牢固，管子进入盒（箱）处也应绑扎。多根管子在现浇混凝土墙内并列敷设时，管子之间应有不小于 25mm 的间距，使每根管子周围都有混凝土包裹。当管路经过建筑物的伸缩缝、沉降缝时，应设补偿盒进行补偿。在伸缩缝两侧各设一只接线盒，其中一只在侧面开长孔作为补偿盒，管子伸入长孔内不作固定，如图 3-79 所示。

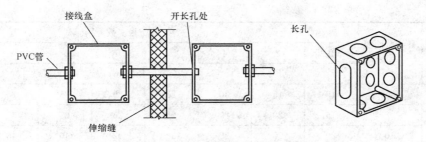

图 3 - 79　PVC 管经过伸缩缝的补偿装置

（7）管内穿线。把电线穿入敷设好的 PVC 管内，方法与钢管内穿线相同。管内穿线时，无论是钢管还是 PVC 管，穿入管内的电线截面积（包括绝缘层）的总和不应超过管内截面积的 40%。实际工程中可通过查表确定所需的穿管管径。表 3 - 13 为常用的 BV、BLV、BX、BLX 型绝缘电线穿钢管时所允许的穿线根数，表 3 - 14 为穿 PVC 管时所允许的穿线根数。

表 3 - 13　　　　　　　　　　　钢管的允许穿线根数

导线型号	导线截面积 (mm²)	穿线根数							
		2	3	4	5	6	7	8	9
		公称管径(mm)							
BV BLV BX BLX	1.5	15	15	15	20	20	25	25	25
	2.5	15	15	20	20	20	25	25	25
	4	15	20	20	20	25	25	25	32
	6	20	20	20	25	25	25	32	32
	10	20	25	25	32	32	40	40	50
	16	25	25	32	32	40	50	50	50
	25	32	32	40	40	50	50	70	70
	35	32	40	50	50	50	70	70	70
	50	40	50	50	70	70	70	80	80
	70	50	50	70	70	80	80	—	—
	95	50	70	70	80	80	—	—	—
	120	70	70	80	80	—	—	—	—
	150	70	70	80	—	—	—	—	—
	185	70	80	—	—	—	—	—	—

表 3 - 14　　　　　　　　　　　PVC 管的允许穿线根数

导线型号	导线截面积 (mm²)	穿线根数							
		2	3	4	5	6	7	8	9
		公称管径(mm)							
BV	1.5	15	15	15	15	20	20	20	25
BLV	2.5	15	15	15	20	20	20	20	25

导线型号	导线截面积 (mm²)	穿　线　根　数							
		2	3	4	5	6	7	8	9
		公称管径(mm)							
BV BLV	4	15	15	20	20	25	25	25	25
	6	15	20	25	25	25	32	32	—
	10	20	25	32	32	32	40	40	—
	16	25	32	32	40	—	—	—	—
	25	32	32	—	—	—	—	—	—
	35	32	32	—	—	—	—	—	—
BX BLX	1.5	15	20	20	25	25	25	32	32
	2.5	15	20	25	25	25	32	32	32
	4	20	20	25	32	32	32	32	40
	6	20	25	25	32	32	32	40	40
	10	25	32	32	40	—	—	—	—
	16	32	32	40	—	—	—	—	—
	25	32	—	—	—	—	—	—	—
	35	40	—	—	—	—	—	—	—

3.6.3　灯具

1. 灯具的选择

在照明工程中，应根据被照场所的实际情况，正确选择照明灯具，达到舒适、美观的照明效果，同时应保证照明的安全，注意照明的节能，使照明工程经济合理。选择灯具时，一般按以下几方面进行。

（1）选择灯具的发光源。室内一般照明、无特殊要求的场所：选用荧光灯、白炽灯；应急照明、要求瞬时启动或连续调光的场所：选用白炽灯、卤钨灯；高大空间场所：选用高压汞灯、高压钠灯；广场，运动场：选用金属卤化物灯、高压钠灯、氙灯。

（2）选择灯具的型式。一般室内选用半直接型、漫射型灯具；高大建筑物内，灯具安装高度较高，可选用配照型、深照型灯具；室外照明选用广照型灯具；正常环境中，可选用开启型灯具；潮湿环境中应选用防水防潮的密闭型灯具；有爆炸危险的场所应选用防爆型灯具。

2. 灯具的布置

布置灯具时，应使灯具高度一致、整齐美观。一般情况下，灯具的安装高度应不低于 2m。

（1）均匀布置。均匀布置是将灯具作有规律的匀称排列，从而在工作场所或房间内获得均匀照度的布置方式。均匀布置灯具的方案主要有方形、矩形、菱形等几种，如图 3-80 所示。均匀布置灯具时，应考虑灯具的距高比（L/h）在合适的范围。距高比（L/h）是指灯具的水平间距 L 和灯具与工作面的垂直距离 h 的比值。L/h 的值小，灯具密集，照度均匀，经济性差；L/h 的值大，灯具稀疏，照度不均匀，灯具投资小。灯具离墙边的距离一般取灯

距 L 的 $1/2 \sim 1/3$。

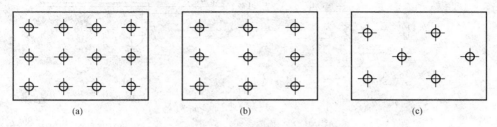

图 3-80　灯具均匀布置示意图

(a) 方形布置；(b) 矩形布置；(c) 菱形布置

（2）选择布置。选择布置是把灯具重点布置在有工作面的区域，保证工作面有足够的照度。当工作区域不大且分散时可以采用这种方式以减少灯具的数量，节省投资。

3. 灯具数量及功率的确定

室内照明所需灯具的数量及每盏灯具的功率，应根据房间的照度标准经计算后确定。对照度值要求较高的房间（如教室、会议室、阅览室、绘图室等），采用利用系数法计算所需灯具的数量。要求不高时，可按单位面积照明灯具安装功率进行估算，估算方法为：用查表得到的单位面积安装功率乘以房间面积，再除以每盏灯具的额定功率即得所需的灯具数量。

住宅一般每房间布置 $1 \sim 2$ 盏灯，长走廊一般每隔 $8 \sim 10$m 布置一盏灯，楼梯、卫生间一般 $1 \sim 2$ 盏灯即可。

4. 照明灯具的控制

室内照明灯具一般每灯用一只开关控制，灯数较多时可用一只开关控制多盏灯，面积较大且灯具同时开、关时，可用房间开关箱内的断路器直接控制。

（1）灯具的基本控制线路。灯具开关应串接在相线（俗称火线）上，线路中间不应有接头。根据电气照明平面图进行配线时，可参照接线口诀进行：相线、中性线（俗称零线）并排走，中性线直接进灯头，相线接在开关上，经过开关进灯头，如图 3-81 所示。

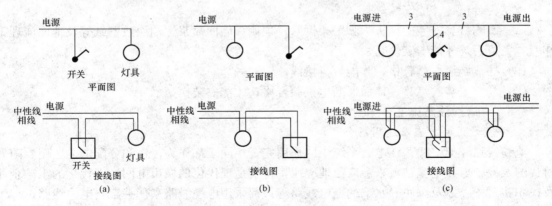

图 3-81　灯具的基本控制线路

(a) 开关在灯具之前；(b) 开关在灯具之后；(c) 开关在灯具之间且其后还有其他灯具

（2）用一只开关控制多盏灯具。用一只开关控制多盏灯具时，把所控制的灯具并接在经过开关后的相线与中性线之间即可，如图 3-82 所示。

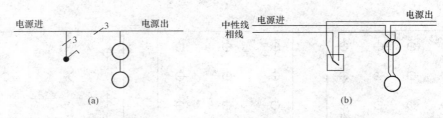

图 3-82　一只开关控制多盏灯具
(a) 平面图；(b) 接线图

（3）灯具的双控。对于楼梯、走廊的照明，有时需要在两个不同的地方对同一盏灯具进行独立控制，这种控制方式称为灯具的双控。灯具双控时，应采用双控开关。图 3-83 所示为灯具双控的平面图及接线图。

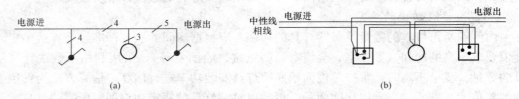

图 3-83　灯具的双控
(a) 平面图；(b) 接线图

（4）应急照明。通向楼梯的出口处应有"安全出口"标志灯，走廊、通道应在多处地方设置疏散指示灯。楼梯、走廊及其他公共场所应设置应急照明灯具，在市电停电时起到临时照明的作用。应急照明灯、疏散指示灯、出口标志灯用独立的配电线路进行供电，供电电源应为不会同时停电的双路电源。一般建筑物也可用自带可充电蓄电池的灯具作应急照明。

5. 照明灯具安装应按以下程序进行

（1）安装灯具的预埋螺栓、吊杆和吊顶上嵌入式灯具安装专用骨架等完成，按设计要求做承载试验合格，才能安装灯具。

（2）影响灯具安装的模板、脚手架拆除；顶棚和墙面喷浆、油漆或壁纸等及地面清理工作基本完成后，才能安装灯具。

（3）导线绝缘测试合格，才能灯具接线。

（4）高空安装的灯具，地面通断电试验合格，才能安装。

3.6.4　电缆线路施工

1. 电缆敷设的特点及适用场合

电缆线路和架空线路在电力系统中的作用完全相同，都作为传送和分配电能之用。随着时代的发展，电力电缆被愈来愈广泛地应用，特别是现代化的城市电网、现代化的工矿企业及民用建筑中，以及海底、水下的输电线路等，都采用电缆线路来代替架空电力线路。

（1）电缆线路的特点（与架空线路相比）。

1）敷设方式多样，不用杆塔，占地少，整齐美观。

2）受气候条件与周围环境的影响小，传输性能稳定，维护工作量较小，安全可靠性高。

3）具有向超高压、大容量发展的更为有利的条件，如低温、超导电力电缆等。

但是，电缆线路也存在不少缺点，投资费用较大，线路不易分支、敷设后不易变动，寻测故障较难、检测费时费工，电缆头的制作工艺要求高等。然而随着新材料、新技术的开发和应用，电力电缆制造工艺逐渐简化，质量不断提高，造价逐渐降低，施工趋于简便，电力电缆的应用将日益扩大。

（2）电缆的种类。电缆按其用途和使用范围，可分为电力电缆（用于输送和分配大功率电能）和控制电缆（用于配电装置中传输操作电流，连接仪器仪表、自动控制等回路）；按其电压等级来分，可分为高压电缆（60kV 以上）、中压电缆（3～35kV）和低压电缆（1kV及以下）；按其导电线芯数来分，可分为单芯、二芯（单芯和二芯用于单相交、直流电路）、三芯（用于三相交流电）、四芯、五芯（用于低压配电、中性点接地的三相四相制）五种；按其绝缘材料来分，可分为油浸纸绝缘电缆、塑料绝缘电缆、橡胶绝缘电缆、阻燃聚氯乙烯绝缘电缆及交联聚乙烯绝缘电缆。

（3）电缆的适用场合。一个工程中使用哪一种型号的电缆，是设计部门根据该工程的性质、所在网络的额定电压、环境条件、敷设方式、用电设备特殊要求、制造部门规定的电缆使用特性和产品技术数据等因素来决定的。一般应注意以下几点。

1）在一般环境和场所内宜采用铝芯电缆；在振动剧烈和有特殊要求的场所，应采用铜芯电缆；规模较大的重要公共建筑亦宜采用铜芯电缆。

2）埋地敷设的电缆，宜采用有外护层的铠装电缆。在无机械损伤可能的场所，也可采用塑料护套电缆或带外护层的铅（铝）包电缆。

3）在可能发生位移的土壤中（如流沙、沼泽地、大型建筑物附近）埋地敷设电缆时，应采用钢丝铠装电缆。在有化学腐蚀或杂散电流腐蚀的土壤中，不宜采用埋地敷设方式。若必须采用这种方式敷设，应采用防腐型电缆或采取防止杂散电流腐蚀电缆的措施。

4）对于敷设在管内或排管内的电缆，应采用塑料护套电缆或裸铠装电缆。

5）在电缆沟或电缆隧道内敷设的电缆，宜采用裸铠装电缆、裸铅（铝）包电缆或阻燃塑料护套电缆。

6）架空电缆宜采用有外被层的电缆或全塑电缆。

7）对于敷设在高差较大场所的电缆，宜采用塑料绝缘电缆、不滴流电缆或干绝缘电缆。

8）用于三相四线制线路的电力电缆，应采用四芯电缆。

2. 电缆敷设的一般规定

电缆的敷设方式很多，但不论哪种敷设方式，都应遵守以下规定：

（1）三相四线制系统中必须采用四芯电力电缆，不可采用三芯电缆加一根单芯电缆或以导线、电缆金属护套等作中性线，以免当三相电流不平衡时，使电缆铠装发热。对于 1kV以下电源有一点直接接地，而中性导体和保护导体均连接到此接地点上（TN 系统），中性导体和保护导体各自独立的系统（TN-S 系统），此系统所采用的电缆应为五芯电缆。当五芯电缆难于满足技术要求时，可采用四芯电缆另加一根单芯电缆敷设在同一结构的同一路径并尽量靠近。

（2）电缆敷设时，不应破坏电缆沟、隧道、电缆井和人井的防水层。

（3）并联使用的电力电缆，应采用型号、规格及长度都相同的电缆。

（4）电力电缆在终端头与电缆接头附近，均应留有备用长度。

（5）电缆敷设时，电缆应从盘的上端引出，不应使电缆在支架上及地面上被摩擦拖拉。电缆敷设时不可使铠装压扁、电缆绞拧、护层折裂等。用机械敷设电缆时，最大牵引强度应符合规定，其敷设速度不应超过 15m/min。敷设路径愈复杂，敷设速度应相应降低。

（6）电缆敷设时，不应使电缆过度弯曲，电缆的最小弯曲半径应符合规定。

（7）电缆敷设时，应将电缆排列整齐，不宜交叉，并应按规定在一定间距上加以固定，及时装设标志牌。电缆的标志牌，应装设在：电缆终端头、接头、拐弯处、夹层内、隧道及竖井的两端、人井内等地方。标志牌的规格应统一，标志牌应能防腐，挂装要牢固。标志牌上应注明：线路编号、电缆的型号、规格及起讫点，并联使用的电缆应有顺序号。标志牌的字迹应清晰，不易脱落。

（8）电缆的固定位置。水平敷设的电缆应设置在电缆的首末两端、转角及接头的两端处，当对电缆固定间距有要求时应每隔 5～10m 固定一处；垂直敷设或超过 45°倾斜敷设的电缆，应设置在每个支架上以及桥架上每隔 2m 处。单芯电缆的固定位置，应按设计图纸的要求决定。电缆固定时应该注意到：交流系统的单芯电缆或分相铅套电缆在分相后的固定夹具不可构成闭合磁路；裸铅（铝）套电缆的固定处，应加装软衬垫进行保护；护层有绝缘要求的电缆，在固定处应加装绝缘衬垫。各支持点间的距离应按设计规定，当设计无规定时，则不应大于表 3-15 中所列数据。

表 3-15　　　　　　　　　　　　　　电缆各支持点间的距离　　　　　　　　　　　　　　mm

电缆种类		敷设方式	
		水平	垂直
电力电缆	全塑型	400	1000
	除全塑型外的中低压电缆	800	1500
	35kV 及以上的高压电缆	1500	2000
控制电缆		800	1000

注　全塑型电力电缆水平敷设沿支架能把电缆固定时，支持点间的距离允许为 800mm。

（9）油浸纸质绝缘电缆最高点与最低点之间的最大位差，不应超过表 3-16 中规定的数值。否则应采用适用于高位差的电缆。

表 3-16　　　　　　　　　　油浸纸绝缘铅包电力电缆最大允许敷设位差

电压（kV）	电缆护层结构	最大允许敷设位差（m）
1	铠装	25
	无铠装	20
6～10	铠装或无铠装	15

（10）电缆进入电缆沟、隧道、竖井、建筑物、盘（柜）以及穿入管子时，出入口应封闭，管口应密封。油浸纸绝缘电力电缆在切断后，应将端头立即铅封，塑料绝缘电缆应有可靠的防潮封端。

（11）电力电缆接头盒的布置原则。并列敷设的电缆，应使其接头盒的位置相互错开，且不小于 0.5m 的净距。对明设电缆的接头，需用托盘托置固定。直埋电缆的接头盒外面应有防止机械损伤的保护盒（环氧树脂接头盒除外）。位于冻土层内的保护盒，盒内应注以沥青，以防水分进入盒内因冻胀而损坏电缆接头。

（12）在敷设前 24h 内，应检查敷设现场的温度不得低于表 3-17 的规定值，否则必须采取措施。

表 3 - 17   **电缆敷设允许最低温度**

电缆类型	电缆结构	敷设允许最低温度(℃)
油浸纸绝缘电力电缆	充油电缆	−10
	其他油纸电缆	0
橡皮绝缘电力电缆	橡皮或聚氯乙烯护套	−15
	裸铅套	−20
	铅护套钢带铠装	−7
塑料绝缘电力电缆		0
控制电缆	耐寒护套	−20
	橡皮绝缘聚氯乙烯护套	−15
	聚氯乙烯绝缘聚氯乙烯护套	−10

3. 电缆的敷设

电缆的敷设方式有多种，如直接埋地敷设、电缆隧道敷设、电缆沟敷设、在管道内敷设、在排管内敷设、架空敷设及在海（水）底敷设。选择哪种敷设方式，应根据设计图纸的要求来定。这里介绍几种常用的敷设方法。

（1）直接埋地敷设。直接埋地敷设是沿已选定的线路挖沟，然后将电缆埋设在地沟中。这种方法适用于沿同一路径敷设在室外的电缆根数在 8 根及以下且有场地条件的情况，优点是施工简单，费用低廉，电缆散热好，但挖土工作量大，还可能受到土壤中酸碱物质的腐蚀等。

1）敷设方法。电缆直埋的施工方法较简单，一般分为两个阶段，即准备工作阶段和正式施工阶段。

①敷设电缆前的准备工作，主要包括以下内容：路径复测、估工估料和组织施工，检查各种材料是否齐全及质量是否合格，检查工具备品是否准备齐全和数量是否足够，决定电缆中间接头的地点，电缆分存点的选择及电缆的搬运等工作。

②电缆敷设主要包括下列内容：放样划线，挖沟，敷设过路导管，敷设电缆，覆土填沟和埋设电缆标志桩并绘制竣工图。

2）直埋电缆敷设要求。

①电缆应敷设在已挖好的电缆沟里，沿电缆全长的上、下紧邻侧铺以不少于 100mm 厚的软土和砂层。并覆盖一层用钢筋混凝土预制成的电缆保护板，其宽度应超出电缆线路两侧各 50mm。

②直埋敷设时，电缆埋设深度不应小于 0.7m，穿越农田时不应小于 1m。在寒冷地区，电缆应埋设于冻土层以下。当无法深埋时，应采取措施，防止电缆受到损坏。直埋深度超过 1.1m 时，可以不考虑上部压力的机械损伤。在引入建筑物、与地下建筑物交叉及绕过地下建筑物处可浅埋，但要采取保护措施。

③电缆沟的宽度根据电缆的根数与散热所需的间距而定。电缆沟的形状一般为梯形，对于一般土质，沟顶应比沟底宽 200mm，表 3 - 18 列出了 10kV 及以下电力电缆与控制电缆敷设在同一电缆沟中时，电缆沟宽度与电缆根数的关系。电缆沟的断面形状如图 3 - 84 所示。

表 3-18 　　　　　　　　　　　　　**电缆沟的宽度 B**　　　　　　　　　　　　　mm

10kV 及以下电力电缆根数	控制电缆根数						
	0	1	2	3	4	5	6
0	—	350	380	510	640	770	900
1	350	450	580	710	840	970	1100
2	550	600	730	860	990	1120	1250
3	650	750	880	1010	1140	1270	1400
4	800	900	1030	1160	1290	1420	1550
5	950	1050	1180	1310	1440	1570	1800
6	1120	1200	1330	1460	1590	1720	1850

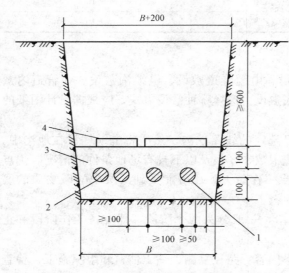

图 3-84　10kV 及以下电缆沟结构示意

1—10kV 及以下电力电缆；2—控制电缆；

3—砂或软土；4—保护板

④电缆通过有振动和承受压力的下列地段应穿保护管：

a. 电缆引入和引出建筑物和构筑物的基础、楼板和过墙等处。

b. 电缆通过铁路、道路和可能受到机械损伤的地段。

c. 在电缆引出地面（至电杆、沿墙面、设备）2m 至地下 0.20m 处及室内行人容易接近和可能受到机械损伤的地方。

⑤直埋电缆与铁路、公路、街道、厂区道路交叉时，穿入保护管的该保护区段应超出路基或街道路面两边各 1m，管的两端宜伸出道路路基两边各 2m，且应超出排水沟边 0.5m；在城市街道应伸出车道路面。保护管的内径应不小于电缆外径的 1.5 倍，使用水泥管、陶土管、石棉水泥管时，内径不应小于 100mm。电缆与铁路、公路交叉敷设的做法如图 3-85 所示。

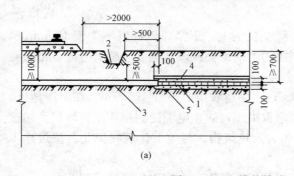

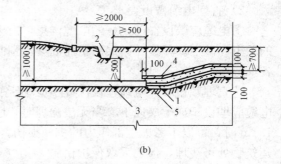

(a)　　　　　　　　　　　　　　(b)

图 3-85　电缆与铁路、公路交叉敷设的做法

(a) 电缆与铁路交叉；(b) 电缆与公路交叉

1—电缆；2—排水沟；3—保护管；4—保护板；5—砂或软土

⑥当出现电缆与热力管道交叉或平行敷设的情况时，应尽量远离热力管道。但是，若无法避开两者允许的最小距离时，则应对平行段或交叉点前后 1m 范围内作隔热处理。如电缆穿石棉水泥管保护，其长度应伸出热力管道两侧各 2m。电缆与建筑物平行敷设时，电缆应埋设在建筑物的散水坡外。电缆进入建筑物时，所穿保护管应超出建筑物散水坡 100mm。

⑦电缆直埋敷设时，电缆沟底应平整、无石块。电缆长度应比沟槽长出 1.5％～2％，作波状敷设。

⑧电缆中间接头应符合下列要求：

a. 并列敷设的电缆中间接头位置，应适当错开，且不小于 0.5m 的净距。

b. 电缆中间接头与邻近电缆相互间净距，不应小于 0.25m。

c. 斜坡地形处的接头安置在水平状台阶上。

d. 对重要回路的电缆接头，宜在其两侧约 1m 开始的局部段，按留有备用余量方式敷设电缆。

⑨向一级负荷供电的同一路径的两路电源电缆，不可敷设在同一沟内，若无法分沟敷设时，则两路电缆应采用绝缘和护套均为非延燃性材料的电缆，且应分别置于电缆沟的两侧支架上。

⑩在电缆直埋敷设中，严禁将电缆直接平行地敷设在管道的上方或下方。对于电力电缆间、控制电缆间以及它们相互之间，不同使用部门的电缆间，当电缆采用穿管或用隔板隔开时，平行净距可降低至 0.1m；在交叉点前后 1m 范围内，电缆穿管或用隔板隔开时，其交叉净距可降为 0.25m。电缆在拐弯、接头、终端和进出建筑物等地段，应装设明显的方位标志。直线段上应适当增设标桩，标桩露出地面一般为 0.15m。回填土时应分层夯实，覆土要高于地面 150～200mm，防止松土沉陷。

（2）在电缆沟及隧道内敷设。

1）电缆沟敷设方式主要适用于在厂区或建筑物内地下电缆数量较多但不需采用隧道时，以及城镇人行道开挖不便，且电缆需分期敷设时。

2）电缆隧道敷设方式主要适用于同一通道的地下中低压电缆达 40 根以上或高压单芯电缆多回的情况，以及位于有腐蚀性液体或经常有地面水流溢的场所。

3）当电缆与地下管网交叉不多，地下水位较低，无高温介质和熔化金属液体流入电缆线路敷设地区，同一路径的电缆根数为 18 根及以下时，可以采用电缆沟敷设。多于 18 根时，应该采用电缆隧道敷设。

4）电缆在电缆沟和电缆隧道内敷设时，其支架层间垂直距离和通道宽度不应小于表 3-19 所列数值。其支架间或固定点间的距离不应大于表 3-20 所列数值。电缆支架的长度，在电缆沟内不宜大于 0.35m，在隧道内不宜大于 0.5m。

表 3-19　　　　　　支架间垂直距离和通道宽度的最小净距　　　　　　　　m

名　称		敷 设 条 件		
		电缆隧道（净高 1.9）	电缆沟	
			沟深 0.60 以下	沟深 0.6 及以上
通道宽度	两侧设支架	1.00	0.30	0.50
	一侧设支架	0.90	0.30	0.45

名　称		敷 设 条 件		
		电缆隧道（净高1.9）	电缆沟	
			沟深0.60以下	沟深0.6及以上
垂直距离	电力电缆	0.20	0.15	0.15
	控制电缆	0.12	0.10	0.10

表 3-20　　　　　　　　电缆支架间或固定点间的最大间距　　　　　　　　　　　　m

敷设方式	电缆种类		
	塑料护套、铅包、铅包钢带铠装		钢丝铠装
	电力电缆	控制电缆	
水平敷设	1.00	0.80	3.00
垂直敷设	1.50	1.00	6.00

5）支架安装应牢固，且要横平竖直。托架、支吊架的固定方式应按设计要求进行。各电缆支架的同层横档应在同一水平面上，高低偏差不应大于5mm。托架、支吊架沿桥架走向左右偏差不应大于10mm。在有坡度的电缆沟内或建筑物上安装的电缆支架，应有与电缆沟或建筑物相同的坡度。电缆支架最上层及下层至沟顶、楼板或沟底、地面的距离，当设计无规定时，不应小于表3-21的数值。

表 3-21　　　　电缆支架最上层及下层至沟顶、楼板或沟底、地面的距离　　　　　mm

敷设方式	电缆隧道及夹层	电缆沟	吊架	桥架
最上层至沟顶或楼板	300～350	150～200	150～200	350～450
最下层至沟底或地面	100～150	50～100	—	100～150

6）电缆支架应符合下列规定：表面光滑无毛刺；适应使用环境，耐久稳固；满足所需的承载能力；符合工程防火要求。

7）电缆敷设在电缆沟或隧道的支架上时，应使各种电缆遵守下列排列顺序：高压电力电缆应放在低压电力电缆的上层；电力电缆应放在控制电缆的上层；强电控制电缆应放在弱电控制电缆的上层。若电缆沟或隧道两侧均有支架时，1kV以下的电力电缆与控制电缆应与1kV以上的电力电缆分别敷设在不同侧的支架上。

8）电缆在支架上的敷设还应符合下列要求：控制电缆在支架上，不宜超过1层，在桥架上不宜超过3层；交流三相电力电缆，在支架上不宜超过1层，在桥架上不宜超过2层；交流单芯电力电缆，应布置在同侧支架上。

9）并列敷设的电力电缆，其水平净距为35mm，但不应小于电缆外径。

10）敷设在电缆沟的电缆与热力管道、热力设备之间的净距，平行时不应小于1m，交叉时不应小于0.5m。如果受条件限制，无法满足净距要求，则应采取隔热保护措施。电缆也不宜平行敷设于热力设备和热力管道上部。

11）敷设在电缆沟、隧道内带有麻护层的电缆，应将其麻护层剥除，并应对其铠装加以防腐。

12）电缆敷设完毕后，应清除杂物，盖好盖板，必要时尚应将盖板缝隙密封。

（3）在排管内敷设。

1）电缆排管敷设方式，适用于电缆数量不多（一般不超过 12 根），而与道路交叉较多，路径拥挤，又不宜采用直埋或电缆沟敷设的地段。排管可采用石棉水泥管或混凝土管。排管孔的内径不应小于电缆外径的 1.5 倍，但电力电缆的管孔内径不应小于 90mm，控制电缆的管孔内径不应小于 75mm。

2）电缆在排管内敷设的施工中，应先安装好电缆排管。安装时，应先使排管有倾向人孔井侧不小于 0.5％的排水坡度，并在人孔井内设集水坑，以便集中排水。排管的埋深为：排管的顶部距地面不小于 0.70m，在人行道下面的排管可不小于 0.50m。排管沟底部应垫平夯实，并铺设不少于 80mm 厚的混凝土垫层。通过不均匀沉降的土层或跨越铁路、道路时，应采取加强措施。

3）在选用的排管中，排管孔数应充分考虑发展需要的预留备用。一般不得少于 1～2 孔。

4）在敷设的线路上，还应在线路转角处、分支处设置电缆人孔井。在管路坡度较大且需防止电缆滑落必须加强固定处及比较长的直线段上，也应设置一定数量的人孔井，以便于拉引电缆，人孔井间的距离不宜大于 150m。电缆人孔井的净空高度不应小于 1.8m，其上部人孔的直径不应小于 0.70m。管路纵向连接处的弯曲度，应满足牵引电缆时不致损伤的要求。

5）排管内电缆配置应符合以下规定：

①按高、中、低压电力电缆和强电、弱电控制电缆的顺序排列。

②同一重要回路的多根电缆，应敷设于不同的排管组配置。

③缆芯工作温度相差大的电缆，宜分别配置于适当间距的不同排管组。

④备用回路配置于中间孔位。

在排管中敷设电缆时，把电缆盘放在井坑口，然后用预先穿入排管孔眼中的钢丝绳，把电缆拉入管孔内。为了防止电缆受损伤，排管口应套以光滑的喇叭口，井坑口应装设滑轮，如图 3-86 所示。

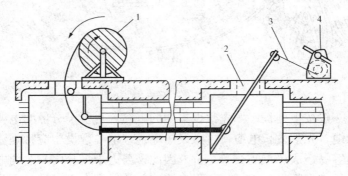

图 3-86　在两人孔井间拉引电线
1—电缆盘；2—井坑；3—绳索；4—绞磨

（4）架空敷设。

1）在地下水位较高的地方、有化学腐蚀液体溢流的场所，厂房内应采用支持式架空敷设。建筑物或厂区不适于地下敷设时，可采用架空敷设。

2）在不宜敷设直埋电缆，且用户密度较高、用户的位置与数量变动较大、今后可能需要调整与扩充，总体上又无隐蔽要求时的低压电力电缆，可以采用架空敷设的方式。但在覆冰严重的地区，不应采用这种方式。

3）电缆架空敷设中，其电杆的埋设方法与要求和架空线路中有关电杆的埋设方法与要求基本相同。

4）电缆架空敷设时，每条吊线上宜架设一根电缆。杆上有两层吊线时，上下两吊线的垂直距离不应小于 0.30m。吊线应采用不小于 $7\times\phi3.0$ 的镀锌铁绞线或具有同等强度及直径的其他绞线。吊线上的吊钩，间距不应大于 0.50m。

5）当架空电缆与架空线路同电杆敷设时，电缆应安置在架空线的下面，并且电缆与最下层架空线的横担的垂直间距不应小于 0.60m。

6）低压架空电力电缆与地面的最小净距，居民区为 5.50m，非居民区为 4.50m，交通困难地区为 3.50m。

（5）电缆的敷设。敷设电缆时，应把电缆按其实际长短相互配合，通盘设计，避免浪费。敷设时应有专人检查，专人领线，在一些重要的转弯处，均应配备具有敷设经验的电缆工，以免影响敷设质量。一根电缆敷设完毕后，应立即沿路进行整理，挂上电缆牌，切忌在大批电缆敷设好后再进行整理挂牌。只有这样才能保证电缆敷设的整齐美观，挂牌正确，避免差错。

展放电缆可用人力或机械。但在电缆施工中，由于受到环境及施工现场的限制，目前人力拖放电缆仍是普遍使用的方法。根据经验，一般人员安排是：总指挥一人；电缆盘处 3～4人；拖放电缆人数依电缆长度、规格而定，一般 95mm² 以上的电缆 2～3m 设一人，95mm² 以下电缆 3～5m 设一人；线路转角处的两侧各设一人；电缆穿过楼板处，上下各设一人等。为了尽量减少劳动力，减轻劳动强度，避免电缆和地面摩擦，可采用机械拖放。敷设时，在地面上放置滚轮，特别是在转弯处，更应多放，如图 3-87 所示。

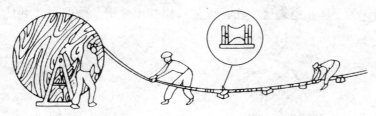

图 3-87 用滚轮敷设电缆

敷设过程中，一般按下列程序：先敷设集中的电缆，再敷设分散的电缆；先敷设电力电缆，再敷设控制电缆；先敷设长电缆，再敷设短电缆。电缆敷设中应特别注意转弯处，尤其在十字交叉处，最容易造成严重的交叉重叠。因此，要力求把分向一边的电缆一次敷设，分向另一边的电缆再做一次敷设，转弯处每根电缆应一致。配电柜（屏）下的电缆，在制作终端头前，一定要先将电缆完全整理好，并加以固定，待制作终端头时，再将电缆卡子松开，以便进行施工。电缆敷设完毕后，施工人员应立即根据现场的实际情况填写技术记录，并画出竣工图，以满足将来运行维护的需要。

4. 电缆终端头和中间接头的制作

电缆敷设完毕后，为使其成为一个连续的输配电线路，各线段必须连接为一个整体，这些连接点则称为接头。电缆线路两个首末端称为终端，中间的接头则称为中间接头。它们的主要作用是使电缆保持密封，使线路畅通，并保证电缆接头处的绝缘等级，使其安全可靠地运行。

电缆终端和接头一般是在电缆敷设就位后于现场进行制作的。由于电缆终端和接头的种类和形式很多，结构、材料不同，要求的操作技术也各有特点；随着新材料、新结构、新工艺的迅速发展，电缆终端和接头的技术也日益更新，所以规范规定：电缆终端和接头的制作，应由经过培训的熟悉工艺的人员进行。这里只简要地介绍电缆终端和接头制作的一般规定。

（1）对电缆头的要求。

1）导体连接良好。连接点的接触电阻要小而且稳定。与同长度、同截面导线的电阻相比，对新安装的电缆终端头和中间接头，其比值不大于 1；对已运行的电缆终端头和中间接头，其比值应不大于 1.2。铜、铝连接时，应采取措施，防止其腐蚀。

2）绝缘可靠。绝缘要有能满足电缆线路在各种状态下长期安全运行的绝缘结构，所用绝缘材料不应因在运行条件下加快老化而导致降低绝缘的电气强度。

3）密封良好。可靠的绝缘要有可靠的密封作保证。结构上要能有效地防止外界水分和有害物质侵入到绝缘内，并能防止电缆头内的绝缘剂流失，避免"呼吸"现象发生，保持气密性。

4）有足够的机械强度。连接点应具有足够的机械强度，对于固定敷设的电力电缆，其连接点的抗拉强度，不应低于导体本身抗拉强度的 60%。同时连接点应能耐腐蚀，耐振动。能适用于各种运行条件。同时应能承受在电缆线路上可能遭到的机械应力，包括外来机械损伤及短路时的电动应力。

（2）电缆头施工的基本要求。

1）当周围的环境及电缆本身的温度低于 5℃时，必须取暖或加温，对塑料绝缘电缆则可在 0℃以上。

2）施工现场周围应不含导电粉尘及腐蚀性气体，操作中应保持材料工具的清洁，环境应干燥，霜、雪、露、积水等应清除。当相对湿度高于 70%时，不宜施工。

3）从剖铅开始到封闭完成，应连续进行，且要求时间越短越好，以免潮气侵入。

4）施工前应做好准备工作，如绝缘材料的排潮，绝缘带绕成小卷，接线管刮去氧化层，焊锡与封铅配好等。

5）操作时，应带医用口罩及手套，避免手汗等侵入绝缘材料，尤其在天热时，应防止汗水滴落在绝缘材料上。

6）清洗用的汽油最好是航空汽油，一般汽油和丙酮也可使用。用喷灯封铅或焊接地线时，操作应熟练、迅速，防止过热，避免灼伤铅包及绝缘层。

7）切剥电缆时，不允许损伤线芯和应保留的绝缘层，且使线芯沿绝缘表面至最近接地点（金属护套端部或屏蔽）的最小距离应符合下列要求：1kV 电缆为 50mm，6kV 电缆为 60mm，10kV 电缆为 125mm。

（3）一般制作方法。电缆终端头的制作方法很多，特别是由于橡塑绝缘电缆及其附件发展较快，出现了相应的接头制作方法。常用接头形式有自粘带绕包型、热缩型、预制型、模塑型、弹性树脂浇注型，还有传统的壳体灌注型、环氧树脂型等。虽然电缆头的形式不同，但其制作工艺却大同小异。

1）10kV 以下户内 NTH 型电缆终端头的制作程序如下。

①核对电缆的型号、电压等级、截面、线芯等，检查所备制作电缆头材料是否齐全。

②测量绝缘电阻，核对相序，用加热至 150℃ 的电缆油检查电缆纸有无潮气。

③按图 3 - 88 规定的尺寸，剥去电缆麻被及铠装，但不要损伤铅（铝）护套，用煤油擦净铅（铝）护套表面，并焊好接地线。

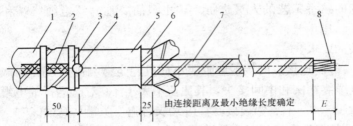

图 3 - 88　NTH 型电缆终端头剥切尺寸

1—钢带铠装；2—接地线；3—钢带卡子；4—焊点；5—铅包；6—统包绝缘；7—线芯绝缘；8—导线线芯

E ＝接线端子＋10

④剥切铅（铝）护套。确定喇叭口的位置，然后用锯条或木锉将胀沿口下 35mm 一段拉毛，并用透明聚氯乙烯带包绕 1～2 层作临时保护，防止油污污染。

⑤套聚丙烯外壳。选择与电缆截面相适应的聚丙烯壳体，将进线套用汽油擦拭干净。根据铅（铝）包直径剪取进线套，套在铅（铝）包上使其密贴。

⑥胀喇叭口及剥统包绝缘纸、分线芯。用透明聚氯乙烯带在铅（铝）包口处的屏蔽纸外，包绕 3～4 层作临时保护，然后用胀铅器将铅（铝）包口胀成喇叭形，胀口要圆滑、规整并对称。再拆去屏蔽纸外的临时保护层，将统包绝缘外的屏蔽纸撕到喇叭口以内，要撕得整齐，以免屏蔽纸边缘电场过分集中。然后在喇叭口以上 25mm 一段统包绝缘纸上用聚氯乙烯带顺绝缘包缠方向绕 5～6 层，起始 2 层应深入喇叭口内。最后用刀轻轻切一环迹，剥去统包绝缘纸。割弃线芯间的填充物，把线芯小心地分开。用聚氯乙烯带由线芯绝缘根部开始向线芯末端的线芯绝缘段半迭包绕一层。

⑦套耐油橡胶管。选择与线芯截面相适应的丁腈耐油橡胶管或聚氯乙烯软管，量取所需的长度，排除管内潮气，两端外壁打毛，并在管内灌入电缆油或变压器油浸润，然后套入线芯。管的下端至统包绝缘口约 25～30mm 处，上端留出一定的长度，以保证能盖住接线端子的第一个压坑。

⑧剥除线芯端部绝缘、安装接线端子。用汽油将选好的壳体及壳盖擦拭干净，套在电缆的铅（铝）包上，并与进线套连为一体。根据接线端子不同的连接方式确定线芯端部绝缘的剥切长度（端字孔深加 5mm），将线芯绝缘剥除，注意不要伤及线芯。将端子接管内壁和线芯表面擦拭干净，并清除氧化层和油渍，然后进行压接或焊接。将端子接管外壁打毛，用蘸有环氧树脂涂料的无碱玻璃丝带的碎料将压坑填满。把线芯裸露部分用聚氯乙烯带勒绕填充，最后将耐油橡胶管翻上，盖住压坑，剪去多余的部分。

⑨涂包绝缘层。拆去铅（铝）包上的临时保护带，将耐油橡胶管外壁用汽油擦拭干净，用无碱玻璃丝带自三岔口线芯根部起由下而上顺线芯绝缘以半叠包方式涂包 4 层，一直涂包

到距壳体出线口 30mm 处。用同样的方法再在统包绝缘外的透明聚氯乙烯带上用无碱玻璃丝带环氧涂包 2 层，然后用 1～2 个单层无碱玻璃丝带做的风车压紧三岔口，再自三岔口外至喇叭口以下约 20mm 的铅（铝）套处，用无碱玻璃丝带环氧涂包 4 层。三岔口部分涂包好后，在接线端子管形部分与耐油橡胶管接合处刷一层环氧树脂涂料。随后用无碱玻璃丝带，按上述方法距接线端子管以下约 25mm 处开始至接管顶端半叠环氧涂包 4 层。

⑩浇注环氧复合物。将聚丙烯壳体和进线套上移，使喇叭口高于壳体 5mm，并用聚氯乙烯带将其固定。然后将冷环氧复合物注满壳体，装上壳盖，再从壳盖的任一出线孔补浇，直至与出线口平为止。

⑪包绕加固层。待壳体内环氧复合物固化后，在引出线部分，从壳盖上的出线孔开始至端部涂包层半迭包绕黑玻璃漆带 3 层，然后套上出线套。并保证每相线芯不偏，待冷浇剂固化后，核对相序，然后在接线端子下部包绕相色聚氯乙烯带 2 层，以识别相序，最后再包绕 1～2 层透明聚氯乙烯带。

⑫按有关规定进行电气试验，合格后安装在指定位置，核对相序后与设备连接，并接好地线，即可投入运行。

NTH 型油浸纸绝缘（环氧树脂）电缆终端头结构如图 3-89 所示。NTH 型电缆终端头制作所需的主要材料见表 3-22。

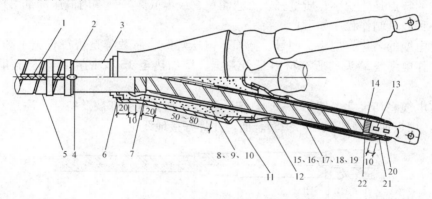

图 3-89　NTH 型电缆终端头结构

1—接地线；2—钢带卡子；3—铅包；4—焊点；5—钢带铠装；6—进线套；7—统包绝缘；8—堵油层；9—环氧冷浇铸剂；10—聚丙烯壳体；11—聚丙烯壳盖；12—出线套；13—PVC 绝缘带填充；14—导体；15—线芯绝缘；16—PVC 绝缘带一层；17—耐油橡胶管；18—黄蜡布带；19—PVC 相色带一层；20—接线端子；21—堵油层；22—PVC 绝缘带填充

注：1. NTH 型油浸纸绝缘电缆终端头，适用于 8.7/10kV 及以下电压等级的油浸纸绝缘电缆。

　　2. 铅包喇叭口下 30mm 及接线端子压坑处应加工成粗糙面。

　　3. 堵油层由环氧树脂涂料无碱玻璃丝带组合包绕而成，共包绕 3 层。

　　4. 终端头所需材料由厂家提供。

G20 型浇注剂系环氧复合物，它和固化剂分装于塑料袋中，浇注前先将复合物混合均匀，然后用灯泡等隔包装烘烤加热，加热时不能用明火，温度不能高于 55℃。加热后加入固化剂与混合物调和均匀（约 10min），待颜色基本一致且微微发热，则可供浇注使用。

表 3 - 22	NTH 型电缆终端头制作所需的主要材料	
序　号	材　料　名　称	备　注
1	接线端子	与电缆线芯相配，采用 DL 或 DT 系列
2	聚丙烯外壳	与电缆线芯截面及电压等级相配
3	耐油橡胶管	与电缆线芯截面及电压等级相配
4	G20 型环氧冷浇注剂	与相对应号数的聚丙烯外壳配套使用
5	环氧树脂涂料	此两种材料用作堵油层时，必须配合使用
6	无碱玻璃线带	
7	相色聚氯乙烯带	红、黄、绿、黑四种
8	透明聚氯乙烯带	
9	黄蜡带	
10	接地线	
11	封铅	铅 65%，锡 35%

注　电缆终端头所需材料由厂家配套供给。

2）干包电缆终端头的制作。不用任何绝缘浇注剂，而是用软"手套"和聚氯乙烯带干包而成。它的特点是体积小、质量轻、工艺简单、成本低廉，是室内低压油纸电缆终端头采用较多的一种。其制作程序如下：

①核对电缆的名称、规格、型号、截面、电压等级、芯数等是否符合施工图纸的要求。检查所备制作电缆终端头的所有材料是否齐全。用加热至 150℃ 的电缆油检验电缆纸是否受潮。

②确定电缆剥切尺寸。按图 3 - 90 规定的尺寸，剥去电缆麻被及铠装。注意不要损伤铅（铝）护套，用煤油擦净铅（铝）护套表面，并焊好接地线。

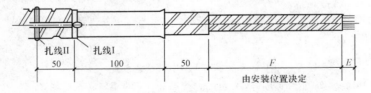

扎线Ⅱ　扎线Ⅰ
50　　100　　50　　　　F　　　E
由安装位置决定

图 3 - 90　干包型电缆终端头剥切尺寸
E＝接线端子＋10

③剖铅（铝）包、胀喇叭口、撕统包绝缘、分线芯、撕屏蔽纸，均与 NTH 型电缆终端头做法相同。

④包绕线芯绝缘。把线芯逐相分开，除去填充物，用透明聚氯乙烯带由线芯绝缘根部开始向线芯末端在图 3 - 85 中的 F 段半迭包绕 1 层。

⑤包缠内包层。从线芯分叉口根部开始，用单层透明聚氯乙烯带做的风车，压住三岔口根部，使三岔口无空隙，并压至铅（铝）包上约 40mm。将风车多余的部分剪掉。接着用聚氯乙烯带包缠内包层。在内包层即将完成时再压入第二个风车，且应向下勒紧，使风车带均匀分开，摆放平整。继续将内包层完成。内包层呈橄榄形，最大直径位于喇叭口处，最大直径约为铅（铝）包外径加 8～10mm。

⑥套聚氯乙烯软手套。内包层完成以后，选择与线芯截面相适应的聚氯乙烯软手套。用汽油擦拭干净，在线芯绝缘层和内衬层外涂抹中性凡士林，将手套套入线芯，使其与内包层紧紧相贴，然后用透明聚氯乙烯带由线芯绝缘根部开始向线芯末端在图 3-85 中的 F 段半叠包绕 1 层。

⑦套聚氯乙烯软管及绑扎尼龙绳。软手套手指包缠好后，即可在线芯上套入软管。软管长度为线芯长度加 80~100mm。一端剪成 150°斜口，在线芯绝缘上涂抹中性凡士林，将斜口一端向下套至线芯根部，软管上端留出一定的长度，以保证能盖住接线端子的两个压坑，并向外翻。然后在软手套手指与套管套接部分距根部约 25mm 处，用直径为 1~1.5mm 的尼龙绳紧密绑扎，长度约为 20mm。在手套筒与铅（铝）包套接处，用聚氯乙烯带包绕 2 层，然后用尼龙绳在喇叭口以下紧密绑扎，长度约为 20mm。

⑧安装接线端子。剥切线芯端部绝缘，剥切长度（E 段）为接线端子的孔深加 5mm。接线端子的接线方式，一般铝芯电缆采用压接，铜芯电缆采用压接或焊接。选择与线芯截面相适应的接线端子，将接管外壁打毛，内壁和线芯擦拭干净，除去氧化层，然后进行压接。接线端子装好后，用聚氯乙烯带在裸线芯部分勒绕填实，然后翻上聚氯乙烯软管，盖住接线端子的 2 个压坑。再用尼龙绳在两个压坑之间紧密绑扎，长度约为 20mm。

⑨包绕外包层。从线芯三岔口处起，在聚氯乙烯软管外面用黄蜡带或玻璃漆带以半迭包方式包绕 3 层加固。在线芯绝缘根部压入一个双层透明聚氯乙烯带做的风车，且应勒紧、填实三岔口的空隙。然后用聚氯乙烯带和黄蜡带（或玻璃漆带）包绕成橄榄型。外包最大直径为铅（铝）套外径加 30mm，高度为铅（铝）套外径加 100mm，如图 3-91 所示。终端头成型后，按已确定的相序，从线芯绝缘根部起至端子接管顶部，半迭包绕两层相色聚氯乙烯带，以区别相序。外面再包 2 层透明聚氯乙烯带。

⑩安装。首先按国家有关规定进行电气试验，合格后将其安装在指定的位置，即可投入运行。

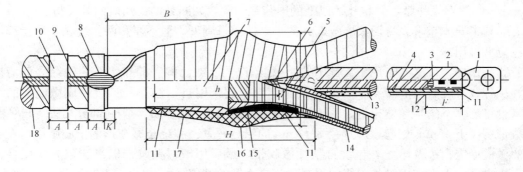

图 3-91　干包式电缆终端头

1—接线端子；2—压坑内填充环氧—聚酰胺腻子；3—导线线芯；4—塑料管；5—线芯绝缘；6—环氧—聚酰胺腻子；7—电缆铅套；8—接地线焊接；9—接地线；10—电缆钢带卡子；11—尼龙绳绑扎；12—聚氯乙烯带；13—黄蜡带加固层；14—相色聚氯乙烯带；15—聚氯乙烯带内包层；16—聚氯乙烯带和黄蜡带外包层；17—聚氯乙烯带软手套；18—电缆钢带

3）10kV 及以下塑料电缆终端头制作。

①剥电缆护套、铠装及内护层。按规定尺寸剥除电缆护套，如图 3-92 所示。在距护套切口 20mm 的铠装上用已退火的 φ2.1 铜线作临时绑扎。然后在距绑扎 3~5mm 电缆末端处

的铠装上锯一环痕，并剥去铠装。铠装切口以上留出 5～10mm 的塑料带内护层，其余部分剥除。多芯电缆的填充物亦应切除。应注意，在剥除铠装、内护层及切除填充物时不要损伤铜屏蔽带。

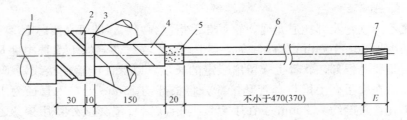

图 3-92　聚氯乙烯绝缘电缆终端头剥切尺寸（mm）
1—塑料外护套；2—钢带铠装；3—内护层；4—铜屏蔽带；
5—半导电层；6—线芯绝缘；7—导体（线芯）
E＝接线端子孔深＋5；6/6kV 电缆终端头采用括号内尺寸

②绑扎和焊接接地线。分开线芯并剥去各线芯屏蔽带外层的塑料带。注意保护屏蔽带不要松脱。在三岔口附近的分相屏蔽带外，用 1.5mm² 的多股软铜线紧扎 5 道，然后将各余段的软铜线编结后引出接地。拆去铠装上的临时绑扎线，将铠装打毛，然后用一股直径为 2.1mm 经退火的铜线将编结后的软铜线与铠装紧扎 5 道。接地线一般采用电烙铁焊接，禁止用喷灯。

③套塑料手套。选择与电缆截面相适应的塑料手套，在手套相应的袖筒部位护套外及相应手套指部的屏蔽带外，包缠自粘性橡胶带作填充，包绕层数以手套套入松紧合适为宜，然后套入塑料手套。在手套袖筒下部及指套上部分别用自粘性橡胶带包绕防潮锥体，以密封手套，然后在防潮锥体外半迭包绕塑料粘胶带两层。

④剥切屏蔽带（0.6/1kV 无此工艺）。将距手套指部上端约 70mm 处的屏蔽带用 1.5mm² 的软铜线扎紧，并将扎线以上的屏蔽带切除，切断处的尖角应向外反折。

⑤剥半导体布带。将切去屏蔽部分的半导体布带剥下，但不要切断，绕在手套指部，以备包应力锥用。

⑥制作应力锥（0.6/1kV 无此工艺）。用蘸汽油（或乙醇）的布将线芯绝缘表面清擦干净。从各线芯屏蔽带上端 10mm 处的线芯绝缘层起，用自粘性橡胶带包绕成橄榄形的增绕绝缘。将已剥下的半导体布带紧密地绕包在橄榄形的中心圆周处，多余部分切去。自各线芯屏蔽带切口下 15mm 处起，用直径为 ϕ2mm 的铅熔丝紧密缠绕至橄榄形的中心圆周，在已制好的橄榄形应力锥及熔丝外包绕自粘性橡胶带。最后用塑料粘胶带以半迭包方式先自上而下，再自下而上在应力锥外包绕两层。包绕应力锥的规定尺寸如图 3-93 所示。

⑦装设防雨罩（户外终端头用）。确定线芯应保留的长度，锯去多余部分的线芯。然后在线芯末端（靠近接线端子接管处）的线芯绝缘上，用塑料粘胶带包缠一突起的防雨罩座，并套上防雨罩。

⑧安装接线端子。剥去线芯末端的绝缘，长度为接线端子接管孔深加 5mm，选择与线芯截面相适应的接线端子，将管孔内壁和线芯表面擦拭干净，并清除氧化层，然后进行压接或焊接。再用自粘性橡胶带在接线端子的接管至防雨罩上端一段内包绕成防潮锥体，并在防潮锥体外半迭包绕塑料粘胶带两层。防潮锥体如图 3-94 所示。

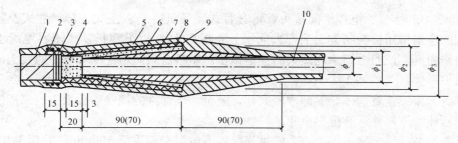

图 3-93　应力锥尺寸（mm）

ϕ—电缆线芯绝缘外径；ϕ_2—应力锥屏蔽外径；ϕ_1—增绕绝缘外径，$\phi_1=\phi+16$（$\phi_1=\phi+12$）；ϕ_3—应力锥外径，$\phi_3=\phi_2+4$

1—铜屏蔽带；2—软铜线绑扎；3—绝缘线绑扎；4—半导电层；5—绝缘自粘带；6—软铜丝网；

7—半导电自粘带；8—绝缘自粘带；9—屏蔽环（软铅线）；10—线芯绝缘

注：6/6kV 电缆终端头采用括号中的尺寸。

⑨包缠线芯绝缘保护层。用塑料粘胶带由接线端子的接管下端或防雨罩（对户外终端头而言）半叠包绕两层。再在应力锥上端的线芯绝缘保护层外包绕相色塑料粘胶带一层，以示相序。

⑩安装。对电缆头作耐压试验和泄漏电流测定，合格后安装在指定位置，同时将引出的编结软铜线妥善接地。

10kV 塑料电缆终端头结构如图 3-95 所示。

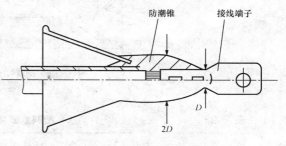

图 3-94　防潮锥

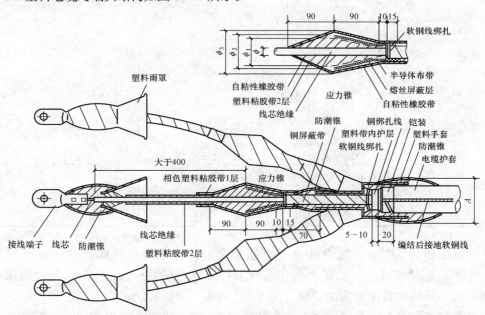

图 3-95　10kV 电缆终端头结构

ϕ—线芯绝缘外径，mm；ϕ_1—增绕绝缘外径，mm，$\phi_1=\phi+16$；ϕ_2—应力锥屏蔽外径，mm；

ϕ_3—应力锥总外径，mm，$\phi_3=\phi_2+4$；A—电缆手套外径加 8mm

注：手套指部及端部防潮锥外径为指部外径及防雨罩上部外径加 8mm。

4）电缆中间接头。电缆中间接头有铅套管式、环氧树脂浇注式、塑料盒式及新型热缩型。各式的电缆中间接头制作工艺都大同小异。现以 1kV 以下塑料盒式塑料绝缘电缆中间接头的制作为例，说明电缆中间接头的基本做法。塑料盒式塑料绝缘电缆中间接头的制作施工程序如下：

①准备工作。检查盒体、零部件应完好，齐全。零部件的规格和数量应与采用的电缆相符。清洗盒体和零部件，并进行试装。

②切割电缆端头。将电缆调直，使被连接的两电缆端头重叠 100mm，并用绑扎线绑紧，然后从重叠的中心处锯断电缆。剥切尺寸见图 3-96 和表 3-23。

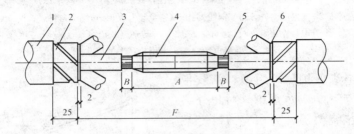

图 3-96　塑料电缆剥切尺寸（mm）

1—塑料外护套；2—钢带铠装；3—线芯绝缘；4—导体连接管；5—导体；6—内护层

表 3-23 　　　　　　　　　　　1kV 塑料盒式电缆接头结构尺寸

导体标称截面积(mm²)	结构尺寸(mm)				
	A		B	F	M
	Al	Cu			
16	65	56	5	320	接管外径＋6
25	70	60			
35	75	64			
50	80	72			
70	90	78		350	
95	95	82			
120	100	90	10		
150	105	94			
185	110	100		380	
240	120	110			

③剥电缆护套及铠装。按设计剥除电缆护套，护套端剖削成圆锥状。在距护套切口 20mm 处铠装上用 φ2.1 经退火的铜线作临时绑扎，然后在距扎线 3～5mm 处电缆末端一侧的铠装上锯一环痕，其深度为铠装厚度的 1/2，剥去 2 层铠装。

④套塑料连接盒两端部件。用汽油布擦净电缆护套，将塑料连接盒及其一端的部件套在一根电缆的护套上，连接盒的另一端部件套在另一根电缆的护套上。

⑤剥电缆内护层。在铠装切口以上留出 5～10mm 的塑料带内护层，其余部分剥除。多余的电缆填充物不要切除，暂卷回到电缆根部备用。

⑥剥半导体布带。将电缆绝缘外半导体布带剥下，但不切断，暂绕在根部备用。

⑦连接线芯。按设计切割末端线芯绝缘，然后插入相应规格的连接管，对连接管及导电线芯除去氧化层，并涂以凡士林。连接管压接后要去除表面的毛刺，并用汽油、布将连接管和线芯绝缘表面擦拭干净。

⑧包绕线芯绝缘、将压接的压坑用锡箔纸填平，然后用半导体布带将线芯连接处的裸露导体包绕 1 层。用自粘性橡胶带从连接管处开始以半迭式包增绕绝缘层。将已剥下的半导体布带紧密地包绕在整个增绕绝缘的表面上，包绕时应保证半导体布带层是一个连续整体。用薄铝带在半导体布带层上以 1/2 叠绕一层，铝带与两端线芯屏蔽带重叠约 20mm，然后用 1.5mm^2 的软铜线在重叠处紧扎三道。并在铝带外用同样的软铜线交叉绕扎，绕扎的软铜线在交叉处与两端软铜扎线宜相互焊接。焊接用烙铁，禁止用喷灯。

⑨合拢线芯恢复原状。将包绕好的线芯合拢，并将原填充物返回填充，然后用白布带统包扎紧，包至塑料带内护层上。

⑩焊接接地线。拆去铠装上的临时绑扎，并将铠装打毛。把接地软铜线平贴在白布带统包扎紧层上用 ϕ2.1 的退火铜绑线将接地软铜线与两端铠装紧扎。接地线与铠装采用焊接时扎 3 道；绑接时扎 5 道。

⑪包绕塑料粘胶带与白布带。聚氯乙烯绝缘电缆中间接头，采用 J-10 绝缘自粘带；交联聚乙烯绝缘电缆中间接头，采用 J-30 绝缘自粘带。在白布带统包扎紧层外绕包自粘带 3 层，包至铠装以下约 40mm 的护套上。其外再半叠包绕白布带一层。

⑫将置于电缆两端的连接盒及其部件移至中间位置，装好密封圈，旋紧螺盖。从盖体的一个浇注口注入适合于本地区温度的沥青胶，直至沥青胶从另一个浇注口溢出为止，最后装上浇注口盖。1kV 塑料盒式电缆中间接头制作如图 3 - 97 所示。

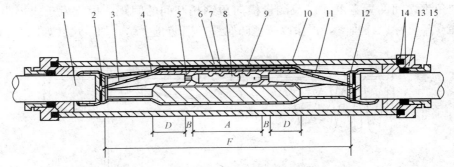

图 3 - 97　塑料盒式塑料绝缘电缆中间接头结构

1—塑料外护套；2—钢带铠装；3—线芯绝缘；4—绝缘自粘带 4 层；5—导体；6—PVC 绝缘带；
7—PVC 粘胶带 2 层；8—连接管；9—绝缘自粘带；10—连接盒；11—地线；12—内护层；
13—螺纹连接头；14—橡胶垫圈；15—螺盖

3.6.5　吊车滑触线安装

吊车是工厂车间常用的起重设备。为了生产加工和检修的需要，往往要安装一台或几台吊车，常用的吊车有：电动葫芦、桥式吊车和梁式吊车等。吊车的电源通常经滑触线供给，即配电线经开关设备对滑触线供电，吊车上的集电器再由滑触线上取得电源，如图 3 - 98 所示。滑触线可由角钢、扁钢、圆钢、铜电车线等制成，但这几种滑触线能耗较大。目前正在推广使用安全节能型滑触线装置，如小容量吊车用的新型具有塑料外壳防护的开口组合式滑触线。在有爆炸危险或 H-1 级火灾危险的厂房内，或对滑触线有严重腐蚀性气体的厂房，均不能采用裸滑触线，而应采用软电缆供电，如图 3 - 99 所示。

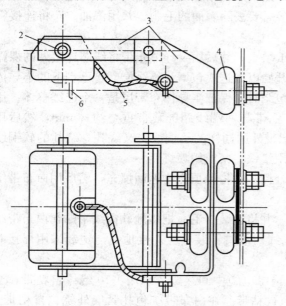

图 3 - 98　滑触线电源集电器
1—滑块；2—轴；3—卡板；4—绝缘子；
5—软铜引线；6—角钢滑触线

1. 角钢滑触线的安装

（1）定位测量。根据设计图纸，在预制吊车梁时，在滑触线支架的安装位置上，预留出螺栓孔或预埋铁件。支架一般固定在吊车梁的预留孔内，若为钢梁，在钢梁上测出每个支架的安装位置，然后将支架焊接在钢梁强筋上。支架的间距，直线段一般为 1.5～2m；在转弯处的弧形轨道上一般为 1～1.5m；终端支架，距滑触线末端不应大于 800mm，其目的是不使集电器脱离滑触线。支架距地面的高度不得低于 3.5m，在汽车通道部分不得低于 6m。

（2）支架的制作与安装。

1）支架的加工。支架的结构形式很多，一般是根据设计要求或现场实际需要，选用国家标准图集 D363 中所列的标准形式或自行加工。加工时，将角钢放在铁平台上，按图示尺寸下料、组对，并把支架上的所有固定螺栓孔加工成椭圆形，以便于调整。焊接时，应先点焊几点，然后用角尺测量支架横向角钢与纵向角钢之间的垂直度，以及测量横向角钢相互间的间距，校正后正式焊牢。制作好后，应在支架上涂以红丹漆，再涂以灰色防腐漆，以防止生锈。加工尺寸如图 3 - 100 所示。

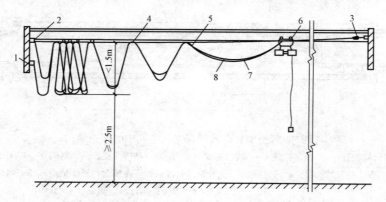

图 3 - 99　吊索悬挂移动电缆示意
1—电源；2—吊索终端固定装置；3—吊索终端拉紧装置；4—移动电缆悬挂装置；
5—吊索；6—托轮；7—软电缆；8—索引绳

2）支架的安装。安装支架应在吊车轨道找平、找正后进行。以吊车轨道的水平面为基准，安装时，可从吊车梁的一端开始，逐个将支架固定在吊车梁的固定孔处。所有支架应安装在同一水平面上，并保证一定的垂直度。图 3 - 101 是桥式吊车滑触线 E 形支架安装示意。

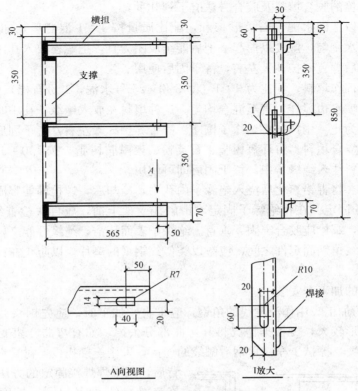

图 3-100　E 形尺寸加工

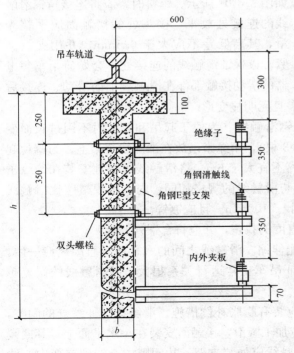

图 3-101　E 形支架安装示意

（3）绝缘子的组装和固定。

1）绝缘子的组装。固定滑触线的绝缘子，一般采用 WX-01 型电车用绝缘子。绝缘子必须胶合螺栓（$M12×70$）后才允许装在支架上，如图 3-102 所示。

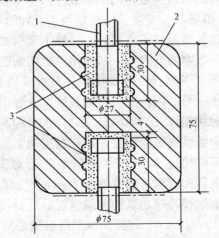

图 3-102　绝缘子与螺栓的胶合
1—螺栓；2—WX-01 型绝缘子；3—胶合填料

绝缘子内螺栓的胶合填料及胶合方法有下列几种：

①用425号以上的水泥与石英砂掺和，配比质量按1：1混合后，加入0.5％的石膏，然后加入适量的水调匀，湿度以捏起一把后能结成团为宜。把螺栓放入孔内，填料放入绝缘子孔中压实，然后静置养护3天左右，待干固后使用。

②用水泥石棉作填料，配比为3：1（即3份425号水泥，1份石棉）。胶合时先将石棉撕碎，混合后边喷水边搅拌，直至混合均匀。这种填料在放入绝缘子孔中时，应边放填料边压实，直到填满为止。用抹布将绝缘子擦净，静置养护3天左右，待干固后使用。

③环氧树脂复合填料。将环氧树脂、石英粉、聚酰胺树脂，按100：150：40的质量比混合而成。将填料注入绝缘子中，待干固后即可使用。

④青铅填料。将青铅熔化后浇入绝缘子内孔中，冷却后，螺栓即能牢固地固定住。

2）绝缘子的固定。在将绝缘子固定到滑触线支架上前，应再次检查绝缘子有无裂纹、机械损伤等缺陷，螺栓应胶合牢固、垂直。绝缘子表面清洁，绝缘性能良好。安装时，绝缘子与支架和滑触线角钢固定件之间，应垫以类似红钢纸的垫片，以防止在拧紧螺母时产生的应力损坏绝缘子。

（4）滑触线的加工和安装。

1）滑触线的加工。用作滑触线的角钢，应平直。加工时，应先锯头、锉平，因角钢在轧制时，头部变形较大，可根据情况将其弯曲部分去掉。如有弯曲、扭变等，则应将其矫直。然后除去锈垢，擦拭干净。角钢滑触线的连接，采用连接托板，衬垫在滑触线接触面的背后，用电焊焊接固定的方法。角钢托板的规格与滑触线角钢相同，长度不小于100mm，如图3-103所示。焊接时，应将连接角钢滑触线的连接处放平，接头处的接触面应平整光滑，其高低差不应大于0.5mm，并用夹具夹紧，以保证滑触线的连接处不会妨碍吊车集电器的滑动接触部件在滑触线上的滑动。连接后应有足够的机械强度，高出部分应修整平整，且无明显变形。

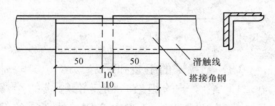

图3-103　角钢滑触线的连接

2）滑触线的安装。将在地面拼接好的角钢滑触线（为便于起吊和起吊时不因过长而变形，拼接的滑触线不宜太长，一般不超过2～3根），用绳索吊放在滑触线支架上。为避免起吊时滑触线弯曲变形，一般两吊点之间的距离不宜大于6m。将滑触线可靠地安装在绝缘子上，如图3-104所示。图中的外夹板规格应与滑触线的规格相同，内夹板规格应比滑触线的规格小一号。内、外夹板的长度，一般不小于100mm。且应镀锌。

滑触线架设完毕后，必须进行水平和垂直度的找正，并应符合下列要求：

①滑触线安装应平直，固定在支架上应能伸缩。滑触线之间的水平或垂直距离应一致，其偏差不应超过10mm。滑触线的平直对保证吊车正常运行关系很大，因滑触线的误差越小，集电器掉落的可能性就越小。

②滑触线跨越建筑物伸缩缝时，滑触线应装有膨胀补偿措施。滑触线在伸缩缝的间隙，一般为10～20mm。间隙两侧的滑触线端头应加工圆滑，接触面安装在一水平面上，其两端高差不应大于1mm。在靠近伸缩缝的两侧滑触线应加装支架，从间隙中心线到支架中心线的距离不应超过150mm，如图3-105所示。

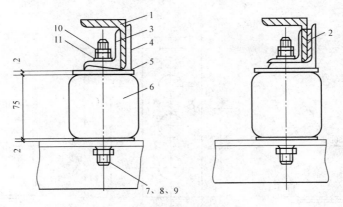

图 3-104　角钢滑触线在绝缘子上的固定方法

1—角钢滑触线；2—辅助母线；3—内夹板；4—外夹板；5—红钢纸垫圈；6—绝缘子；

7—螺栓；8—螺母；9—弹簧垫圈；10—扁螺母；11—垫圈

③当滑触线长度超过 50m 时，为适应温度变化而引起滑触线的伸缩，也应装设补偿装置。当滑触线的线路较长，电压降超过允许值时，滑触线上应加装辅助铝母排（截面积为 25mm×3mm），每隔 12m 用 M10 螺栓螺母连接一次，连接处应搪锡，如图 3-106 所示。

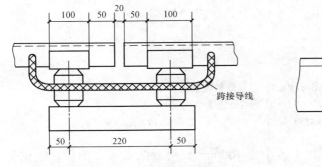

图 3-105　滑触线补偿装置

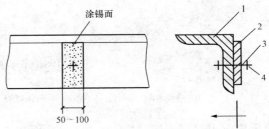

图 3-106　滑触线与辅助母线的连接

1—角钢；2—角钢接触面涂锡；3—铝排；4—螺栓、螺母

④电源进线与信号灯的安装。电源线与滑触线的连接方法如图 3-107 所示。图中的接线板，是用一根 40mm×4mm 的镀锌扁钢弯制而成的。弯制的扁钢焊在滑触线上，焊接前应先钻好孔，在孔周围搪好锡，以使接线端子与扁钢的接触良好。

根据生产和维修安全的需要，在滑触线的适当地点宜装设灯光信号。一般装设在滑触线的终端及中间部位附近的车间墙或柱上。安装方法如图 3-108 所示。

⑤滑触线的接地与涂漆。为确保操作人员的人身与电气设备的安全，吊车轨道应良好接地，与接地母线连成一个不断开的导体，两轨道的接

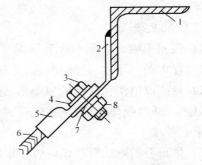

图 3-107　电源进线连接方法

1—角钢；2—镀锌扁钢；3—螺栓；4—垫圈；

5—接线端子；6—导线；7—弹簧垫片；8—螺母

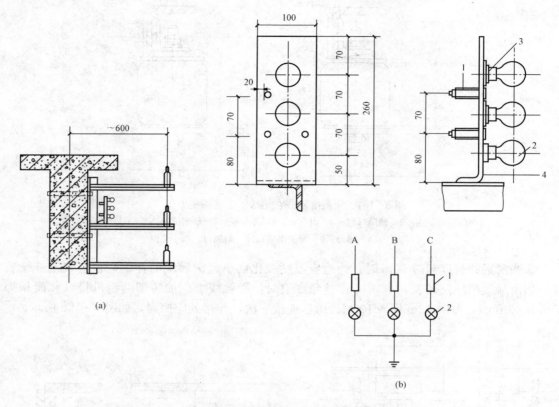

图 3-108　吊车滑触线信号灯的安装

（a）信号灯位置；（b）信号灯接线

1—绕线电阻（300Ω、15W）；2—白炽灯泡（220V、15W）；3—瓷灯口；4—2mm 厚钢板

地连接应用扁钢连接（焊牢），扁钢截面积不得小于 100mm^2。滑触线安装完毕后，应在非接触面上涂刷红色防腐漆和相色漆。集电器的接触面涂少量黄油，以防锈蚀。

2. 吊车电气设备的接线与调试

吊车电气设备，随同吊车一起由厂家提供。因此电气施工的主要内容是电气设备的接线与调试。

（1）配线要求。

1）应使用额定电压不低于 500V 的铜芯绝缘导线，导线截面积不小于 1.5mm^2。

2）在主断路器电源被切断后，照明不应断电。

3）导线或电缆在易受机械损伤、热辐射或有润滑油滴落的部位应加保护（装于钢管或保护罩内，或有隔热措施）。在穿过钢结构的孔洞处，应将孔洞的毛刺打掉，且导线应有保护措施。

4）吊车上的电线管敷设应焊接牢固，吊车上的电缆应按引出的先后顺序排列整齐，并尽量避免交叉。固定敷设的电缆应卡牢，支持点距离不应大于 1m。

5）接于屏、柜及控制器等装置上的导线应排列整齐，导线两端应有接线编号，以便检修查找。

6）电动机接线时，必须注意吊车动作方向及电源相序，定子与转子的电源切勿接错。大车电动机有两台时应注意方向一致。

7）全部电器金属不带电外壳，需可靠接地。

（2）吊车的调试。

1）调试前应再进行下列检查。

①检查电气设备中的各个电器元件是否完好，动作是否灵活可靠，触头是否接触良好，绝缘性能是否满足要求。

②检查电线管内的电线根数及绝缘，并依据图纸核对线号，检查接线是否牢靠正确。

③检查控制器有无损伤或弯曲，手柄转动是否灵活。限位开关、电磁制动装置、集电器、绝缘子等是否完整。

④用 500V 摇表检查绝缘电阻：电动机的定子绕组绝缘电阻应不小于 $1M\Omega$，转子绕组绝缘电阻应不小于 $0.5M\Omega$。电磁铁绕组绝缘电阻应不小于 $2M\Omega$，电阻片对外壳绝缘要求在 $1M\Omega$ 以上。

2）调试。

①将电动机与转动部分脱开，检查各台电动机的正反转方向是否符合要求，特别要注意检查大车运行机构的两台电动机回转方向是否一致。电磁制动装置应动作迅速、准确、冲程符合设计要求。在非制动状态时，闸瓦与闸轮之间应有均匀的间隙，且无摩擦。

②将所有控制器的手柄置于零位，关好端梁栏杆门及舱盖门，合上保护盘开关及紧急开关。按启动按钮，接通主接触器。然后逐一打开紧急开关、舱盖门、端梁栏杆门，接触器都应立即断电。

③检查行程终端开关是否可靠，通过分别开动吊车的大车、小车、主钩与副钩，人为地切断相应的行程终端开关，以检查开关是否安全可靠。

④上述调试完成后，先进行吊车的空载运行试验，再进行吊车的静载与动载运行试验。首次应开慢车，仔细逐点观察集电器与滑触线的移动接触情况，若接触火花较大，或发生集电器跳动、脱落等情况，应立即停车检查。发生这种情况的原因可能是滑触线角钢表面不光滑或是安装的精度较差等原因所致，应根据情况采取相应的措施。

3.7　建筑防雷及接地装置

3.7.1　建筑防雷及接地系统的组成

1. 雷电的形成及危害

（1）雷电的形成。雷电是大自然中的放电现象，雷击是一种自然灾害。在特定的自然气候中，会形成一种带有大量电荷的云层，这种云层称为雷云。当雷云之间或雷云与地面物体之间发生强烈放电时，便形成闪电。闪电形成巨大的雷电流，容易对建筑物、电气设施造成破坏，甚至对人、畜形成危害。

（2）雷电的种类。根据雷电对建筑物、电气设施、人、畜的危害方式不同，雷电可分为以下几类：

1）直击雷。雷云与地面物体（建筑物、设施等）之间直接放电形成的雷击称为直击雷。直击雷形成强大的雷电流，流过建筑物时会产生巨大的热量，对建筑物造成爆裂等破坏作用；雷电流流过电气设施时。会形成过电压，对电气设施及人员造成危害。

2）感应雷。当建筑物附近出现雷云时，由于静电感应的作用，在建筑物（包括金属导体）上感应出大量电荷，当雷云与其他物体放电后，这些感应电荷以大电流、高电压的方式快速释放而形成雷电流，对建筑物及内部电气设施造成破坏。

3）雷电波侵入。当进入建筑物的金属管线在远处遭到雷击时（包括直击雷、感应雷），在金属管线中形成过电压冲击波；或者由于在建筑物附近发生雷电放电而在周围空间形成迅速变化的强磁场，在金属管线中感应出过电压冲击波。过电压冲击波沿金属管线进入建筑物内部，对电气设施造成破坏。

4）球雷。球雷是雷电放电时形成的一团处在特殊状态下的带电气体。球雷出现的概率较小，在雷雨季节，球雷会从门、窗、烟囱等通道侵入室内，对人员造成危害。

（3）雷电的危害。雷电具有电性质、热性质和机械性质三方面的破坏作用。发生雷击时，可能导致爆炸、火灾、触电、电气设施毁坏、停电等方面的事故发生，因此防雷是建筑工程中所不可缺少的。

2. 建筑物防雷分类

建筑物应根据建筑物重要性、使用性质、发生雷电事故的可能性和后果，按防雷要求分为三类。

（1）第一类防雷建筑物。在可能发生对地闪击的地区，遇下列情况之一时，应划为第一类防雷建筑物：

1）凡制造、使用或贮存火炸药及其制品的危险建筑物，因电火花而引起爆炸、爆轰，会造成巨大破坏和人身伤亡者。

2）具有0区或20区爆炸危险场所的建筑物。

3）具有1区或21区爆炸危险场所的建筑物，因电火花而引起爆炸，会造成巨大破坏和人身伤亡者。

（2）第二类防雷建筑物。在可能发生对地闪击的地区，遇下列情况之一时，应划为第二类防雷建筑物：

1）国家级重点文物保护的建筑物。

2）国家级的会堂、办公建筑物、大型展览和博览建筑物、大型火车站和飞机场、国宾馆，国家级档案馆、大型城市的重要给水泵房等特别重要的建筑物（飞机场不含停放飞机的露天场所和跑道）。

3）国家级计算中心、国际通信枢纽等对国民经济有重要意义的建筑物。

4）国家特级和甲级大型体育馆。

5）制造、使用或贮存火炸药及其制品的危险建筑物，且电火花不易引起爆炸或不致造成巨大破坏和人身伤亡者。

6）具有1区或21区爆炸危险场所的建筑物，且电火花不易引起爆炸或不致造成巨大破坏和人身伤亡者。

7）具有2区或22区爆炸危险场所的建筑物。

8）有爆炸危险的露天钢质封闭气罐。

9）预计雷击次数大于0.05次/a的部、省级办公建筑物和其他重要或人员密集的公共建筑物以及火灾危险场所。

10）预计雷击次数大于 0.25 次/a 的住宅、办公楼等一般性民用建筑物或一般性工业建筑物。

（3）第三类防雷建筑物。在可能发生对地闪击的地区，遇下列情况之一时，应划为第三类防雷建筑物：

1）省级重点文物保护的建筑物及省级档案馆。

2）预计雷击次数大于或等于 0.01 次/a，且小于或等于 0.05 次/a 的部、省级办公建筑物和其他重要或人员密集的公共建筑物，以及火灾危险场所。

3）预计雷击次数大于或等于 0.05 次/a，且小于或等于 0.25 次/a 的住宅、办公楼等一般性民用建筑物或一般性工业建筑物。

4）在平均雷暴日大于 15d/a 的地区，高度在 15m 及以上的烟囱、水塔等孤立的高耸建筑物；在平均雷暴日小于或等于 15d/a 的地区，高度在 20m 及以上的烟囱、水塔等孤立的高耸建筑物。

3．建筑物的防雷措施

《建筑物防雷设计规范》（GB 50057—2010）对各类建筑物的防雷措施规定如下：

（1）基本规定：

1）各类防雷建筑物应设防直击雷的外部防雷装置，并应采取防闪电电涌侵入的措施。第一类防雷建筑物和上述第二类防雷建筑物中 5）～7）条所规定的建筑物，尚应采取防闪电感应的措施。

2）各类防雷建筑物应设内部防雷装置，并应符合下列规定：

①在建筑物的地下室或地面层处，以下物体应与防雷装置做防雷等电位连接：

a．建筑物金属体。

b．金属装置。

c．建筑物内系统。

d．进出建筑物的金属管线。

②除上述①的措施外，外部防雷装置与建筑物金属体、金属装置、建筑物内系统之间，尚应满足间隔距离的要求。

③上述第二类防雷建筑物中 2）～4）条所规定的建筑物，尚应采取防雷击电磁脉冲的措施。其他各类防雷建筑物，当其建筑物内系统所接设备的重要性高，以及所处雷击磁场环境和加于设备的闪电电涌无法满足要求时，也应采取防雷击电磁脉冲的措施，防雷击电磁脉冲的措施应符合规范的规定。

（2）第一类防雷建筑物的防雷措施：

1）第一类防雷建筑物防直击雷的措施应符合下列规定：

①应装设独立接闪杆或架空接闪线或网。架空接闪网的网格尺寸不应大于 5m×5m 或 6m×4m。

②排放爆炸危险气体、蒸气或粉尘的放散管、呼吸阀、排风管等的管口外的以下空间应处于接闪器的保护范围内：

a．当有管帽时应按规范的规定确定。

b．当无管帽时，应为管口上方半径 5m 的半球体。

c．接闪器与雷闪的接触点应设在本条 a 项或 b 项所规定的空间之外。

③排放爆炸危险气体、蒸气或粉尘的放散管、呼吸阀、排风管等，当其排放物达不到爆炸浓度、长期点火燃烧、一排放就点火燃烧，以及发生事故时排放物才达到爆炸浓度的通风管、安全阀，接闪器的保护范围可仅保护到管帽，无管帽时可仅保护到管口。

④独立接闪杆的杆塔、架空接闪线的端部和架空接闪网的每根支柱处应至少设一根引下线。对用金属制成或有焊接、绑扎连接钢筋网的杆塔、支柱，宜利用金属杆塔或钢筋网作为引下线。

⑤独立接闪杆、架空接闪线或架空接闪网应设独立的接地装置，每一引下线的冲击接地电阻不宜大于 10Ω。在土壤电阻率高的地区，可适当增大冲击接地电阻，但在 3000Ωm 以下的地区，冲击接地电阻不应大于 30Ω。

2）第一类防雷建筑物防闪电感应应符合下列规定：

①建筑物内的设备、管道、构架、电缆金属外皮、钢屋架、钢窗等较大金属物和突出屋面的放散管、风管等金属物，均应接到防闪电感应的接地装置上。金属屋面周边每隔 18～24m 应采用引下线接地一次。现场浇灌的或用预制构件组成的钢筋混凝土屋面，其钢筋网的交叉点应绑扎或焊接，并应每隔 18～24m 采用引下线接地一次。

②平行敷设的管道、构架和电缆金属外皮等长金属物，其净距小于 100mm 时，应采用金属线跨接，跨接点的间距不应大于 30m；交叉净距小于 100mm 时，其交叉处也应跨接。当长金属物的弯头、阀门、法兰盘等连接处的过渡电阻大于 0.03Ω 时，连接处应用金属线跨接。对有不少于 5 根螺栓连接的法兰盘，在非腐蚀环境下，可不跨接。

③防雷电感应的接地装置应与电气和电子系统的接地装置共用，其工频接地电阻不宜大于 10Ω。防闪电感应的接地装置与独立接闪杆、架空接闪线或架空接闪网的接地装置之间的间隔距离，应符合规范的规定。

当屋内设有等电位连接的接地干线时，其与防闪电感应接地装置的连接不应少于 2 处。

3）第一类防雷建筑物防闪电电涌侵入的措施应符合下列规定：

①室外低压配电线路应全线采用电缆直接埋地敷设，在入户处应将电缆的金属外皮、钢管接到等电位连接带或防闪电感应的接地装置上。

②当全线采用电缆有困难时，应采用钢筋混凝土杆和铁横担的架空线，并应使用一段金属铠装电缆或护套电缆穿钢管直接埋地引入，架空线与建筑物的距离不应小于 15m。

在电缆与架空线连接处，尚应装设户外型电涌保护器。电涌保护器、电缆金属外皮、钢管和绝缘子铁脚、金具等应连在一起接地，其冲击接地电阻不宜大于 30Ω。所装设的电涌保护器应选用 I 级试验产品，其电压保护水平应小于或等于 2.5kV，其每一保护模式应选冲击电流等于或大于 10kA；若无户外型电涌保护器，应选用户内型电涌保护器，其使用温度应满足安装处的环境温度，并应安装在防护等级 IP54 的箱内。

③在入户处的总配电箱内是否装设电涌保护器应按规范的规定确定。当需要安装电涌保护器时，电涌保护器的最大持续运行电压值和接线形式应按规范的规定确定；连接电涌保护器的导体截面应按规范的规定取值。

④电子系统的室外金属导体线路宜全线采用有屏蔽层的电缆埋地或架空敷设，其两端的屏蔽层、加强钢线、钢管等应等电位连接到入户处的终端箱体上，在终端箱体内是否装设电涌保护器应按规范的规定确定。

⑤当通信线路采用钢筋混凝土杆的架空线时，应使用一段护套电缆穿钢管直接埋地引

入，其埋地长度应按本规范计算，且不应小于 15m。在电缆与架空线连接处，尚应装设户外型电涌保护器。电涌保护器、电缆金属外皮、钢管和绝缘子铁脚、金具等应连在一起接地，其冲击接地电阻不宜大于 30Ω。所装设的电涌保护器应选用 D1 类高能量试验的产品，其电压保护水平和最大持续运行电压值应按《建筑物防雷设计规范》（GB 50057—2010）附录 J 的规定确定，连接电涌保护器的导体截面应按本规范的规定取值，每台电涌保护器的短路电流应等于或大于 2kA；若无户外型电涌保护器，可选用户内型电涌保护器，但其使用温度应满足安装处的环境温度，并应安装在防护等级 IP54 的箱内。在入户处的终端箱体内是否装设电涌保护器应按本规范的规定确定。

⑥架空金属管道，在进出建筑物处，应与防闪电感应的接地装置相连。距离建筑物 100m 内的管道，应每隔 25m 接地一次，其冲击接地电阻不应大于 30Ω，并应利用金属支架或钢筋混凝土支架的焊接、绑扎钢筋网作为引下线，其钢筋混凝土基础宜作为接地装置。

埋地或地沟内的金属管道，在进出建筑物处应等电位连接到等电位连接带或防闪电感应的接地装置上。

4）当难以装设独立的外部防雷装置时，可将接闪杆或网格不大于 5m×5m 或 6m×4m 的接闪网或由其混合组成的接闪器直接装在建筑物上，接闪网应按规范附录的规定沿屋角、屋脊、屋檐和檐角等易受雷击的部位敷设；当建筑物高度超过 30m 时，首先应沿屋顶周边敷设接闪带，接闪带应设在外墙外表面或屋檐边垂直面上，也可设在外墙外表面或屋檐垂直面外，并必须符合下列规定：

①接闪器之间应互相连接。

②引下线不应少于两根，并应沿建筑物四周和内庭院四周均匀或对称布置，其间距沿周长计算不宜大于 12m。

③排放爆炸危险气体、蒸气或粉尘的管道应符合规范的规定。

④建筑物应装设等电位连接环，环间垂直距离不应大于 12m，所有引下线、建筑物的金属结构和金属设备均应连到环上。等电位连接环可利用电气设备的等电位连接干线环路。

⑤外部防雷的接地装置应围绕建筑物敷设成环形接地体，每根引下线的冲击接地电阻不应大于 10Ω，并应和电气和电子系统等接地装置及所有进入建筑物的金属管道相连，此接地装置可兼作防雷电感应接地之用。

⑥当建筑物高于 30m 时，尚应采取下列防侧击的措施：

a. 应从 30m 起每隔不大于 6m 沿建筑物四周设水平接闪带并与引下线相连。

b. 30m 及以上外墙上的栏杆、门窗等较大的金属物应与防雷装置连接。

⑦在电源引入的总配电箱处应装设Ⅰ级试验的电涌保护器。电涌保护器的电压保护水平值应小于或等于 2.5kV。每一保护模式的冲击电流值，当无法确定时，冲击电流应取等于或大于 12.5kA。

⑧当电子系统的室外线路采用金属线时，在其引入的终端箱处应安装 D1 类高能量试验类型的电涌保护器，其短路电流当无屏蔽层及有屏蔽层时时，均宜按规范的规定计算；当无法确定时应选用 2kA。选取电涌保护器的其他参数应符合规范的规定，连接电涌保护器的导体截面应按规范的规定取值。

⑨当电子系统的室外线路采用光缆时，在其引入的终端箱处的电气线路侧，当无金属线路引出本建筑物至其他有自己接地装置的设备时，可安装 B2 类慢上升率试验类型的电涌保

护器，其短路电流应按规范的规定确定，宜选用 100A。

⑩输送火灾爆炸危险物质的埋地金属管道，当其从室外进入户内处设有绝缘段时，应在绝缘段处跨接符合下列要求的电压开关型电涌保护器或隔离放电间隙：

a. 选用Ⅰ级试验的密封型电涌保护器。

b. 电涌保护器能承受的冲击电流按规范规定计算。

c. 电涌保护器的电压保护水平应小于绝缘段的耐冲击电压水平，无法确定时，应取其等于或大于 1.5kV 和等于或小于 2.5kV。

d. 输送火灾爆炸危险物质的埋地金属管道在进入建筑物处的防雷等电位连接，应在绝缘段之后管道进入室内处进行，可将电涌保护器的上端头接到等电位连接带。

5）当树木邻近建筑物且不在接闪器保护范围之内时，树木与建筑物之间的净距不应小于 5m。

（3）第二类防雷建筑物的防雷措施：

1）第二类防雷建筑物外部防雷的措施，宜采用装设在建筑物上的接闪网、接闪带或接闪杆，也可采用由接闪网、接闪带或接闪杆混合组成的接闪器。接闪网、接闪带应按规范附录 B 的规定沿屋角、屋脊、屋檐和檐角等易受雷击的部位敷设，并应在整个屋面组成不大于 10m×10m 或 12m×8m 的网格；当建筑物高度超过 45m 时，首先应沿屋顶周边敷设接闪带，接闪带应设在外墙外表面或屋檐边垂直面上，也可设在外墙外表面或屋檐边垂直面外。接闪器之间应互相连接。

2）突出屋面的放散管、风管、烟囱等物体，应按下列方式保护：

①排放爆炸危险气体、蒸气或粉尘的放散管、呼吸阀、排风管等管道应符合规范的规定。

②排放无爆炸危险气体、蒸气或粉尘的放散管、烟囱，1 区、21 区、2 区和 22 区爆炸危险场所的自然通风管，0 区和 20 区爆炸危险场所的装有阻火器的放散管、呼吸阀、排风管，以及规范第 4.2.1 条 3 款所规定的管、阀及煤气和天然气放散管等，其防雷保护应符合下列规定：

a. 金属物体可不装接闪器，但应和屋面防雷装置相连。

b. 除符合规范规定的情况外，在屋面接闪器保护范围之外的非金属物体应装接闪器，并和屋面防雷装置相连。

3）专设引下线不应少于 2 根，并应沿建筑物四周和内庭院四周均匀对称布置，其间距沿周长计算不宜大于 18m。当建筑物的跨度较大，无法在跨距中间设引下线，应在跨距两端设引下线并减小其他引下线的间距，专设引下线的平均间距不应大于 18m。

4）外部防雷装置的接地应和防雷电感应、内部防雷装置、电气和电子系统等接地共用接地装置，并应与引入的金属管线做等电位连接。外部防雷装置的专设接地装置宜围绕建筑物敷设成环形接地体。

5）利用建筑物的钢筋作为防雷装置时应符合下列规定：

①建筑物宜利用钢筋混凝土屋顶、梁、柱、基础内的钢筋作为引下线。上述第二类防雷建筑物中 2）～4）条、9）条、10）条所列的建筑物，当其女儿墙以内的屋顶钢筋网以上的防水和混凝土层允许不保护时，宜利用屋顶钢筋网作为接闪器；上述第二类防雷建筑物中 2）～4）条、10）条所列的建筑物为多层建筑，且周围很少有人停留时，宜利用女

儿墙压顶板内或檐口内的钢筋作为接闪器。

②当基础采用硅酸盐水泥和周围土壤的含水量不低于 4% 及基础的外表面无防腐层或有沥青质防腐层时，宜利用基础内的钢筋作为接地装置。当基础的外表面有其他类的防腐层且无桩基可利用时，宜在基础防腐层下面的混凝土垫层内敷设人工环形基础接地体。

③敷设在混凝土中作为防雷装置的钢筋或圆钢，当仅为一根时，其直径不应小于 10mm。被利用作为防雷装置的混凝土构件内有箍筋连接的钢筋时，其截面积总和不应小于一根直径 10mm 钢筋的截面积。

④利用基础内钢筋网作为接地体时，在周围地面以下距地面不应小于 0.5m，每根引下线所连接的钢筋表面积总和应按规范的规定计算。

⑤当在建筑物周边的无钢筋的闭合条形混凝土基础内敷设人工基础接地体时，接地体的规格尺寸应按规范中的规定确定。

⑥构件内有箍筋连接的钢筋或成网状的钢筋，其箍筋与钢筋、钢筋与钢筋应采用土建施工的绑扎法、螺丝、对焊或搭焊连接。单根钢筋、圆钢或外引预埋连接板、线与构件内钢筋的连接应焊接或采用螺栓紧固的卡夹器连接。构件之间必须连接成电气通路。

6）上述第二类防雷建筑物中 5）～7）条所规定的建筑物，其防雷电感应的措施应符合下列规定：

①建筑物内的设备、管道、构架等主要金属物，应就近接到防雷装置或共用接地装置上。

②除上述第二类防雷建筑物中 7）条所规定的建筑物可外，平行敷设的管道、构架和电缆金属外皮等长金属物应符合规范规定，但长金属物连接处可不跨接。

③建筑物内防闪电感应的接地干线与接地装置的连接，不应少于 2 处。

7）防止雷电流流经引下线和接地装置时产生的高电位对附近金属物或电气和电子系统线路的反击，应符合下列要求：

①在金属框架的建筑物中，或在钢筋连接在一起、电气贯通的钢筋混凝土框架的建筑物中，金属物或线路与引下线之间的间隔距离可无要求；在其他情况下，金属物或线路与引下线之间的间隔距离应按规范规定计算。

②当金属物或线路与引下线之间有自然或人工接地的钢筋混凝土构件、金属板、金属网等静电屏蔽物隔开时，金属物或线路与引下线之间的间隔距离可无要求。

③当金属物或线路与引下线之间有混凝土墙、砖墙隔开时，其击穿强度应为空气击穿强度的 1/2。当间隔距离不能满足本条第 1 款的规定时，金属物应与引下线直接相连，带电线路应通过电涌保护器与引下线相连。

④在电气接地装置与防雷接地装置共用或相连的情况下，应在低压电源线路引入的总配电箱、配电柜处装设 I 级试验的电涌保护器。电涌保护器的电压保护水平值应小于或等于 2.5kV。每一保护模式的冲击电流值，当无法确定时应取等于或大于 12.5kA。

⑤当 Yyn0 型或 Dyn11 型接线的配电变压器设在本建筑物内或附设于外墙处时，应在变压器高压侧装设避雷器；在低压侧的配电屏上，当有线路引出本建筑物至其他有独自敷设接地装置的配电装置时，应在母线上装设 I 级试验的电涌保护器，电涌保护器每一保护模式的冲击电流值，当无法确定时冲击电流应取等于或大于 12.5kA；当无线路引出本建筑物时，应在母线上装设 II 级试验的电涌保护器，电涌保护器每一保护模式的标称放电电流值应等于

或大于 5kA。电涌保护器的电压保护水平值应小于或等于 2.5kV。

⑥低压电源线路引入的总配电箱、配电柜处装设Ⅰ级实验的电涌保护器，以及配电变压器设在本建筑物内或附设于外墙处，并在低压侧配电屏的母线上装设Ⅰ级实验的电涌保护器时，电涌保护器每一保护模式的冲击电流值，当电源线路无屏蔽层及有屏蔽层时时均可按规范计算，式中的雷电流应取 150kA。

⑦在电子系统的室外线路采用金属线时，其引入的终端箱处应安装 D1 类高能量试验类型的电涌保护器，其短路电流当无屏蔽层及有屏蔽层时时，均可按规范规定的公式计算，式中的雷电流应取 150kA；当无法确定时应选用 1.5kA。

⑧在电子系统的室外线路采用光缆时，其引入的终端箱处的电气线路侧，当无金属线路引出本建筑物至其他有自己接地装置的设备时，可安装 B2 类慢上升率试验类型的电涌保护器，其短路电流宜选用 75A。

8）高度超过 45m 的建筑物，除屋顶的外部防雷装置应符合规范的规定外，尚应符合下列规定：

①对水平突出外墙的物体，当滚球半径 45m 球体从屋顶周边接闪带外向地面垂直下降接触到突出外墙的物体时，应采取相应的防雷措施。

②高于 60m 的建筑物，其上部占高度 20％并超过 60m 的部位应防侧击，防侧击应符合下列规定：

a. 在建筑物上部占高度 20％并超过 60m 的部位，各表面上的尖物、墙角、边缘、设备以及显著突出的物体，应按屋顶的保护措施考虑。

b. 在建筑物上部占高度 20％并超过 60m 的部位，布置接闪器应符合对本类防雷建筑物的要求，接闪器应重点布置在墙角、边缘和显著突出的物体上。

c. 外部金属物，当其最小尺寸符合规范规定时，可利用其作为接闪器，还可利用布置在建筑物垂直边缘处的外部引下线作为接闪器。

d. 符合规范规定的钢筋混凝土内钢筋和建筑物金属框架，当作为引下线或与引下线连接时，均可利用其作为接闪器。

③外墙内、外竖直敷设的金属管道及金属物的顶端和底端，应与防雷装置等电位连接。

（4）第三类防雷建筑物的防雷措施：

1）第三类防雷建筑物外部防雷的措施宜采用装设在建筑物上的接闪网、接闪带或接闪杆，也可采用由接闪网、接闪带或接闪杆混合组成的接闪器。接闪网、接闪带应按规范附录的规定沿屋角、屋脊、屋檐和檐角等易受雷击的部位敷设，并应在整个屋面组成不大于 20m×20m 或 24m×16m 的网格；当建筑物高度超过 60m 时，首先应沿屋顶周边敷设接闪带，接闪带应设在外墙外表面或屋檐边垂直面上，也可设在外墙外表面或屋檐边垂直面外。接闪器之间应互相连接。

2）突出屋面的物体的保护措施应符合规范的规定。

3）专设引下线不应少于 2 根，并应沿建筑物四周和内庭院四周均匀对称布置，其间距沿周长计算不宜大于 25m。当建筑物的跨度较大，无法在跨距中间设引下线时，应在跨距两端设引下线并减小其他引下线的间距，专设引下线的平均间距不应大于 25m。

4）防雷装置的接地应与电气和电子系统等接地共用接地装置，并应与引入的金属管线做等电位连接。外部防雷装置的专设接地装置宜围绕建筑物敷设成环形接地体。

5）建筑物宜利用钢筋混凝土屋面、梁、柱、基础内的钢筋作为引下线和接地装置，当其女儿墙以内的屋顶钢筋网以上的防水和混凝土层允许不保护时，宜利用屋顶钢筋网作为接闪器，以及当建筑物为多层建筑，其女儿墙压顶板内或檐口内有钢筋且周围除保安人员巡逻外通常无人停留时，宜利用女儿墙压顶板内或檐口内的钢筋作为接闪器，并应符合规范的规定，同时应符合下列规定：

①利用基础内钢筋网作为接地体时，在周围地面以下距地面不小于 0.5m 深，每根引下线所连接的钢筋表面积总和应按规范规定计算。

②当在建筑物周边的无钢筋的闭合条形混凝土基础内敷设人工基础接地体时，接地体的规格尺寸应按规范中的规定确定。

6）高度超过 60m 的建筑物，除屋顶的外部防雷装置应符合规范的规定外，尚应符合下列规定：

①对水平突出外墙的物体，当滚球半径 60m 球体从屋顶周边接闪带外向地面垂直下降接触到突出外墙的物体时，应采取相应的防雷措施。

②高于 60m 的建筑物，其上部占高度 20％并超过 60m 的部位应防侧击，防侧击应符合下列要求：

a. 在建筑物上部占高度 20％并超过 60m 的部位，各表面上的尖物、墙角、边缘、设备以及显著突出的物体，应按屋顶的保护措施考虑。

b. 在建筑物上部占高度 20％并超过 60m 的部位，布置接闪器应符合对本类防雷建筑物的要求，接闪器应重点布置在墙角、边缘和显著突出的物体上。

c. 外部金属物，当其最小尺寸符合规范的规定时，可利用其作为接闪器，还可利用布置在建筑物垂直边缘处的外部引下线作为接闪器。

d. 符合规范规定的钢筋混凝土内钢筋和建筑物金属框架，当其作为引下线或与引下线连接时均可利用作为接闪器。

③外墙内、外竖直敷设的金属管道及金属物的顶端和底端，应与防雷装置等电位连接。

7）砖烟囱、钢筋混凝土烟囱，宜在烟囱上装设接闪杆或接闪环保护。多支接闪杆应连接在闭合环上。

当非金属烟囱无法采用单支或双支接闪杆保护时，应在烟囱口装设环形接闪带，并应对称布置三支高出烟囱口不低于 0.5m 的接闪杆。

钢筋混凝土烟囱的钢筋应在其顶部和底部与引下线和贯通连接的金属爬梯相连。当符合规范的规定时，宜利用钢筋作为引下线和接地装置，可不另设专用引下线。

高度不超过 40m 的烟囱，可只设一根引下线，超过 40m 时应设两根引下线。可利用螺栓或焊接连接的一座金属爬梯作为两根引下线用。

金属烟囱应作为接闪器和引下线。

（5）其他防雷措施：

1）当一座防雷建筑物中兼有第一、二、三类防雷建筑物时，其防雷分类和防雷措施宜符合下列规定：

①当第一类防雷建筑物部分的面积占建筑物总面积的 30％及以上时，该建筑物宜确定为第一类防雷建筑物。

②当第一类防雷建筑物部分的面积占建筑物总面积的 30％以下，且第二类防雷建筑物

部分的面积占建筑物总面积的 30％ 及以上时，或当这两部分防雷建筑物的面积均小于建筑物总面积的 30％，但其面积之和又大于 30％ 时，该建筑物宜确定为第二类防雷建筑物。但对第一类防雷建筑物部分的防雷电感应和防闪电电涌侵入，应采取第一类防雷建筑物的保护措施。

③当第一、二类防雷建筑物部分的面积之和小于建筑物总面积的 30％，且不可能遭直接雷击时，该建筑物可确定为第三类防雷建筑物；但对第一、二类防雷建筑物部分的防雷电感应和防闪电电涌侵入，应采取各自类别的保护措施；当可能遭直接雷击时，宜按各自类别采取防雷措施。

2）当一座建筑物中仅有一部分为第一、二、三类防雷建筑物时，其防雷措施宜符合下列规定：

①当防雷建筑物部分可能遭直接雷击时，宜按各自类别采取防雷措施。

②当防雷建筑物部分不可能遭直接雷击时，可不采取防直击雷措施，可仅按各自类别采取防闪电感应和防闪电电涌侵入的措施。

③当防雷建筑物部分的面积占建筑物总面积的 50％ 以上时，该建筑物宜按规范的规定采取防雷措施。

3）当采用接闪器保护建筑物、封闭气罐时，其外表面外的 2 区爆炸危险场所可不在滚球法确定的保护范围内。

4）固定在建筑物上的节日彩灯、航空障碍信号灯及其他用电设备和线路应根据建筑物的防雷类别采取相应的防止闪电电涌侵入的措施，并应符合下列规定：

①无金属外壳或保护网罩的用电设备应处在接闪器的保护范围内。

②从配电箱引出的配电线路应穿钢管。钢管的一端应与配电箱和 PE 线相连；另一端应与用电设备外壳、保护罩相连，并应就近与屋顶防雷装置相连。当钢管因连接设备而中间断开时应设跨接线。

③在配电箱内应在开关的电源侧装设 Ⅱ 级试验的电涌保护器，其电压保护水平不应大于 2.5kV，标称放电电流值应根据具体情况确定。

5）粮、棉及易燃物大量集中的露天堆场，当其年预计雷击次数大于或等于 0.05 时，应采用独立接闪杆或架空接闪线防直击雷。独立接闪杆和架空接闪线保护范围的滚球半径可取 100m。

在计算雷击次数时，建筑物的高度可按可能堆放的高度计算，其长度和宽度可按可能堆放面积的长度和宽度计算。

6）在建筑物引下线附近保护人身安全需采取的防接触电压和跨步电压的措施，应符合下列规定：

①防接触电压应符合下列规定之一：

a. 利用建筑物金属构架和建筑物互相连接的钢筋在电气上是贯通且不少于 10 根柱子组成的自然引下线，作为自然引下线的柱子包括位于建筑物四周和建筑物内的。

b. 引下线 3m 范围内地表层的电阻率不小于 $50k\Omega m$，或敷设 5cm 厚沥青层或 15cm 厚砾石层。

c. 外露引下线，其距地面 2.7m 以下的导体用耐 $1.2/50\mu s$ 冲击电压 100kV 的绝缘层隔离，或用至少 3mm 厚的交联聚乙烯层隔离。

d. 用护栏、警告牌使接触引下线的可能性降至最低限度。

②防跨步电压应符合下列规定之一：

a. 利用建筑物金属构架和建筑物互相连接的钢筋在电气上是贯通且不少于 10 根柱子组成的自然引下线，作为自然引下线的柱子包括位于建筑物四周和建筑物内。

b. 引下线 3m 范围内土壤地表层的电阻率不小于 $50k\Omega m$。或敷设 5cm 厚沥青层或 15cm 厚砾石层。

c. 用网状接地装置对地面作均衡电位处理。

d. 用护栏、警告牌使进入距引下线 3m 范围内地面的可能性减小到最低限度。

7）对第二类和第三类防雷建筑物，应符合下列规定：

①没有得到接闪器保护的屋顶孤立金属物的尺寸不过以下数值时，可不要求附加的保护措施：

a. 高出屋顶平面不超过 0.3m。

b. 上层表面总面积不超过 $1.0m^2$。

c. 上层表面的长度不超过 2.0m。

②不处在接闪器保护范围内的非导电性屋顶物体，当它没有突出由接闪器形成的平面 0.5m 以上时，可不要求附加增设接闪器的保护措施。

8）在独立接闪杆、架空接闪线、架空接闪网的支柱上，严禁悬挂电话线、广播线、电视接收天线及低压架空线等。

3.7.2　接闪器安装

1. 接闪器的设置

防雷接闪器由金属导体制成，应装设在建筑物易受雷击的部位。建筑物容易遭受雷击的部位与屋顶的坡度有关，具体关系如下：

（1）平屋顶或坡度不大于 1/10 的屋顶，易受雷击部位为檐角、女儿墙、屋檐。

（2）坡度大于 1/10，小于 1/2 的屋顶，易受雷击部位为屋角、屋脊、檐角、屋檐。

（3）坡度大于或等于 1/2 的屋顶，易受雷击部位为屋角、屋脊、檐角。

建筑物易受雷击部位如图 3-109 所示。

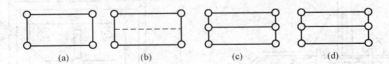

图 3-109　建筑物易受雷击部位示意图

(a) 平屋顶；(b) 坡度不大于 1/10 的屋顶；(c) 坡度大于 1/10，小于 1/2 的屋顶；

(d) 坡度大于 1/2 的屋顶

〇—最易受雷击的部位；——易受雷击的部位；----—不易受雷击的部位

2. 避雷针安装

避雷针是一端磨尖的针状金属导体，利用尖端放电的原理与雷云进行放电，对周围物体进行防雷保护。避雷针主要用于屋顶面积不大的高耸建筑物或构筑物。在建筑物的顶部设置 1 根或多根避雷针，使建筑物处在避雷针的保护范围之内即可有效地防止建筑物遭受雷击。避雷针的形状较多，对装饰效果要求较高的建筑物，避雷针一般做成外形美观的标志性物体。图 3－110 所示为各种形状的避雷针。

图 3－110　各种形状的避雷针

（1）屋面避雷针安装。避雷针一般采用镀锌圆钢或焊接钢管制作，针长在 1m 以下时，圆钢直径为 12mm，钢管直径为 20mm；针长在 1～2m 时，圆钢直径为 16mm，钢管直径为 25mm。避雷针焊接处应涂防腐漆。

在屋面安装避雷针时，先组装好避雷针，把底板（300mm×300mm×8mm 钢板）用地脚螺栓（M25×350mm）固定在避雷针支座上，在底板上的相应位置，焊上一块肋板（200mm×100mm×8mm 钢板），将避雷针立起，找直、找正后进行点焊、校正，焊上其他三块肋板，并与引下线焊接牢固。屋面上若有避雷带（网）还要与其焊成一个整体。避雷针在屋面安装如图 3－111 所示。图 3－111 中避雷针针体各节尺寸，见表 3－24。

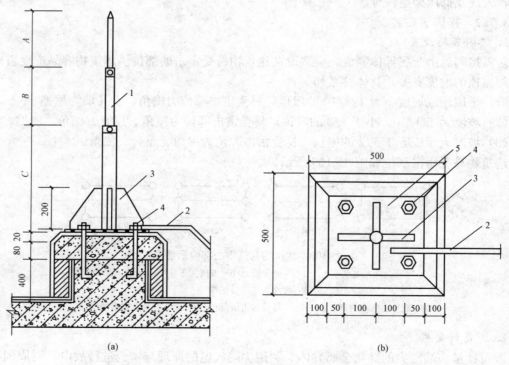

图 3－111　避雷针在屋面上安装
1—避雷针；2—引下线；3—肋板；4—地脚螺栓；5—底板

表 3 - 24	避雷针针体各节尺寸					m
避雷针全高		1	2	3	4	5
避雷针各节尺寸	A（SC25）	1	2	1.5	1	1.5
	B（SC40）	—	—	1.5	1.5	1.5
	C（SC50）	—	—	—	1.5	2

避雷针安装后针体应垂直，其允许偏差不应大于顶端针杆的直径。设有标志灯的避雷针，灯具应完整，显示清晰。安装完毕后，所有焊接点应刷防锈漆和银粉漆进行防腐。

（2）水塔避雷针安装。在水塔上安装避雷针时，一般在塔顶中心装一支 1.5m 高的避雷针，水塔顶上周围铁栅栏也可作为接闪器，或在塔顶装设环形避雷带保护水塔边缘。引下线一般不少于两根，间距不大于 30m。若水塔周长和高度在 40m 以下，可只设一根引下线，也可利用水塔的铁爬梯作引下线。水塔上的避雷针安装如图 3 - 112 所示。

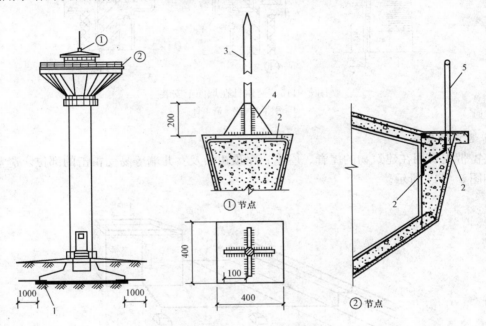

图 3 - 112　避雷针在水塔安装
1—接地线；2—焊接；3—避雷针；4—肋板；5—金属栏杆

（3）烟囱避雷针安装。砖砌烟囱和钢筋混凝土烟囱靠装设在烟囱上的避雷针或避雷环（环形避雷带）进行保护，烟囱上装设多根避雷针时，应采用避雷带将其连接成闭合环。当烟囱无法采用单支或双支避雷针保护时，应在烟囱口装设环形避雷带，并对称布置三支高出烟囱口不低于 0.5m 的避雷针。金属烟囱本身可作为接闪器和引下线。

当烟囱直径在 1.2m 以下，高度在 35m 以下时，采用一根 2.5m 高的避雷针保护；当烟囱直径在 1.2～1.7m，高度大于 35m 且小于等于 50m 时用两根 2.2m 高的避雷针保护；当烟囱直径大于 1.7m，高度超过 60mm 时用 φ12 以上的圆钢做成环形避雷带保护。烟囱顶口装设的环形避雷带和抱箍应与引下线可靠连接；高度在 100m 以上的烟囱，在离地面 30m 处及以上每隔 12m 加装一个均压环并与引下线可靠连接。烟囱高度小于等于 40m 时只设一根引下线，40m 以上应设两根引下线。避雷针在烟囱上安装如图 3-113 所示。

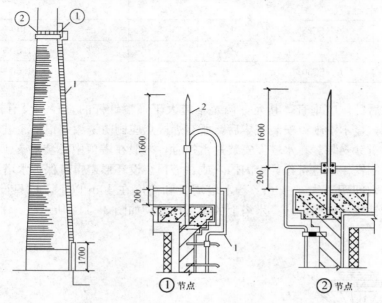

图 3-113　避雷针在烟囱上安装

1—引下线；2—避雷针

3. 避雷带安装

避雷带主要用在建筑物的屋脊、屋檐、屋顶边沿及女儿墙等易受雷击的部位。避雷带的布置如图 3-114 所示。

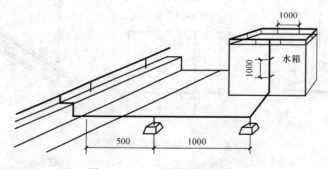

图 3-114　避雷带布置示意图

避雷带一般采用直径大于 8mm 的镀锌圆钢或截面积不小于 48mm² 、厚度不小于 4mm 的扁钢沿女儿墙及电梯机房或水池顶部的四周敷设，避雷带用支架进行固定，支架间距 1m 左右，支架与避雷带转角处的距离为 0.5m，如图 3-115 所示。

多数建筑物在屋顶的突出部位等最易遭受雷击的部位装设小型避雷针，沿女儿墙四周每隔 10~15m 加设避雷针，再用 ϕ8mm 以上的镀锌圆钢将其焊连形成避雷带，沿避雷带每隔 1m 用支架（ϕ8mm 镀锌圆钢）固定。小型避雷针用 ϕ12mm 的镀锌圆钢制成，高 0.5~1m。小型避雷针及避雷带支架可在浇筑混凝土或砌筑女儿墙时埋设固定，如图 3-116 所示，也可用预制混凝土块固定。预制混凝土块的制作方法如图 3-117 所示。

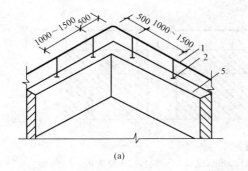
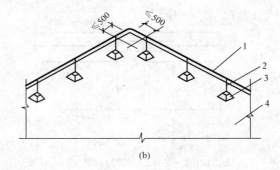

（a）　　　　　　　　　　　　　（b）

图 3 - 115　避雷带转角处的做法

（a）避雷带在女儿墙上；（b）避雷带在平屋顶上

1—避雷带；2—支架；3—混凝土块；4—平屋顶；5—女儿墙

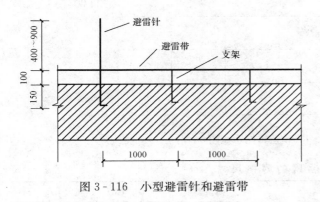
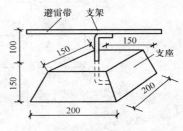

图 3 - 116　小型避雷针和避雷带　　　　　　图 3 - 117　预制混凝土块支座

避雷带沿坡形屋顶敷设时，应与屋面平行布置，如图 3 - 118 所示。

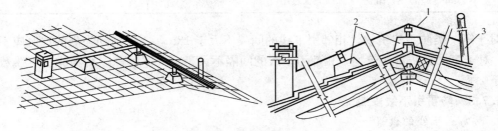

图 3 - 118　避雷带沿坡形屋面敷设

1—避雷带；2—混凝土块；3—突出屋面的金属物体

避雷带通过建筑物的伸缩缝或沉降缝时，应弯成半径为 100mm 的弧形，以防断裂，如图 3 - 119 所示。

同一建筑物中不同平面的避雷带应至少有两处互相连接并与引下线可靠连接。屋顶上所有凸出的金属管道、金属构筑物、冷却塔、风机等应与避雷带可靠连接。连接处应采用焊接，搭焊长度应为圆钢直径的 6 倍或扁钢宽度的两倍并且不少于 100mm。

4. 避雷网安装

当建筑物的屋面较大时，除按上述方法敷设避雷针、避雷带之外，还应在屋面敷设避雷网。避雷网相当于纵横交错的避雷带组成的整体，如图 3 - 120 所示。避雷网的网格尺寸见

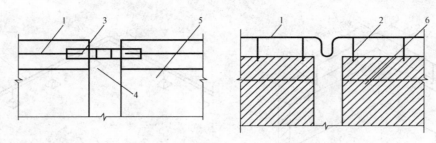

图 3-119　避雷带过伸缩缝做法

1—避雷带；2—支架；3—跨越扁钢（25mm×4mm，长 500mm）；4—伸缩缝；5—屋面；6—女儿墙

表 3-25。避雷网的安装方法与避雷带相同。

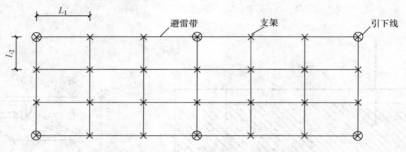

图 3-120　避雷网示意图

表 3-25　　　　　　　　　**避 雷 网 的 网 格 尺 寸**

建筑物防雷类别	L_1（m）	L_2（m）	建筑物防雷类别	L_1（m）	L_2（m）
一类	≤5~6	≤4~5	三类	≤20	≤20
二类	≤10	≤10			

对于第一类防雷建筑物，相邻引下线的间隔不大于 18m，雷电活动强烈的地区应不大于 12m。对于第二类防雷建筑物，相邻引下线的间隔不大于 24m。每栋建筑物的引下线数目不能少于 2 根。

3.7.3　防雷引下线安装

1. 防雷引下线的设置

引下线是连接接闪器和接地装置的金属导体，用来将接闪器接受的雷电流引到接地装置。由于雷电流的幅值可达几万安培，故要求引下线应有较好的导电能力和足够的机械强度。引下线的安装形式有明敷设和暗敷设两种，设置要求如下：

（1）引下线采用镀锌圆钢或扁钢制作，圆钢直径不小于 8mm；扁钢截面积不小于 48mm²，厚度为 4mm。

（2）装设在烟囱上的引下线，要求圆钢直径为 12mm；扁钢截面积为 100mm²，厚度为 4mm。暗敷时要求圆钢直径不小于 10mm；扁钢截面积不小于 80mm²。

（3）引下线应镀锌，焊接处应涂防腐漆，但利用混凝土中钢筋作引下线时除外。在腐蚀性较强的场所，还应适当加大截面积或采取其他防腐措施。

（4）引下线应沿建筑物外墙敷设，并经最短路径接地，建筑装饰要求较高的建筑物应暗敷,但截面积应加大一级。

(5) 引下线的根数不应少于 2 根. 并沿建筑物周围均匀或对称布置。多根引下线之间的距离要求为：一级防雷建筑物专设的引下线间距不应大于 12m；防雷电感应的引下线间距应在 18～24m。二级防雷建筑物引下线间距不应大于 18m。三级防雷建筑物引下线的间距不应大于 24m。

(6) 引下线的中间接头应进行搭接焊接。扁钢引下线搭接长度不应小于其宽度的 2 倍，最少在三个棱边处焊接。圆钢引下线的搭接长度不应小于圆钢直径的 6 倍，且应在两面焊接。

(7) 装有避雷针的金属筒体，当其厚度不小于 4mm 时，可做防雷引下线。筒体底部应有两处与接地体对称连接。

2. 明敷引下线的安装

明敷引下线用预埋的支持卡子固定，支持卡子应突出外墙装饰面 15mm 以上，露出长度应一致。支持卡子的间距为 1.5～2m，排列应均匀、整齐。

安装时，先把引下线调直，从建筑物的最高点由上而下，逐点与预埋在墙体内的支持卡子套环卡固，用螺栓或焊接固定，直至断接卡子为止，如图3 - 121 所示。

引下线通过屋面挑檐板或转弯时，应作弧形弯曲。图 3 - 122 所示为明敷引下线经过挑檐板时的做法，图 3 - 123 所示为明敷引下线经过女儿墙的做法。

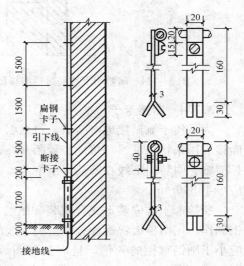

图 3 - 121　引下线明敷做法

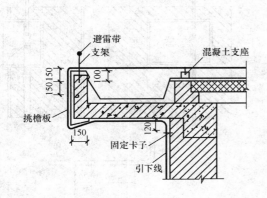

图 3 - 122　明敷引下线经过挑檐板做法

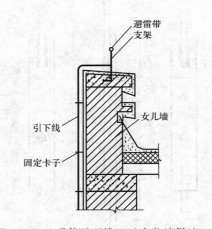

图 3 - 123　明敷引下线经过女儿墙做法

3. 暗敷引下线的安装

引下线暗敷设时，一般使用直径不小于 ϕ12mm 的镀锌圆钢或截面为 25mm×4mm 的镀锌扁钢沿墙暗敷设。如图 3 - 124 所示为引下线暗敷设时经过挑檐板的做法。图 3 - 125 所示为引下线暗敷设时经过女儿墙的做法。

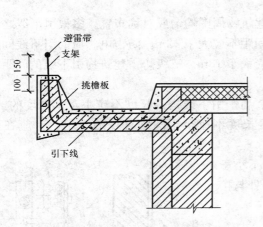

图 3-124　暗敷引下线经过挑檐板做法

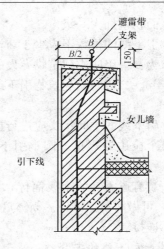

图 3-125　暗敷引下线经过女儿墙做法

3.7.4　断接卡子

为了便于测试接地电阻值，每根引下线应在距地面 1.5～1.8m 高的位置设置断接卡子。断接卡用来将引下线与接地装置断开，以便准确测量接地装置的接地电阻值。断接卡应有保护措施。明装引下线在断接卡子下部，应外套竹管、硬塑料管保护。保护管深入地下部分不应小于 300mm。

断接卡子的安装形式有明装和暗装两种，可利用截面积不小于 40mm×4mm 的镀锌扁钢制作，用两根镀锌螺栓拧紧。引下线的圆钢与断接卡的扁钢应采用搭接焊，搭接的长度不应小于圆钢直径的 6 倍，且应在两面焊接。明装断接卡如图 3-126 所示，暗装断接卡如图 3-127 所示。

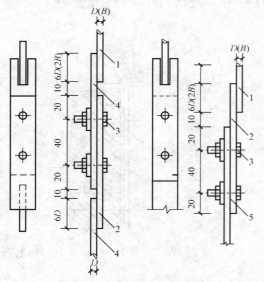

图 3-126　明装断接卡安装

1—圆钢引下线；2—连接板（25mm×4mm 扁钢）；

3—镀锌螺栓（M8×30mm）；4—圆钢接地线；

5—扁钢接地线

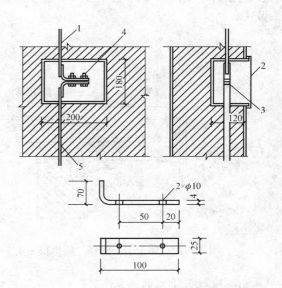

图 3-127　暗装断接卡安装

1—圆钢引下线；2—断接卡箱；

3—断接卡；4—镀锌螺栓（M10×30mm）；

5—接地线

3.7.5 柱内主筋引下线

利用建筑物柱内钢筋做引下线时，当钢筋直径在 φ16mm 以上时，应利用柱内至少两根钢筋作为一组引下线；当钢筋直径为 φ10～φ16mm 时，应利用 4 根钢筋作为一组引下线。高层建筑必须采用柱内主筋作为引下线。

作为引下线的主筋上部（屋顶上）应与接闪器焊接，焊接长度不应小于钢筋直径的 6 倍，并应在两面进行焊接，中间上下连接处应焊接并与每层结构钢筋进行绑扎或焊接，下部在室外地坪下 0.8～1m 处焊出一根 φ12mm 的镀锌圆钢或截面为 40mm×4mm 的镀锌扁钢作为外加人工接地极的连接点，伸向室外距外墙皮的距离不小于 1m。

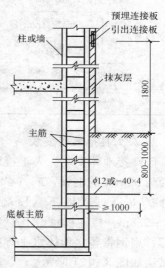

图 3-128 柱内主筋引下线做法

用建筑物柱内钢筋做引下线时，由于钢筋从上而下连接成电气通路，因此不能设置断接卡子，需在柱内作为引下线的钢筋上，另焊一根圆钢引至柱（或墙）外侧的墙体上，在距地面 1.8m 处，设置接地电阻测试箱。也可在距地面 1.8m 处的柱（或墙）的外侧，将用角钢或扁钢制作的预埋连接板与柱（或墙）的主筋进行焊接，再用引出连接板与预埋连接板相焊接，引至墙体的外表面。

柱内主筋引下线的做法如图 3-128 所示，接地电阻测试引出连接板做法如图 3-129 所示。

3.7.6 接地装置安装

1. 接地装置及接地电阻

接地装置是指接地线和接地体的总和。接地体是指埋入土壤中或混凝土基础中作散流用的导体，接地线是指从引下线断接卡子或换线处至接地体的连接导体。

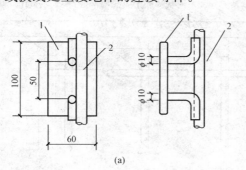
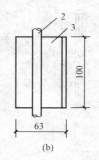

图 3-129 连接板做法

（a）扁钢连接板；（b）角钢连接板

1—扁钢（厚 6mm）；2—柱内主筋；3—角钢（厚 5mm）

当有电流流过接地装置时，电流通过接地体向大地作半球形散开，土壤对该电流的作用称为散流电阻。在距接地体越远的地方球面越大，散流电阻就越小。在距接地体 20m 以外的地方，散流电阻基本为零。

接地电阻是指接地线、接地体电阻及散流电阻的总和。工频接地电流流经接地装置所呈现的接地电阻，称为工频接地电阻；雷电流流经接地装置所呈现的接地电阻，称为冲击接地电阻。

接地装置分为人工接地装置和建筑物基础钢筋接地装置两种。建筑物的防雷接地、电气接地和等电位接地可共用接地装置。接地装置一般采用镀锌钢材制作，其最小截面积应符合表 3-26 的规定。低压电气设备外露的铜或铝接地线的最小截面积应符合规定。

表 3-26　　　　　　　　　　　　　钢接地体和接地线的最小规格

材　　料		地　　上		地　　下	
		室内	室外	交流回路	直流回路
圆钢直径（mm）		6	8	10	12
扁钢	截面积（mm²）	60	100	100	100
	厚度（mm）	3	4	4	6
角钢厚度（mm）		2	2.5	4	6
钢管壁厚（mm）		2.5	2.5	3.5	4.5

2. 人工接地装置安装

（1）接地体安装。人工接地装置的接地体一般采用 50mm×50mm×5mm 的角钢，或者直径为 50mm 的钢管，或者 φ20mm 的圆钢制成长度不小于 2.5m、一端为尖状的接地极，将接地极垂直打入地下（顶端焊接 100mm×100mm×6mm 的钢板，便于打击），埋深 0.6～0.8m。接地极每组至少 3 根，相距 5m，距离建筑物外墙 3m 以上。再用 40mm×4mm 的镀锌扁钢将各接地体水平焊接，形成整体。角钢接地体做法如图 3-130 所示、钢管接地体做法如图 3-131 所示。

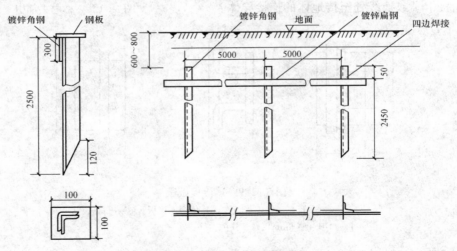

图 3-130　角钢接地体做法

（2）接地线安装。接地线一般采用镀锌扁钢或镀锌圆钢制作。接地线的截面除设计另有要求外，均采用 40mm×4mm 的镀锌扁钢或 φ16mm 的镀锌圆钢。接地线上端与断接卡子焊接，下端与接地体焊接，焊接处需作防腐处理。接地线有明敷设和暗敷设两种方式，明敷接地线与接地体连接方法如图 3-132 所示，暗敷接地线与接地体连接方法如图 3-133 所示。

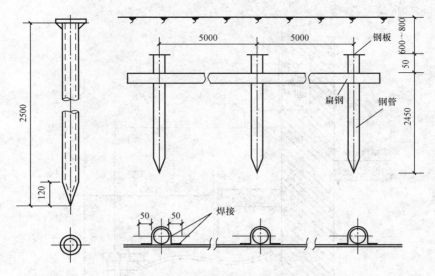

图 3-131　钢管接地体做法

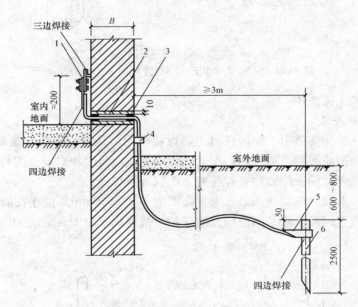

图 3-132　明敷接地线与接地体连接方法

1—断接卡子或接地端子板；2—塑料套管（ϕ50mm，$L=B$）；3—沥青麻丝或建筑密封膏封堵管口；
4—固定钩；5—接地线；6—接地体

3. 建筑物基础接地装置安装

利用建筑物基础内的钢筋作为接地装置时，应在土建基础施工时进行。将桩内钢筋、基础内的主筋、地梁主筋、作为防雷引下线的柱内主筋进行焊接，使其形成良好的电气通路。

作为防雷引下线的柱内主筋还应在相对于室外地面埋深 0.8~1m 的地方，用 ϕ12mm 的镀锌圆钢或 40mm×4mm 的镀锌扁钢焊接引出室外作为附加人工接地体的接地线，距离外墙皮的长度不小于 1mm，如基础施工完成后，必须通过测试点测量接地电阻，若达不到设

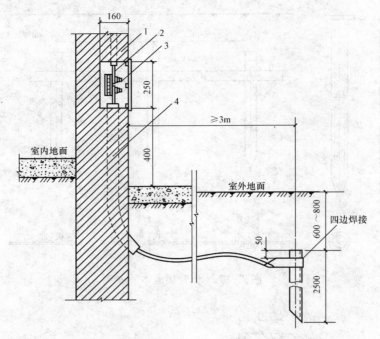

图 3-133　暗敷接地线与接地体连接方法

1—暗装引下线；2—断接卡子；3—短接卡箱；4—硬塑料保护管

计要求，可附加人工接地体。

4. 接地端子板安装

接地端子板从作为防雷引下线的柱内主筋焊接引出，是接地干线与接地装置的连接端。接地端子板可采用铜质或钢质的材料，配套的螺栓材质应与之相对应。同种金属材料之间采用普通焊接，铜和钢之间采用放热式焊接或 107 铜焊条焊接。

接地端子板一般设在电源进线处，安装高度为 300～600mm，预埋在墙（柱）中，与墙面或柱面平齐，施工时端子板平面应用胶膜保护。接地端子板安装方法如图 3-134 所示。

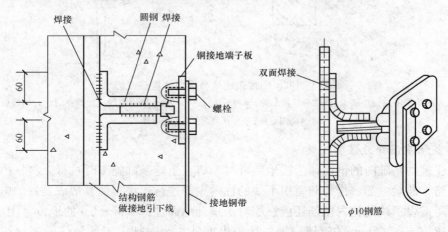

图 3-134　接地端子板安装

5. 接地干线安装

接地干线是建筑物内电气接地、等电位接地及其他接地的连接干线，通过接地干线，使建筑物内需要接地的物体与接地装置可靠连通。接地干线应在两个以上不同点与接地装置相连接。

接地干线可用铜带、钢带或圆钢制成，截面积由设计决定但不得小于 $50mm^2$。安装接地干线时，应先调直、打眼、煨弯加工，再沿墙吊起，用支持件固定。接地干线与墙面间隙为 10～15mm，过墙时应穿保护套管，连接时应焊接。室内接地干线安装如图 3-135 所示。

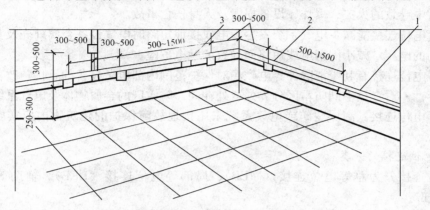

图 3-135　室内接地干线安装

接地干线经过建筑物的伸缩缝（沉降缝）时，应做成弧形，或用 $\phi12mm$ 的圆钢弯成弧形后与两端接地干线焊接，也可用裸铜软绞线（截面积不小于 $50mm^2$）连接。接地干线经过建筑物的伸缩缝（沉降缝）的做法如图 3-136 所示。

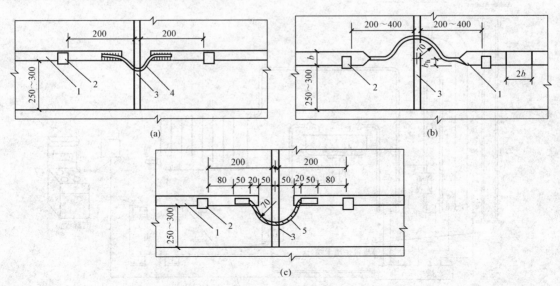

图 3-136　接地干线经过伸缩缝、沉降缝的做法

（a）圆钢跨接；（b）扁钢跨接；（c）裸铜软绞线跨接

1—接地干线；2—支持件；3—变形缝；4—圆钢；5—裸铜软绞线

3.7.7 等电位连接

1. 等电位连接的概念和作用

等电位连接是将建筑物内的金属构架、金属装置、电气设备不带电的金属外壳和电气系统的保护导体等与接地装置做可靠的电气连接。用作等电位连接的保护线称为等电位连接线。

等电位连接有以下作用：

（1）等电位连接能减少发生雷击时各金属物体、各电气系统保护导体之间的电位差，避免发生因雷电导致的火灾、爆炸、设备损毁及人身伤亡事故。

（2）等电位连接能减少电气系统发生漏电或接地短路时电气设备金属外壳及其他金属物体与地之间的电压，减小因漏电或短路而导致的触电危险。

（3）等电位连接有利于消除外界电磁场对保护范围内部电子设备的干扰，改善电子设备的电磁兼容性。对穿过不同防雷区分界处或处在同一防雷区的金属物体及电气系统，都应在分界处作等电位连接。高层建筑或电气系统采用接地故障保护的建筑物内应实施总等电位连接。

2. 等电位连接的分类

等电位连接分为总等电位连接（MEB）、局部等电位连接（LEB）、辅助等电位连接（SEB）三种。

（1）总等电位连接（MEB），指将 PE 干线、电气装置接地极的接地干线、建筑物内各种金属管道和金属构件全部连接起来，并与接地装置连接形成等电位。建筑物内总等电位连接如图 3 - 137 所示。

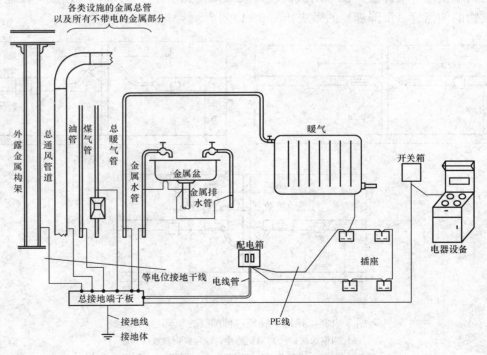

图 3 - 137 总等电位连接示意图

（2）局部等电位连接（LEB），指在一个局部范围内，将同时能够触及的所有外露可导电部分连接形成等电位。通过局部等电位连接端子板将 PE 干线、公用设施的金属管道、建筑物金属结构等部分互相连通。在如下情况下需要做局部等电位连接：电源网络阻抗过大，使自动切断电源时间过长，不能满足防电击要求；TN 系统内自同一配电箱供电给固定式和移动式两种电气设备而固定式设备保护电器切断电源时间不能满足移动式设备防电击要求；为满足浴室、游泳池、医院手术室、农牧业等场所对防电击的特殊要求；为满足防雷和信息系统抗干扰的要求。

（3）辅助等电位连接（SEB）。在建筑物做了总等电位连接之后，在伸臂范围内的某些外露可导电部分与装置外可导电部分之间，再用导线附加连接，以使其间的电位相等或更接近，称为辅助等电位连接。辅助等电位连接必须包括固定式设备的所有能同时触及的外露可导电部分和装置外可导电部分。

3. 等电位连接施工

总等电位连接一般设置在地下设备层的配电室内。在配电室内便于接线的位置装设等电位连接端子板，并通过接地干线在至少两处以上与接地体可靠连接。建筑物内需作等电位连接的设施用连接导体接至等电位连接端子板或就近与接地干线连接。

变压器的中性点、低压供配电系统的中性线（N 线）、电气设备接地保护线（PE 线）直接接在总等电位连接端子板上。其他非电气系统的金属装置如电梯轨道、吊车、金属地板、金属门框架、设施管道、电缆桥架等大尺寸的金属物体，应以最短路径接在最近的等电位接地干线上或其他已做了等电位连接的金属物体。各导电物体之间宜附加多次互相连接。高度超过 20m 的建筑物，在地面以上垂直每隔不大于 20m 处，连接端子板应与引下线连接。图 3-138 所示为建筑物设备层总等电位连接平面图。

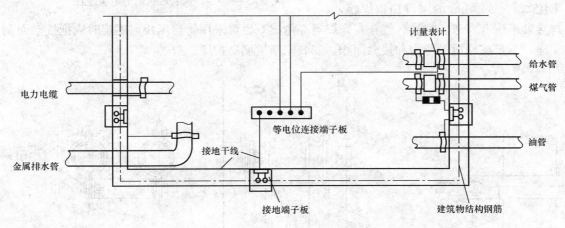

图 3-138　总等电位连接平面图

（1）电缆等电位连接。金属铠装电力电缆、电话电缆等的金属外皮，进户穿墙保护套管等应作等电位连接。先用圆抱箍与电缆的金属外护层紧固，再用 25mm×4mm 的镀锌扁钢接地干线焊接。保护套管应用防水油膏填实，防止漏水。电缆等电位连接安装做法如图 3-139 所示。

（2）计量表或阀门等电位连接。给水管、煤气管等通常带有计量表或者阀门，等电位连

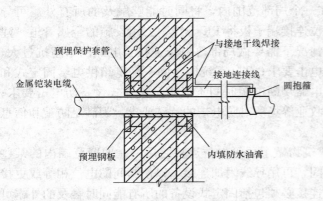

图 3 - 139 电缆等电位连接安装做法

接，不能焊接的用管卡连接。金属管道的等电位连接方法如图 3 - 141 所示。

（4）金属线管等电位连接。配电金属线管、金属线槽、电缆桥架等应作等电位连接。等电位连接处应悬挂警告性告示牌，警告牌由白色塑料制成，上面印有红色字样。金属线管等电位连接如图 3 - 142 所示，接地警告性告示牌如图 3 - 143 所示。

4. 等电位连接线

等电位连接时各导体间的连接可采用 25mm×4mm 的镀锌扁钢焊接，

接时应在计量表或阀门处作跨接，跨接线可用 25mm×4mm 的镀锌扁钢，也可用 6mm 的铜芯软绞线。计量表或阀门等电位连接如图 3 - 140 所示。

（3）金属管道等电位连接。建筑物内的金属管道、装有金属外壳排风机、空调器的金属门、窗框或靠近电源插座的金属门、窗框以及距外露可导电部分伸臂范围内的金属栏杆、吊顶龙骨等金属体需做等电位连接。金属管道的等电位连接线或跨接线可焊

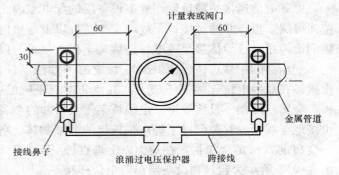

图 3 - 140 计量表或阀门等电位连接

焊接处不应有夹渣、咬边、气孔及来焊透等情况。也可采用管箍压接，压接时应把接触面刮干净，有足够的接触压力和接触面积。安装完毕后刷防护漆。

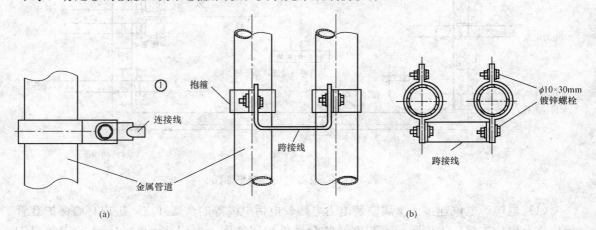

图 3 - 141 金属管道的等电位连接
(a) 单根钢管；(b) 多根并列钢管

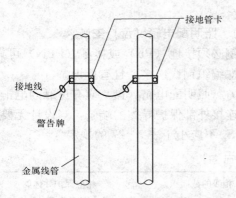

图 3-142　多根金属线管等电位连接

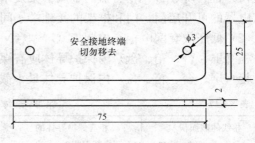

图 3-143　接地警告牌

等电位连接端子板采用螺栓连接，以便拆卸进行定期检测。等电位接地干线可选用铜带、扁钢、圆钢等，支线可选用有黄绿相间绝缘层的铜芯导线。

等电位连接线应有黄绿相间的色标，在等电位连接端子板上应刷黄色底漆并标以黑色记号。其符号为"↓"。

对于暗敷的等电位连接线及其连接处，电气施工人员应做隐检记录及检测报告，对于隐藏部分的等电位连接线及其连接处应在竣工图上注明其实际走向和部位。

5. 等电位连接导通性的测试

等电位连接安装完毕后应进行导通性测试，对等电位连接用的管夹、端子板、连接线、有关接头、截面和整个路径上的色标等进行检验，通过测定来证实等电位连接的有效性。测试用电源可采用空载电压为 4～24V 的直流或交流电源，测试电流不应小于 0.2A，当测得等电位连接端子板与等电位连接范围内的金属管道等金属体末端之间的电阻不超过 3Ω 时，可认为等电位连接是有效的。若发现导通不良的管道连接处，应作跨接线，在投入使用后应定期作导通性测试。

3.8　建筑电气相关规范

规范适用电压等级为 10kV 及以下。

3.8.1　变压器

（1）变压器安装应位置正确，附件齐全，油浸变压器油位正常，无渗油现象。

（2）接地装置引出的接地干线与变压器的低压侧中性点直接连接；接地干线与箱式变电所的 N 母线和 PE 母线直接连接；变压器箱体、干式变压器的支架或外壳应接地（PE）。所有连接应可靠，紧固件及防松零件齐全。

（3）变压器必须按本规范的规定交接试验合格。

（4）箱式变电所的交接试验必须符合下列规定：

1）有高压成套开关柜、低压成套开关柜和变压器三个独立单元合成的箱式变电所高压电气设备部分，按本规范的规范交接试验合格。

2）高压开关、熔断器等与变压器组合在同一个密闭油箱内的箱式变电所，交接试验按产品提供的技术文件要求执行。

3）低压成套配电柜交接试验符合本规范的规定。

3.8.2　成套配电柜、控制柜（屏、台）和动力、照明配电箱（盘）安装

（1）柜、屏、台、箱、盘的金属框架及基础型钢必须接地（PE）或接零（PEN）可靠；装有电器的可开启门，门和框架的接地端子间应用裸编织铜线连接，且有标识。

（2）低压成套配电柜、控制柜（屏、台）和动力、照明配电箱（盘）应有可靠的电击保护。柜（屏、台、箱、盘）内保护导体应有裸露的连接外部保护导体的端子，当设计无要求时，柜（屏、台、箱、盘）内保护导体最小截面积 S_p 不应小于表 3 - 27 的规定。

表 3 - 27　　　　　　　　　　　保护导体的截面积

相线的截面积 S（mm²）	相应保护导体的 最小截面积 S_p（mm²）	相线的截面积 S（mm²）	相应保护导体的 最小截面积 S_p（mm²）
$S \leqslant 16$	S	$400 < S \leqslant 800$	200
$16 < S \leqslant 35$	16	$S > 800$	$S/4$
$35 < S \leqslant 400$	$S/2$		

注　S 指柜（屏、台、箱、盘）电源进线相线截面积，且两者（S、S_p）材质相同。

（3）低压成套配电柜交接试验，必须符合本规范的规定。

（4）柜、屏、台、箱、盘间线路的线间和线对地间绝缘电阻值，馈电线路必须大于 0.5MΩ；二次回路必须大于 1MΩ。

（5）照明配电箱（盘）安装应符合下列规定：

1）箱（盘）内配线整齐，无铰接现象。导线连接紧密，不伤芯线，不断股。垫圈下螺丝两侧压的导线截面积相同，同一端子上导线连接不多于 2 根，防松垫圈等零件齐全；

2）箱（盘）内开关动作灵活可靠，带有漏电保护的回路，漏电保护装置动作电流不大于 30mA，动作时间不大于 0.1s。

3）照明箱（盘）内，分别设置零线（N）和保护地线（PE 线）汇流排，零线和保护地线经汇流排配出。

（6）基础型钢安装应符合表 3 - 28 的规定。

表 3 - 28　　　　　　　　　　　基础型钢安装允许偏差

项目	允许偏差	
	mm/m	mm/全长
不直度	1	5
水平度	1	5
不平行度	—	5

（7）柜、屏、台、箱、盘相互间或与基础型钢应用镀锌螺栓连接，且防松零件齐全。

（8）柜、屏、台、箱、盘安装垂直度允许偏差为 1.5‰，相互间接缝不应大于 2mm，成列盘面偏差不应大于 5mm。

（9）柜、屏、台、箱、盘内检查试验应符合下列规定：

1）控制开关及保护装置的规格、型号符合设计要求。

2）闭锁装置动作准确、可靠。

3）主开关的辅助开关切换动作与主开关动作一致。

4）柜、屏、台、箱、盘上的标识器件标明被控设备编号及名称，或操作位置，接线端子有编号，且清晰、工整、不易脱色。

5）回路中的电子元件不应参加交流工频耐压试验；48V 及以下回路可不做交流工频耐压试验。

（10）照明配电箱（盘）安装应符合下列规定：

1）位置正确，部件齐全，箱体开孔与导管管径适配，暗装配电箱箱盖紧贴墙面，箱（盘）涂层完整。

2）箱（盘）内接线整齐，回路编号齐全，标识正确。

3）箱（盘）不采用可燃材料制作。

4）箱（盘）安装牢固，垂直度允许偏差为 1.5‰；底边距地面为 1.5m，照明配电板底边距地面不小于 1.8m。

3.8.3　低压电动机、电加热器及电动执行机构检查接线

（1）电动机、电加热器及电动执行机构的可接近裸露导体必须接地（PE）或接零（PEN）。

（2）电动机、电加热器及电动执行机构绝缘电阻值应大于 0.5MΩ。

（3）100kW 以上的电动机，应测量各相直流电阻值，相互差不应大于最小值的 2%；无中性点引出的电动机，测量线间直流电阻值，相互差不应大于最小值的 1%。

（4）电气设备安装应牢固，螺栓及防松零件齐全，不松动。防水防潮电气设备的接线入口及接线盒盖等应做密封处理。

（5）除电动机随带技术文件说明不允许在施工现场抽芯检查外，有下列情况之一的电动机，应抽芯检查：

1）出厂时间已超过制造厂保证期限，无保证期限的已超过出厂时间一年以上。

2）外观检查、电气试验、手动盘转和试运转，有异常情况。

（6）电动机抽芯检查应符合下列规定：

1）线圈绝缘层完好、无伤痕，端部绑线不松动，槽楔固定、无断裂，引线焊接饱满，内部清洁，通风孔道无堵塞。

2）轴承无锈斑，注油（脂）的型号、规格和数量正确，转子平衡块紧固，平衡螺丝锁紧，风扇叶片无裂纹。

3）连接用紧固件的防松零件齐全完整。

4）其他指标符合产品技术文件的特有要求。

（7）在设备接线盒内裸露的不同相导线间和导线对地间最小距离应大于 8mm，否则应采取绝缘防护措施。

3.8.4　裸母线、封闭母线、插接式母线安装

（1）绝缘子的底座、套管的法兰、保护网（罩）及母线支架等可接近裸露导体应接地（PE）或接零（PEN）可靠，不应作为接地（PE）或接零（PEN）的接续导体。

（2）母线与母线或母线与电器接线端子，当采用螺栓搭接连接时，应符合下列规定：

1）母线的各类搭接连接的钻孔直径和搭接长度符合本规范的规定，用力矩扳手拧紧钢制连接螺栓的力矩值符合规定。

2）母线接触面保持清洁，涂电力复合脂，螺栓孔周边无毛刺。

3）连接螺栓两侧有平垫圈，相邻垫圈间有大于 3mm 的间隙，螺母侧装有弹簧垫圈或锁紧螺母。

4）螺栓受力均匀，不使电器的接线端子受额外应力。

（3）封闭、插接式母线安装应符合下列规定：

1）母线与外壳同心，允许偏差为±5mm。

2）当段与段连接时，两相邻段母线及外壳对准，连接后不使母线及外壳受额外应力。

3）母线的连接方法符合产品技术文件要求。

（4）室内裸母线的最小安全净距应符合本规范的规定。

（5）高压母线交流工频耐压试验必须按本规范的规定交接试验合格。

（6）低压母线交接试验应符合本规范的规定。

（7）母线的支架与预埋见采用铁件采用焊接固定时，焊缝应饱满；采用膨胀螺栓固定时，选用的螺栓应适配，连接应牢固。

（8）母线与母线、母线与电器接线端子搭接，搭接面的处理应符合下列规定：

1）铜与铜：室外、高温且潮湿的室内，搭接面搪锡；干燥的室内不搪锡。

2）铝与铝：搭接面不做涂层处理。

3）钢与钢：搭接面搪锡或镀锌。

4）铜与铝：在干燥的室内，铜导体搭接面搪锡；在潮湿场所，铜导体搭接面搪锡，且采用铜铝过渡板与铝导体连接。

5）钢与铜或铝：钢搭接面搪锡。

（9）母线的相序排列及涂色，当设计无要求时应符合下列规定：

1）上、下布置的交流母线，由上至下排列为 A、B、C 相；直流母线正极在上，负极在下。

2）水平布置的交流母线，由盘后向盘前排列为 A、B、C 相；直流母线正极在后，负极在前。

3）面对引下线的交流母线，由左至右排列为 A、B、C 相；直流母线正极在左，负极在右。

4）母线的涂色：交流，A 相为黄色、B 相为绿色、C 相为红色；直流，正极为赭色、负极为蓝色；在连接处或支持件边缘两侧 10mm 以内不涂色。

（10）母线在绝缘子上安装应符合下列规定：

1）金具与绝缘子间的固定平整牢固，不使母线受额外应力。

2）交流母线的固定金具或其他支持金具不形成闭合铁磁回路。

3）除固定点外，当母线平置时，母线支持夹板的上部压板与母线间有 1～1.5mm 的间隙；当母线立置时，上部压板与母线间有 1.5～2mm 的间隙。

4）母线的固定点，每段设置 1 个，设置于全长或两母线伸缩节的中点。

5）母线采用螺栓搭接时，连接处距绝缘子的支持夹板边缘不小于 50mm。

（11）封闭、插接式母线组装和固定位置应正确，外壳与底座间、外壳各连接部位和母线的连接螺栓应按产品技术文件要求选择正确，连接紧固。

3.8.5　电缆桥架安装和桥架内电缆敷设

（1）金属电缆桥架及其支架和引入或引出的金属电缆导管必须接地（PE）或接零（PEN）可靠，且必须符合下列规定：

1）金属电缆桥架及其支架全长应不少于 2 处与接地（PE）或接零（PEN）干线相连接。

2）非镀锌电缆桥架间连接板的两端跨接铜芯接地线，接地线最小允许截面积不小于 $4mm^2$。

3）镀锌电缆桥架间连接板的两端不跨接接地线，但连接板两端不少于 2 个有防松螺帽或防松垫圈的连接固定螺栓。

（2）电缆敷设严禁有绞拧、铠装压扁、护层断裂和表面严重划伤等缺陷。

（3）电缆桥架安装应符合下列规定：

1）直线段钢制电缆桥架长度超过 30m、铝合金或玻璃钢制电缆桥架长度超过 15m 设有伸缩节；电缆桥架跨越建筑物变形缝处设置补偿装置。

2）电缆桥架转弯处的弯曲半径，不小于桥架内电缆最小允许弯曲半径，电缆最小允许弯曲半径见表 3-29。

表 3-29　　　　　　　　　　　　电缆最小允许弯曲半径

序号	电缆种类	最小允许弯曲半径
1	无铅包钢铠护套的橡皮绝缘电力电缆	10D
2	有钢铠护套的橡皮绝缘电力电缆	20D
3	聚氯乙烯绝缘电力电缆	10D
4	交联聚氯乙烯绝缘电力电缆	15D
5	多芯控制电缆	10D

注　D 为电缆外径。

3）当设计无要求时，电缆桥架水平安装的支架间距为 1.5～3m；垂直安装的支架间距不大于 2m。

4）桥架与支架间螺栓、桥架连接板螺栓固定紧固无遗漏，螺母位于桥架外侧；当铝合金桥架与钢支架固定时，有相互间绝缘的防电化腐蚀措施。

5）电缆桥架敷设在易燃易爆气体管道和热力管道的下方，当设计无要求时，与管道的最小净距符合表 3-30 的规定。

表 3-30　　　　　　　　　　　与管道的最小净距　　　　　　　　　　　　　　m

管道类别		平行净距	交叉净距
一般工艺管道		0.4	0.3
易燃易爆气体管道		0.5	0.5
热力管道	有保温层	0.5	0.3
	无保温层	1.0	0.5

6）敷设在竖井内和穿越不同防火区的桥架，按设计要求位置，有防火隔堵措施。

7）支架与预埋件焊接固定时，焊缝饱满；膨胀螺栓固定时，选用螺栓适配，连接紧固，防松零件齐全。

（4）桥架内电缆敷设应符合下列规定：

1）大于45°倾斜敷设的电缆每隔2m处设固定点。

2）电缆出入电缆沟、竖井、建筑物、柜（盘）、台处以及管子管口处等做密封处理。

3）电缆敷设排列整齐，水平敷设的电缆，首尾两端、转弯两侧及每隔5～10m处设固定点；敷设于垂直桥架内的电缆固定点间距，不大于表3-31的规定。

表3-31   **电 缆 固 定 点 的 间 距**   mm

电 缆 种 类		固定点的间距
电力电缆	全塑型	1000
	除全塑型外的电缆	1500
控制电缆		1000

（5）电缆的首端、末端和分支处应设标志牌。

3.8.6 电缆沟内和电缆竖井内电缆敷设

（1）金属电缆支架、电缆导管必须接地（PE）或接零（PEN）可靠。

（2）电缆敷设严禁有绞拧、铠装压扁、护层断裂和表面严重划伤等缺陷。

（3）电缆支架安装应符合下列规定：

1）当设计无要求时，电缆支架最上层至竖井顶部或楼板的距离不小于150～200mm；电缆支架最下层至沟底或地面的距离不小于50～100mm。

2）当设计无要求时，电缆支架层间最小允许距离符合表3-32的规定。

表3-32   **电缆支架层间最小允许距离**   mm

电缆种类	支架层间最小距离	电缆种类	支架层间最小距离
控制电缆	120	10kV及以下电力电缆	150～200

3）支架与预埋件焊接固定时，焊缝饱满；用膨胀螺栓固定时，选用螺栓适配，连接紧固，防松零件齐全。

（4）电缆在支架上敷设，转弯处的最小允许弯曲半径应符合本规范的规定。

（5）电缆敷设固定应符合下列规定：

1）垂直敷设或大于45°倾斜敷设的电缆在每个支架上固定。

2）交流单芯电缆或分相后的每相电缆固定用的夹具和支架，不形成闭合铁磁回路。

3）电缆排列整齐，少交叉；当设计无要求时，电缆支持点间距，不大于表3-33的规定。

表3-33   **电 缆 支 持 点 间 距**   mm

电 缆 种 类		敷 设 方 式	
		水平	垂直
电力电缆	全塑型	400	1000
	除全塑型外的电缆	800	1500
控制电缆		800	1000

4）当设计无要求时，电缆与管道的最小净距应符合规定，且敷设在易燃易爆气体管道和热力管道的下方。

5）敷设电缆的电缆沟和竖井，按设计要求位置，有防火隔堵措施。

6）电缆的首端、末端和分支处应设标志牌。

3.8.7 电线导管、电缆导管和线槽敷设

（1）金属的导管和线槽必须接地（PE）或接零（PEN）可靠，并符合下列规定：

1）镀锌的钢导管、可挠性导管和金属线槽不得熔焊跨接接地线，以专用接地卡跨接的两卡间连线为铜芯软导线，截面积不小于 $4mm^2$。

2）当非镀锌钢导管采用螺纹连接时，连接处的两端焊跨接接地线；当镀锌钢导管采用螺纹连接时，连接处的两端用专用接地卡固定跨接接地线。

3）金属线槽不作设备的接地导体，当设计无要求时，金属线槽全长不少于 2 处与接地（PE）或接零（PEN）干线连接。

4）非镀锌金属线槽间连接板的两端跨接铜芯接地线，镀锌线槽间连接板的两端不跨接接地线，但连接板两端不少于 2 个有防松螺帽或防松垫圈的连接固定螺栓。

（2）金属导管严禁对口熔焊连接；镀锌和壁厚小于等于 2mm 的钢导管不得套管熔焊连接。

（3）防爆导管不应采用倒扣连接；当连接有困难时，应采用防爆活接头，其接合面应严密。

（4）当绝缘导管在砌体上剔槽埋设时，应采用强度等级不小于 $M10$ 的水泥砂浆抹面保护，保护层厚度大于 15mm。

（5）室外埋地敷设的电缆导管，埋深不应小于 0.7m。壁厚小于等于 2mm 的钢电线导管不应埋设于室外土壤内。

（6）室外导管的管口应设置在盒、箱内。在落地式配电箱内的管口，箱底无封板的，管口应高出基础面 50～80mm。所有管口在穿入电线、电缆后应做密封处理。由箱式变电所或落地式配电箱引向建筑物的导管，建筑物一侧的导管管口应设在建筑物内。

（7）电缆导管的弯曲半径不应小于电缆最小允许弯曲半径，电缆最小允许弯曲半径应符合规定。

（8）金属导管内外壁应防腐处理；埋设于混凝土内的导管内壁应防腐处理，外壁可不防腐处理。

（9）室内进入落地式柜、台、箱、盘内的导管管口，应高出柜、台、箱、盘的基础面 50～80mm。

（10）暗配的导管，埋设深度与建筑物、构筑物表面的距离不应小于 15mm；明配的导管应排列整齐，固定点间距均匀，安装牢固；在终端、弯头中点或柜、台、箱、盘等边缘的距离 150～500mm 范围内设有管卡，中间直线段管卡间的最大距离应符合表 3-34 的规定。

表 3-34   **管 卡 间 最 大 距 离**

敷设方式	导管种类	导管直径(mm)				
		15～20	25～32	32～40	50～65	65 以上
		管卡间最大距离(m)				
支架或沿墙明敷	壁厚＞2mm 刚性钢导管	1.5	2.0	2.5	2.5	3.5
	壁厚≤2mm 刚性钢导管	1.0	1.5	2.0	—	—
	刚性绝缘导管	1.0	1.5	1.5	2.0	2.0

（11）线槽应安装牢固，无扭曲变形，紧固件的螺母应在线槽外侧。

（12）防爆导管敷设应符合下列规定：

1）导管间及与灯具、开关、线盒等的螺纹连接处紧密牢固，除设计有特殊要求外，连接处不跨接接地线，在螺纹上涂以电力复合酯或导电性防锈酯。

2）安装牢固顺直，镀锌层锈蚀或剥落处做防腐处理。

（13）绝缘导管敷设应符合下列规定：

1）管口平整光滑；管与管、管与盒（箱）等器件采用插入法连接时，连接处结合面涂专用胶合剂，接口牢固密封。

2）直埋于地下或楼板内的刚性绝缘导管，在穿出地面或楼板易受机械损伤的一段，采取保护措施。

3）当设计无要求时，埋设在墙内或混凝土内的绝缘导管，采用中型以上的导管。

4）沿建筑物、构筑物表面和在支架上敷设的刚性绝缘导管，按设计要求装设温度补偿装置。

（14）金属、非金属柔性导管敷设应符合下列规定：

1）刚性导管经柔性导管与电气设备、器具连接，柔性导管的长度在动力工程中不大于0.8m，在照明工程中不大于1.2m。

2）可挠金属管或其他柔性导管与刚性导管或电气设备、器具间的连接采用专用接头；复合型可挠金属管或其他柔性导管的连接处密封良好，防液覆盖层完整无损。

3）可挠性金属导管和金属柔性导管不能做接地（PE）或接零（PEN）的接续导体。

（15）导管和线槽，在建筑物变形缝处，应设补偿装置。

3.8.8 电线、电缆穿管和线槽敷线

（1）三相或单相的交流单芯电缆，不得单独穿于钢导管内。

（2）不同回路、不同电压等级和交流与直流的电线，不应穿于同一导管内；同一交流回路的电线应穿于同一金属导管内，且管内电线不得有接头。

（3）爆炸危险环境照明线路的电线和电缆额定电压不得低于750V，且电线必须穿于钢导管内。

（4）电线、电缆穿管前，应清除管内杂物和积水。管口应有保护措施，不进入接线盒（箱）的垂直管口穿入电线、电缆后，管口应密封。

（5）当采用多相供电时，同一建筑物、构筑物的电线绝缘层颜色选择应一致，即保护地线（PE线）应是黄绿相间色，零线用淡蓝色；相线用：A相——黄色、B相——绿色、C相——红色。

（6）线槽敷线应符合下列规定：

1）电线在线槽内有一定余量，不得有接头。电线按回路编号分段绑扎，绑扎点间距不应大于2m。

2）同一回路的相线和零线，敷设于同一金属线槽内。

3）同一电源的不同回路无抗干扰要求的线路可敷设于同一线槽内；敷设于同一线槽内有抗干扰要求的线路用隔板隔离，或采用屏蔽电线且屏蔽护套一端接地。

3.8.9 槽板配线

（1）槽板内电线无接头，电线连接设在器具处；槽板与各种器具连接时，电线应留有余

量，器具底座应压住槽板端部。

（2）槽板敷设应紧贴建筑物表面，且横平竖直、固定可靠，严禁用木楔固定；木槽板应经阻燃处理，塑料槽板表面应有阻燃标识。

（3）木槽板无劈裂，塑料槽板无扭曲变形。槽板底板固定点间距应小于 500mm；槽板盖板固定点间距应小于 300mm；底板距终端 50mm 和盖板距终端 30mm 处应固定。

（4）槽板的底板接口与盖板接口应错开 20mm，盖板在直线段和 90°转角处应成 45°斜口对接，T 形分支处应成三角叉接，盖板应无翘角，接口应严密整齐。

（5）槽板穿过梁、墙和楼板处应有保护套管，跨越建筑物变形缝处槽板应设补偿装置，且与槽板结合严密。

3.8.10 电缆头制作、接线和线路绝缘测试

（1）高压电力电缆直流耐压试验必须按本规范的规定交接试验合格。

（2）低压电线和电缆，线间和线对地间的绝缘电阻值必须大于 0.5MΩ。

（3）铠装地理电缆头的接地线应采用铜绞线或镀锌铜编制线，截面积不应小于表 3-35 的规定。

表 3-35 电缆芯线和接地线截面积 mm²

电缆芯线截面积	接地线截面积	电缆芯线截面积	接地线截面积
120 及以下	16	150 及以下	25

注 电缆芯线截面积在 16mm² 及以下，接地线截面积与电缆芯线截面积相等。

（4）电线、电缆接线必须准确，并联运行电线或电缆的型号、规格、长度、相位应一致。

（5）芯线与电器设备的连接应符合下列规定：

1）截面积在 10mm² 及以下的单股铜芯线和单股铝芯线直接与设备、器具的端子连接。

2）截面积在 2.5mm² 及以下的多股铜芯线拧紧搪锡或接续端子后与设备、器具的端子连接。

3）截面积大于 2.5mm² 的多股铜芯线，除设备自带插接式端子外，接续端子后与设备或器具的端子连接；多股铜芯线与插接式端子连接前，端部拧紧搪锡。

4）多股铝芯线接续端子后与设备、器具的端子连接。

5）每个设备和器具的端子接线不多于 2 根电线。

（6）电线、电缆的芯线连接金具（连接管和端子），规格应与芯线的规格适配，且不得采用开口端子。

（7）电线、电缆的回路标记应清晰，编号准确。

3.8.11 普通灯具安装

（1）灯具的固定应符合下列规定：

1）灯具质量大于 3kg 时，固定在螺栓或预埋吊钩上。

2）软线吊灯，灯具质量在 0.5kg 及以下时，采用软电线自身吊装；大于 0.5kg 的灯具采用吊链，且软电线编叉在吊链内，使电线不受力。

3）灯具固定牢固可靠，不使用木楔。每个灯具固定用螺钉或螺栓不少于 2 个；当绝缘台直径在 75mm 及以下时，采用 1 个螺钉或螺栓固定。

（2）花灯吊钩圆钢直径不应小于灯具挂销直径，且不应小于 6mm。大型花灯的固定及悬吊装置，应按灯具质量的 2 倍做过载试验。

（3）当钢管做灯杆时，钢管内径不应小于 10mm，钢管厚度不应小于 1.5mm。

（4）固定灯具带电部件的绝缘材料以及提供防触电保护的绝缘材料，应耐燃烧和防明火。

（5）当设计无要求时，灯具的安装高度和使用电压等级应符合下列规定：

1）一般敞开式灯具，灯头对地面距离不小于下列数值（采用安全电压时除外）：

①室外：2.5m（室外墙上安装）。

②厂房：2.5m。

③室内：2m。

④软吊线带升降器的灯具在吊线展开后：0.8m。

2）危险性较大及特殊危险场所，当灯具距地面高度小于 2.4m 时，使用额定电压为 36V 及以下的照明灯具，或有专用保护措施。

（6）当灯具距地面高度小于 2.4m 时，灯具的可接近裸露导体必须接地（PE）或接零（PEN）可靠，并应有专用接地螺栓，且有标识。

（7）引向每个灯具的导线线芯最小截面积应符合表 3-36 的规定。

表 3-36   导线线芯最小截面积 mm^2

灯具安装的场所及用途		线芯最小截面积		
		铜芯软线	铜线	铝线
灯头线	民用建筑室内	0.5	0.5	2.5
	工业建筑室内	0.5	1.0	2.5
	室外	1.0	1.0	2.5

（8）灯具的外形、灯头及其接线应符合下列规定：

1）灯具及其配件齐全，无机械损伤、变形、涂层剥落和灯罩破裂等缺陷。

2）软线吊灯的软线两端做保护扣，两端芯线搪锡；当装升降器时，套塑料软管，采用安全灯头。

3）除敞开式灯具外，其他各类灯具灯泡容量在 100W 及以上者采用瓷质灯头。

4）连接灯具的软线盘扣、搪锡压线，当采用螺口灯头时，相线接于螺口灯头中间的端子上。

5）灯头的绝缘外壳不破损和漏电；带有开关的灯头，开关手柄无裸露的金属部分。

（9）变电所内，高低压配电设备及裸母线的正上方不应安装灯具。

（10）装有白炽灯泡的吸顶灯具，灯泡不应紧贴灯罩；当灯泡与绝缘台间距离小于 5mm 时，灯泡与绝缘台间应采取隔热措施。

（11）安装在重要场所的大型灯具的玻璃罩，应采取防止玻璃罩碎裂后向下溅落的措施。

（12）投光灯的底座及支架应固定牢固，枢轴应沿需要的光轴方向拧紧固定。

（13）安装在室外的壁灯应有泄水孔，绝缘台与墙面之间应有防水措施。

3.8.12 专用灯具安装

（1）36V 及以下行灯变压器和行灯安装必须符合下列规定：

1) 行灯电压不大于 36V，在特殊潮湿场所或导电良好的地面上以及工作地点狭窄、行动不便的场所行灯电压不大于 12V。

2) 变压器外壳、铁芯和低压侧的任意一端或中性点，接地（PE）或接零（PEN）可靠。

3) 行灯变压器为双圈变压器，其电源侧和负荷侧有熔断器保护，熔丝额定电流分别不应大于变压器一次、二次的额定电流。

4) 行灯灯体及手柄绝缘良好，坚固耐热耐潮湿；灯头与灯体结合紧固，灯头无开关，灯泡外部有金属保护网、反光罩及悬吊挂钩，挂钩固定在灯具的绝缘手柄上。

（2）游泳池和类似场所灯具（水下灯及防水灯具）的等电位联结应可靠，且有明显标识，其电源的专用漏电保护装置应全部检测合格。自电源引入灯具的导管必须采用绝缘导管，严禁采用金属或有金属护层的导管。

（3）应急照明灯具安装应符合下列规定：

1) 应急照明灯的电源除正常电源外，另有一路电源供电；或者是独立于正常电源的柴油发电机组供电；或由蓄电池柜供电或选用自带电源型应急灯具；

2) 应急照明在正常电源断电后，电源转换时间为：疏散照明小于或等于 15s；备用照明小于或等于 15s（金融商店交易所小于或等于 1.5s）；安全照明小于或等于 0.5s；

3) 疏散照明由安全出口标志灯和疏散标志灯组成。安全出口标志灯距地高度不低于 2m，且安装在疏散出口和楼梯口里侧的上方。

4) 疏散标志灯安装在安全出口的顶部，楼梯间、疏散走道及其转角处应安装在 1m 以下的墙面上。不易安装的部位可安装在上部。疏散通道上的标志灯间距不大于 20m（人防工程不大于 10m）。

5) 疏散标志灯的设置，不影响正常通行，且不在其周围设置容易混同疏散标志灯的其他标志牌等。

6) 应急照明灯具、运行中温度大于 60℃ 的灯具，当靠近可燃物时，采取隔热、散热等防火措施。当采用白炽灯、卤钨灯等光源时，不直接安装在可燃装修材料或可燃物件上。

7) 应急照明线路在每个防火分区有独立的应急照明回路，穿越不同防火分区的线路有防火隔堵措施。

8) 疏散照明线路采用耐火电线、电缆，穿管明敷或在非燃烧体内穿刚性导管暗敷，暗敷保护层厚度不小于 30mm。电线采用额定电压不低于 750V 的铜芯绝缘电线。

（4）应急照明灯具安装应符合下列规定：

1) 疏散照明采用荧光灯或白炽灯；安全照明采用卤钨灯，或采用瞬时可靠点燃的荧光灯。

2) 安全出口标志灯和疏散标志灯装有玻璃或非燃材料的保护罩，面板亮度均匀度为 1：10（最低：最高），保护罩应完整、无裂纹。

（5）防爆灯具安装应符合下列规定：

1) 灯具及开关的外壳完整，无损伤、无凹陷或沟槽，灯罩无裂纹，金属护网无扭曲变形，防爆标志清晰。

2) 灯具及开关的紧固螺栓无松动、锈蚀，密封垫圈完好。

3.8.13　开关、插座、风扇安装

（1）当交流、直流或不同电压等级的插座安装在同一场所时，应有明显的区别，且必须选择不同结构、不同规格和不能互换的插座；配套的插头应按交流、直流或不同电压等级区别使用。

（2）插座接线应符合下列规定：

1）单相两孔插座，面对插座的右孔或上孔与相线连接，左孔或下孔与零线连接；单相三孔插座，面对插座的右孔与相线连接，左孔与零线连接。

2）单相三孔、三相四孔及三相五孔插座的接地（PE）或接零（PEN）线接在上孔。插座的接地端子不与零线端子连接。同一场所的三相插座，接线的相序一致。

3）接地（PE）或接零（PEN）线在插座间不串联连接。

（3）特殊情况下插座安装应符合下列规定：

1）当接插有触电危险家用电器的电源时，采用能断开电源的带开关插座，开关断开相线。

2）潮湿场所采用密封型并带保护地线触头的保护型插座，安装高度不低于1.5m。

（4）照明开关安装应符合下列规定：

1）同一建筑物、构筑物的开关采用同一系列的产品，开关的通断位置一致，操作灵活、接触可靠。

2）相线经开关控制。民用住宅无软线引至床边的床头开关。

（5）吊扇安装应符合下列规定：

1）吊扇挂钩安装牢固，吊扇挂钩的直径不小于吊扇挂销直径，且不小于8mm；有防振橡胶垫；挂销的防松零件齐全、可靠。

2）吊扇扇叶距地高度不小于2.5m。

3）吊扇组装不改变扇叶角度，扇叶固定螺栓防松零件齐全。

4）吊杆间、吊杆与电动机间螺纹连接，啮合长度不小于20mm，且防松零件齐全紧固。

5）吊扇接线正确，当运转时扇叶无明显颤动和异常声响。

（6）壁扇安装应符合下列规定：

1）壁扇底座采用尼龙塞或膨胀螺栓固定；尼龙塞或膨胀螺栓的数量不少于2个，且直径不小于8mm。固定牢固可靠。

2）壁扇防护罩扣紧，固定可靠，当运转时扇叶和防护罩无明显颤动和异常声响。

（7）插座安装应符合下列规定：

1）当不采用安全型插座时，托儿所、幼儿园及小学等儿童活动场所安装高度不小于1.8m。

2）暗装的插座面板紧贴墙面，四周无缝隙，安装牢固，表面光滑整洁、无碎裂、划伤，装饰帽齐全。

3）车间及试（实）验室的插座安装高度距地面不小于0.3m；特殊场所暗装的插座不小于0.15m；同一室内插座安装高度一致。

4）地插座面板与地面齐平或紧贴地面，盖板固定牢固，密封良好。

（8）照明开关安装应符合下列规定：

1）开关安装位置便于操作，开关边缘距门框边缘的距离0.15～0.2m，开关距地面高度

1.3m；拉线开关距地面高度 2～3m，层高小于 3m 时，拉线开关距顶板不小于 100mm，拉线出口垂直向下。

2）相同型号并列安装及同一室内开关安装高度一致，且控制有序不错位。并列安装的拉线开关的相邻间距不小于 20mm。

3）暗装的开关面板应紧贴墙面，四周无缝隙，安装牢固，表面光滑整洁、无碎裂、划伤，装饰帽齐全。

（9）吊扇安装应符合下列规定：

1）涂层完整，表面无划痕、无污染，吊杆上下扣碗安装牢固到位。

2）同一室内并列安装的吊扇开关高度一致，且控制有序不错位。

（10）壁扇安装应符合下列规定：

1）壁扇下侧边缘距地面高度不小于 1.8m。

2）涂层完整，表面无划痕、无污染，防护罩无变形。

3.8.14　建筑物照明通电试运行

（1）照明系统通电，灯具回路控制应与照明配电箱及回路的标识一致；开关与灯具控制顺序相对应，风扇的转向及调速开关应正常。

（2）公用建筑照明系统通电连续试运行时间应为 24h，民用住宅照明系统通电连续试运行时间应为 8h。所有照明灯具均应开启，且每 2h 记录运行状态 1 次，连续试运行时间内无故障。

3.8.15　接地装置安装

（1）人工接地装置或利用建筑物基础钢筋的接地装置必须在地面以上按设计要求位置设测试点。

（2）测试接地装置的接地电阻值必须符合设计要求。

（3）防雷接地的人工接地装置的接地干线埋设，经人行通道处埋地深度不应小于 1m，且应采取均压措施或在其上方铺设卵石或沥青地面。

（4）接地模块顶面埋深不应小于 0.6m，接地模块间距不应小于模块长度的 3～5 倍。接地模块埋设基坑，一般为模块外形尺寸的 1.2～1.4 倍，且在开挖深度内详细记录地层情况。

（5）接地模块应垂直或水平就位，不应倾斜设置，保持与原土层接触良好。

（6）当设计无要求时，接地装置顶面埋设深度不应小于 0.6m。圆钢、角钢及钢管接地极应垂直埋入地下，间距不应小于 5m。接地装置的焊接应采用搭接焊，搭接长度应符合下列规定：

1）扁钢与扁钢搭接为扁钢宽度的 2 倍，不少于三面施焊。

2）圆钢与圆钢搭接为圆钢直径的 6 倍，双面施焊。

3）圆钢与扁钢搭接为圆钢直径的 6 倍，双面施焊。

4）扁钢与钢管，扁钢与角钢焊接，紧贴角钢外侧两面，或紧贴 3/4 钢管表面，上下两侧施焊。

5）除埋设在混凝土中的焊接接头外，有防腐措施。

（7）当设计无要求时，接地装置的材料采用为钢材，热浸镀锌处理，最小允许规格、尺寸应符合表 3 - 37 的规定。

表 3 - 37　　　　　　　　　　　　　　　**钢材最小允许规格、尺寸**

种类、规格及单位		敷设位置及使用类别			
		地　　上		地　　下	
		室内	室外	交流电流回路	直流电流回路
圆钢直径（mm）		6	8	10	12
扁钢	截面积（mm²）	60	100	100	100
	厚度（mm）	3	4	4	6
角钢厚度（mm）		2	2.5	4	6
钢管管壁厚度（mm）		2.5	2.5	3.5	4.5

（8）接地模块应集中引线，用干线把接地模块并联焊接成一个环路，干线的材质与接地模块焊接点的材质应相同，钢制的采用热浸镀锌扁钢，引出线不少于 2 处。

3.8.16　避雷引下线和变配电室接地干线敷设

（1）暗敷在建筑物抹灰层内的引下线应有卡钉分段固定；明敷的引下线应平直、无急弯，与支架焊接处，油漆防腐，且无遗漏。

（2）变压器室、高低压开关室内的接地干线应有不少于 2 处与接地装置引出干线连接。

（3）当利用金属构件、金属管道做接地线时，应在构件或管道与接地干线间焊接金属跨接线。

（4）钢制接地线的焊接连接应符合本规范的规定，材料采用及最小允许规格、尺寸应符合本规范的规定。

（5）明敷接地引下线及室内接地干线的支持间距应均匀，水平直线部分 0.5～1.5m；垂直直线部分 1.5～3m；弯曲部分 0.3～0.5m。

（6）接地线在穿越墙壁、楼板和地坪处应加套钢管或其他坚固的保护套管，钢套管应与接地线做电气连通。

（7）变配电室内名敷接地干线应符合下列规定：

1）便于检查，敷设位置不妨碍设备的拆卸与检修。

2）当沿建筑物墙壁水平敷设时距地面高度 250～300mm；与建筑物墙壁间的间隙10～15mm。

3）当接地线跨越建筑物变形缝时，设补偿装置。

4）接地线表面沿长度方向，每段为 15～100mm，分别涂以黄色和绿色相间的条纹。

5）变压器室、高压配电室的接地干线上应设置不少于 2 个临时接地用的界限住或接地螺栓。

（8）配电间隔和静止补偿装置的栅栏门及变配电室金属门铰链处的接地连接，应采用编织铜线。变配电室的避雷器应用最短的接地线与接地干线连接。

（9）设计要求接地的幕墙金属框架和建筑物的金属门窗，应就近与接地干线连接可靠，连接处不同金属间应有防电化腐蚀措施。

3.8.17　接闪器安装

（1）建筑物顶部的避雷针、避雷带等必须与顶部外露的其他金属物体连成一个整体的电气通路，且与避雷引下线连接可靠。

（2）避雷针、避雷带应位置正确，焊接固定的焊缝饱满无遗漏，螺栓固定的应备帽等防松零件齐全，焊接部分补刷的防腐油漆完整。

（3）避雷带应平正顺直，固定点支持件间距均匀、固定可靠，每个支持件应能承受大于 49N（5kg）的垂直拉力。当设计无要求时，支持件间距应符合规定。

3.8.18　建筑物等电位联结

（1）建筑物等电位联结干线应从与接地装置有不少于 2 处直接连接的接地干线或总等电位箱引出，等电位联结干线或局部等电位箱间的连接线形成环形网路，环形网路应就近与等电位联结干线或局部等电位箱连接。支线间不应串联连接。

（2）等电位联结的线路最小允许截面积应符合表 3-38 的规定。

（3）等电位联结的可接近裸露导体或其他金属部件、构件与支线连接应可靠，熔焊、钎焊或机械紧固应导通正常。

（4）需等电位联结的高级装修金属部件或零件，应有专用接线螺栓与等电位联结支线连接，且有标识；连接处螺帽紧固、防松零件齐全。

表 3-38　　　　线路最小允许截面积　　　　mm²

材　　料	截　面　积	
	干线	支线
铜	16	6
钢	50	16

3.9　定额内容概述

（1）《安装工程预算定额》第四册《电气设备安装工程》适用于新建、扩建项目中 10kV 以下变配电设备及线路安装工程、车间动力电气设备及电气照明器具、防雷及接地装置安装、配管配线、电梯电气装置、电气调整试验等的安装工程。

（2）《安装工程预算定额》第四册共十五章。主要内容有：变压器、配电装置、母线、绝缘子、控制设备及低压电器、蓄电池、电机、滑触线装置、电缆、防雷及接地装置、10kV 以下架空配电线路、电气调整试验、配管配线、照明器具、电梯电气装置及太阳能电源。

（3）工作内容除各章节已说明的工序外，还包括：施工准备，设备器材工器具的场内搬运、开箱检查、安装、调整试验、收尾、清理，配合质量检验，工种间交叉配合、临时移动水、电源的停歇时间。

《安装工程预算定额》第四册不包括以下内容：

①10kV 以上及专业专用项目的电气设备安装。

②电气设备（如电动机等）配合机械设备进行单体试运转和联合试运转工作。

（4）各项降效增加费用按有关规定计取：

1）脚手架搭拆费（10kV 以下架空线路除外）列入措施项目进行计算。

2）超高增加费（已考虑了超高因素的定额项目除外）：指操作物高度离楼地面 5m 以上、20m 以下的电气安装工程，按超高部分的人工费进行计算，列入措施项目。

3）高层建筑（指高度在 6 层或 20m 以上的工业与民用建筑）增加费列入措施项目进行计算。

4）安装与生产同时进行增加的费用。列入措施项目进行计算。

5）在有害身体健康环境中施工增加的费用，列入措施项目进行计算。

3.10　定额编制说明

（1）组合型成套箱式变电站主要是指 10kV 以下的箱式变电站，一般布置形式为变压器在箱的中间，箱的一端为高压开关位置，另一端为低压开关位置。集装箱式低压成套配电装置其外形像一个大型集装箱，内装 6～24 台低压配电箱（屏），箱的两端开门，中间为通道，称为集装箱式低压配电室，列入《安装工程预算定额》第四册第二章。

（2）软母线、带形母线、槽型母线的安装定额内不包括母线、金具、绝缘子等主材，具体可按设计数量加损耗计算。

（3）带形钢母线安装执行铜母线安装定额。

（4）各种铁构件制作，均不包括镀锌、镀锡、镀铬、喷塑等其他金属防护费用。发生时应另行计算。

（5）轻型铁构件系指结构厚度在 3mm 以内的构件。

（6）铁构件制作、安装定额适用于《安装工程预算定额》第四册范围内的各种支架、构件的制作、安装。

（7）小型电机凡功率在 0.75kW 以下的电机均执行微型电机定额，但一般民用小型交流电风扇安装另执行《安装工程预算定额》第四册第十三章的风扇安装定额。

（8）各类电机的检查接线定额均不包括控制装置的安装和接线。

（9）电机安装执行《安装工程预算定额》第一册的电机安装定额，但不发生电机安装工序的电机，不得套用电机安装定额，其电机的检查接线和干燥，按《安装工程预算定额》第四册规定执行相应定额。

（10）滑触线及支架安装是按 10m 以下标高考虑的，如超过 10m 时按措施项目定额规定进行计算。

（11）电缆敷设定额未考虑因波形敷设增加长度、弛度增加长度、电缆绕梁（柱）增加长度以及电缆与设备连接、电缆接头等必要的预留长度，该增加长度应按实际发生与否计入工程量之内。

（12）电缆敷设系综合定额，已将裸包电缆、铠装电缆、屏蔽电缆等因素考虑在内，因此凡 10kV 以下的电力电缆和控制电缆均不分结构形式和型号，一律按相应的电缆截面和芯数执行定额。

电力电缆头和电力电缆敷设定额均按三芯及三芯以上铜芯电缆综合考虑，其他小于 $35mm^2$ 的电力电缆头和电缆敷设均分别按 $35mm^2$ 电力电缆头和 $35mm^2$ 电力电缆敷设定额乘系数调整，见表 3-39。

表 3-39　　　　　　　　电力电缆头和电力电缆敷设系数调整表

规　格　名　称		$35mm^2$ 及以上			$25mm^2$ 及以下		$10mm^2$ 及以下	
		三芯及以上	双芯	单芯	三芯及以上	双芯、单芯	三芯及以上	双芯、单芯
电缆头 制安	铜芯	1.0	0.4	0.3	0.4	0.2	0.3	0.15
	铝芯以铜芯为基数	0.8	0.32	0.24	0.32	0.16	0.24	0.12

规　格　名　称		35mm² 及以上			25mm² 及以下		10mm² 及以下	
		三芯及以上	双芯	单芯	三芯及以上	双芯、单芯	三芯及以上	双芯、单芯
电缆敷设	铜芯	1.0	0.5	0.3	0.4	0.2	0.25	0.2
	铝芯	1.0	0.5	0.3	0.4	0.2	0.25	0.2

400mm² 以上单芯电缆头制作安装，按同材质 240mm² 电力电缆头制作安装定额执行。

400～800mm² 的单芯电力电缆敷设按 400mm² 电力电缆定额执行；800mm²～1000mm² 的单芯电力电缆敷设按 400mm² 电力电缆定额乘以系数 1.25。

（13）电缆沟挖填方定额亦适用于电气管道沟等的挖填方。

（14）桥架安装。

1）桥架安装包括运输、组对、吊装、固定；弯头或三通、四通修改、制作组对，切割口防腐、桥架开孔、上管件、隔板安装、盖板安装、接地、附件安装等工作内容。

2）桥架支撑架定额适用于立柱、托臂及其他各种支撑架的安装。《安装工程预算定额》第四册已综合考虑了采用螺栓、焊接和膨胀螺栓三种固定方式，实际施工中，不论采用何种固定方式，定额均不作调整。

3）玻璃钢梯式桥架和铝合金梯式桥架定额均按不带盖考虑，如这两种桥架带盖，则分别执行玻璃钢槽式桥架定额和铝合金槽式桥架定额。

4）钢制桥架主结构设计厚度大于 3mm 时，定额人工、机械乘以系数 1.2。

5）不锈钢桥架按《安装工程预算定额》第四册钢制桥架定额乘以系数 1.1。

（15）户外接地母线敷设定额系按自然地坪和一般土质综合考虑的，包括地沟的挖填土和夯实工作，执行本定额时不应再计算土方量。如遇有石方、矿渣、积水、障碍物等情况时可另行计算。

（16）防雷均压环安装定额是按利用建筑物圈梁内主筋作为防雷接地连接线考虑的。如果采用单独扁钢或圆钢作均压环时，可执行"户内接地母线敷设"定额；等电位箱内连接参照"接地跨接线"子目，每个箱子为 1 处，以"10 处"为计量单位，定额乘以系数 0.5。

（17）利用铜绞线作接地引下线时，配管、穿铜绞线应执行《安装工程预算定额》第四册第十二章中同规格的相应项目，但不得再重复套用避雷引下线敷设子目。

（18）线路一次施工工程量按 5 基以上电杆考虑，如 5 根以内者，电杆组立定额人工、机械乘以系数 1.3。

（19）如果出现钢管杆的组立，按同高度混凝土杆组立的人工、机械乘以系数 1.4，材料不调整。

（20）杆上变压器安装不包括变压器调试、抽芯、干燥工作。

（21）送配电设备调试中的 1kV 以下定额适用于所有低压供电回路，如从低压配电装置至分配电箱的供电回路；但从配电箱直接至电动机的供电回路已包括在电动机的系统调试定额内。送配电设备系统调试包括系统内的电缆试验、瓷瓶耐压等全套调试工作。供电桥回路中的断路器、母线分段断路器皆作为独立的供电系统计算。定额皆按一个系统一侧配一台断路器考虑的。若两侧皆有断路器时，则按两个系统计算。如果分配电箱内只有刀开关、熔断器等不含调试元件的供电回路，则不再作为调试系统计算。

（22）定额不包括设备的烘干处理和设备本身缺陷造成的元件更换修理和修改，亦未考虑因设备元件质量低劣对调试工作造成的影响。定额系按新的合格设备考虑的，如遇以上情况时，应另行计算。经修配改或拆迁的旧设备调试，定额乘以系数 1.1。

（23）套接扣压式、套接紧定式金属线路导管安装，参照电线管敷设相应定额，其弯头等连接管件不得另计主材费。室外钢管焊接埋地敷设、镀锌钢管丝接埋地敷设，参照市政定额相应子目。

（24）塑料电线管配管分热风焊和粘接两种型式，UPVC 电线管配管参照"粘接"方式套用刚性阻燃管定额。

（25）金属软管敷设定额仅适用于电机与配管之间连接用，由接线盒接到灯具或消防探头等的金属软管可套"可挠金属套管敷设"相应定额子目。

（26）路灯、投光灯、碘钨灯、氙气灯、烟囱、水塔指示灯、太阳能路灯及庭院灯，均已考虑了一般工程的高空作业因素，其他灯具安装高度如超过 5m，则应计算超高增加费。

（27）两部或两部以上并行或群控电梯，按相应的定额分别乘以系数 1.2。

3.11　工程量计算规则及定额解释

3.11.1　工程量计算规则

（1）变压器通过试验，判定绝缘受潮时才需进行干燥，所以只有需要干燥的变压器才能计取此项费用，以"台"为计量单位。

（2）低压（指 380V 以下）封闭式插接母线槽安装不分三线、四线、五线，分别按导体的额定电流大小以"10m"为计量单位，长度按设计母线的轴线长度计算，主材按实计算，即弯头、三通、变容节等与直线段分别计价，设计长度扣除弯头、三通、变容节等长度后才是直线段计价长度。弯头、三通、变容节等安装费不得另计。分线箱以"台"为计量单位，分别以电流大小按设计数量计算。

（3）焊（压）接线端子定额只适用于导线，电缆终端头安装定额中已包括压接线端子，不得重复计算。

（4）端子板外部接线按设备盘、箱、柜、台间相互联系的外部接线图计算，以"个"为计量单位。电源接线与接地端子接线不属此列。

（5）盘、柜配线定额只适用于盘上小设备元件的少量现场配线，不适用于工厂的设备修、配、改工程。

（6）免维护蓄电池安装以"组件"为计量单位，其具体计算如下例：某项工程设计一组蓄电池为 220V/500（A·h），由 12V 的组件 18 个组成，那么就应该套用 12V/500（A·h）的定额 18 组件。

（7）电机系指在动力线路中的发电机和电动机，多出现在各用电设备上或发电设备上，其设备安装或电机本体安装，执行《安装工程预算定额》第一册，但不发生电机安装工序的电机，不得套用电机安装定额，电机的检查与接线执行《安装工程预算定额》第四册，计算了电机检查接线后还应计算电机调试。电机检查接线定额，除发电机和调相机外，均不包括电机干燥，发生时其工程量应按电机干燥定额另行计算。电机干燥定额系按一次干燥所需的工、料、机消耗量考虑的，在特别潮湿的地方，电机需要进行多次干燥，应按实际干燥次数计算。在气候干燥、电机绝缘性能良好、符合技术标准而不需要干燥时，则不得计算干燥费用。

（8）电气安装规范要求每台电机接线均需要配金属软管，设计有规定的按设计规格和数量计算，设计没有规定的，平均每台电机配相应规格的金属软管 1.25m 和与之配套的金属软管专用活接头。实际未装或无法安装金属软管，不得计算工程量。

（9）除安全节能型滑触线按"100m/三相"为计量单位外，其他滑触线安装均以"100m/单相"为计量单位。其附加和预留长度应按定额规定计算。

（10）电缆敷设长度应根据敷设路径的水平和垂直敷设长度外加相应的附加长度（附加长度详见定额工程量计算规则），但实际未预留者不能计算工程量。

（11）电缆终端头及中间头均以"个"为计量单位。电力电缆头按实际制作个数计算，未按电缆头标准制作时，只能按焊（压）接线端子计算工程量。当电缆头制安使用成套供应的"电缆头套件"时，定额内除其他材料费保留外，其余计价材料应全部扣除，"电缆头套件"按主材费计价。

（12）桥架安装包括直通桥架和弯头等，按中心线延长米计算工程量，不扣除弯头、三通、四通等所占的长度。当直通桥架与弯头、三通、四通分别计算主材价格时，直通桥架工程量应扣除上述弯头、三通、四通所占的长度后再计主材费。

（13）组合式桥架以每片长度 2m 作为一个基型片，已综合了宽为 100，150，200mm 三种规格，工程量计算以"片"为计量单位。

（14）接地母线敷设，按设计"m"为计量单位计算工程量。接地母线、避雷线敷设，均按延长米计算，其长度按施工图设计水平和垂直规定长度另加 3.9％的附加长度（包括转弯、上下波动、避绕障碍物、搭接头所占长度）计算。计算主材费时应另增加规定的损耗率。

（15）接地跨接线以"处"为计量单位，按规程规定凡需作接地跨接线的工程内容，每跨接一次按一处计算，电机接地、配电箱、管子接地、桥架接地等均不在此列。户外独立的配电装置构架均需接地，每副构架按"处"计算。计算构架接地后，不得再重复计算接地母线和接地极工程量。

（16）高层建筑物屋顶的防雷接地装置应执行"避雷网安装"定额，电缆支架的接地安装应执行"户内接地母线敷设"定额。

（17）均压环敷设以"m"为单位计算，主要考虑利用圈梁内主筋作均压环接地连线，焊接按两根主筋考虑，超过两根时，可按比例调整。长度按设计需要作均压接地的圈梁中心线长度，以延长米计算。

（18）钢、铝窗接地以"处"为计量单位（高层建筑 6 层以上的金属窗设计一般要求接地）。按设计规定接地的金属窗数进行计算。

（19）柱子主筋与圈梁连接以"处"为计量单位，每处按两根主筋与两根圈梁钢筋分别焊接连接考虑。如果焊接主筋和圈梁钢筋超过两根时，可按比例调整，需要连接的柱子主筋和圈梁钢筋"处"数按设计规定计算。

（20）导线跨越架设，包括跨越线架的搭、拆和运输以及因跨越（障碍）施工难度增加而增加的工作量，以"处"为计量单位。每个跨越间距按 50m 以内考虑，大于 50m 而小于 100m 时按 2 处计算，以此类推。在计算架设工程量时，不扣除跨越档的长度。

（21）杆上变配电设备安装以"台"或"组"为计量单位，定额内包括杆和钢支架及设备的安装工作，但钢支架主材、连引线、线夹、金具等应按设计规定另行计算，其设备的接地安装和调试应按第四册相应定额另行计算。

（22）电气调试系统的划分以电气原理系统图为依据；工程量以提供的调试报告为依据。电气设备元件和本体试验均包括在相应定额的系统调试之内，不得重复计算。绝缘子和电缆等单体试验，只在单独试验时使用。

（23）送配电设备系统调试，适用于各种供电回路（包括照明供电回路）的系统调试。凡供电回路中带有仪表、继电器、电磁开关等调试元件的（不包括闸刀开关、保险器），均按调试系统计算。移动式电器和以插座连接的家电设备已经厂家调试合格、不需要用户自调的设备均不应计算调试费用。以三相自动空气开关组成的供电系统，调试定额乘以系数0.2。

（24）特殊保护装置，均已构成一个保护回路为一套，需要调试，并实际已做，则以调试报告为依据才能计算工程量。

（25）接地网的调试规定如下：

1）接地网接地电阻的测定。一般的发电机或变电站连为一体的母网，按一个系统计算；自成母网不与厂区母网相连的独立接地网，另按一个系统计算。大型建筑群各有自己的接地网（接地电阻值设计有要求），虽然在最后也将各接地网联在一起，但应按各自的接地网计算，不能作为一个网，具体应按接地网的接地情况，按接地断接卡数量套用独立接地装置定额。

2）避雷针接地电阻的测定。每一避雷针均有单独接地网（包括独立的避雷针、烟囱避雷针等）时，均按一组计算。

3）独立的接地装置按组计算。如一台柱上变压器有一个独立的接地装置，即按一组计算。

（26）普通电动机的调试，分别按电机的控制方式、功率、电压等级，以"台"为计量单位。

（27）一般的住宅、学校、医院、办公楼、旅馆、商店、文体设施等民用电气工程的供电调试应按下列规定：

1）配电室内带有调试元件的盘、箱、柜和带有调试元件的三相照明主配电箱，应按供电方式执行相应的"配电设备系统调试"定额。

2）每个用户房间的配电箱（板）上虽装有电磁开关等调试元件，但生产厂家已按固定的常规参数调整好，不需要安装单位进行调试就可直接投入使用，不得计取调试费用。简而言之，户内配电箱不得计取调试费。

3）民用电度表的调整检验属于供电部门的专业管理，一般皆由用户向供电局订购调试完毕的电度表，不得另外计算费用。

（28）高标准的高层建筑、高星级宾馆、大会堂、体育馆等具有较高控制技术的电气工程（包括照明工程中有程控调光控制的装饰灯具），必须经过调试才能使用的，应按控制方式执行相应的电气调试定额。

（29）路灯安装工程，应区别不同臂长，不同灯数，以"套"为计量单位计算。工厂厂区内、住宅小区内路灯安装执行《安装工程预算定额》第四册，城市道路的路灯安装执行

《市政工程预算定额》。

3.11.2　定额综合解释

（1）电气安装工程定额只包括 10kV 以下的内容，10kV 以上的电气安装工程套用什么定额？

答：可参照专业部定额，但建设方与施工方应通过协商并结合各省的实际情况，作适当的调整。

（2）电气安装工程中"照明供电回路系统调试"的系统数量如何统计，有否统一的规定？

答：有。

一般情况下（系用三相自动空气开关控制）"照明供电回路系统调试"只有由建筑物内变电所低压配电屏输出的照明供电回路才能计算"照明供电回路系统调试"的回路数，当建筑物无变电所时，则以该建筑物主配电室照明配电屏输出的照明供电回路数计算"照明供电回路系统调试"，因为用三相自动空气开关控制，定额应乘 0.2 系数。其后各级照明供电回路不再重复计算。

住宅小区的每幢楼宇用电，由小区变电所供电，可按小区变电所低压配电屏输出的照明供电回路计算"照明供电回路系统调试"的回路数。

【例 3 - 1】　某综合楼变电所由 6 台低压配电屏输出的照明供电回路共 42 路，均用三相自动空气开关控制，则该综合楼"照明供电回路系统调试"共有 42 个系统，用三相自动空气开关控制，定额应乘系数 0.2。

【例 3 - 2】　某教学楼主配电室两台低压配电屏输出的照明供电回路共 16 路，均用三相自动空气开关控制，则该教学楼"照明供电回路系统调试"共有 16 个系统，用三相自动空气开关控制，定额应乘系数 0.2。

【例 3 - 3】　某住宅小区变电所八台低压配电屏输出的照明供电回路共 48 路，均用三相自动空气开关控制，则该住宅小区"照明供电回路系统调试"共有 48 个系统，用三相自动空气开关控制，定额应乘系数 0.2。

当三相照明主配电箱带有调试元件，如交流接触器、磁力起动器、各种继电器和与之配套的二次回路、表计等，则应套用"1kV 以下交流供电系统调试"定额。

（3）由变电所动力柜自动空气开关输出的电源，经过就地动力配电箱控制一台电动机，是否应套一个交流供电系统调试和一台电动机调试？

答：凡用自动空气开关输出的动力电源，包括在电动机调试之中，不能再另计交流供电系统调试费用，电动机调试应按不同的电机类型和不同的控制方式选用相应定额子目。

【例 3 - 4】　建筑物内变电所动力柜用自动空气开关输出的电源，经过楼层动力总柜的自动空气开关再送到就地动力配电箱。控制一台电动机，以上都应属于电机调试的内容。

但当动力柜内交流供电系统带有调试元件，如交流接触器、磁力起动器、各种继电器和与之配套的二次回路、表计等，则应另计交流供电系统调试费用。

（4）单独承包室外电缆安装工程，能否计取脚手架搭拆费？

答：单独承包室外埋地电缆或单独承包电缆沟内敷设电缆工程，不能计取脚手架搭拆费。

（5）塑料电缆保护管埋地敷设套何定额？

答：公称直径 DN80 以下参照半硬质阻燃管埋地敷设 4-1193～4-1200 子目；公称直径 DN100～200 塑料电缆保护管埋地敷设，参照玻璃钢电缆保护管敷设 4-555～4-557 子目。

（6）由接线盒接到灯具或消防探头等的金属软管可套 4-1201～4-1218 的金属软管敷设定额子目吗？

答：不能。

4-1201～4-1218 的金属软管敷设定额子目仅用于电机配管的软连接处，由接线盒接到灯具或消防探头等的金属软管可套"可挠金属套管敷设"相应定额子目。特别注意，若照明器具等安装定额内已含有金属软管者，不能再重复计算该金属软管工程量。

（7）利用建筑物内主筋作接地引下线工程量如何计算？

答：该子目计量单位 10m，计算利用主体结构钢筋作避雷引下线工程量时，应按垂直引下长度之和为准，每一根柱子内已按焊接两根主筋考虑，如果焊接主筋数超过两根时，可按比例调整。

【例 3 - 5】 某大楼高 85m，此楼有 6 处利用主体钢筋作避雷引下线，每处要求利用两根主筋，工程量计算为

$$引下线工程量＝85×6＝510（m）$$

两根主筋间的跨接已包括在其中不再另计，如图 3 - 144 所示。

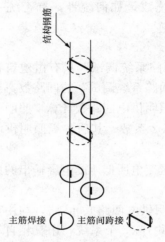

图 3 - 144 两根主筋间的跨接示意图

3.12 工程量清单编制

《通用安装工程工程量计算规范》（GB 50856—2013）（以下简称《通用规范》）附录 D（电气设备安装工程）共设置了 15 个分部工程，内容包括变压器、配电装置、母线及绝缘子、控制设备及低压电器、蓄电池、电机检查接线与调试、滑触线、电缆、防雷接地装置、10kV 以下架空及配电线路、电气调整试验、配管及配线、照明器具（包括路灯）等安装工程。适用于工业与民用建设工程中 10kV 以下变配电设备及线路安装工程量清单的编制。以下作简要介绍。

3.12.1 变压器安装 （030401）

（1）内容包括油浸电力变压器、干式变压器、自耦式变压器、有载调压变压器、电炉变压器、整流变压器、消弧线圈等的安装。

（2）适用于各种变压器的工程量清单项目设置与计量。

（3）清单项目的设置与计量。区分变压器的种类，即名称、型号，再按其容量来设置项目。变压器安装工程计量单位为"台"，按设计图示数量计算。

（4）相关说明。变压器安装工程内容中的干燥和油过滤两项，需到货检查后方可确定是否发生。这一情况下，可按发生也可按不发生描述，但在招标文件中应明确如何做增减处理。

3.12.2　配电装置安装（030402）

（1）内容包括各种断路器、真空接触器、隔离开关、负荷开关、互感器、电抗器、电容器、滤液装置、高压成套配电柜、组合型成套箱式变电站及环钢柜等安装。

（2）适用于各配电装置的工程量清单项目设置与计量。

（3）清单项目的设置与计量。依据施工图所示的工程内容（指各项工程实体），按照《通用规范》附录 D 中 D.2 的项目特征，即名称、型号、容量等设置。大部分项目以"台"为计量单位，少部分以"组""个"为计量单位。计算规则均是按设计图示数量计算。

（4）相关说明。

1）包括了各种配电设备安装工程的清单项目，其项目特征大部分是一样的，即设备名称、型号、规格（容量），在项目特征中，有一特征为"质量"，该"质量"，不是表示设备质量的优或合格，而指设备的重量，如电抗器、电容器安装时，均以重量划类区别，所以其项目特征栏中就有"质量"二字。

2）油断路的 SF_6 断路器等清单项目描述时，一定要说明绝缘油、SF_6 气体是否设备带有，以便计价时确定是否计算此部分费用。

3）设备安装如有地脚螺栓者，清单中应注明是由土建承包商预埋还是由安装承包商浇筑，以便确定是否计算二次灌浆费用（包括抹面）。

4）绝缘油过滤的描述和过滤油量的计算参照绝缘油过滤的相关内容。

5）本节高压设备的安装没有综合绝缘台安装。如果设计有此要求，其内容一定要表述清楚，避免漏项。

3.12.3　母线安装（030403）

（1）内容包括软母线、带型母线、槽形母线、共箱母线、低压封闭插接母线、重型母线安装。

（2）适用于以上各种母线安装工程量清单项目设置与计量。

（3）清单项目的设置与计量。依据施工图所示的工程内容，按《通用规范》附录 D 中 D.3 的项目特征：名称、型号、规格等设置。除重型母线外的各项计量单位均为"m"，重型母线的计量单位为"t"。计算规则均为按设计图示尺寸以单相长度计算（含预留长度），而重型母线按设计图示尺寸以重量计算。

（4）其他相关说明。

1）预留长度按设计要求或施工及验收规范的规定长度考虑。

2）清单的工程量为图示尺寸（含预留长度）。其损耗量由报价人根据自身情况而定。在做招标控制价时，可参考定额的消耗量，无论是报价还是做招标控制价，在参考定额时，要注意主要材料及辅材的消耗量在定额中的有关规定。如定额中没有列入主辅材的消耗量，其损耗应根据所采用的材料，按《安装工程预算定额》附录"主要材料损耗率表"确定其损耗量。

3.12.4　控制设备及低压电器安装（030404）

（1）内容包括各种控制屏、继电信号屏、模拟屏、配电屏、整流柜、电气屏（柜）、成套配电箱、控制箱等；低压电器包括各种控制开关、控制器、接触器、启动器小电器等。还有现在大量使用的集装箱式配电室。

（2）适用于上述控制设备及低压电器的安装工程量清单项目设置与计量。

（3）清单项目的设置与计量。清单项目的特征均为名称、型号、规格（容量），而且特征中的名称即实体的名称，所以设备就是项目的名称，只需表述其型号和规格就可以确定其具体编码。本节除集装箱式配电室的计量单位按"t"外，大部分以"台"计量，个别以"套""个"计量。计算规则均按设计图示数量计算。

（4）其他相关说明。

1）清单项目描述时。对各种铁构件如需镀锌、镀锡、喷塑等，需予以描述，以便计价。

2）凡导线进出屏、柜、箱、低压电器的，该清单项目描述时均应描述是否要焊、（压）接线端子。而电缆进出屏、柜、箱、低压电器的，可不描述焊（压）接线端子，因为已综合在电缆敷设的清单项目中。

3）凡需做盘（屏、柜）配线的清单项目必须予以描述。

4）控制开关包括自动空气开关、刀型开关、铁壳开关、胶盖刀闸开关、组合控制开关、万能转换开关、继电保护开关等。

5）小电器包括按钮、电笛、电铃、水位电气信号装置、测量表计、继电器、电磁锁、屏上辅助设备、辅助电压互感器、小型安全变压器等。

3.12.5　蓄电池安装（030405）

（1）内容包括蓄电池安装。

（2）适用于碱性蓄电池、固定密闭式铅酸蓄电池和免维护铅酸蓄电池等各种蓄电池安装工程量清单项目设置与计量。

（3）清单项目的设置与计量。依据施工图所示的工程内容（指各项工程实体），对应《通用规范》附录 D 中 D.5 的项目特征：名称、型号、容量等设置。计量单位为"个"或"组"。免维护铅酸蓄电池的表现形式为"组件"，因此也可称多少个组件。计算规则按设计图示数量计算。

（4）其他相关说明。

1）如果设计要求蓄电池抽头连接用电缆及电缆保护管时，应在清单项目中予以描述，以便计价。

2）蓄电池电解液如需承包方提供，亦应描述。

3）蓄电池充放电费用综合在安装单价中，按"组"充放电，但需摊到每一个蓄电池的安装综合单价中报价。

3.12.6　电机检查接线及调试（030406）

（1）内容包括发电机、调相机、普通小型直流电动机、可控硅调速直流电动机、普通交流同步电动机、低压交流异步电动机、高压交流异步电动机、交流变频调速电动机、微型电机、电加热器、电动机组的检查接线及调试。

（2）适用于上述交直流电动机和发电机的检查接线及调试的清单项目设置与计量。

（3）清单项目的设置与计量。清单项目特征除共同的基本特征（如名称、型号、规格）外，还有表示其调试的特殊个性。这个特性直接影响到其接线调试费用，所以必须在项目名称中表述清楚，如：

1）普通交流同步电动机的检查接线及调试项目，要注明启动方式，是直接启动还是降压启动。

2）低压交流异步电动机的检查接线及调试项目，要注明控制保护类型：刀开关控制、电磁控制、非电量联锁、过电流保护、速断过电流保护及反时限过电流保护。

3）电动机组检查接线调试项目，要表述机组的台数，如有联锁装置应注明联锁的台数。

除电动机组清单项目以"组"为单位计量外，其他所有清单项目的计量单位均为"台"。计算规则按设计图示数量计算。

（4）相关说明。

1）电机是否需要干燥应在项目中予以描述。

2）电机接线如需焊压接线端子亦应描述。

3）按规范要求，从管口到电机接线盒间要有软管保护，项目应描述软管的材质和长度，报价时考虑在综合单价中。

4）工程内容中应描述"接地"要求，如接地线的材质、防腐处理等。

5）电机按其质量划分为大、中、小型。3t 以下为小型，3～30t 为中型，30t 以上为大型。

3.12.7　滑触线装置安装（030407）

（1）内容包括滑触线安装。

（2）适用于轻型、安全节能型滑触线，扁钢、角钢、圆钢、工字钢滑触线及移动软电缆等各种滑触线安装工程量清单项目的设置与计量。

（3）清单项目的设置与计量。清单项目特征为名称、型号、规格、材质，支架形式、材质、拉紧装置类型，伸缩接头材质、规格，移动软电缆材质、规格、安装部位。特征中的名称直观、简单，但是规格却不然。如节能型滑触线的规格是用电流（A）来表述；角钢滑触线的规格是角钢的边长×厚度；扁钢滑触线的规格是扁钢截面长×宽；圆钢滑触线的规格是圆钢的直径；工字钢、轻轨滑触线的规格是以每米质量（kg/m）表述。各清单项目的计量单位均为"m"。计算规则是按设计图示以单根长度计算。各清单项目应综合考虑的工作内容要描述清楚：

①滑触线支架制作、安装。

②滑触线安装。

③拉紧装置及挂式支持器制作、安装。

④移动软电缆安装。

⑤伸缩接头制作、安装。

（4）其他相关说明。

1）清单项目应描述支架的基础铁件及螺栓是否由承包商浇筑。

2）沿轨道敷设软电缆清单项目，要说明是否包括轨道安装和滑轮制作的内容，以便报价。

3.12.8　电缆敷设（030408）

（1）内容包括电力电缆和控制电缆的敷设、电缆保护管敷设、电缆槽盒、电力电缆头制作安装、控制电缆头制作安装、电缆分支箱等。

（2）适用于各种电缆敷设及相关工程的工程量清单项目的设置和计量。

（3）清单项目设置与计量。各项目特征基本为名称、型号、规格、材质、敷设方式、安装部位，但各有其表述法。如电缆敷设项目的规格指电缆截面积，电缆保护管敷设项目的规格指管径，电缆阻燃盒项目的特征是型号、规格（尺寸），以上所有特征均要表述清楚。电缆敷设计量规则均为按设计图示尺寸以长度计算（含预留长度及附加长度），清单项目设置的方法：依据设计图示的工程内容（电缆敷设的方式、位置等）对应《通用规范》附录 D 中 D.8，列出清单项目名称、编码及项目特征。

（4）相关说明。

1）电缆敷设中所有预留量，应按设计要求或规范规定的长度，考虑在清单工程量以及综合单价中。

2）电缆敷设需将电缆名称、型号、规格、材质、敷设方式、部位、电压等级、地形以及揭（盖）盖板等描述清楚。

3.12.9　防雷及接地装置（030409）

（1）内容包括接地装置、避雷装置及半导体少长针消雷装置等的安装。

（2）适用于生产、生活用的安全接地、防静电接地、保护接地装置、建筑物、构筑物、金属塔器等防雷装置。

（3）清单项目的设置与计量。依据设计图关于接地或防雷装置的内容，对应《通用规范》附录 D 中 D.9，表述其项目名称、项目编码、项目特征。根据"工作内容"一栏的提示，描述该项目的工作内容。

（4）相关说明。

1）利用桩基础作接地极时，应描述桩台下桩的根数，每桩台下需焊接柱筋根数。其工程量按柱引下线计算，利用基础钢筋作接地极按均压环项目编码列项。

2）利用柱筋作引下线的，需描述柱筋焊接根数。

3）利用圈梁筋作均压环的，需描述圈梁筋焊接根数。

4）使用电缆、电线作接地线，应按《通用规范》附录 D.8、D.12 相关项目编码列项。

3.12.10　10kV 以下架空配电线路（030410）

（1）内容包括电杆组立、导线架设。

（2）适用于 10kV 以下架空配电线路工程的工程量清单项目的设置与计量。

（3）清单项目的设置与计量。电杆组立的项目特征：名称、材质、规格、类型、地形、土质等。材质指电杆的材质，即木电杆还是混凝土杆；规格指杆长；类型指单杆、接腿杆、撑杆等。电杆组立的计量单位是"根"，按图示数量计。在设置项目时，对其应综合的辅助项目（工作内容），也要描述到位。如电杆组立要发生的项目：工地运输；土（石）方挖填、底、拉、卡盘安装；木电杆防腐；电杆组立；拉线制作、安装、现浇基础、基础垫层。

导线架设的项目特征为：名称、型号（材质）、规格、地形、跨越类型，导线的型号表示了材质，是铝导线还是铜导线，规格是指导线的截面，地形指是平地、丘陵、一般山地还是泥沼地带。

导线架设的工作内容描述为：导线架设；导线跨越；跨越间距；进户线架设、工地运输。

导线架设的计量单位为"km"，按设计图示尺寸，以单根长度计算。

在设置清单项目时，对同一型号、同一材质，但规格不同或地形条件不同的架空线路要分别设置项目，分别编码。

（4）相关说明。

1）杆上变配电设备项目按《通用规范》附录 D 中 D.1、D.2、D.3 相关项目的规定计量。

2）在需要时，对杆坑的土质情况、沿途地形予以描述。

3）架空线路的各种预留长度，按设计要求或施工及验收规范规定的长度计算。

3.12.11　电气调整试验（030414）

（1）内容包括电力变压器系统、送配电装置系统、特殊保护装置、自动投入装置、接地装置、中央信号装置、事故照明切换装置、不间断电流、母线、避雷器、电容器、电抗器、消弧线圈、电除尘器、硅整流设备、可控硅管整流装置等的调整试验。

（2）适用于上述各系统的电气设备的本体试验和主要设备分系统调试的工程量清单项目设置与计量。

（3）清单项目的设置与计量。项目特征基本上是以系统名称或保护装置及设备本体名称来设置的，如变压器系统调试就以变压器的名称、型号、容量来设置。

送配电装置系统的项目设置：1kV 以下和直流供电系统均以电压来设置，而 10kV 以下的交流供电系统则以供电用的负荷隔离开关、断路器和带电抗器分别设置。

特殊保护装置（距离保护、高频保护、失灵保护、失磁保护、交流器断线保护、小电流接地保护）调试的清单项目按其保护名称设置．其他均按需要调试的装置或设备的名称来设置。

计量单位多为"系统"，也有"台"、"套"、"组"，按设计图示数量计算。名称和编码均按《通用规范》附录 D 中 D.14 规定设置。

（4）相关说明。

1）调整试验项目系指一个系统的调整试验，它是由多台设备、组件（配件）、网络连在一起，经过调整试验才能完成某一特定的生产过程，这个工作（调试）无法综合考虑在某一实体（仪表、设备、组件、网络）上，因此不能用物理计量单位或一般的自然计量单位来计量，只能用"系统"为单位计量。

2）电气调试系统的划分以设计的电气原理系统图为依据。具体划分可参照《安装工程预算定额》第四册有关规定。

3.12.12　配管、配线（030411）

（1）内容包括配管、线槽、配线、桥架、接线箱、接线盒。

（2）适用于电线管、钢管、防爆钢管、可挠金属管敷设、塑料管（硬质聚氯乙烯管、刚性阻燃管、半硬质阻燃管）各种配管的敷设。配线适用于管内穿线，瓷夹板配线，塑料夹板配线，鼓型、针式、蝶式绝缘子配线，木槽板、塑料槽板配线，塑料护套线敷设，线槽配线工程量清单项目的设置与计量。

（3）清单项目的设置与计量。依据设计图示工程内容（指配管、配线），按照《通用规范》附表 D 中 D.11 上的项目特征（如配管特征：名称、材质、规格、配置形式、接地要求、钢索材质、规格）和对应的编码设置。

1）在配管清单项目中，名称和材质有时是一体的，如钢管敷设，"钢管"即是名称，又代表了材质，它就是项目的名称。而规格指管的直径，如 $\phi 25$。配置形式在这里表示明配或暗配（明、暗敷设）。部位表示敷设位置：砖、混凝土结构上；钢结构支架上；钢索上；钢模板内；吊棚内；埋地敷设。配管的计量单位均为"m"。计算规则：按设计图示尺寸以延长米计算，不扣除管路中间的接线箱（盒）、灯位盒、开关盒所占长度。

2）在配线工程中，清单项目名称要紧紧与配线形式连在一起，因为配线的方式会决定选用什么样的导线，因此对配线形式的表述更显得重要。配线形式有：管内穿线；瓷夹板或塑料夹板配线；鼓型、针式、蝶式绝缘子配线；木槽板或塑料槽板配线；塑料护套线明敷设；线槽配线。电气配线项目特征中的"敷设部位或线制"也很重要，敷设部位一般指：木结构上；砖、混凝土结构；顶棚内；支架或钢索上；沿屋架、梁、柱；跨层架、梁、柱。在不同的部位上，工艺不一样，单价就不一样。线制主要在夹板和槽板配线中要注明，因为同样长度的线路，由于两线制与三线制所用主材导线的量就差30％多。辅材也有差别，因此要描述线制。

（4）相关说明。

1）在配线工程中，所有的预留量（指与设备连接）均应依据设计要求或施工及验收规范规定的长度考虑在清单工程量及综合单价中。

2）《通用规范》将接线箱（盒）、拉线盒、灯头盒、开关盒、插座盒单独列项编制清单，关于接线盒、拉线盒的设置按设计图示或施工及验收规范的规定执行。

配电线保护管遇到下列情况之一时，中间应增设接线盒和拉线盒，且接线盒位置应便于穿线：管长度每超过30m，无弯曲；管长度每超过20m有1个弯曲；管长度每超过15m有2个弯曲；管长度每超过8m有3个弯曲。

垂直敷设的电线保护管遇下列情况之一时，应增设固定导线用的拉线盒：管内导线截面积为 $50mm^2$ 及以下，长度每超过30m；管内导线截面积为 $70\sim95mm^2$，长度每超过20m；管内导线截面积为 $120\sim240mm^2$，长度每超过18m。在计量时，设计无要求时则上述规定可以作为计量接线箱（盒）、拉线盒的依据。

3.12.13 照明器具安装（030412）

（1）内容包括各种照明灯具工程量清单项目，包括普通吸顶灯及其他灯具、工厂灯、装饰灯、荧光灯、医疗专用灯、一般路灯、广场灯、高杆灯、桥栏杆灯、地道涵洞灯等安装。

（2）适用于工业与民用建筑（含公用设施）及市政设施照明器具的清单项目设置与计量。

1）普通吸顶灯及其他灯具包括：圆球、半圆球吸顶灯，方形吸顶灯，软线吊灯，吊链灯，防水吊灯，一般弯脖灯，一般墙壁灯，软线吊灯头，座灯头。

2）工厂灯包括：直杆工厂吊灯、吊链式工厂灯、吸顶式工厂灯、弯杆式工厂灯、悬挂式工厂灯、防水防尘灯、防潮灯、腰形舱顶灯、碘钨灯、管形氙气灯、投光灯、安全灯、防爆灯、高压水银防爆灯、防爆荧光灯。

3）装饰灯包括：吊式艺术装饰灯、吸顶式艺术装饰灯、荧光艺术装饰灯、几何形状组合艺术灯、标志诱导艺术装饰灯、水下艺术装饰灯、点光源艺术装饰灯、草坪灯、歌舞厅灯。

4）荧光灯包括：组装型荧光灯、成套型荧光灯。

5）医疗专用灯包括：病房指示灯、病房暗脚灯、无影灯、紫外线杀菌灯。

（3）清单项目的设置与计量。依据设计图示工程内容（灯具）对应《通用规范》附录D中D.12，表述项目编码、项目名称及项目特征，项目特征主要描述名称、型号、规格、类型及安装形式。市政路灯要说明杆高、灯杆材质、灯架形式及臂长，以便区别其安装单价。各清单项目的计量单位为"套"，计算规则按图示数量计算。

3.13　计　价　实　例

3.13.1　实例一

1. 概况

图 3-145、图 3-146 所示为某小区住宅一楼商铺部分配电干线电气平面布置图及系统图。

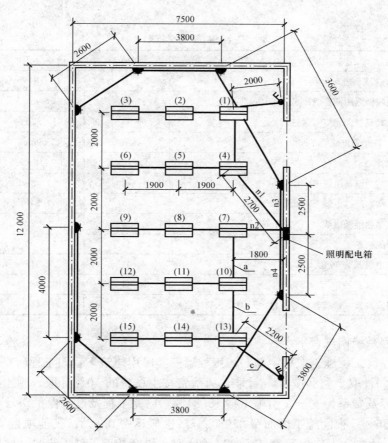

图 3-145　某住宅一楼商铺部分配电线路图

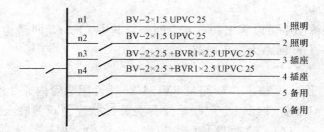

图 3-146　某住宅一楼商铺部分照明系统图

说明：

（1）楼层地坪至楼板底面高度为 6m，商铺内设有吊顶（地坪至吊顶高度为 5.0m），照明配电箱 M（高×宽＝300mm×500mm）嵌墙敷设，底边离地面 1.8m，开关离地坪距离为 1.3m，插座离地坪距离 0.3m，电线管采用埋地或嵌墙或楼板内暗敷，埋入地坪或楼板的深度均按 0.1m 计（其中管、线及塑料安装盒不计超高增加费）。

（2）商铺内灯具成套嵌入式双管荧光灯安装在吊顶上，从荧光灯顶面到楼层顶部灯头盒距离为 0.9m，采用 15 号金属软管连接，所有回路均穿 PVC-U 电线管 DN25。主要设备材料价格见表 3-40。

表 3-40　　　　　　　　　　　主 要 设 备 材 料 表

序号	名　称	单位	价格（元）	备注
1	15 号金属软管	m	4.8	
2	两位两极双用插座 AP86Z223-10N 带接地	只	6.8	
3	嵌入式双管荧光灯（含灯管）	套	150.00	成套
4	PVC-U 塑料电线管 DN25	m	1.98	
5	套接管 DN25	m	1.5	
6	铜芯塑料绝缘电线 BV-1.5mm^2	m	1.15	
7	铜芯塑料绝缘电线 BV-2.5mm^2	m	1.74	
8	铜芯塑料绝缘电线 BVR-2.5mm^2	m	2.02	
9	照明配电箱	台	400.00	成套
10	两位单极开关 86 型 10A	只	4.01	
11	三位单极开关 86 型 10A	只	5.68	
12	塑料安装盒（接线盒、灯头盒、开关盒、插座盒）	只	1.48	

（3）本工程系统调试费不计。

（4）根据建设工程施工取费定额，该工程属三类民用建筑工程，工程所在地在市区，企业管理费按 25% 计取，利润按 12% 计取，风险费按主材费的 10% 计取，施工组织措施费中计取的费用内容及费率为安全文明施工费 15.81%，已完工程及设备保护费 0.24%，冬雨季施工增加费 0.36%，夜间施工增加费 0.08%，二次搬运费 0.8%；其他项目清单费不计取，规费按 11.96% 计取，工伤保险费按 0.114% 计取，税金按 3.577% 计取。试用综合单价法计算该电气照明工程造价。

2. 识图及计算工程量

本工程从照明系统图中可以看出共有 6 个回路，其中 n1、n2 回路为照明回路，n3、n4 回路为插座回路，n5、n6 回路为备用回路。

（1）n1 回路。

1）识图。从系统图中可知，n1 回路是 PVC-U25 刚性阻燃管内穿 2 根 1.5mm^2 的 BV 导线构成的照明回路，n1 回路使用一个双联单控开关分二路控制 6 盏嵌入式双管荧光灯分别为（1）—（3）、（4）—（6），n1 回路从配电箱出来，管内 2 根导线分别为 1 根火线，1 根中性线，中性线直接接到（1）—（6）灯具，而火线先接入开关，从双联单控开关返回 2 根开关线分别控制嵌入式双管荧光灯（1）—（3）、（4）—（6），由此可知，（1）—（4）灯具之间的配管内穿 3 根线 [分别为火线、中性线、控制（4）—（6）灯具的开关线]，另外灯具（1）至双联单控开关配管内穿 3 根线（1 根火线、2 根开关线），其余各段配管内均为 2 根线（1 根中性线、1 根开关线）。

2）计算工程量。

①PVC-U25 电气配管工程量。

水平配管工程量

$$2.7+1.9\times2+2+3.8+2=14.3（m）$$

垂直配管工程量

$$6-1.8-0.3+0.1（配电箱处）+6-1.3+0.1（双联单控开关处）=8.8（m）$$

PVC-U25 电气配管工程量

$$14.3+8.8=23.1（m）$$

②管内穿线（BV-1.5mm^2）工程量。

水平配管内穿线工程量

$$2.7\times2+1.9\times2\times2+2\times3+3.8\times2+2\times3=32.6（m）$$

垂直配管内穿线工程量

$$(6-1.8-0.3+0.1)\times2+(6-1.3+0.1)\times3=22.4（m）$$

预留线

$$(0.3+0.5)\times2=1.6（m）$$

管内穿线（BV-1.5mm^2）工程量

$$32.6+22.4+1.6=56.6（m）$$

③其余工程量。

15 号金属软管吊棚内敷设工程量

$$0.9\times6=5.4（m）$$

15 号金属软管穿线（BV-1.5mm^2）工程量

$$1\times2\times6=12（m）$$

嵌入式双管荧光灯（含灯管）：6 套。

灯头盒：6 个。

两位单极开关 86 型 10A：1 套。

开关盒：1 个。

（2）n2 回路。

1）识图。从系统图中可知，n2 回路是 PVC-U25 刚性阻燃管内穿 2 根 1.5mm^2 的 BV 导线构成的照明回路，n2 回路使用一个三联单控开关分三路控制 9 盏嵌入式双管荧光灯分别为（7）—（9）、（10）—（12）、（13）—（15）。n2 回路从配电箱出来，管内 2 根导线分别为 1 根火线，1 根中性线，中性线直接接到（7）—（15）灯具，而火线先接入三联单控开关，从三联单控开关返回 3 根开关线分别控制嵌入式双管荧光灯（7）—（9）、（10）—（12）、（13）—（15）。由此可知，a 配管内穿 3 根线 [分别为火线、中性线、控制（7）—（9）灯具的开关线]，b 配管内穿 4 根线 [分别为火线、中性线、控制（7）—（9）灯具的开关线、控制（10）—（12）灯具的开关线]，另外灯具（13）至三联单控开关配管内穿 4 根线（1 根火线、3 根开关线），其余各段配管内均为 2 根线（1 根中性线、1 根开关线）。

2）计算工程量。

①PVC-U25 电气配管工程量。

水平配管工程量

$$2.2+1.9×2×3+2×2=17.6（m）$$

垂直配管工程量

$$6-1.8-0.3+0.1(配电箱处)+6-1.3+0.1(三联单控开关处)=8.8（m）$$

PVC-U25 电气配管工程量

$$17.6+8.8=26.4（m）$$

②管内穿线（BV-1.5mm²）工程量。

水平配管内穿线工程量

$$2.2×4+1.9×2×3×2+2×4+2×3=45.6（m）$$

垂直配管内穿线工程量

$$(6-1.8-0.3+0.1)×2+(6-1.3+0.1)×4=27.2（m）$$

预留线

$$(0.3+0.5)×2=1.6（m）$$

管内穿线（BV-1.5mm²）工程量

$$45.6+27.2+1.6=74.4（m）$$

③其余工程量。

15 号金属软管吊棚内敷设工程量

$$0.9×9=8.1（m）$$

15 号金属软管穿线（BV-1.5mm²）工程量

$$1×2×9=18（m）$$

嵌入式双管荧光灯（含灯管）：9 套。

灯头盒：9 个。

三位单极开关 86 型 10A：1 套。

开关盒：1 个。

（3）n3 回路。

1）识图。从系统图中可知，n3 回路是插座回路，PVC-U25 刚性阻燃管内穿 2 根 2.5mm² 的 BV 线、1 根 2.5mm² 的 BVR 线，分别是火线、中性线、保护中性线（PE 线），n3 回路中一共有 4 个插座。

2）计算工程量。

①PVC-U25 电气配管工程量。

水平配管工程量

$$2.5+3.6+3.8+2.6=12.5（m）$$

垂直配管工程量

$$1.8+0.1(配电箱处)+(0.3+0.1)×7(两位两极双用插座处)=4.7（m）$$

PVC-U25 电气配管工程量

$$12.5+4.7=17.2（m）$$

②管内穿线（BV-2.5mm²）工程量。

水平配管内穿线工程量

$$12.5 \times 2 = 25 \text{ (m)}$$

垂直配管内穿线工程量

$$4.7 \times 2 = 9.4 \text{ (m)}$$

预留线

$$(0.3 + 0.5) \times 2 = 1.6 \text{ (m)}$$

管内穿线（BV-2.5mm²）工程量

$$25 + 9.4 + 1.6 = 36 \text{ (m)}$$

③管内穿线（BVR-2.5mm²）工程量。

水平配管内穿线工程量　12.5（m）

垂直配管内穿线工程量　4.7（m）

预留线

$$0.3 + 0.5 = 0.8 \text{ (m)}$$

管内穿线（BVR-2.5mm²）工程量

$$12.5 + 4.7 + 0.8 = 18 \text{ (m)}$$

④其余工程量。

两位两极双用插座 AP86Z223-10N 带接地：4 套。

插座盒：4 个。

（4）n4 回路。

1）识图。从系统图中可知，n4 回路是插座回路，PVC-U25 刚性阻燃管内穿 2 根 2.5mm² 的 BV 线、1 根 2.5mm² 的 BVR 线，分别是火线、中性线、保护中性线（PE 线），n4 回路中一共有 5 个插座。

2）计算工程量。

①PVC-U 25 电气配管工程量。

水平配管工程量

$$2.5 + 3.8 + 3.8 + 2.6 + 4 = 16.7 \text{ (m)}$$

垂直配管工程量

$$1.8 + 0.1（配电箱处）+ (0.3 + 0.1) \times 9（两位两极双用插座处）= 5.5 \text{ (m)}$$

PVC-U25 电气配管工程量

$$16.7 + 5.5 = 22.2 \text{ (m)}$$

②管内穿线（BV-2.5mm²）工程量。

水平配管内穿线工程量

$$16.7 \times 2 = 33.4 \text{ (m)}$$

垂直配管内穿线工程量

$$5.5 \times 2 = 11 \text{ (m)}$$

预留线

$$(0.3 + 0.5) \times 2 = 1.6 \text{ (m)}$$

管内穿线（BV-2.5mm²）工程量

$$33.4 + 11 + 1.6 = 46 \text{ (m)}$$

③管内穿线（BVR-2.5mm²）工程量。

水平配管内穿线工程量　16.7（m）

垂直配管内穿线工程量　5.5（m）

预留线

$$0.3+0.5=0.8（m）$$

管内穿线（BVR-2.5mm²）工程量

$$16.7+5.5+0.8=23（m）$$

④其余工程量。

两位两极双用插座 AP86Z223-10N 带接地：5 套。

插座盒：5 个。

（5）工程量汇总见表 3 - 41。

表 3 - 41　　　　　　　　　　　**工 程 量 汇 总 表**

项 目 名 称	回　　路				
	n1	n2	n3	n4	总计
PVC-U25 电气配管（m）	23.1	26.4	17.2	22.2	88.9
15 号金属软管（m）	5.4	8.1			13.5
BV-1.5mm²（m）	68.6	92.4			161
BV-2.5mm²（m）			36	46	82
BVR-2.5mm²（m）			18	23	41
嵌入式双管荧光灯（含灯管）（套）	6	9			15
两位单极开关 86 型 10A（个）	1				1
三位单极开关 86 型 10A（个）		1			1
两位两极双用插座 AP86Z223-10N 带接地（个）			4	5	9
灯头盒（个）	6	9			15
开关盒（个）	1	1			2
插座盒（个）			4	5	9

（6）工程量见表 3 - 42。

表 3 - 42　　　　　　　　　　　**工 程 量 表**

序号	项 目 名 称	按定额规则计算的工程量		按清单规则计算的工程量	
		计量单位	工程量	计量单位	工程量
1	PVC-U25 电气配管	10m	8.89	m	88.9
2	管内穿线 BV-1.5mm²	100m 单线	1.61	m	161
3	管内穿线 BV-2.5mm²	100m 单线	0.82	m	82
4	管内穿线 BVR-2.5mm²	100m 单线	0.41	m	41
5	嵌入式双管荧光灯（含灯管）	10 套	1.5	套	15

序号	项 目 名 称	按定额规则计算的工程量		按清单规则计算的工程量	
		计量单位	工程量	计量单位	工程量
6	两位单极开关 86 型 10A	10 套	0.1	套	1
7	三位单极开关 86 型 10A	10 套	0.1	套	1
8	两位两极双用插座 AP86Z223-10N 带接地	10 套	0.9	套	9
9	灯头盒	10 个	1.5	个	15
10	开关盒	10 个	0.2	个	2
11	插座盒	10 个	0.9	个	9
12	15 号金属软管	100m	0.135	m	13.5

3. 招标人应填报的部分表格

(1) 分部分项工程量清单见表 3 - 43。

表 3 - 43　　　　　　　　　　　分部分项工程量清单

序号	项目编码	项目名称	项 目 特 征	计量单位	工程数量
1	030404017001	配电箱	悬挂嵌入式照明配电箱 M（高×宽＝300×500）；箱体安装	台	1
2	030404034001	照明开关	两位单极开关 86 型 10A	套	1
3	030404034002	照明开关	三位单极开关 86 型 10A	套	1
4	030404035003	插座	两位两极双用插座 AP86Z223-10N 带接地	套	9
5	030411001001	配管	UPVC 塑料电线管 DN25 暗配	m	88.9
6	030411001002	配管	15♯金属软管吊顶内敷设	m	13.5
7	030411006001	接线盒	灯头盒暗装	个	15
8	030411006002	接线盒	开关盒暗装，2 个，插座盒暗装，9 个	个	11
9	030411004001	配线	管内穿塑料铜芯线 BV1.5	m	161
10	030411004002	配线	管内穿塑料铜芯线 BV2.5	m	82
11	030411004003	配线	管内穿塑料铜芯线 BVR2.5	m	41
12	030412005001	荧光灯	嵌入式双管荧光灯（含灯管）	套	15

(2) 施工技术措施项目清单见表 3 - 44。

表 3 - 44　　　　　　　　　　　施工技术措施项目清单

序号	项目编码	项目名称	项目特征	计量单位	工程数量
1	031301017001	脚手架搭拆费		项	1

(3) 施工组织措施项目清单见表 3 - 45。

表 3 - 45　　　　　　　　　施工组织措施项目清单

序号	项目编码	项 目 名 称	费率（%）	金额（元）
1	031302001001	安全文明施工费		
2	031302005001	冬雨季施工增加费		
3	031302003001	夜间施工增加费		
4	031302006001	已完成工程及设备保护费		
5	031302004001	二次搬运费		

（4）其他项目清单见表 3 - 46。

表 3 - 46　　　　　　　　　其 他 项 目 清 单

序号	项 目 名 称	金额（元）	序号	项 目 名 称	金额（元）
1	暂列金额	0	2.2	专业工程暂估价	0
2	暂估价	0	3	计日工	0
2.1	材料暂估价	0	4	总承包服务费	0

4. 投标单位应填报的部分表格

（1）单位工程投标报价计算表见表 3 - 47。

表 3 - 47　　　　　　　　　单位工程投标报价计算表

工程名称：某住宅一楼商铺部分电气照明工程

序号	项 目 名 称	计算基数	费率（%）	金额（元）
1	分部分项工程量清单项目费			4883.86
1.1	其中：人工费＋机械费			619.76
2	措施项目清单费			105.59
2.1	施工技术措施项目清单费			27.06
2.1.1	其中：人工费＋机械费			6.19
2.2	施工组织措施项目清单费			78.53
3	其他项目清单费			0
4	规费	1.1＋2.1.1＝625.95	11.96	74.86
5	工伤保险费	1＋2＋3＋4＝5064.31	0.114	5.77
6	税金	1＋2＋3＋4＋5＝5070.08	3.577	181.36
7	安装工程造价	1＋2＋3＋4＋5＋6		5251.44

注　工伤保险费费率按浙江省杭州市费率计取。

（2）分部分项工程量清单与计价表见表 3 - 48。

（3）工程量清单综合单价计算表见表 3 - 49。

（4）施工技术措施项目清单与计价表见表 3 - 50。

表 3-48　　分部分项工程量清单与计价表

单位（专业）工程　工程名称：某住宅楼一楼商铺部分电气照明工程

序号	项目编码	项目名称	项目特征	计量单位	工程量	综合单价（元）	合价（元）	其中（元）	
								人工费	机械费
1	030404017001	配电箱	悬挂嵌入式照明配电箱 M（高×宽=300×500）；箱体安装	台	1	549.98	549.98	66.18	0
2	030404034001	照明开关	两位单极开关 86 型 10A	套	1	10.18	10.18	3.72	0
3	030404034002	照明开关	三位单极开关 86 型 10A	套	1	12.05	12.05	3.72	0
4	030404035003	插座	两位两极双用插座 AP86Z223-10N 带接地	套	9	14.56	131.04	38.34	0
5	030411001001	配管	UPVC 塑料电线管 DN25 暗配	m	88.9	6.12	544.07	184.91	0
6	030411001002	配管	15#金属软管吊顶内敷设	m	13.5	11.14	150.39	32.27	0
7	030411006001	接线盒	灯头盒暗装	个	15	5.14	77.16	26.10	0
8	030411006002	接线盒	开关盒暗装、2 个、插座盒暗装、9 个	个	11	4.71	51.81	20.46	0
9	030411004001	配线	管内穿塑料铜芯线 BV1.5	m	161	1.81	291.41	48.30	0
10	030411004002	配线	管内穿塑料铜芯线 BV2.5	m	82	2.52	206.64	25.42	0
11	030411004003	配线	管内穿塑料铜芯线 BVR2.5	m	41	2.86	117.26	12.71	0
12	030412005001	荧光灯	嵌入式双管荧光灯（含灯管）	套	15	182.96	2744.43	158.55	0
		合　　计					4883.86	619.76	0

表 3 - 49

工程量清单综合单价计算表

工程名称：某住宅楼一楼商铺部分电气照明工程

序号	编码	名　称	计量单位	数量	综合单价（元）							合计（元）
					人工费	材料费	机械费	管理费	利润	风险费	小计	
1	030404017001	配电箱：悬挂嵌入式照明配电箱 M（高×宽=300×500）；箱体安装	台	1	66.18	419.31		16.55	7.94	40	549.98	549.98
	4-265	悬挂嵌入式成套配电箱安装，半周长 1.0m 以内	台	1	66.18	419.31		16.55	7.94	40	549.98	549.98
	主材	悬挂嵌入式成套配电箱 M（300×500）	台	1		400					400	400
2	030404031001	照明开关：两位单极开关 86 型 10A	套	1	3.72	4.67		0.93	0.45	0.41	10.18	10.18
	4-1714	扳式暗开关（单控）双联	10套	0.1	37.15	46.65		9.29	4.46	4.09	101.64	10.16
	主材	两位单极开关 86 型 10A	个	10.2	4.01	4.01					4.01	40.90
3	030404031002	照明开关：三位单极开关 86 型 10A	套	1	3.72	6.37		0.93	0.45	0.58	12.05	12.05
	4-1715	扳式暗开关（单控）三联	10套	0.1	37.15	63.69		9.29	4.46	5.79	120.38	12.04
	主材	三位单极开关 86 型 10A	个	10.2	5.68	5.68					5.68	57.94
4	030404031003	插座：两位两极双用插座 AP86Z223-10N 带接地	套	9	4.26	8.03		1.07	0.51	0.69	14.56	131.04
	4-1749	一般插座单相暗插座 15A 5孔	10套	0.9	42.57	80.27		10.64	5.11	6.94	145.53	130.98
	主材	两位两极双用插座 AP86Z223-10N 带接地	套	10.2	6.8	6.8					6.8	69.36
5	030411001001	配管：UPVC 塑料电线管 DN25 暗配	m	88.9	2.08	3.05		0.52	0.25	0.22	6.12	544.07
	4-1176	砖、混凝土结构内暗配刚性阻燃管公称口径 25mm 以内	100m	0.889	207.82	304.73		51.96	24.94	21.78	611.23	543.38
	主材	刚性阻燃管	m	110	1.98	1.98					1.98	217.8
6	030411001002	配管：15# 金属软管吊顶内敷设	m	13.5	2.39	7.34		0.60	0.29	0.52	11.14	150.39
	4-1134	吊棚内敷设可挠金属套管规格 15#	100m	0.135	239.17	734.49		59.79	28.7	51.84	1113.99	150.39
	主材	15# 可挠性金属套管	m	108	4.8	4.8					4.8	518.4

续表

序号	编码	名称	计量单位	数量	综合单价（元）							合计（元）
					人工费	材料费	机械费	管理费	利润	风险费	小计	
7	03041006001	接线盒：灯头盒暗装	个	15	1.74	2.61		0.44	0.21	0.15	5.14	77.16
	4-1429	暗装接线盒（灯头盒）	10个	1.5	17.42	26.06		4.36	2.09	1.51	51.44	77.16
	主材	灯头盒	个	10.2		1.48					1.48	15.096
8	03041006002	接线盒：开关盒暗装，2个，插座盒暗装，9个	个	11	1.86	2.02		0.47	0.22	0.15	4.71	51.81
	4-1430	开关盒、插座盒暗装	10个	1.1	18.58	20.17		4.65	2.23	1.51	47.14	51.85
	主材	开关盒、插座盒	个	10.2		1.48					1.48	15.096
9	03041004001	配线：管内穿塑料铜芯线 BV1.5mm²	m	161	0.30	1.27		0.08	0.04	0.12	1.81	291.41
	4-1221	管内穿照明线铜芯1.5mm²以内	100m单线	1.61	30.34	126.6		7.59	3.64	12.42	180.59	290.75
	主材	塑料铜芯线 BV1.5mm²	m	108		1.15					1.15	124.20
10	03041004002	配线：管内穿塑料铜芯线 BV2.5mm²	m	82	0.31	1.90		0.08	0.04	0.19	2.52	206.64
	4-1222	管内穿照明线铜芯2.5mm²以内	100m单线	0.82	30.96	190.38		7.74	3.72	18.79	251.59	206.3
	主材	塑料铜芯线 BV2.5mm²	m	108		1.74					1.74	187.92
11	03041004003	配线：管内穿塑料铜芯线 BVR2.5mm²	m	41	0.31	2.21		0.08	0.04	0.22	2.86	117.26
	4-1222	管内穿照明线铜芯2.5mm²以内	100m单线	0.41	30.96	220.62		7.74	3.72	21.82	284.86	116.79
	主材	塑料铜芯线 BVR2.5mm²	m	108		2.02					2.02	218.16
12	03041200 5001	荧光灯：嵌入双管荧光灯（含灯管），安装高度：5m，15#金属软管：13.5m	套	15	10.57	153.34		2.64	1.27	15.15	182.96	2744.43
	4-1668	成套型吸顶式、嵌入式双管荧光灯安装	10套	1.5	105.65	1533.38		26.41	12.68	151.5	1829.62	2744.43
	主材	成套灯具	套	10.1		150					150	1515
合　　计												4883.86

表 3 - 50　　　　　　　　　　施工技术措施项目清单与计价表

工程名称：某住宅楼一楼商铺部分电气照明工程

序号	项目编码	项目名称	项目特征	计量单位	工程量	综合单价（元）	合价（元）	其中（元）	
								人工费	机械费
1	031301017001	脚手架搭拆费（第四册）		项	1	27.06	27.06	6.19	0
		合计					27.06	6.19	0

（5）施工技术措施项目清单综合单价计算表见表 3 - 51。

表 3 - 51　　　　　　　　　施工技术措施项目清单综合单价计算表

工程名称：某住宅楼一楼商铺部分电气照明工程

序号	编码	名　称	计量单位	数量	综合单价（元）							合计（元）
					人工费	材料费	机械费	管理费	利润	风险费用	小计	
1	031301017001	脚手架搭拆费	项	1	6.19	18.58		1.55	0.74		27.06	27.06
	13-7	脚手架搭拆费（第四册）	100 工日	0.144	43	129		10.75	5.16		187.91	27.06
		合　计										27.06

（6）施工组织措施项目清单与计价表见表 3 - 52。

表 3 - 52　　　　　　　　　施工组织措施项目清单与计价表

工程名称：某住宅楼一楼商铺部分电气照明工程

序号	项目编码	项目名称	计　算　基　数	费率（%）	金额（元）
1	031302001001	安全文明施工费	分部分项人工费＋分部分项机械费＋技术措施项目人工费＋技术措施项目机械费（619.76＋6.19）＝625.95	15.81×0.7	69.27
2	031302005001	冬雨季施工增加费	分部分项人工费＋分部分项机械费＋技术措施项目人工费＋技术措施项目机械费（619.76＋6.19）＝625.95	0.36	2.25
3	031302003001	夜间施工增加费	分部分项人工费＋分部分项机械费＋技术措施项目人工费＋技术措施项目机械费（619.76＋6.19）＝625.95	0.08	0.50
4	031302006001	已完成工程及设备保护费	分部分项人工费＋分部分项机械费＋技术措施项目人工费＋技术措施项目机械费（619.76＋6.19）＝625.95	0.24	1.50
5	031302004001	二次搬运费	分部分项人工费＋分部分项机械费＋技术措施项目人工费＋技术措施项目机械费（619.76＋6.19）＝625.95	0.8	5.01
		合　计			78.53

注　《浙江省建设工程施工费用定额》（2010 版）规定：建筑设备安装工程和民用建筑物或构筑物合并为单位工程的，安装工程的安全文明施工费费率乘以系数 0.7。

（7）主要材料价格见表 3 - 53。

表 3 - 53　　　　　　　　主 要 材 料 价 格 表

工程名称：某住宅一楼商铺部分电气照明工程

序号	材料编码	材料名称	单位	数量	单价	合价（元）
1	主材	金属软管 15＃	m	14.58	4.8	69.98
2	主材	两位两极双用插座 AP86Z223-10N 带接地	只	9.18	6.8	62.42
3	主材	嵌入式双管荧光灯（含灯管）	套	15.15	150.00	2272.50
4	主材	UPVC 塑料电线管 DN25	m	94.764	1.98	187.63
5	主材	铜芯塑料绝缘电线 BV-1.5mm²	m	157.140	1.15	215.21
6	主材	铜芯塑料绝缘电线 BV-2.5mm²	m	94.392	1.74	164.24
7	主材	铜芯塑料绝缘电线 BVR-2.5mm²	m	42.336	2.02	85.52
8	主材	成套照明配电箱 M（300×500）	台	1.000	400.00	400
9	主材	两位单极开关 86 型 10A	只	1.02	4.01	4.09
10	主材	三位单极开关 86 型 10A	只	1.02	5.68	5.79
11	主材	塑料安装盒（灯头盒）	只	15.300	1.48	22.64
12	主材	塑料安装盒（开关盒、插座盒）	只	11.220	1.48	16.61
		合　　计				3506.63

3.13.2　实例二

1. 工程概况

图 3 - 147 所示为一个工厂车间的电气图，请按图中所示列出该车间电气安装工程量清单，并进行清单报价。

（1）3 台动力配电柜尺寸（宽×高×厚：1000×2000×600），安装在 10＃基础槽钢上。电缆沟内设 20 个支架。沟内电缆支架采用镀锌扁钢－40×4 保护接地，长度为 29m。

（2）滑触线安装（包括其电源电缆及保护管）不考虑。行车是一台跨度为 15m、起重量 3t 的双梁电动桥式起重机，只计其本体安装（不含设备价格），随机带的电气安装工程量不计。

（3）照明配电箱尺寸（宽×高×厚：500×400×220），箱底标高＋1.40m，顶板标高＋8.00m。配管水平长度见括号内数字，单位：m。

（4）本例工程为三类工程，管理费、利润按《浙江省建设工程施工费用定额（2010版）》中值计取，风险费不计。

1）不计电源进线，考虑电缆敷设弛度、波形弯度、交叉的附加长度，不考虑施工规范规定的电缆出入电缆沟、柜（盘）、管子口处的防火封堵处理。

2）不考虑电缆沟盖板工程量。

2. 工程施工图

电气施工图由首页、电气外线总平面图、系统图、平面图、大样图组成。首先要读懂图纸说明，熟悉图纸中未能详尽标注的设计要求、施工规范以及各种材料的型号、规格。在清单计价中这些均为显著的项目特征，应详细、准确表述，以便正确分别编码和设置项目。其

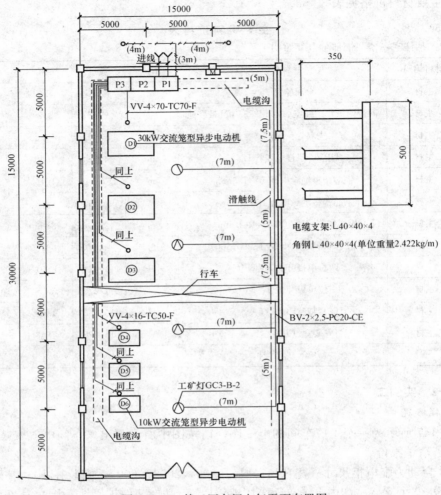

图 3 - 147　某工厂车间电气平面布置图

次，平面图与系统图相对应，按变电所配电屏→电源进线→总配电箱（柜）→干线→分配电箱→分支线路→用电设备的顺序读图，了解各线路的走向、敷设方式和用电设备的确切位置。

本例图纸较简单，涉及动力、照明和防雷接地等内容。读图可知：

（1）P1 为总配电柜，分三个回路分别引至落地动力配电柜 P2、P3 和墙上安装照明配电箱 M。P1、P2、P3 均安装在 10 号基础槽钢上。

（2）P2 动力柜引出聚氯乙烯铜芯电缆 VV-4×70，敷设于电缆沟支架上（电缆沟内设20 个电缆支架，采用 40×40×4 角钢，具体尺寸见图 3 - 152），出电缆沟后穿 DN70 黑铁保护管埋地敷设（埋深－0.1m），至 D1、D2、D3（D1、D2、D3 为 30kW 交流笼型异步电动机），保护管出地坪 0.2m。

（3）P3 动力柜控制 10kW 交流笼型异步电动机 D4、D5、D6，箱内引出聚氯乙烯铜芯电缆 VV-4×16，（敷设方式与 VV-4×70 相同），DN50 黑铁保护管（埋深－0.1m），保护管出地坪 0.2m。

（4）M 为墙上安装照明配电箱，箱底标高＋1.40m，采用铜芯塑料绝缘导线 BV2.5 穿 UPVC 塑料电线管 DN15（粘接）沿墙、沿顶板暗敷至吊链式工矿灯 GC3-B-2，安装高度为 5m。线路分支处均设接线盒，灯具处预埋灯头盒。

（5）防雷接地系统：电源电缆引入处有一组重复接地装置。3 根接地极之间的距离为 4m，采用 50×50×5 角钢，单根长度 $H=2500$，即接地极长度为 2.5m 垂直打入地下。接地母线采用－40×4 扁钢，埋深－1.0m。沟内电缆支架采用镀锌扁钢－40×4 保护接地，长度为 29m。

3. 计算工程量

按读图顺序分系统计算，对于大型复杂的工程，可借助表格计算汇总工程量。

特别注意《通用规范》中电缆、导线、接地母线工程的计算与 2008 版清单计算规则不同，2013 版《通用规范》规定：电缆工程量计算按设计图示尺寸以长度计算（含预留长度及附加长度），配线工程量计算按设计图示尺寸以单线长度计算（含预留长度），接地母线工程量计算按设计图示尺寸以长度计算（含附加长度），此外电缆头、接线盒均独立编制清单项目。

工程量计算表见表 3-54。

表 3-54　　　　　　　　　　　　　　工 程 量 计 算 表

工程名称：某工厂车间电气工程

序号	名称	单位	计 算 式	工程量
1	低压交流异步电机 30kW	台	3〔D1，D2，D3〕	3
2	低压交流异步电机 10kW	台	3〔D4，D5，D6〕	3
3	动力配电箱	台	3〔P1，P2，P3〕	3
4	基础槽钢 10 号安装	10m	箱底周长（1+0.6）×2×3	0.96
	基础槽钢 10 号制作	100kg	9.6×理论重量 10kg/m	0.96
5	照明配电箱	台		1
6	桥式起重机 15m³t	台		1
7	送配电系统调试	系统		1
8	电力电缆 VV-4×70 （1）定额工程量	100m	D1：清单工程量 5.7×（1+附加长度 2.5%）+柜预留 2+电缆沟内预留 1.5+电动机预留 0.5 D2：清单工程量 14.2×（同上）+2+1.5+0.5 D3：清单工程量 18.2×（同上）+2+1.5+0.5	0.511
	（2）清单工程量	m	同定额工程量	51.1
9	电力电缆 VV-4×16 （1）定额工程量	100m	D4：清单工程量 22.9×（1+附加长度 2.5%）+柜预留 2+电缆沟内预留 1.5+电动机预留 0.5 D5：清单工程量 24.9×（同上）+2+1.5+0.5 D6：清单工程量 26.9×（同上）+2+1.5+0.5	0.886
	（2）清单工程量	m	同定额工程量	88.6

续表

序号	名称	单位	计 算 式	工程量
10	电缆头 35mm² 以下 （1）定额工程量	个	2×电缆根数 3	6
	（2）清单工程量	个	（同上）	6
11	电缆头 120mm² 以下 （1）定额工程量	个	2×电缆根数 3	6
	（2）清单工程量	个	（同上）	6
12	电缆保护管 DN70 （1）定额工程量	100m	（电缆沟－D1）4＋（电缆沟－D2）2.5＋（电缆沟－D3）2.5＋[（管子埋深）0.1＋（管子出地坪）0.2]×3	0.099
	（2）清单工程量	m	（同上）	9.9
13	电缆保护管 DN50 （1）定额工程量	100m	（电缆沟－D4）2＋（电缆沟－D5）2＋（电缆沟－D6）2＋[（管子埋深）0.1＋（管子出地坪）0.2]×3	0.069
	（2）清单工程量	m	（同上）	6.90
14	电缆支架 （1）定额工程量	100kg	单个延长米（0.35×3＋0.5）×20×理论重量 2.422kg/m	0.075
	（2）清单工程量	kg	（同上）	7.5
15	UPVC 塑料电线管 DN15 暗配 （1）定额工程量	100m	水平长度 5＋7.5＋5＋7.5＋5＋7×4＋（顶板高 8－配电箱标高 1.4－配电箱高度 0.4）	0.642
	（2）清单工程量	m	（同上）	64.20
16	塑料铜芯线 BV2.5 （1）定额工程量	100m	管子长度 64.2＋（箱预留 0.5＋0.4）×穿线根数 2	1.302
	（2）清单工程量	m	（同上）	130.2
17	接线盒 （1）定额工程量	10个		0.4
	（2）清单工程量	个		4
18	灯头盒 （1）定额工程量	10个		0.4
	（2）清单工程量	个		4
19	工矿灯 GC3-B-2	套		4

续表

序号	名称	单位	计 算 式	工程量
20	支架接地母线镀锌扁钢 —40×4， （1）定额工程量	10m	29	2.9
	（2）清单工程量	m		29
21	接地母线扁钢—40×4 （1）定额工程量	10m	（水平长度 4×2＋3＋埋深 1＋出地坪 0.2）×附加长度 （1＋3.9%）	1.268
	（2）清单工程量	m		12.68
22	接地极 50×5×2500	根	3	3
23	接地系统调试	系统	1	1

4. 编制工程量清单

（1）分部分项工程量清单见表 3 - 55。

表 3 - 55　　　　　　　　　　　分部分项工程量清单

工程名称：某工厂车间电气工程

序号	项目编码	项目名称	项 目 特 征	计量单位	工程数量
1	030406006001	低压交流异步电动机	30kW 检查接线；电磁控制调试	台	3
2	030406006002	低压交流异步电动机	10kW 检查接线；电磁控制调试	台	3
3	030404017001	配电箱	动力配电柜 P1、P2、P3（1000×2000×600）10♯基础槽钢制作安装；箱体安装	台	3
4	030404017002	配电箱	悬挂式照明配电箱 M（500×400×220）；箱体安装	台	1
5	030104001001	桥式起重机	双梁电动桥式起重机，跨度 15m、起重量 3t；本体安装	台	1
6	030414002001	送配电装置系统	1kV 交流供电系统调试（综合）	系统	1
7	030408001001	电力电缆	VV-4×70 电缆沟内敷设	m	51.1
8	030408001002	电力电缆	VV-4×16 电缆沟内敷设	m	88.6
9	030408006001	电力电缆头	VV-4×70 电力电缆头制作安装	个	6
10	030408006002	电力电缆头	VV-4×16 电力电缆头制作安装	个	6
11	030408003001	电缆保护管	黑铁保护管 DN70 埋地敷设	m	9.90
12	030408003002	电缆保护管	黑铁保护管 DN50 埋地敷设	m	6.90
13	030413001001	铁构件	电缆支架制作、安装（角钢 L40×40×4）	t	0.075

续表

序号	项目编码	项目名称	项 目 特 征	计量单位	工程数量
14	030411001001	配管	UPVC 塑料电线管 DN15 暗配	m	64.20
15	030411004001	配线	管内穿塑料铜芯线 BV2.5	m	130.2
16	030412002001	工厂灯	工矿灯 GC3-B-2 吊链式 100W，安装高度 5m	套	4
17	030409001001	接地极	角钢接地极制作、安装（角钢 L 50×5×2500）	根	3
18	030409002001	接地母线	户外接地母线敷设（扁钢—40×4）	m	12.68
19	030409002002	接地母线	支架接地母线敷设（镀锌扁钢—40×4）	m	29
20	030414011001	接地装置	独立接地装置调试 6 根接地极以内（组）	系统	1
21	030411006001	接线盒	4 只接线盒、4 只灯头盒暗装	个	8

（2）施工技术措施项目清单根据工程的具体情况列项，见表 3-56。

表 3-56　　　　　　　　　　施工技术措施项目清单

工程名称：某工厂车间电气工程

序号	项目编码	项目名称	项 目 特 征	计量单位	工程数量
1	031301017001	脚手架搭拆费		项	1

（3）施工组织措施项目清单，见表 3-57。

表 3-57　　　　　　　　　　施工组织措施项目清单

工程名称：某工厂车间电气工程

序号	项目编码	项 目 名 称	费率（%）	金额（元）
1	031302001001	安全文明施工费		
2	031302005001	冬雨季施工增加费		
3	031302003001	夜间施工增加费		
4	031302006001	已完成工程及设备保护费		
5	031302004001	二次搬运费		

（4）其他项目清单按清单计价规范编制。

5. 计算综合单价，确定分部分项工程费

本工程为三类工程，管理费费率按 21.5% 计取，利润费率按 10% 计取，风险费不计。分部分项工程量清单与计价表见表 3-58，工程量清单综合单价计算表见表 3-59。

6. 计算措施项目费

措施项目费按施工技术措施费和施工组织措施费分别进行计算，计算方法同实例一。

表 3-58　　　　　　分部分项工程量清单与计价表

工程名称：某工厂车间电气工程

序号	项目编码	项目名称	项目特征描述	计量单位	工程数量	综合单价	金额（元）		其中（元）	
							合价	其中 暂估价	人工费	机械费
1	030406006001	低压交流异步电动机	30kW 检查接线；电磁控制调试	台	3	239.39	718		335	144
2	030406006002	低压交流异步电动机	10kW 检查接线；电磁控制调试	台	3	205.64	617		281	140
3	030404017001	配电箱	动力配电柜 P1、P2、P3（1000×2000×600）10#基础槽钢制作安装；箱体安装	台	1	2668.74	8006		741	246
4	030404017002	配电箱	悬挂式照明配电箱 M（500×400×220）；箱体安装	台	1	706.34	706		66	0
5	030104001001	桥式起重机	双梁电动桥式起重机，跨度15m，起重量3t；本体安装	台	1	6103.21	6103		3134	1009
6	030414002001	送配电装置系统	1kV 以下交流供电系统调试（综合）	系统	1	136.10	136		77	23
7	030408001001	电力电缆	VV-4×70 电缆沟内敷设	m	54.1	207.70	11 236		190	22
8	030408001002	电力电缆	VV-4×16 电缆沟内敷设	m	91.6	51.33	4702		79	3
9	030408006001	电力电缆头	VV-4×70 电力电缆头制作安装	个	6	155.20	931		158	0
10	030408006002	电力电缆头	VV-4×16 电力电缆头制作安装	个	6	29.63	178		39	0
11	030408003001	电缆保护管	黑铁保护管 DN70 埋地敷设	m	9.90	51.25	507		84	6
12	030408003002	电缆保护管	黑铁保护管 DN50 埋地敷设	m	6.90	36.45	252		40	3
13	030413001001	铁构件	电缆支架制作、安装（角钢 L40×40×4）	t	0.075	12 439.63	933		310	59
14	030411001001	配管	UPVC 塑料电线管 DN15 暗配	m	64.20	4.68	300		130	0
15	030411004001	配线	管内穿塑料铜芯线 BV2.5	m	130.2	2.52	328		40	0
16	030411006001	接线盒	4只接线盒，4只灯头盒暗装	个	8	4.76	38		14	0
17	030412002001	工厂灯	工矿灯 GC3-B-2 吊链式 100W，安装高度 5m	套	4	2.54	326		40	0
18	030409001001	接地极	角钢接地极制作、安装（角钢 L50×5×2500）	根	3	83.49	250		47	32
19	030409002001	接地母线	户外接地母线敷设（扁钢-40×4）	m	12.68	20.23	257		127	3
20	030409002002	接地母线	支架接地母线敷设（镀锌扁钢-40×4）	m	29	7.59	220		131	19
21	030414011001	接地装置	独立接地装置调试6根接地极以内（组）	系统	1	65.11	65		31	17
			合　计				36 722		6073	1726

表 3－59

工程名称：某工厂车间电气工程

工程量清单综合单价计算表

序号	编号	名 称	计量单位	数量	综合单价（元）							合计（元）
					人工费	材料费	机械费	管理费	利润	风险费用	小计	
1	030406006001	低压交流异步电动机：30kW 检查接线；电磁控制调试	台	3	111.59	29.74	47.84	34.28	15.94		239.39	718
	4-445	小型流异步电动机检查接线 30kW 以下	台	3	49.67	26.77	4.07	11.55	5.37		97.43	292
	主材	金属软管活接头	套	2.04		0.60					0.60	1
	主材	金属软管	m	1.25		5.70					5.70	7
	4-979	低压笼型电动机调试电磁控制	台	3	61.92	2.97	43.77	22.72	10.57		141.95	426
2	030406006002	低压交流异步电动机：10kW 检查接线；电磁控制调试	台	3	93.65	21.03	46.74	30.18	14.04		205.64	617
	4-444	小型流异步电动机检查接线 13kW 以下	台	3	31.73	18.06	2.97	7.46	3.47		63.69	191
	主材	金属软管活接头	套	2.04		0.40					0.40	1
	主材	金属软管	m	1.25		2.85					2.85	4
	4-979	低压笼型电动机调试电磁控制	台	3	61.92	2.97	43.77	22.72	10.57		141.95	426
3	030404017001	配电箱：动力配电柜 P1, P2, P3 (1000×2000×600) 10#基础槽钢制作安装；箱体安装	台	3	247.05	2236.09	81.96	70.74	32.90		2668.74	8006
	4-362	一般铁构件制作	100kg	0.96	250.78	626.92	49.10	64.47	29.99		1021.26	980
	主材	10号槽钢	kg	105		5.12					5.12	538
	4-360	基础槽钢安装	10m	0.96	104.15	34.64	32.30	29.34	13.65		214.08	206
	4-263	落地式成套配电箱安装	台	3	133.47	2024.39	55.91	40.72	18.94		2273.43	6820

续表

序号	编号	名称	计量单位	数量	综合单价（元）							合计（元）
					人工费	材料费	机械费	管理费	利润	风险费用	小计	
4	主材	落地式动力配电柜 P1、P2、P3（1000×2000×600）	台	1		2000.00					2000.00	2000
	03040417002	配电箱：悬挂式照明配电箱 M（500×400×220）；箱体安装	台	1	66.18	619.31		14.23	6.62		706.34	706
	4-265	悬挂嵌入式成套配电箱安装半周长 1.0m 以内	台	1	66.18	619.31		14.23	6.62		706.34	706
	主材	悬挂式照明配电箱 M（500×400×200）	台	1		600.00					600.00	600
5	03010400 1001	桥式起重机、双梁电动桥式起重机，跨度 15m，起重量 3t；本体安装	台	1	3134.01	655.39	1008.82	890.71	414.28		6103.21	6103
	1-289	电动双梁桥式起重机安装 5t 以内跨距 19.5m 以内	台	1	3134.01	655.39	1008.82	890.71	414.28		6103.21	6103
6	03041400 2001	送配电装置系统：1kV 以下交流供电系统调试（综合）	系统	1	77.40	3.72	23.27	21.64	10.07		136.10	136
	4-899	1kV 以下交流供电系统调试（综合）	系统	1	77.40	3.72	23.27	21.64	10.07		136.10	136
7	03040800 1001	电力电缆 VV-4×70 电缆沟内敷设	m	55.1	3.51	202.55	0.41	0.84	0.39		207.70	10 613
	4-634	铜芯电力电缆敷设截面 70mm² 以下	100m	0.551	350.54	20 255.10	40.78	84.13	39.13		20 769.68	10 613
	主材	电力电缆 VV-4×70	m	101		200.00					200.00	20 200
8	03040800 1002	电力电缆 VV-4×16 电缆沟内敷设	m	88.6	0.86	50.16	0.03	0.19	0.09		51.33	4548
	4-633×0.4	铜芯电力电缆敷设截面 16mm² 以下	100m	0.886	86.45	5015.67	2.59	19.14	8.90		5132.75	4548
	主材	电力电缆 VV-4×16	m	101		49.46					49.46	4995

续表

序号	编号	名称	计量单位	数量	综合单价（元）							合计（元）
					人工费	材料费	机械费	管理费	利润	风险费用	小计	
9	030408006001	电力电缆头：VV-4×70 干包式电力电缆头制作安装	个	6	26.36	120.53		5.67	2.64		155.20	931
	4-645	户内干包终端头制安 1kV 以下截面 70mm² 以下	个	6	26.36	120.53		5.67	2.64		155.20	931
10	030408006002	电力电缆头：VV-4×16 干包式电力电缆头制作安装	个	6	6.45	21.14		1.39	0.65		29.63	178
	4-644×0.4	户内干包终端头制安 1kV 以下截面 16mm² 以下	个	6	6.45	21.14		1.39	0.65		29.63	178
11	030408003001	电缆保护管：黑铁保护管 DN70 埋地敷设	m	9.90	8.48	39.28	0.62	1.96	0.91		51.25	507
	4-1064	砖、混凝土结构暗配钢管公称口径 70mm 以内	100m	0.099	848.18	3928.24	61.56	195.59	90.97		5124.54	507
	主材	黑铁保护管 DN70mm	m	103		35.35					35.35	3641
12	030408003002	电缆保护管：黑铁保护管 DN50 埋地敷设	m	6.90	5.85	28.19	0.43	1.35	0.63		36.45	252
	4-1064	砖、混凝土结构暗配钢管公称口径 50mm 以内	100m	0.069	584.59	2818.92	43.44	135.03	62.80		3644.78	251
	主材	黑铁保护管 DN50	m	103		25.73					25.73	2650
13	030413001001	铁构件：电缆支架制作、安装、角钢 L40×40×4	t	0.075	4137.90	5960.10	789.50	1059.39	492.74		12 439.63	933

续表

序号	编号	名称	计量单位	数量	人工费	材料费	机械费	管理费	利润	风险费用	小计	合计(元)
	4-362	一般铁构件制作	100kg	0.75	250.78	605.92	49.10	64.47	29.99		1000.26	750
	主材	角钢（综合）	kg	105		4.92					4.92	517
	4-363	一般铁构件安装	100kg	0.75	163.01	119.24	29.85	41.46	19.29		372.85	280
14	030411001001	配管：UPVC 塑料电线管 DN15 暗配	m	64.20	1.81	1.71		0.39	0.18		4.09	262
	4-1181	砖、混凝土结构暗配半硬质阻燃管公称口径 15mm 以内	100m	0.642	180.94	170.71		38.90	18.09		408.64	262
	主材	UPVC 塑料电线管 DN15	m	106		1.35					1.35	143
15	030411004001	配线：管内穿塑料铜芯线 BV2.5	m	130.2	0.31	2.11		0.07	0.03		2.52	328
	4-1222	管内穿照明线铜芯2.5mm² 以内	100m单线	1.302	30.96	211.01		6.66	3.10		251.73	328
	主材	塑料铜芯线 BV2.5	m	108		1.93					1.93	208
16	030411006001	接线盒：接线盒暗装、4只，灯头盒暗装、4只	个	8	1.74	2.47		0.38	0.17		4.76	38
	4-1429	接线盒暗装	10个	0.4	17.42	22.18		3.75	1.74		45.09	18
	主材	接线盒	个	10.2		1.10					1.10	11
	4-1429	接线盒暗装	10个	0.4	17.42	27.18		3.75	1.74		50.09	20
	主材	灯头盒	个	10.2		1.59					1.59	16
17	030412002001	工厂灯：工矿灯 GC3-B-2 吊链式 100W，安装高度 5m	套	4	7.97	58.62		1.71	0.8		69.1	276
	4-1671	工厂罩灯安装吊链式	10套	0.4	79.72	586.18		17.14	7.97		691.01	276
	主材	工矿灯 GC3-B-2 吊链式 100W	套	10.1		55.00					55.00	556

（综合单价（元））

续表

序号	编号	名　称	计量单位	数量	综合单价（元）						合计（元）
					人工费	材料费	机械费	管理费	利润	风险费用	小计	
18	030409001001	接地极：角钢接地极 50×5×2500，3 根	根	3	15.78	48.68	10.69	5.69	2.65		83.49	250
	4-751	角钢接地极制作、安装普通土	根	3	15.78	48.68	10.69	5.69	2.65		83.49	250
	主材	角钢接地极 50×5×2500	根	1		46.34					46.34	46
19	030409002001	接地母线：户外接地母线敷设（扁钢—40×4）	m	12.68	10.03	6.73	0.24	2.21	1.03		20.23	257
	4-758	户外接地母线敷设截面 200mm² 以内	10m	1.268	100.32	67.29	2.38	22.08	10.27		202.34	257
	主材	接地母线	m	10.23		6.45					6.45	66
20	030409002002	接地母线：支架接地母线敷设（镀锌扁钢—40×4）	m	29	4.51	0.80	0.65	1.11	0.52		7.59	220
	4-757	户内接地母线敷设	10m	2.9	45.06	8.02	6.53	11.09	5.16		75.86	220
	主材	接地母线	m	10.23		6.45					6.45	66
21	030414011001	接地装置：独立接地装置调试 6 根接地极以内	系统	1	30.96	1.49	17.42	10.40	4.84		65.11	65
	4-934	独立接地装置调试 6 根接地极以内	组	1	30.96	1.49	17.42	10.40	4.84		65.11	65
合　　计												36 949

7. 计算单位工程投标报价

单位工程投标报价计算程序和方法同实例一。

思 考 与 练 习

1. 在《安装工程预算定额》第四册《电气设备安装工程》中，各种铁构件的制作安装中，未包括（   ）。

A. 刷油、补油漆费用   B. 镀锌费用

C. 膨胀螺栓   D. 带帽螺栓

2. 某建筑物内由变电所低压配电屏自动空气开关输出的电源，经过大楼动力总配电箱的自动空气开关，再送到动力配电箱控制一台低压交流笼型异步电动机（电磁控制），试问该系统调试的直接工程费是（   ）元。

A. 130   B. 109   C. 104   D. 213

3. 喷淋系统中的水流指示器检查接线应套用（   ）。

A. 6-423   B. 6-423H   C. 9-102   D. 9-102H

4. 塑料电缆保护管 DN100 埋地敷设如何套用定额子目（   ）。

A. 参照 4-555 定额子目

B. 参照 4-1200 定额子目乘以系数 1.3

C. 参照 4-1200 定额子目乘以系数 2

D. 定额缺项，另行补充

5. 在《安装工程预算定额》第四册《电气设备安装工程》中，电缆保护管采用焊接钢管 G50 沿墙暗敷，套用定额（   ）。

A. 4-552   B. 4-552 基价×0.5

C. 4-1052   D. 4-1063

6. 有关《安装工程预算定额》第四册《电气设备安装工程》中，下面的表述正确的是（   ）。

A. 照明灯具，明、暗开关，插座，按钮等的预留线，已分别综合在相应的定额内，不另行计算

B. 路灯、投光灯、碘钨灯、吸顶灯、水塔指示灯，均已考虑了一般工程的高空作业因素

C. 电缆支架的接地安装应执行"户外接地母线敷设"定额

D. 照明线路中的导线截面积大于或等于 6mm^2 时，应执行动力线路穿线相应项目

E. 单独承包室外埋地电缆或单独承包电缆沟内敷设电缆的工程，可以计取脚手架搭拆费

7. 在《安装工程预算定额》第四册《电气设备安装工程》中各种配管工程量的计算，不扣除管路中的（   ）所占的长度。

A. 配电箱   B. 接线箱

C. 灯头盒   D. 开关盒

E. 接线盒

8. 长度为 100m 的 BTTZ-3×10 电力电缆敷设的安装费用为（　　）。

 A. 68.25 元   B. 52.75 元

 C. 441 元   D. 349 元

9. 套接扣压式、套接紧定式金属线路导管安装，可参照（　　）定额，但其弯头等连接管件不得另计主材费。

 A. 电线管敷设   B. 钢管敷设

 C. 塑料管敷设   D. 防爆钢管敷设

10. 关于接地装置，下列说法错误的是（　　）。

 A. 电缆支架的接地安装应执行户外接地母线的相应定额

 B. 配电箱接地应执行户内接地母线的相应定额

 C. 钢铝窗接地执行接地跨接线定额

 D. 采用圆钢明敷作均压环时，可执行 4-812 均压环敷设定额

 E. 等电位箱内接线执行接地跨接线定额乘以系数 0.5

11. 关于电气系统调试下列说法正确的是（　　）。

 A. 某建筑物内主配电室 3 台低压配电屏输出的照明供电回路共 15 路，均用三相自动空气开关控制，则该建筑物的"照明供电回路系统调试"共 15 个系统，按供电方式执行相应的"配电设备系统调试"定额乘以系数 0.2

 B. 某建筑物主配电室内由 3 台带有调试元件的照明主配电箱输出供电回路共 15 路，则该建筑物的"照明供电回路系统调试"共 15 个系统，按供电方式执行相应的"配电设备系统调试"定额乘以系数 0.2

 C. 某建筑物内用自动空气开关输出的电源共 1 路，经过楼层动力总柜的自动空气开关再送到就地动力配电箱，控制一台电动机，则按 1 个系统根据供电方式执行相应的"配电设备系统调试"定额乘以系数 0.2

 D. 送配电设备系统调试包括系统内的电缆试验、瓷瓶耐压等全套调试工作

 E. 自动装置及信号系统调试，包括二次回路的调整试验

12. 工程量清单计价的项目编码 030404031 所代表的项目名称适用于（　　）。

 A. 自动空气开关安装

 B. 微型空气开关安装

 C. 漏电保护开关安装

 D. 组合控制开关安装

13. 简述建筑电气工程中常用的配管及配线形式。

14. 简述建筑电气工程中常用的设备及其类型。

15. 简述建筑电气工程中常用的材料及其类型。

16. 一套住宅的电气照明布置图及系统图如图 3-148 所示，根据图例和说明计算电气工程量，并按《通用规范》列出工程量清单表。说明：

（1）照明开关箱 M（高×宽＝300mm×400mm）底部离地 1.8m；开关离地 1.3m；普通插座、n3 空调插座离地 0.3m；n4、n5 空调插座离地 1.8m；卫生间、厨房插座离地 1.5m；换气扇离地 2.2m；日光灯均吸顶安装；壁灯高度 1.7m。

（2）室内地面至楼板底面 2.7m；PVC-U 保护管配管在楼板内埋入深度不计。

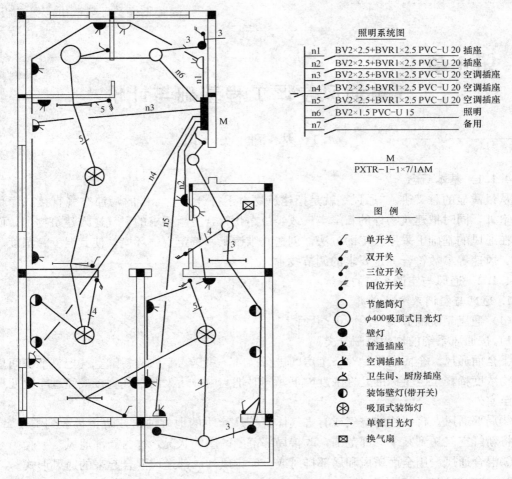

照明系统图

n1	BV2×2.5+BVR1×2.5 PVC–U 20	插座
n2	BV2×2.5+BVR1×2.5 PVC–U 20	插座
n3	BV2×2.5+BVR1×2.5 PVC–U 20	空调插座
n4	BV2×2.5+BVR1×2.5 PVC–U 20	空调插座
n5	BV2×2.5+BVR1×2.5 PVC–U 20	空调插座
n6	BV2×1.5 PVC–U 15	照明
n7		备用

$$\frac{M}{PXTR-1-1\times7/1AM}$$

图　例

⌇	单开关
⌇	双开关
⌇	三位开关
⌇	四位开关
○	节能筒灯
◯	φ400吸顶式日光灯
●	壁灯
▲	普通插座
▲	空调插座
◡	卫生间、厨房插座
◐	装饰壁灯(带开关)
⊗	吸顶式装饰灯
⟷	单管日光灯
⊠	换气扇

图 3-148　某住宅电气照明布置图

第4章
建筑通风空调工程基础与计价

4.1 基础知识

4.1.1 基本概念

从最浅显的意义讲。"通风"就是把建筑物内不符合卫生标准的污浊空气直接或净化后排至室外，同时把建筑物外的新鲜空气或经过净化符合卫生要求的空气送入建筑物内。而空调是在通风的基础上采用人工的方法，创造并维持某一特定空气环境，使其温度、湿度、洁净度、风速等参数符合一定要求的调节技术。

4.1.2 通风与空调系统的分类

1. 通风与空调系统的分类

（1）通风系统的分类。

1）按通风系统的作用范围分类。

①全面通风。全面通风是对整个房间进行换气。用送入室内的新鲜空气把整个房间里的有害物浓度稀释至卫生标准允许浓度以下，同时把室内被污染的空气直接或经过净化处理后排放至室外。

②局部通风。将污浊的空气或有害气体直接从产生的地方抽出，防止扩散到整个室内，或者将新鲜空气送到某个局部范围，改善局部范围的空气状况，称为局部通风。

③混合通风。用全面送风和局部排风或全面排风和局部送风混合起来的通风形式。

2）按空气流动的动力分类。

①自然通风。利用室外冷空气和室内热空气密度的不同，以及建筑物迎风面和背风面的风压不同而进行通风换气的方式，称为自然通风。

②机械通风。利用通风机提供的动力，借助通风管网，强制性地进行室内、外空气交换的通风方式，称为机械通风。

（2）空调系统的分类。

1）按室内环境的要求分类。

①恒温恒湿空调工程。

②一般空调工程。

③净化空调工程。

④除湿性空调工程。

2）按空气处理设备的设置情况可分为以下几种：

①集中式空气调节系统。它是将所有空气处理设备（包括冷却器、加热器、加湿器、过滤器和风机等）设置在一个集中的空调机房内，经集中设备处理后的空气，用风道分送到各空调房间，因而，系统便于集中管理、维护，如图4-1所示。集中式空气调节系统又可分为单风管空调系统、双风管空调系统和变风量空调系统。在智能建筑中，一般采用集中式空

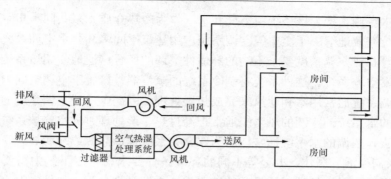

图 4-1　典型的集中式空调系统

调系统，通常称为中央空调系统，对空气的处理集中在专用的机房里，对处理空气用的冷源和热源，也有专门的冷冻站和锅炉房。按照所处理空气的来源，集中式空调系统可分为循环式系统、直流式系统和混合式系统。循环式系统的新风量为零，全部使用回风，其冷、热消耗量最省，但空气品质差。直流式系统的回风量为零，全部采用新风，其冷、热消耗量大，但空气品质好。对于绝大多数场合，采用适当比例的新风和回风相混合，这种混合系统既能满足空气品质要求，又能节约能源，因此是应用最广的一类集中式空调系统。

②半集中空调系统。除了集中空调机房外，还设有分散在被调节房间的二次设备（又称末端装置），如图 4-2 所示。其功能主要是在空气进入被调节房间前，对来自集中处理设备的空气做进一步的补充处理。半集中式空气调节系统按末端装置的形式又可分为末端再热式系统、风机盘管系统和诱导器系统。

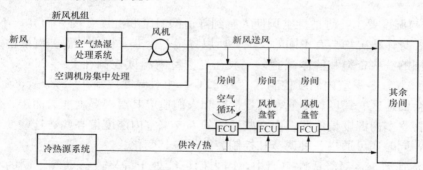

图 4-2　半集中式空调系统

③全分散系统。也称局部空调机组。这种机组通常把冷、热源和空气处理、输送设备（风机）集中设置在一个箱体内，形成一个紧凑的空调系统。常用的局部空调机组有普通的空调器：包括窗式空调、分体式空调、柜式空调、恒温和恒湿机组，它能自动调节空气的温湿度，维持室内温湿度恒定。它们都不需要集中的机房，安装方便，使用灵活。

3）按负担室内空调负荷所用的介质可分为以下几种：

①全空气空调系统。它全部由集中处理的空气来承担室内的热湿负荷。由于空气的比热小，通常这类空调系统需要占用较大的建筑空间，但室内空气的品质有所改善。

②全水空调系统。该系统室内的热湿负荷全部由水作为冷、热介质来承担。由于水的比热比空气大得多，所以在相同情况下，只需要较少的水量，从而使输送管道占用的建筑空间较少。但这种系统不能解决空调空间的通风换气的问题，故通常情况下不单独使用。

③空气—水空调系统。该系统由空气和水（作为冷热介质）来共同承担空调空间的热湿负荷，这种系统有效地解决了全空气空调系统占用建筑空间多和全水空调系统中空调空间通风换气的问题，在对空调精度要求不高的舒适性空调的场合广泛地使用该系统。

④直接蒸发空调系统。这种系统将制冷系统的蒸发器直接置于空调空间内来承担全部的热湿负荷。空调系统通常用水和通风来完成热湿处理，因此，一般空调系统通常分为空调的风系统和空调的水系统。空调的风系统通常把经过热、湿处理过的空气按系统的要求分送到各个空调房间去，空调的水系统通常以水为媒介为系统提供热源或冷源。

4）根据人们生活、居住、办公等不同的环境条件要求；生产工艺中需要满足对空气处理的各项参数要求；对空气处理质量的特殊要求，空调可划分为一般性空调（舒适性空调）、工业空调和洁净式空调。

①舒适性空调。舒适性空调主要是为满足人们对新鲜空气量、温度、湿度、气流速度等要求，并将这些参数控制在一定的范围内称为舒适性空调。当设定空调房间内保持一定的温度和湿度时，称其为基准参数（温度、湿度）。而空调系统因受多种因素的影响，不会完全维持在基准参数上的，均会产生上下波动，这在舒适性空调中是允许的。

a. 对新鲜空气的要求：在舒适性空调系统中，不管哪种空气处理系统，均不需要百分之百的送入处理后的新鲜空气，那样既无必要，又是不经济的。送风系统的送风量可由部分新鲜空气和再循环空气混合的混合风，只需满足空调房间必要的新鲜空气量就可以了。它可使人既无不舒适发闷缺氧的感觉，又可减少风道的断面尺寸和占用建筑空间，同时也可适当降低气流速度而降低噪声。新风量一般可根据房间和建筑物的性质参照新风风量参数表选择。

b. 温度与湿度要求：舒适性空调使人感到舒适的温度和湿度会因人而异，不同的人种、年龄、性别、身体状况均会有不同的反应。所以界定一个非常标准的温、湿度值是不太现实的，根据我国的一些资料和群体试验，一般在夏季室内温度控制在 $24\sim26℃$；相对湿度控制在 $55\%\sim60\%$，冬季室内温度控制在 $20\sim22℃$；相对湿度控制在 $45\%\sim55\%$ 为宜。当然这些参数也会因地区、纬度、空气含湿量情况和人们适应其温、湿度能力而定，例如某些地区的人可能喜欢室内温度偏低些，而有些地区的人要求室内温度偏高些，这些变化均应属允许范围内的，同时还可通过各种调节和控制装置适应其变化。

c. 气流流速要求：对舒适性空调中，因人们可能处于静坐或运动等不同的状态，所以对风速要求也有差异，但一般人们感到较为舒适的风速是冬季在 $0.13\sim0.15m/s$，夏季在 $0.2\sim0.25m/s$ 为宜，而对公共场所或人员密集场所可允许加大气流流速。

舒适性空调适用于办公楼、居室、宾馆饭店、公共设施等建筑物内，而大型商场、超级市场、影剧院、车站、候机厅、大型展览中心等建筑物的空调参数应考虑人员密集性和高峰期，以及各种产热设备等因素的影响。

②工业空调。工业空调是在一些行业中，在生产和产品组装工艺过程中，为了保证产品的质量和生产工艺的顺利运行，需要有严格的空气温度、湿度的要求。而这些空调参数应优先满足工艺过程中的需要，而不是首先考虑人是否在这种环境下的舒适度，这种空调称为工业空调。工业空调的特点是必须将其所需的空调参数的变化控制在波动很小的范围值内。例如在棉纺织厂的棉纺纱和织布车间，要求相对湿度在 95%，温度在 $35\sim38℃$，只有保证在这样恒定的空气参数下，才能减少断头或出现疵点。在电子业、精密仪器仪表业的加工和装

配车间内需要有非常严格的恒定的温、湿度、清洁度的室内环境，才能保证产品的加工质量和装配的精密度。工业空调的空气处理量较大，所需的设备、管道均大于舒适性空调，同时对建筑结构的隔热和防潮以及建筑物的严密性要求很严格。

③洁净式空调。在某些要求空气洁净度很高的行业和房间，不但对室内的空气温度、湿度、空气流动速度有严格的要求，同时对空气中的含尘量、含菌数等指标也有严格要求。例如在制药业、食品加工业、医院中的手术室、血液透析室、烧伤病房等房间和洁净室，都需要有洁净式空调以保证产品的无尘无菌要求和在医院洁净室内无尘、无病菌、无病毒、无污染的要求。洁净空调对空气的过滤处理、风道材质、气流组织、建筑物密闭性程度均有较严格的要求。根据设计规范要求，空气的洁净度可分为四个等级，见表 4-1。

表 4-1　　　　　　　　　　　　**空 气 洁 净 度 等 级**

等　级	每立方米（每升）空气中 $\geqslant 0.5 \mu m$ 尘粒数	每立方米（每升）空气中 $\geqslant 5 \mu m$ 尘粒数
100 级	$\leqslant 35 \times 100(3.5)$	—
1000 级	$\leqslant 35 \times 1000(35)$	$\leqslant 250(0.25)$
10 000 级	$\leqslant 35 \times 10\ 000(350)$	$\leqslant 2500(2.5)$
100 000 级	$\leqslant 35 \times 100\ 000(3500)$	$\leqslant 25\ 000(25)$

2. 空调的风系统

（1）空调的风系统分类。

1）按所处理空气的性质分类。

①直流式系统。经过机组的空气全部为室外新鲜空气而无回风的空调系统（因而有时也称其为全新风空调系统）。直流式空调系统如图 4-3 所示。

②循环式系统。无任何室外新风，所有空气均为室内空气，这些空气在室内、风管及机组中进行循环，如风机盘管的使用就是一个典型例子。

③混合式系统。具有新风系统的循环式系统称混合式系统，如图 4-4、图 4-5 所示。在混合式系统中，又分为定新风比系统和变新风比系统两种形式。定新风比系统是始终维持恒定的新、回风混合比的系统；变新风比系统是新、回风混合比在运行过程中是随某些参数（室内、外温度和湿度等）变化而变化的。

2）按空气流量状态分类。

①定风量系统。系统在运行过程中，风量始终保持恒定。

②变风量系统。系统在运行过程中的风量均按一定的控制要求不断调整，以满足不同的需求。

③按风道内的风速分类。

a. 低速系统。低速系统是与消声器密切相关的，目前空调通风系统中常用的几种消声器最大适用风速一般在 8～10m/s，当风速超过此值过多时，消声器的附加噪声有显

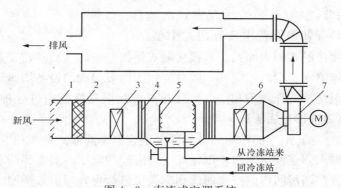

图 4-3　直流式空调系统

1—百叶栅；2—空气过滤器；3—预加热器；4—前挡水板；

5—喷水排管及喷嘴；6—再加热器；7—风机

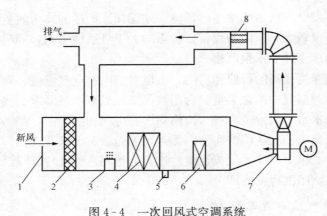

图 4-4　一次回风式空调系统

1—新风口；2—空气过滤器；3—电极式加湿器；4—表面式冷却器；
5—排水口；6—再加热器；7—风机；8—精加热器

著提高的趋势，导致其消声量的明显下降，而在高层民用建筑中，噪声也是一个极为重要的控制参数，因此目前大部分建筑空调主送风管的风速都在 10m/s 以下，也即是低速送风系统。

b. 高速系统。在保证一定的风量下，风道尺寸的减少意味着管内风速的提高，这就产生了高速空调系统（相对于低速而言），通常其主管内风速在 12～15m/s 以上，风速提高，意味着噪声处理困难加大，因此，高速系统只用在对噪声要求较低的房间，如果要在正常标准或高标准的房间中使用，消声设计必须引起设计人员的重视。

（2）空调的风系统组成部分。

1）进风（新风）部分。为提高空气质量，空调系统有一部分空气取自室外，常称新风。它由新风的进风口（新风风门）和风管等组成了新风进风部分。

2）空气过滤部分。由进风部分引入的新风，先经过过滤，除去颗粒较大的尘埃。根据不同的需求，具有不同的空气过滤系统，一般空调系统都装有 1～2 级过滤装置，在一些食品、制药等行业对空气过滤要求更高。根据过滤的不同要求，大致可以分为初（粗）效过滤器、中效过滤器和高效过滤器。

3）空气的热湿处理部分。热湿处理就是对空气加热、加湿、冷却和减湿等不同的处理方式的统称。热湿处理设备主要有两大类型：直

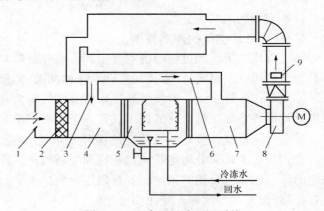

图 4-5　二次回风式空调系统

1—新风口；2—过滤器；3——一次回风管；4——一次混合室；5—喷水室；
6—二次回风管；7—二次混合室；8—风机；9—电加热器

接接触式和表面式。直接接触式是指与空气进行热湿交换的介质直接和被处理的空气接触，如喷水、蒸汽加湿器，以及使用固体吸湿剂的设备均属于这一类。表面式是指与空气进行热湿交换的介质不和空气直接接触，热湿交换是通过处理设备的表面进行的，表面式换热器（表冷器）属于这一类。

4）空气的输送和分配部分。它由不同形式的风机和管道组成，将调节好的空气按要求输入到空调房间内，以保证空调房间的温度、湿度和洁净度的要求。根据节能的要求，把部分空调房间内的空气回送到空调机进行再处理后，送回空调房间内。

3. 空调的水系统

空调水系统指由冷热源提供的冷（热）水并送至空气处理设备的水路系统，空调水系统

通常有以下几种划分方式。

（1）按水压特性划分，可分为开式系统和闭式系统。

1）开式系统。开式系统即是管道与大气相通的一种水系统，管道内的水无外力作用时（水泵不工作时）管网水压等于大气压力，高于水池的水管内无水存在，管道容易腐蚀，开式水系统如图 4-6（a）所示。

2）闭式系统。闭式系统管道内没有任何部分与大气相通，无论是水泵运行或停止期间，管内都应始终充满水，以防止管道的腐蚀，闭式水系统如图 4-6（b）所示。

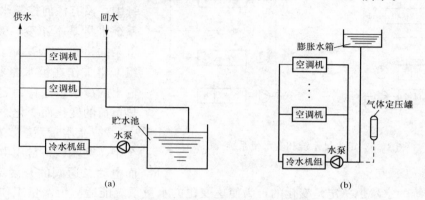

图 4-6 开式系统与闭式系统
(a) 开式系统；(b) 闭式系统

（2）按冷、热水管道的设置方式划分，可分为双管制系统、三管制系统和四管制系统，如图 4-7 所示。

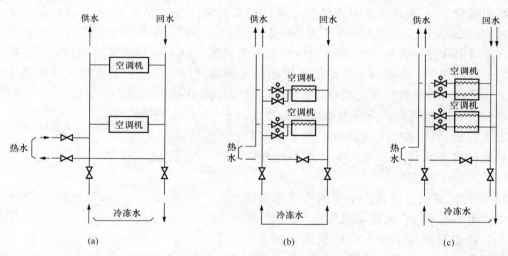

图 4-7 双管制系统、三管制系统及四管制系统
(a) 双管制系统；(b) 三管制系统；(c) 四管制系统

1）双管制系统。进行热湿处理的表面换热器，它的供、回水管在供热水或冷水时共用，即这套供、回水管内，冬天供的是热水，夏天供的是冷水，管网内有冬/夏转换阀门。

2）三管制系统。进行热湿处理的表面换热器，它的供、回水管按冷、热水管分别设置，分别为热水供水管、回水管，冷水供水管和回水管，但回水管合用，共三根管。

3）四管制系统。进行热湿处理的表面换热器，它的供、回水管按冷、热水管分别设置，分别为热水供水管、回水管，冷水供水管和回水管，共四根管。

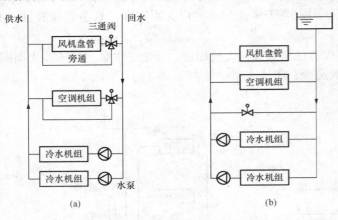

图 4-8　定水量系统和变水量系统
(a) 定水量系统；(b) 变水量系统

（3）按水量特性划分，可分为定水量系统和变水量系统，如图 4-8 所示。

1）定水量系统。在空调水系统中，没有任何控制水量的措施，系统水量基本不变，系统水量由水泵的运行台数决定。如冷水机组希望工作在恒水量状态下，它输出的冷水量保持恒定，不因冷、热负荷的变化而变化。

2）变水量系统。在空调水系统中，终端设备常用电动二通阀，而电动二通阀的开度又是经常变化的，则系统的水量也一定是变化的，为使这变化的水量系统能适应恒水量工作冷水机组，常用方法是在供、回水总管上设置压差旁通阀，根据供、回水总管的水压差，来调节电动旁通阀的开度，以保持冷水机组的恒水量工作。

（4）按水的性质划分，可分为冷冻水系统、冷却水系统和热水系统。

1）冷却水系统。空调系统中的冷却水系统，是专为水冷冷水机组或水冷直接蒸发式空调机组而设置的，带走机组中的热量，保证机组正常工作。从冷却塔来冷却水（通常为32℃），经冷却泵加压后送入冷水机组，带走冷凝器的热量，冷却水水温升高，温度升高的冷却回水（通常设计为37℃）被送至冷却塔上部喷淋。由于冷却塔风扇的转动，使冷却水在喷淋下落过程中，不断与室外空气发生热湿交换而冷却，冷却后的水落入冷却塔集水盘中，又重新送入冷水机组而完成冷却水循环。在冷却水的循环过程中，工作在开式系统中，冷却水会有一定的损失，一是由于冷却水蒸发，二是由于风机排风而吹出的部分，对于损失部分，可通过自来水得到补充，冷却水系统如图 4-9 所示。

2）冷冻水系统。空调系统中的冷冻水系统是一个封闭的水系统，由冷水机组提供的 7℃ 的冷冻水，经水泵加压后送入终端机组，在表冷器与空气进行热湿处理，处理后的冷冻水温度升高，再重新回到冷水机组进行冷冻处理。在冷冻水出水口与回水口加装电动旁通阀，用出水口与回水口压力差来控制旁通阀的开度，以保证恒水量工作。

3）热水系统。城市管网或蒸汽锅炉提供的

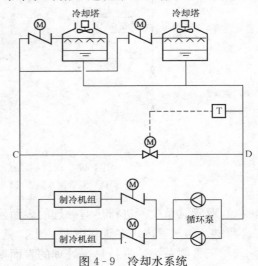

图 4-9　冷却水系统

高温蒸汽或热水锅炉提供的高温热水，需经过换热器转换成空调系统所需的 $60\sim65℃$ 的热水。空调系统中的热水系统也是一个封闭的水系统，经过换热器转换后的热水经热水泵加压后送入终端机组，在表面换热器（表冷器）与空气进行热湿处理，处理后的热水温度降低，再重新回到换热器进行加热处理，温度升高，再送入空调水系统。

4.1.3　空调系统的组成

无论何种空调系统，一般均由空气处理设备、空气输送设备、空气分布装置、冷热源及自动调节控制装置所组成。

（1）空气处理设备。是对空气进行热湿处理和净化处理的主要设备，如表面式冷却器、喷水室、加热器、加湿器等。

（2）空气输送设备。包括风机（送、回、排风机）、风道系统、调节阀、消声器等。

（3）空气分布装置。指设在空调房间内的各种类型的送风口、回风口和排风口。其作用是合理地组织室内的气流，以保证空调间内环境质量的均衡和精度。

（4）冷热源。是为空气处理提供冷量或热量的设备，如冷冻站、冷水机组、锅炉等。

（5）自动调节控制装置。是根据需要装配的控制器件与电路，如控制设备开停顺序的联锁保护和控制电路、感温器、电动二通阀等。

4.2　工　程　识　图

4.2.1　工程施工图基本知识

1. 施工图基本概况

施工图是工程的语言，是施工的依据，是编制施工图预算的基础。因此，通风空调工程施工图也必须以统一规定的图形符号和简单的文字说明部分，将通风空调工程的设计意图正确明了地表达出来。通风空调工程施工图一般由两大部分组成：文字部分与图纸部分。文字部分包括图纸目录、设计施工说明、设备及主要材料表。图纸部分包括两大部分：基本图和详图。基本图包括通风空调系统的平面图、剖面图、轴测图、原理图等。详图包括系统中某局部或部件的放大图、加工图、施工图等。

2. 通风空调工程施工图所表达的工程内容及识图过程

（1）熟悉图例、设计说明及主要材料设备表。通风空调施工图上的图形不能反映实物的具体形象与结构，它采用了国家规定的统一的图例符号来表示。所以读图前，应首先了解并掌握与图纸有关的图例符号所代表的含义。通过设计说明了解工程的系统组成形式，系统各部位所用的材料、设备、施工方法、保温绝热以及刷油的做法，对施工图的内容大致掌握，以便于后期划分项目，计算工程量。主要设备材料表是工程施工图的重要文件，表内详细列出工程中材料设备的名称、规格、数量及所需参照的标准图编号。

（2）平面图识图。通风空调工程平面图一般包括建筑物各层面各通风空调系统的平面图、空调机房平面图、制冷机房平面图等。通风空调系统平面图主要说明通风空调系统的设备、系统风道、冷热媒管道、凝结水管道的平面布置。它的主要内容包括风管系统、水管系统和空气处理设备。本章主要针对风管系统和空气处理设备进行说明。风管系统一般以双线绘制，包括风管系统的构成、布置及风管上各部件、设备的位置，例如三通、四通、异径管、弯头、调节阀、防火阀、送风口、排风口等；空气处理设备包括各设备的轮廓、位置。

（3）剖面图。剖面图总是与平面图相对应的，用来说明平面图上无法表明的事情，如通风管路及设备在建筑物中的垂直位置、相互之间的关系、标高及尺寸。因此，与平面图相对应，空调通风施工图中剖面图主要有空调通风系统剖面图、空调通风机房剖面图、冷冻机房剖面图等。至于剖面和位置，在平面图上都有说明。

（4）系统图。系统图一般都是以轴测投影图来表示，所以又叫做轴测图，主要反映通风系统构成情况及各种尺寸、型号、数量等。具体地说，系统图上包括该系统中设备、配件的型号、尺寸、数量以及连接于各设备之间的管道在空间的曲折、交叉、走向和尺寸等管的安装高度以及风管上各个部件的设置位置。

（5）详图。又称为大样图，包括制作加工详图和安装详图。如果是国家通用标准图，则只表明图号，不必将图画出，需要时直接查标准图即可。如果没有标准图，必须画出大样图，以便加工、制作和安装。

总之，阅读通风空调安装工程图，通常从平面图开始，将平面图、剖面图和系统图结合起来对照阅读，一般情况下可以顺着气流的流动方向逐段阅读。对于排风系统，可以从吸风口看起，沿着管路直到室外排风口。

4.2.2　通风空调工程施工图常用图例

通风空调工程施工图常用图例见表 4-2～表 4-8。

表 4-2　　　　　　　　风 道 代 号

代号	风 道 名 称	代号	风 道 名 称
K	空调风管	H	回风管（一、二次回风可附加1、2区别）
S	送风管	P	排风管
X	新风管	PY	排烟管或排风、排烟共用管道

注　自定义风道代号应避免与表 4-2 相矛盾，并应在相应图上注明。

表 4-3　　　　　　　　风 管 图 例

序号	名 称	图 例	说 明
1	风管		
2	送风管		上图为可见剖面 下图为不可见剖面
3	排风管		上图为可见剖面 下图为不可见剖面
4	砖、混凝土风道		

表 4-4　　　　　　　　通 风 管 件 图 例

序号	名 称	图 例	说 明
1	异径管		

序号	名　称	图　例	说　明
2	异形管（天圆地方）		
3	带导流片弯头		
4	消声弯头		
5	风管检查孔		
6	风管测定孔		
7	柔性接头		中间部分也适用于软风管
8	弯头		
9	圆形三通		
10	矩形三通		
11	伞形风帽		
12	筒形风帽		
13	锥形风帽		

表 4 - 5　　　　　　　　　　风 口 图 例

序号	名　称	图　例	说　明
1	送风口		
2	回风口		
3	轴流风机		

续表

序号	名　称	图　　例	说　明
4	圆形散流器	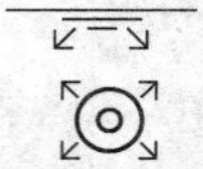	上图为剖面图 下图为平面图
5	方形散流器	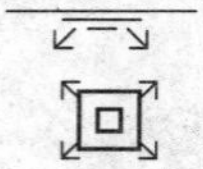	上图为剖面图 下图为平面图
6	百叶窗	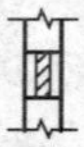	

表 4-6　　　　暖通空调设备图例

序号	名　称	图　　例	附　注
1	散热器及手动放气阀	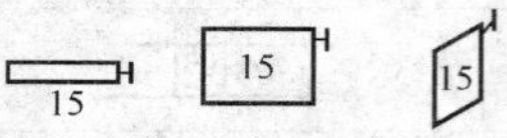	左为平面图画法，中为剖面图画法，右为系统图，Y轴侧画法
2	散热器及控制阀	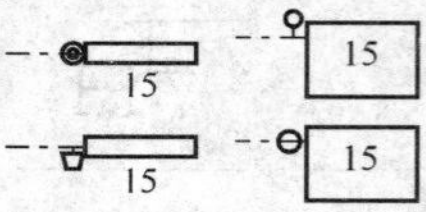	左为平面图画法，右为剖面图画法
3	轴流风机	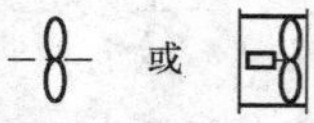 或	
4	离心风机		左为左式风机，右为右式风机
5	水泵		左侧为进水，右侧为出水
6	空气加热、冷却器		左、中分别为单加热、单冷却，右为双功能换热装置
7	板式换热器	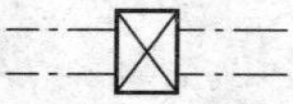	
8	空气过滤器		左为粗效，中为中效，右为高效
9	电加热器		
10	加湿器		
11	挡水板	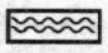	
12	窗式空调器		
13	分体空调器		
14	风机盘管	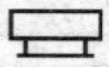	可标注型号：如：FP-5
15	减振器	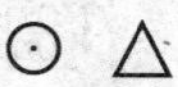	左为平面图画法，右为剖面图画法

表 4 - 7   调控装置及仪表图例

序号	名称	图 例	附 注
1	温度传感器	— □ T □ — 或 — 温度 —	
2	湿度传感器	— □ H □ — 或 — 湿度 —	
3	压力传感器	— □ P □ — 或 — 压力 —	
4	压差传感器	— □ ΔP □ — 或 - - 压差 —	
5	弹簧执行机构		如弹簧式安全阀 
6	重力执行机构	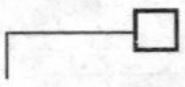	
7	浮力执行机构		如浮球阀 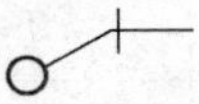
8	活塞执行机构		
9	膜片执行机构		
10	电动执行机构	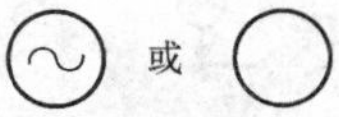 或	如电动调节阀 
11	电磁（双位）执行机构	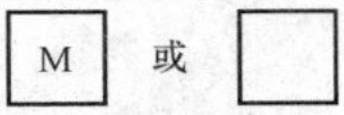 M 或 □	如电磁阀 
12	记录仪	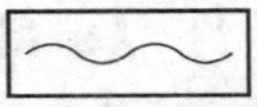	左为圆盘式温度表，右为管式温度计
13	温度计	 T 或	
14	压力表	 或	
15	流量计	 F.M. 或	
16	能量计	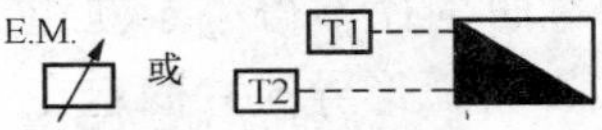 E.M. 或 T1 T2	
17	水流开关	 F	

表 4 - 8   通 风 空 调 阀 门 图 例

序号	名称	图 例	说 明
1	插板阀	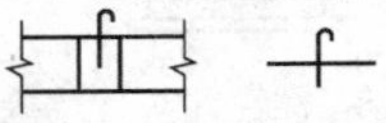	本图例也适用于斜插板
2	蝶阀	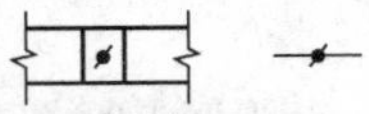	

续表

序号	名称	图　例	说　明
3	对开式多叶调节阀		
4	光圈式启动调节阀		
5	风管止回阀		
6	多叶阀		
7	闸板阀		
8	拉杆阀		
9	防火阀		
10	三通调节阀		
11	电动对开多叶调节阀		

4.3　管件及部件

4.3.1　管件

通风风道的直管段与管件组成风道系统，通风系统中主要的管件有弯头、三通、变径管、天圆地方、来回弯、四通等。

1. 弯头

矩形风管上的弯头多用内外弧形弯头、内弧外矩形弯头、内斜线外矩形弯头的形式，如图 4 - 10 所示。其中内外弧形弯头的弯曲半径不得小于立边长度 b，当 b 边较大时，弯头宜采用带导流片的形式（见图 4 - 11），即将弧形导流片固定在弯头侧面上，弧形导流片的宽度即为弯头的水平面尺寸 a（a 表示风道的宽度，b 表示风道的高度）。

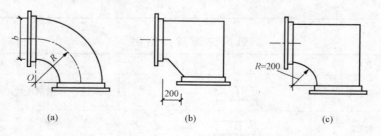

图 4 - 10　矩形弯头形式

(a) 内外弧形弯头；(b) 内斜线外矩形弯头；(c) 内弧线外矩形弯头

矩形弯头多采用联合角咬口形式，包边应宽度均匀、平整，通风工程中不宜采用内外直角式弯头。圆形弯头又称虾米腰弯头。主要由几段管节组合而成。与直管段连接的管节称为"端节"，两端节之间的管节称"中节"（见图 4 - 12）。中节的数量可根据弯曲的角度、弯头的直径及弯曲半径来确定，见表 4 - 9。

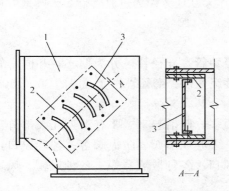

图 4 - 11　带导流片矩形弯头

1—弯头；2—连接板；3—导流片

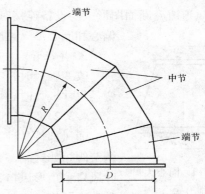

图 4 - 12　圆形虾米腰弯头

表 4 - 9　　　　　　　　　　　　　**圆形弯管角度及分节表**

弯管直径 D（mm）	弯曲角度及最少节数							
	90°		60°		45°		30°	
	中节	端节	中节	端节	中节	端节	中节	端节
<220	2	2	1	2	1	2	—	2
220～450	3	2	2	2	1	2	—	2
450～800	4	2	2	2	1	2	1	2
800～1400	5	2	3	2	2	2	1	2
1400～2000	8	2	5	2	3	2	2	2

注　表中弯头的弯曲半径 $R=1～1.5D$，当弯曲半径 $R>1.5D$ 时，应增加中节数量。

为便于制作，弯管的中节数量不论多少，其形状均相同，而一个中节正好分为两个端节。圆形弯头制作采用单立咬口形式，下料应准确，组对角度应保证所需的度数。90°弯头在安装法兰时应调整好水平和垂直面，制作时宜在平台上放线、组对、成型，圆形弯头不宜采用直角接法（见图 4 - 13）。

2. 三通

三通形式较多（见图 4 - 14），为了减少气流阻力，在分流或汇流处应保证有一定的弯曲弧度。

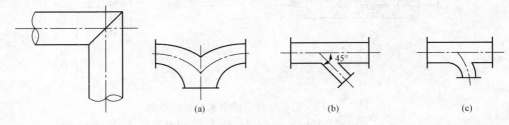

　　　　　　　　　　　　　　　　　　（a）　　　　　　　　　（b）　　　　　　　　　（c）

图 4 - 13　圆形弯头直角连接　　　　　　图 4 - 14　三通形式

　　　　　　　　　　　　　　（a）裤衩三通；（b）45°斜三通；（c）90°直三通

3．来回弯

圆形风管来回弯也应作成管节式，制作时应实测尺寸，避免实际安装尺寸与图纸标注尺寸不符。

4．天圆地方

当风道改变断面图形或与设备连接时，需制作天圆地方作为过渡管件。天圆地方可作成偏心和同心形（见图 4 - 15）。

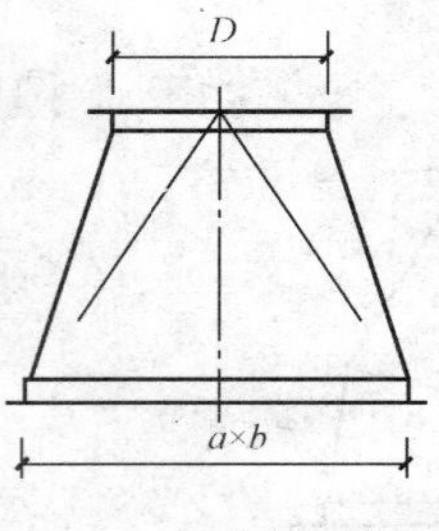

5．异径管

改变管径时，需加异径短管。异径管可分为偏心管和同心管，当变径尺寸较大时，可采用逐级变径。变径管长度一般约 300～500mm。

4.3.2　管道部件

通风部件品种、规格很多，概括起来主要有下列几大部分：各种调节阀，如蝶阀、止回阀、多叶调节阀、防火阀等；各种风口，如百叶风口、矩形风口、插板风口、各种散流器等；各种风帽、风罩；各种消声器等。

图 4 - 15　同心天圆
地方短管

1．消声器

（1）阻抗复合式消声器。阻抗复合式消声器是利用对声音的阻性和抗性合成作用的一种消声器，其构造如图 4 - 16 所示。消声器的抗性消声是利用其内管截面突变及由内管和外管之间膨胀室的作用而组成抗性消声，当声波遇到截面变化的断面就会向声源的方向反射而减少声音的传递。抗性消声主要对风机等产生的低频噪声有较好的消声作用。而阻性消声则是利用安装在管内用吸声材料做的消声板来消声的，因吸声材料多是采用松散多孔材料，当声波遇到这些松散多孔吸声材料时，会使其分子产生振动加大了摩擦阻力，声波能量即会转变为热能，以达到消声的目的，在一定风量时，每节低频消声量为 10～15dB，中频消声量为 15～25dB，高频消声量为 25～30dB，阻抗式消声器中吸声材料多采用玻璃棉，也有采用涤纶棉或卡普隆棉等。阻抗复合式消声器对低、中、高频声波噪声都有较好的消声作用，其性能稳定，安装方便，外观整齐，在空调系统中广泛使用。

（2）阻式消声器。阻式消声器常用的有管式消声器、折板式消声器等。

1）管式消声器。管式消声器的构造如图 4 - 17 所示，它具有结构简单、体积小、重量轻、消声频带宽、安装方便等特点，一般多用于空调系统的支风道或风量较小系统的主风道

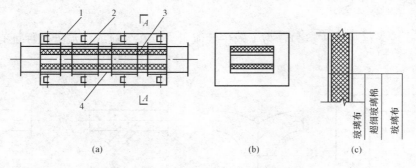

图 4 - 16　阻抗复合式消声器构造示意图

（a）消声器；（b）A-A 剖面图；（c）消声板详图

1—外管壳；2—内管膨胀室；3—消声板；4—内管

上，也可串联使用。消声器主要由外壳（镀锌钢板）内贴超细玻璃棉板（宜采用密度为 $48kg/m^3$）、贴玻璃布、压镀锌铅丝网片，并采用钢筋框固定而成，主要是通过吸声材料使声能转变为热能，而达到消声的目的。

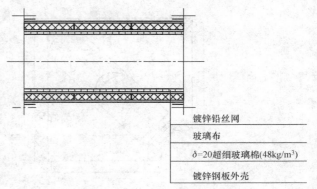

镀锌铅丝网
玻璃布
$\delta=20$超细玻璃棉($48kg/m^3$)
镀锌钢板外壳

图 4-17　管式阻性消声器

2）折板式消声器。折板式消声器构造如图 4-18 所示，折板式消声器因其气流直接穿过消声材料层，所以可获得较大的声衰减效果，阻力也不大。

3）片式消声器。即在镀锌钢板壳内填充超细棉、玻璃丝布，内衬金属穿孔板，可适用于较高的空气流速，有较好的空气动力性能。

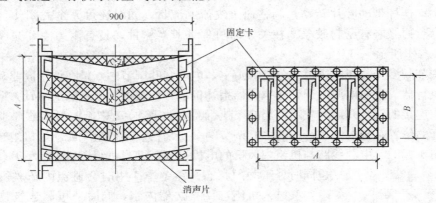

900

固定卡

消声片

图 4-18　折板式阻式消声器

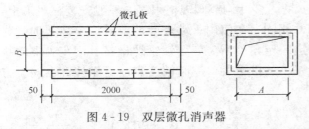

微孔板

50　2000　50

图 4-19　双层微孔消声器

（3）微孔板消声器。微孔板消声器构造如图 4-19 所示，该图为双层微孔板制作而成，声波通过孔板腔消耗声能，减少声波的传递，因此是一种宽频带消声器，尤其对低频部分的消声效果优于阻抗式消声器，微孔板消声器的阻力损失小。消声器外壳多为镀锌钢板（如需要时也可采用不锈钢板），孔板可由铝板或不锈钢板制作，微孔板消声器适合在有防潮、耐高温及洁净度要求较高的空调系统中使用，消声器可做成管状（断面可为圆形、矩形），也可做成弯头状。微孔板可有单层和双层两种类型。

（4）消声弯头。在空调系统中，在风道的弯头部位可制作成消声弯头，以降低风道的传递噪声的作用。消声弯头构造如图 4-20 所示，将超细玻璃棉板粘贴在弯头内壁上，然后包贴无纺布，并用铝钉将其固定在弯头壁上，要求粘贴平整光滑。

2. 控制调节阀

在空调送（回）风管系统中，控制调节阀的主要功能是起着控制（开启或关闭）和调节风量大小的作用。调节阀的种类很多，常用的有密闭对开式多叶调节阀、蝶阀、三通调节阀和插板阀等形式。

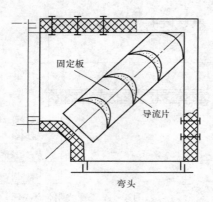
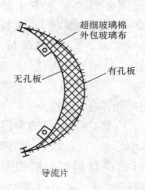

图 4 - 20　消声弯头

（1）对开式密闭多叶调节阀。可分手动和电动两种类型，因采用对开叶片，气流较均匀，并可手动连杆带动叶片转动，调整通过气流的流量，同时还可完全关闭使气流无法通过。因其叶片边缘嵌有密封胶条，在关闭时可保证其严密性，具有阻力小，漏风量小等优点，如图 4 - 21 所示。

多叶调节阀多安装在主风道和分支风道上，电动多叶调节阀，是在调节阀驱动主轴上安装一电动执行器，接通电源，调整其执行器指针位置，使其可顺时针和反时针方向旋转，并带动主轴上连接的阀叶开启和关闭，当按下执行器上的手动卸载按钮，手动调节阀叶也可由全关至全开的位置。带电动执行器的多叶调节阀多安装在空调机组（或新风机组）的新风进口处（见图 4 - 22），电源线路与机组内风机的电机连锁，即当机组风机停运后其新风管道阀也同时处于关闭状态。在冬季使用时会避免因新风机组停运后冷空气进入机组冻结换热器内水，同时还可因建筑物内发生火灾后，消防自控装置自动切断风机电源后，防止室外空气进入风道内而加大火势，多叶调节阀规格很多，一般安装在风道上，与风道断面尺寸相同。在使用手动多叶调节阀调整风量时，将其叶片调整开启一定角度后，应用锁紧螺母将其固定。电动执行器宜选用体积小、扭矩大、控制精度高、可靠性高、安装方便的产品。

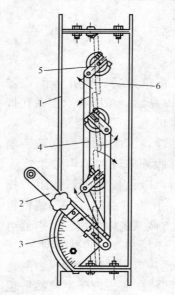

图 4 - 21　手动对开式
　　　多叶调节阀
1—阀壳；2—手柄；3—定位盘；
4—连杆；5—曲柄；6—叶片

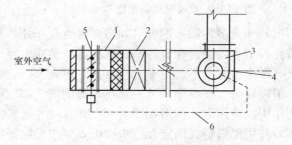

图 4 - 22　新风加热控制图式
1—空调机组（或新风机组）；2—加热器；3—风机；4—电机；
5—电动多叶调节阀；6—控制线路

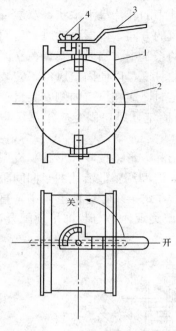

图 4 - 23　圆形手柄式蝶阀
1—阀体；2—阀板；
3—手柄；4—紧固螺栓

（2）蝶阀。蝶阀构造简单、操作方便，起着开启、关闭或调节风量的作用，但开启阻力较多叶调节阀大，一般多安装在进入空调房间的支风道上，如图 4 - 23 所示。根据结构形式蝶阀有拉链式和手柄式两种类型。

（3）三通调节阀。三通调节阀主要用于矩形直通三通管处使用，可调节支管道的风量，三通调节阀有手柄式和拉杆式两种类型，如图 4 - 24 所示。

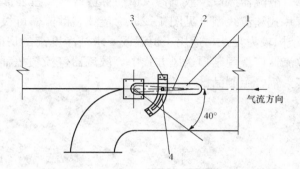

图 4 - 24　矩形三通阀（手柄式）
1—手柄；2—阀板；3—固定板；4—紧固元宝螺栓

（4）插板阀。插板阀多用于离心式风机出口处作为风机启动用，又称插板启动阀，因开启阻力大很少用在通风空调管道上。

（5）防火阀。在空调系统的风道上，安装防火阀的目的是当发生火灾时能迅速切断输送的气流，防止火势蔓延。当出现火情时，风道受周围温度影响而温度升高，当火势使风道内达到一定温度时，易熔片熔断，原靠易熔片连接的阀板随即与易熔片脱开而关闭阻止气流通过。为了停止继续向系统送风、防火阀上安装电气信号和连锁装置，可使阀板在关闭时发出信号，使风机停止运转。防火阀安装位置：

1）空调设备（新风机组、空调机组等）出风口的送风主风道上。

2）风道穿越防火分区时。

3）风道穿越建筑结构的伸缩沉降缝时。

4）风道在无法避免的情况下，穿越易燃的车间或房间时。

防火阀可分自重翻板式，防火调节阀等类型，可手动复位，易熔片的动作温度为 70℃。

3. 常用风口

在风道输送系统中，为了使气流能均匀地送至每个空调房间内，需通过具有一定形状、面积和不同气流方向的风口将一定的风量送出。为了适应不同的送风方式、装修方式、气流组织的要求，风口的类型很多，常用的风口有百叶送风口、散流器风口、条形送风口、孔板送风口、蛋格式风口、圆盘散流器、固定百叶风口、自垂百叶片风口等多种形式。风口材质可分为钢制、铝合金本色、铝合金茶色、铝合金喷塑、硬质塑料等类型。不论采用何种形式的风口，均应具有外形美观、结构精巧、安装方便、易与装饰工程配合、气流组织合理等特点，以满足送风要求。

（1）百叶送风口。有单层百叶和双层百叶等形式。单层百叶中的叶片呈水平状，双层百叶中，叶片一层呈水平状，一层为垂直状，叶片可手动调整出风的方向，单层百叶风口后面增加滤网可作为回风口用。百叶送风口多安装在侧向送风方式的系统中，当风口安装在立面吊顶封板或墙体上时，应在风口四周安装铝合金、铜制或木制龙骨框，以便固定风口，安装时应保证平直，与墙或板面贴紧，不得留有缝隙。与龙骨框固定时，应在风口内侧安装自攻螺丝固定，不宜在风口正面或风口边框上采用自攻螺丝或铆钉固定，风口固定应牢靠不得松动。

（2）散流器风口。散流器风口简称散流器，按外形分有圆形和方形；按叶片形状和流型分有直片式和流线型（见图 4-25）。流线型散流器可根据其气流流型调整散流片的竖向间距 h，但结构较为复杂，适用于恒温或要求洁净度高的房间顶送风方式。在舒适性空调中，直片式散流器广泛用于顶送风方式中，散流器气流覆盖面大，造型美观，易与装饰吊顶配合，材质多为铝合金制品。

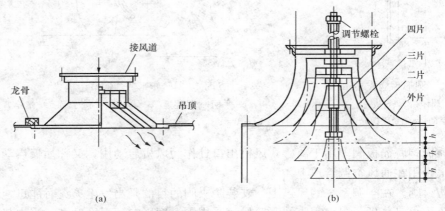

图 4-25　散流器
(a) 方形直片式散流器；(b) 流线型散流器

（3）条形直片风口。这种风口的特点是风口沿线性长度布置，可根据设计需要布置成直条段、端头段、直角段。直条段可根据所需的长度将多节段拼接在一起，一般每节长度做成 3m。条形风口可布置成直线形、环形、角形等多种方式和形状，安装灵活拼接方便（只需用特制的插接板安装即可），条形直片风口叶片数有 2～14 片等多种规格，可安装在侧墙体或吊顶上，如图 4-26 所示。

条缝式送风口与条形直片风口的区别主要在叶片有一个倾斜度可改变气流方向（见图 4-27），可分单向倾斜和双向倾斜类型。

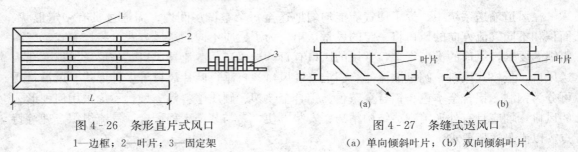

图 4-26　条形直片式风口　　　　图 4-27　条缝式送风口
1—边框；2—叶片；3—固定架　　　(a) 单向倾斜叶片；(b) 双向倾斜叶片

（4）圆盘散流器。它与圆形散流器气流特性相似，安装在吊顶上向下送风，圆盘散流器可以以较小的风量覆盖较大的气流面积，如图 4 - 28 所示。

（5）孔板送风口。孔板送风口是在迎风面的金属板上开有若干圆形小孔，可配合静压箱使用，气流均匀，属稳压送风，因风速衰减较快，人不会有吹风感，适用于洁净式空调系统送风，如图 4 - 29 所示。

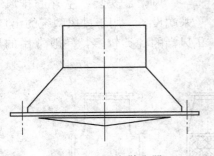

图 4 - 28　圆盘散流器

图 4 - 29　孔板送风口

（6）蛋格式风口，又称方格式风口，叶片组成方格状，具有构造简单，安装方便的特点，但叶片不能调整出风角度，用于气流组织要求不太高的空调房间或车间，可作为送风和回风口使用或配合装饰造型的需要安装，如图 4 - 30 所示。蛋格式风口安装在吊顶上向下送风，但一般多作为回风口使用。

（7）自垂百叶式风口。自垂百叶式风口主要是靠风口百叶的自重而自然下垂关闭风口隔绝室内外空气流动，当室内气压大于室外气压时，气流吹开百叶向外排风。而相反，当室内气压小于室外气压时，气流不能反向流入室内，因此可起到单向止回阀的作用，如图 4 - 31 所示。自垂百叶式风口多用于卫生间通风排气用，一般与卫生间通风器的排风管连接使用，自垂百叶式风口还可在具有正压的空调房间作为自动排气用。

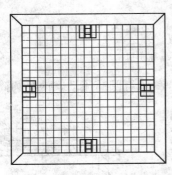

图 4 - 30　蛋格式风口

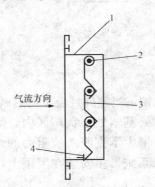

图 4 - 31　自垂百叶式风口

1—外框；2—小轴；3—自垂百叶；4—挡边

（8）插板式风口，主要安装在圆形风道上，多用于人防通风管道的送风用，或要求气流组织不高的通风或空调系统使用，如图 4 - 32 所示。

（9）单双面送（吸）风口，常用于通风系统中送（排）风口，多安装在垂直的支风道上，可向工作区直接送风或通过吸风口直接将有害气体区域内的气体排出室外，如图 4 - 33 所示。吸风口的高度可根据排放有害物质的性质而定，送（吸）风口有单、双面类型供

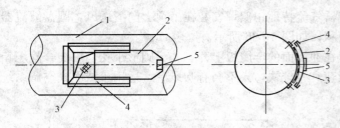

图 4-32　插板式风口
1—风管；2—插板；3—钢板网；4—插板槽；5—拉手

有筒形风帽、伞形风帽及锥形风帽（见图 4-34）。

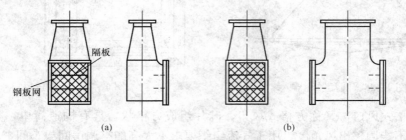

图 4-33　单双面送（吸）风口
（a）单面风口；（b）双面风口

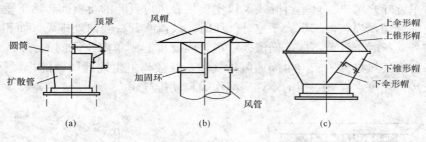

图 4-34　风帽类型
（a）筒形风帽；（b）伞形风帽；（c）锥形风帽

选择。

除以上风口以外，还有供较大空间使用的射流较长的喷口型风口等。

4. 常用风帽

风帽是安装在室外的排风系统末端设备，用于排风系统的出口处。风帽的种类较多，一般常用的风帽

（1）筒形风帽，当室外气流至筒形风帽的风筒时，气流绕圆筒流动，使其圆筒背面产生负压，而排风口处基本处于负压区内，使室内的气流顺利排放出来，增大了克服系统阻力的作用，筒形风帽用于自然通风系统，多安装在屋顶上，也可用于室内通风（见图 4-35）。

（2）伞形风帽，主要作用是不因风向变化而影响排风效果，避免风雨倒灌入系统风管内，伞形风帽适用于机械排风系统。

（3）锥形风帽，适用于除尘或排放非腐蚀性但有毒的通风系统，当排放含有腐蚀性气体时可采用塑料、玻璃钢、不锈钢等材质制作的风帽。

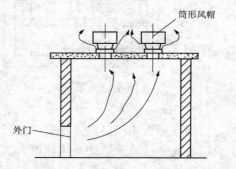

图 4-35　用于室内自然通风的筒形风帽

4.4　通风空调设备及部件

4.4.1　风机

一般建筑工程中常用的通风机按其工作原理分为离心式通风机和轴流式通风机，相比之下，离心式风机的压力较高，可用于阻力较大的送排风系统，轴流式则风量大而压力较低，经常用于系统阻力小甚至无管路的送排风系统。

1. 离心式通风机

（1）离心式通风机的构造。离心式通风机气流送出的方向与机轴方向垂直，主要由机壳、叶轮、机轴、轴承和机座组成。

（2）离心式通风机型号表示方法。每一台风机上都有一个表示其工作特性的牌子，称为铭牌。铭牌上应标明风机的型号及性能参数，例如风机型号为 4-72-11N05A，其中，"4" 代表风机在高效率点时全压系数乘 10 后取的整数值，该台风机的全压系数为 0.4；"72" 代表比转数；"11" 中第一个数字是吸入口形式，单吸入口为 1（双吸入口为 0，二级串联为 2），第二个数字代表设计顺序号，即第一次设计；N05 代表风机的机号，以风机叶轮外径的分米数表示，即叶轮外径为 500mm；A 是传动方式代号，指该台风机为无轴承直联传动。

（3）离心式通风机的传动方式。由于电动机与风机连接方式不同，其传动共有 6 种方式，代号分别为 A、B、C、D、E、F。其中，A 型为与电机直联；B 型为皮带传动，轴承座在皮带轮两侧；C 型为皮带传动；D 型为联轴器传动；E 型为轴承在风机两侧的皮带传动；F 型为轴承在风机两侧的联轴器传动，如图 4-36 所示。

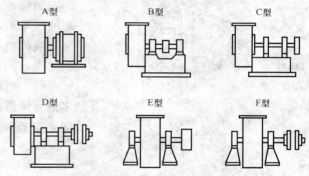

图 4-36　离心式通风机传动方式

（4）离心式通风机的旋转方向及出风口位置。在风机铭牌上常标有 "右旋 90" 或 "左旋 90" 字样。这是指风机叶轮的旋转方向及出风口位置。从电动机或带轮一端正视，叶轮顺时针方向旋转为 "右旋"，逆时针方向转动为 "左旋"。出风口位置如图 4-37 所示。

2. 轴流式风机

轴流式风机主要由叶片、机壳、进风口及电机组成，多为直联方式，大型轴流风机常用皮带传动或减速器传动，轴流式风机的表示方法也是用字母和数字表示的，例如，A6×25°6870×361.5/2 具体含义为：A 表示电动机直联；叶片数为 6，叶片位置角度为 25°，流量为 6870m³/h，全压为 360Pa，电动机功率为 1.5kW，2 极。轴流风机因风量大所以多用于车间或厂房通风换气或排风用，大型轴流风机多用于空调工程的冷却塔和工业凉水塔等处。轴流风机运转时噪声大，目前许多厂家研制的低噪声轴流风机，即采用三个宽型前掠式叶片，等栅距结构，减少了气流通过叶片表面上时的分离和旋涡，减少风机内气流的二次损耗，降低了空气动力噪声，并保证气流的稳定。低噪声轴流风机还可根据用途和使用位置不同，分为旋转式、固定式和管道式，安装方便。轴流风机叶轮旋转方向均是面对进风口视叶轮为逆时

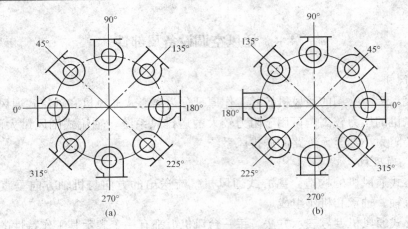

图 4 - 37　风机出风口位置
（a）右旋风机；（b）左旋风机

针转动。轴流式风机可安装在墙洞内、墙体上、柱子上或安装在风道上。

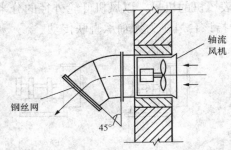

图 4 - 38　轴流风机墙体安装图式

（1）墙洞内安装。多用于局部排风，可直接将室内空气排出室外（见图 4 - 38）。墙体留洞可为方洞或圆洞，风机底座的地脚螺栓应固定在墙体或预埋的框架上，安装完毕再封堵孔洞缝隙。为防止室外气流或雨水倒灌，应做一个 45°弯管，弯管末端加钢丝网，防止鸟类误飞进室内。

（2）墙体或柱体上安装。在墙体或柱体上安装多为有风道连接时的送排风系统（见图 4 - 39），支架采用型钢制作，要求支架牢固、平直，地脚螺栓孔应钻制，螺栓上加弹簧垫圈。

3. 斜流风机

斜流式风机是一种介于离心风机和轴流风机之间的一种混流型风机（见图 4 - 40），主要由机壳、电机和斜流叶片、导向叶片组成。

（1）斜流式风机特点。

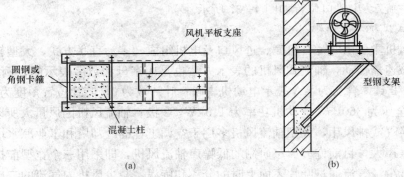

图 4 - 39　轴流风机安装
（a）柱体上安装支架平面图式；（b）墙体上安装

1）因进出风口方向一致，风机可直接安装在风道上，且占空间小。

2）结构紧凑，适合安装于较狭窄处，安装方便。

3）具有比轴流风机压力系数高，比离心风机流量系数大的优点。

4）叶片运转时噪声较低。

斜流风机适用于通风换气、风道加压送风、排风、局部送排风系统。

（2）斜流式风机安装形式。斜流式风机可根据用途不同，分为排风式安装、送风式安装及加压送风等形式（见图 4-41）。

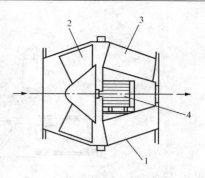

图 4-40　斜流式风机简图
1—风机壳；2—斜流叶片；
3—导流叶片；4—电机

安装时需将风机固定好，检查叶片是否变形或碰撞，转动叶片检查有无刮壳现象，接通电机电源检查叶轮旋转方向是否与标注方向一致。

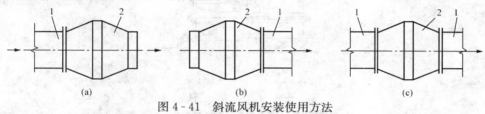

图 4-41　斜流风机安装使用方法
（a）排风式；（b）加压送风式；（c）风道送风式
1—风道；2—斜流风机

4. 贯流式风机

贯流式风机的构造区别离心式风机的主要部分是风机的进风口是开在风机机壳上，而离心式风机则是在机壳侧板上开进风口，使气流轴向进入风机，贯流式风机的气流是直接径向进入风机，气流横穿叶片两次（即一进一出），叶轮多采用多叶式前向叶型，但两端是封闭的。叶轮的宽度 B 值是没有限制的，宽度 B 值越大其风量也随之增大。进出风口为矩形，极易与土建装饰配合。贯流式风机体积小、重量轻、噪声小、耗电量少、安装简便，因此空气幕中经常采用该种类型风机。

5. 屋顶风机

屋顶风机主要用于厂房、实验室、公共场所（体育场馆、大型浴室等建筑物）等的通风换气，屋顶风机根据材质可分钢制及玻璃钢制；风机类型有轴流式和离心式。屋顶风机主要由电机、机壳、集风器、叶轮和机座组成（见图 4-42）。屋顶风机安装方法比较简单，即在屋面现浇注一外方内圆的混凝土基础墩（见图 4-43），其尺寸应根据提供的产品样本和选择的型号确定，机座螺栓可采用预留孔洞和预埋钢板的方式。

风机基础必须浇注在屋面混凝土板上，不允许在防水层上面浇注，基础浇注完毕应在基础四周立面做好防水层处理，避免雨水渗入室内。机座下应加橡胶（或有特殊要求材质）垫板。基础螺栓螺母宜采用镀锌处理防止生锈，并应做好静电接地。为保证运行平稳，安装时，机座应保证其水平度，吊装时避免碰撞。

4.4.2　空调器

空调器可根据安装的位置和形式而分为窗式空调器、分体式空调器、柜式空调机组等类

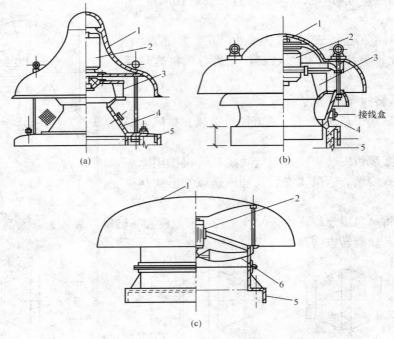

图 4-42　屋顶风机

（a）普通离心式；（b）低噪声离心式；（c）轴流式

1—机壳；2—电机；3—叶轮；4—集风器；5—机座；6—叶片

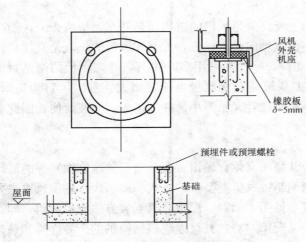

图 4-43　屋顶风机基础图式

型，其中分体式空调器包括室内机和室外机两部分，又可根据室内机安装的部位分为壁挂式、落地式、顶棚悬吊式、顶棚嵌入式等多种类型。空调器还可根据用途而分有单冷型、热泵型、恒温恒湿型和除湿型等类型。

1. 分体式空调器

分体式空调器主要由主机（室外机）和室内机组成的。室内机主要设有蒸发盘管换热器和自动控制与风机等设备，室外机组主要包括压缩机、冷凝盘管换热器、风机等设备，室内外机组连接有制冷剂管道、电源线和

排凝结水软管（见图 4-44）。室外机一般安装在低于室内机的室外墙体、地面上，最好不受雨淋或阳光直射，通风要求良好，无遮挡物。因分体式空调器大部分的制冷剂管道在机体外连接，因此管道不宜过长。为了避免制冷剂在管道内受环境温度的影响，一般采用软质聚氨酯泡沫保温材料进行绝热保温。分体式空调器可有一台室外机带两台室内机组（一拖二型）型，还有一拖多型，还可根据使用功能有单冷型、热泵型、热回收型（即全年时间内可灵活地同时进行制冷和制热运行）。

因室内机组形式很多，可配合室内装饰任意选择，其中顶棚嵌入式的吸气口可旋转 90°安装，出风口可有双向出风、三向出风和四向出风类型供使用者选择。当采用壁挂式侧向送风的室内机组时，宜在气流流动射程中无阻挡物，以达到满意的效果。室外机组还可根据压缩机电机类型分为普通恒速型和变频型供使用者选择。因压缩机和排风机均安装在室外机组内，因此在空调器运转时，噪声很小，很适合家庭和公共办公等场所和房间使用。制冷量要求较大时，可采用立式落地柜机等类型。

2. 新风机组

新风机组主要用于对室外空气进行过滤、加热（或冷却）后，将空气送至空调房间内，以供补充新鲜空气用。新风机组为整体机型，机内设有初、中效过滤器，加热（冷却）盘管和离心式送风机，盘管加热（冷却）器可接冷（热）源作为加热或冷却室外空气用。新风机组分为立式和卧式、吊顶式等供使用者选择。

3. 独立型空调机组

独立型空调机组属于小型柜式空调机组型，它将对室外空气过滤、加热（冷却）、加湿、风机等设备安装在整体金属箱体内，适用于处理较小量的空调系统，可整体安装，独立控制（见图 4 - 45）。

柜式空调机组也分为立式和卧式两种类型，一般在新风—风机盘管空调系统中，新风机组宜设在可直接进入室外空气的独立房间内。

4. 风机盘管

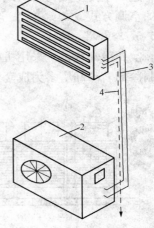

图 4 - 44　分体式空调器示意图
1—室内机；2—室外机（主机）；
3—制冷剂管道；4—排凝结水管

风机盘管主要由带有肋片的盘管换热器和小型电机带动的离心风机组成，电机多为三速（低速、中速、高速），可用三速开关控制调整出风量，也可通过手动或自动控制进水量来适应室内负荷的变化，风机盘管设有凝结水盘排除凝结水，风机盘管可根据安装位置不同有暗装卧式风机盘管、明装卧式盘管、立式明装风机盘管、立式暗装风机盘管等类型（见图 4 - 46）。

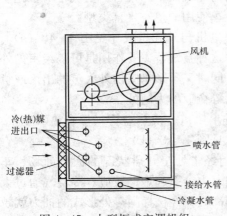

图 4 - 45　小型柜式空调机组

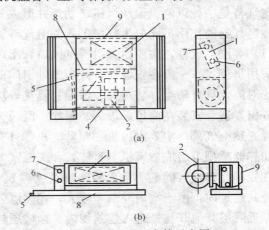

图 4 - 46　风机盘管示意图
（a）立式明装；（b）卧式暗装
1—换热盘管；2—风机；3—电机；4—回风口滤网；5—凝结水管；
6—进水口；7—出水口；8—凝结水盘；9—出风口

　　风机盘管还可根据电机功率不同分有普通型和高静压型（风机静压值较高）。风机盘管具有结构紧凑、重量轻、体积小、外形美观（尤其是明装风机盘管可配合室内装修安装）；因采用高传热效率的铝肋片铜管换热器，所以传热效率高；采用三速可调风机，永久式电容电机，因此最省电（电机功率很低）；机壳内设有吸音保温材料而且风机转速低所以运转时噪声低；暗装型不占建筑面积；安装简便等优点。因风机盘管全部采用循环风运行，长期运行可造成室内空气污染（或出现不良气味），但风机盘管造价低，所以是目前空调系统中首选的空调方式。

　　5. 冷却塔

　　空调冷却水系统采用机械通风冷却主要是通过冷却塔设备增加水蒸发散热的速度而进行强制冷却。冷却塔多为成套定型设备在现场组装而成，常用冷却塔形状多为圆筒曲线形和方形，方形可根据循环冷却水量选择多台组合型（见图 4-47）。

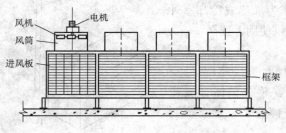

图 4-47　组合型冷却塔图式

　　一般用于空调系统中，冷却水入塔水温 37℃，冷却后水温在 32℃ 左右，冷却水进出塔温差在 2～5℃。当在工业冷却水系统中，回收的水温超过 50～95℃ 时，应选择高温型冷却塔。

　　冷却塔凉水原理：从冷水机组的冷凝器出口的温水（冷却水回水）靠冷却水循环泵送至冷却塔底部的进水口，通过喷水管和分布在外壳内平面布置的喷嘴，将水喷洒下来，顺塔内设置的填充层流下，以增加水与空气的接触面积。设在塔顶部的风机转动加速了水滴的蒸发而加强冷却效果。温水与空气进行充分热交换后温度降低，被冷却后的水流至塔底部的受水槽内，并进入冷水机组的冷凝器内，也可流至冷却水箱内不断地循环使用。受水槽内水位保持恒定，不断进行补水以弥补在大气中由于蒸发和飞溅而丢失的水量。

　　6. 空气幕

　　空气幕是一种以电机带动风机转动，并形成分布均匀的气流幕的设备。空气幕可根据安装的地区和起的作用不同分为一般形式的空气幕和在冬季使用的热空气幕类型。

　　（1）等温空气幕，主要由风机、进风口和出风口、电机与外壳组成［见图 4-48（a）］。风机采用贯流式，一般多安装在常开启的外门门框上。这种空气幕主要作用是可隔绝室内外空气的对流，具有防尘、防污染、保温、隔热等功效，同时又不影响室内外人员的出入或货物的进出，适合安装在商场、饭店、餐厅、医药、食品等行业的大门处。

　　（2）热空气幕，主要由风机、驱动电机、外壳、进出风口、换热盘管（带有热媒类型）或电加热器类型等组成，风机有贯流式和离心式类型［见图 4-48（b）］。

　　在我国北方地区的冬季，一些高层公共建筑和外门经常处于开启状况的大型商场、车站、公共建筑内，由于室内外温差较大，在高层公共建筑中会引起烟囱效应，冷空气通过大门和靠近底层其他开孔处进入建筑物内。当楼层越多越高时，经楼梯间等处形成的抽力就越大，通过大门进入的冷风量就越多，造成建筑物大厅或底层部分的走廊等处温度偏低，使人感到极不舒适，因此可设置吹热风的空气幕（又称热风幕）。从热风幕吹出的均匀热气流可阻挡和封闭大门洞口外冷空气的侵入以保持室内温度的稳定。

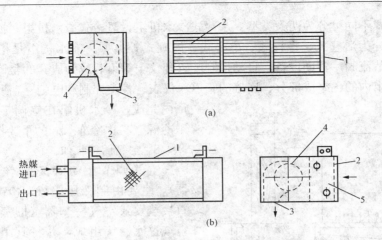

图 4-48　整体空气幕示意图

(a) 空气幕；(b) 热空气幕

1—外壳；2—进风口；3—出风口；4—贯流式风机；5—换热器

　　尽管在土建设计中考虑采用双层门或门斗、设置前厅、转门等措施以减少冷风的侵入和渗透，但对一些经常开启出入的大门设置空气幕可有效地减少热损失和冷风侵入量，热空气幕中的换热盘管可根据提供热源状况分为蒸汽和热水两种类型，在不具备热源时，可采用电加热器加热空气的类型，采用热水为热源时，可与建筑物内空调热水系统连接更为方便，热空气幕不但阻止冷风的侵入，还可起到阻止室外灰尘、异味进入建筑物或房间内，是目前较为理想的门厅采暖装置。而在夏季或过渡季节又可作为等温空气幕使用，同时如采用了贯流式风机还可降低运转时的噪声。

　　大门空气幕的安装形式有：

　　1) 采用贯流式风机组成的整套空气幕设备安装在大门门框顶部的上送风方式（见图 4-49）。这种送风方式是使室内的循环由上向下送风，因出口风速较低出口动压损失小，气流运动过程中卷入周围空气较少，对热空气幕类型可降低加热室外冷空气的消耗热量，因此可降低运行费用，使用成套空气幕不设回风口，送风口的气流接触地面后可自由的向室外扩散，这种方式安装简单，易与装饰工程配合，其选型可根据大门的宽度经设计计算后选择为宜。

　　2) 采用侧送式空气幕方式。侧送式空气幕是把条缝形的送风口安装在大门的侧面（可采用单侧和双侧），这种送风方式适用于门洞不太宽的商场进货大门。

　　3) 采用下送式空气幕（见图 4-50），即气流由下部的地下风道吹出，冬季可较好地阻挡室外冷空气，但下送式空气幕会把地面灰尘吹起，在一般商场等场所不宜采用。对侧送风和下送式空气幕可与建筑物内集中空调风管连接，也可单独设置风机和加热器。

　　7. 冷水机组

　　在空调系统中用来提供人工制冷冻水源的设备称为冷水机组。压缩式冷水机组类型很多，根据冷

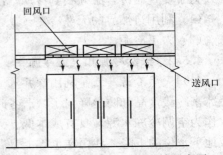

图 4-49　空气幕上送风方式示意图

却冷凝器的方式不同可分为两大类型：水冷式冷水机组，风冷式冷水机组。根据压缩机的压缩方式不同可分为活塞式、螺杆式、离心式、涡旋式等类型。冷水机组是把压缩机、冷凝器、蒸发器、节流阀、辅助设备、自动控制装置和仪表等组装成为成套的整体设备，便于运输和安装，机组内的各组成部分、连接的管道、仪表、各类控制和电脑、辅助设备等均在工厂内完成，冷水机组在空调工程中是制造人工冷源（又称冷冻水）的重要核心设备。

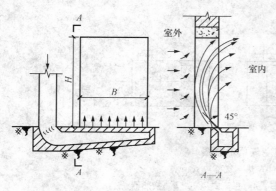

图 4-50 下送式空气幕

8. 空气调节机组

空气调节机组（又称空调设备、空调器），主要由制冷压缩机、冷凝器、膨胀阀、直接蒸发式空气冷却器（即蒸发器）、风机、空气过滤器等组成，并将其组装在一起，成为不同类型的定型设备，空气调节机组可根据形式、用途和供热方式不同有多种类型，因为它具有独立的制冷（热）的能力，并能满足不同空调参数的要求，被广泛地使用在家庭居室、公共建筑和有特殊温湿度要求的房间。

空气调节机组具有安装方便、使用灵活等优点，在不具备设置大型的集中式空调系统的建筑物和家庭等房间内使用各类型空调机组（或空调器）会改善人们生活环境的质量和办公效率。空气调节机组不需要机组以外的任何设备和管道，只需通入电源即可完成向室内送冷风（热风）或一定湿度和温度的恒定空调参数的气流。

4.5 空调制冷的工艺流程

4.5.1 制冷

在日常生活中，在食品和物质储存中，因工业生产工艺需要方面，都会遇到需要一个低于周围环境温度的空间和物体，并使其维持这个温度，为了达到以上诸多方面的需要就必须要"制冷"。而在空调工程中为了满足人们一般性空调的温度要求、工业生产工艺对温度条件的要求，必须有制冷的设备来对空气进行冷却或干燥等过程，因此人们必须找出制冷的途径。因制冷的方法不同，要求制冷的温度不同，制冷一般可分为普通制冷、深度制冷和低温、超低温制冷，空调制冷的技术属普通制冷范围。

为了实现制冷，必须找到冷源，冷源可从两个途径来解决：

（1）利用自然界的天然冷源。

（2）人工冷源。

4.5.2 天然冷源和人工冷源

（1）天然冷源。就是利用深井水或天然冰去冷却物体或空气。我国在远古年代就利用天然冰来冷藏食品和防暑降温了，严冬时候将冰储存在冰窖内，待暑热季节使用。而使用深井水作为空调冷冻水源，具有成本低、无污染、技术简单等很多优点，但大量使用深井水会造成地下水位的下降。我国在世界上是属于水资源贫乏国，随着工农业的飞速发展、城市用水量的迅猛增长、沙漠化增大及生态破坏严重，地下水位迅速下降，天然冷源基本上已无法开采和利用了。

（2）人工冷源。在天然冷源已无法作为制冷的来源时，人工冷源是唯一能实现的制冷来源了。人工冷源的获得主要根据热力学的不同过程对某些物质进行绝热汽化和气体膨胀做功来取得冷量而成为人造的冷源。根据热力学定律，将液态气体使其汽化来制冷，另一种是让压缩的气体膨胀做功，消耗气体的内能来降低温度。目前在空调制冷系统、食品冷冻（冷藏）业等所需的冷源均通过人工制冷的方法获得。

4.5.3　制冷剂

制冷剂又称冷冻剂，它是在制冷设备中，进行制冷循环系统中使用的一种制冷工质，并能起着热量传递的作用。制冷剂的功用主要是经过其物态的变化来传递热量，它在制冷系统中不断地循环，在其蒸发压力下，液体制冷剂可吸收热量蒸发成为气体，而在冷凝压力下，气态的制冷剂放出热量而液化，热量在不断的循环系统的装置内转移，所以制冷剂在制冷系统中是不可少的传递热量的工作物质。为了从热工学角度上更接近理想的逆卡诺循环，对制冷剂的性能、热交换设备的换热效率、传热温差等均需有一定的要求，以使制冷设备更经济、合理，对能源消耗更少。同时，应考虑某些制冷剂对大气臭氧层的破坏，而改变制冷方法和制冷设备。

1. 制冷剂性能

制冷剂应具有良好的热力、物理、化学等方面的性能，因完全理想的制冷剂是不存在的，但人们应尽量选择性能较好的制冷剂。

（1）蒸发压力和冷凝压力适中，也就是说在常温下，应具有较低的冷凝压力，而制冷剂蒸发压力最好接近大气压力，甚至高于大气压力，宜采用在大气压力下沸点较低的物质。

（2）单位容积制冷能力应大，因制冷能力越大，在要求一定的制冷量时，其制冷剂的循环量越小，这可减小制冷设备的体积。

（3）便于采用一般的冷却水或空气进行冷凝，也就是制冷剂的临界温度要高。

（4）导热系数、放热系数高，可提高热交换效率。

（5）常压下凝固温度低。

（6）要求制冷剂的密度和黏度小，制冷剂密度小可减小输送管的管径，还会降低压缩机的功率消耗。

（7）具有较稳定的化学性质，在任何温度下应不会分解或化合，对管道无腐蚀，对润滑油应不起化学反应，对润滑油的溶解性应适度，无限地溶解可降低制冷量。

（8）对人应无毒、无刺激，不易燃烧爆炸。

2. 制冷剂种类

在压缩式制冷系统中，常用的制冷剂有氟利昂和氨。

（1）氟利昂（卤代烃）。因其成分不同，氟利昂的类型也有很多种，如 R11、R12、R13、R22 等。因其成分的不同，制冷温度范围、适用的压缩机类型、用途也不相同，大多数氟利昂本身无毒、无臭、不易燃烧爆炸、对金属无腐蚀。氟利昂放热系数低，易泄漏，且对大气臭氧层有破坏作用。氟利昂多用于空调系统，R22 是目前在制冷装置中常采用的制冷剂。

（2）氨（NH_3）。氨制冷剂的单位容积制冷量大，导热系数高，蒸发和冷凝压力适中，极易溶于水，所以在制冷系统中不会出现冰塞现象。但氨制冷剂具有强烈的刺激性臭味，对人体的呼吸系统、眼睛有刺激作用，浓度加大时可导致人中毒。另外，氨泄漏与空气混合后的气体具有爆炸性。氨价格比氟利昂低廉，多用于大型冷库、生产工艺的制冷系统中。

4.5.4 冷媒

冷媒是在制冷过程中的一种中间物质，它先接受制冷剂的冷量而降温，然后再去冷却其他的被冷却物质，称该中间物质为冷媒，又可称载冷剂。冷媒有气体冷媒、液体和固体冷媒。气体冷媒主要有空气等，液体冷媒有水、盐水等，冰和干冰等用做固体冷媒。在空调工程中常用的冷媒有水和空气。

日常生活中使用的冰箱、冷冻柜，商业中使用的冷库等，在循环制冷过程中均靠空气作为冷媒将制冷过程中的冷量传递给食物，使食物在冷冻室内（或冷库冷藏间内）冻结而保存。

在空调系统中，通过制冷机组的运转，进入蒸发器内的制冷剂蒸发而吸热，当通入蒸发器内冷水即很快在蒸发器内进行热量交换，热量被制冷剂吸收而温度下降成为冷冻水，然后冷冻水再通过空调设备中的表冷器与被处理的空气进行热交换，使空气温度降低。而在这一种制冷循环和热量交换过程中，其冷量的这种远距离的传递而达到空调系统中空气降温要求，必须有水和空气作为冷媒。当需低于 0℃ 的水作为冷媒时，可采用盐水等物质。

4.5.5 人工制冷方法

人工制冷在空调中常用的有蒸气压缩式制冷、吸收式制冷和蒸气喷射制冷。蒸气压缩式制冷中的压缩机可分为活塞式制冷压缩机、螺杆式制冷压缩机（单螺杆、双螺杆）、离心式制冷压缩机等。蒸气压缩式制冷是目前空调制冷最常采用的一种制冷方法。压缩制冷采用氟利昂制冷剂对大气的臭氧层的破坏，给人类居住的地球带来了危害。臭氧层的破坏减弱了对紫外线的阻挡能力，强烈的紫外线给人类带来了多种疾病和灾难。我国已较多采用溴化锂吸收式制冷、直燃型溴化锂吸收式制冷方式逐步替代用氟利昂制冷剂压缩制冷。

4.5.6 蒸气压缩式制冷的工作原理

蒸气压缩式制冷的工作原理是使制冷剂在压缩机、冷凝器、节流膨胀阀和蒸发器等主要的热力设备中来完成四个热力过程，即制冷剂的压缩、蒸发吸热、节流膨胀和冷凝放热（见图 4 - 51）。

当压缩机工作时，对进入压缩机的制冷剂气体进行压缩，将低压气态的制冷剂压缩成为高压气态。此时气体因被压缩而温度升高，进入冷凝器内对压缩机排出的高温高压气态制冷剂进行冷却，使其放热。在一定的温度和压力下，气态制冷剂即可成为高压液态制冷剂，放出的热量可转移给冷却物质（一般为水或空气）。高压液态制冷剂再进入节流膨胀阀进行节流膨胀，压力降低以保证冷凝器与蒸发器之间的压差，便于节流后的低压液态制冷剂在要求的低压下进入蒸发器。低压液体从周围介质吸收热量后蒸发为气体，而这周围介质可以是空气、水或其他物质。制冷剂蒸发吸热，呈低压气态后再进入压缩机内进行压缩，从而完成了一个制冷循环，如此连续进行不断的循环而达到制冷的目的。

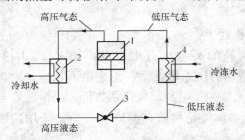

图 4 - 51　压缩制冷基本工作原理

1—活塞式压缩机；2—冷凝器；

3—节流膨胀阀；4—蒸发器

以上只是压缩制冷的工作原理，而实际上的制冷设备还需其他辅助设备，如油分离器、气体分离器、储液罐、干燥过滤器等来保证制冷循环的正常工作。

4.5.7　氨压缩制冷系统主要设备及单级氨压缩制冷循环流程

氨压缩制冷系统主要由氨压缩机、冷凝器、蒸发器（蒸发排管）、氨液分离器、氨油分离器、储液器、空气分离器、集油器、节流阀等组成。图 4 - 52 所示为单级氨压缩制冷循环流程。

氨压缩机将从蒸发器出来的低压氨气压缩成为高压氨气后进入氨油分离器，将从压缩机带出来的氨气中的油滴分离出来后，再进入冷凝器进行冷凝放热成为高压氨液。为避免有过多的高压氨液存留在冷凝器内减少有效的冷凝换热面积，从冷凝器出来的氨液先进入储液器。高压储液器同时还可根据蒸发器热负荷的变化调节氨的充液量。氨液经节流阀节流降压成为低压氨液沿供液管进入氨液分离器内，因节流时会产生无效蒸气可通过氨液分离器与氨液分离出来。氨液进入蒸发器内进行蒸发吸热成为低压氨气，但氨气中会带有一定数量的液体微粒，故需再进入氨液分离器内。被分离的氨气体汇同在节流时产生的蒸气一起通

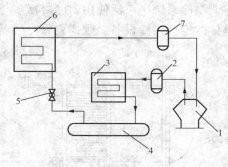

图 4 - 52　单级氨压缩制冷流程图式
1—氨压缩机；2—油分离器；3—冷凝器；
4—储液器；5—节流阀；6—蒸发器；
7—液分离器

过压缩机吸气管被压缩机吸收，避免液滴进入压缩机内的冲缸事故。

在冷库中，将蒸发排管安装在冷冻库房内，即可通过氨液蒸发而吸收置放在冷库内的食品、鱼肉等内的热量，并冷却冻结成所需的温度。

一般单级氨压缩制冷系统适合冷凝压力与蒸发压力之比大于 8，蒸发温度在—25℃以上时采用。如蒸发温度在—25℃以下时，则需采用双级压缩制冷系统。

4.5.8　制冷设备

1. 活塞式压缩机

活塞式压缩机有多种类型，根据工质可分氨压缩机和氟利昂压缩机；从气缸位置可分立式压缩机和卧式压缩机；从气缸数量而分有单缸、双缸和多缸压缩机，一般单缸和双缸压缩机多为立式或卧式，而多缸压缩机多呈 V 形、W 形等（见图 4 - 53），即气缸有一定倾斜角度排列；还有开启式、半封闭式和全封闭式的压缩机，一般大型冷库等均采用开启式压缩机，即电机和压缩机轴端外露空气中，空调制冷压缩机多采用全封闭式压缩

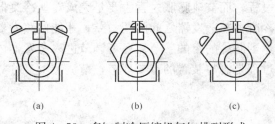

(a)　　　　(b)　　　　(c)

图 4 - 53　多缸制冷压缩机气缸排列形式
(a) V 形；(b) W 形；(c) 扇形（VV 形）

机，即将电机和压缩机封闭在同一罩体内；按与电机连接方式而分，有用皮带传动的和联轴器直联等类型。

2. 冷凝器

冷凝器是制冷过程中的换热设备，它的作用是将从压缩机排出的高温、高压气态制冷剂令其冷却放热后成为液态制冷剂，并将热量传递给水或空气，冷凝器需具有一定的冷却表面积和较高的换热效率，能承受一定的压力和耐腐蚀能力。空调常用的冷凝器可有水冷式冷凝

器、风冷式冷凝器和蒸发式（或淋水式）冷凝器类型。

水冷式冷凝器是采用水来冷却高压、高温气态制冷剂使其冷凝。水又称"冷却水"，冷却水可通过冷却塔冷却降温后循环使用，因采用水冷却可得到比较低的冷凝温度，制冷过程中可提高制冷的能力。水冷式冷凝器有立式壳管型、卧式壳管型、套管式等类型。

卧式冷凝器因水质要求较高，一般冷却水需进行过滤和除垢软化等处理，卧式冷凝器在空调制冷系统中广泛使用，冷凝器多与蒸发器、压缩机、膨胀阀及其辅助设备组装在一起成整体的定型制冷设备。卧式壳管冷凝器如图 4-54 所示。

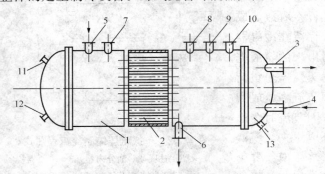

图 4-54　卧式壳管冷凝器

1—外壳；2—无缝钢管；3—冷却水出口；4—冷却水进口；
5—气态制冷剂进口；6—液态制冷剂出口；7—均压管接头；
8—安全阀接头；9—压力管接头；10—放气管；
11—放空气管；12—泄水管；13—放油管

3. 蒸发器

蒸发器在制冷系统中也是一种换热设备，它的作用是使低压液态制冷剂在蒸发器内蒸发，蒸发器内需要被冷却的介质（如水、空气等）把热量传递给制冷剂，而蒸发吸热后的制冷剂即由低压液态成为低压气态并进入压缩机内进行下一个制冷循环。将热量传递给制冷剂后的介质（水或空气）的温度即可降低，而人们利用这样的冷却后的水或空气再输送给空调设备中，作为空调的冷源，一般从蒸发器经冷却后的水称为冷冻水。在冷库内蒸发排管安装在冷冻库内，它会直接吸收库内物体内的热量使其降低到人们所需的冷冻（含速冷间）和冷藏的温度。

蒸发器种类较多。在空调制冷系统中常用的有满液式卧式壳管蒸发器和干式壳管卧式蒸发器等类型。

4. 节流膨胀阀

节流膨胀阀是完成全部制冷的重要的热力过程，而节流膨胀过程主要是完成对从冷凝器出来的高压液态制冷剂进行节流而降压，保证冷凝器与蒸发器之间的压力差，才能使蒸发器中的液态制冷剂在较低的压力下蒸发吸热，以达到制冷的目的。节流还可调节进入蒸发器内制冷剂的流量以适应负荷变化，因此节流膨胀过程是制冷装置的重要环节，节流装置又称为流量控制装置。

5. 压缩式制冷系统中的辅助设备

在压缩式制冷系统中，除了有压缩机、冷凝器、蒸发器和节流膨胀阀四个主要的设备以外，还需有保证其制冷系统正常运行、正常制冷的辅助设备。在较大型的制冷系统中，常设的辅助设备有储液器、油分离器、气液分离器、集油器、过滤器、氨泵等。

（1）储液器，是储存制冷剂的容器，它可根据蒸发器热负荷的变化调节制冷剂的用液量，冷凝器内当液态制冷剂存留过多时，会减少有效的换热面积。因此在制冷循环过程中，它可调剂因其外界热负荷变化而增多或减少其制冷剂量，储液器安装在冷凝器（卧式）的下方，如图 4-55 所示。因其出液管插至容器接近底部位置，可保证出口处均为液态，避免气体压出。平时储液器内保持着一定的液面，可防止空气等不冷凝气体或未冷凝的制冷剂气体进入蒸发系统中去。

（2）油分离器。油分离器的作用是将制冷剂中的润滑油分离出来。当采用压缩式制冷机时，从压缩机出口总会带有少量的润滑油，而带有润滑油的高压气态制冷剂进入冷凝器和蒸发器内，会附着在传热表面而降低其传热能力，因此在压缩机的排气管道上安装一个油分离器将油从制冷剂中分离出来，在采用氨制冷系统中常采用洗涤式、填料式、惯性式等类型。

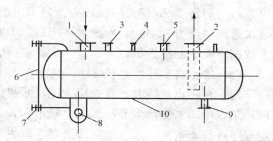

图 4-55　储液器示意图

1—液态制冷剂进口；2—制冷剂出口；3—平衡管；
4—压力表接管；5—安全阀接管；6—液面计；
7—液面计三通阀；8—放油管；9—排放管；
10—储液器外壳

（3）气液分离器，主要是防止从蒸发器出来的气态制冷剂中带有液滴而进入压缩机内产生液力冲击，并保证压缩机为干压缩行程。

（4）集油器。在氨制冷系统中，集油器用来收集油分离器、冷凝器、蒸发器和储液器底部等设备分离出来或积存的油的一种容器，它可使油在低压状况下与混入的氨制冷剂分离后排放出去，以减少氨的损失。

（5）过滤器。为了防止制冷系统管道内的铁锈或污物残渣随制冷剂进入压缩机内，严重时可损伤气缸表面，可在进入压缩机前的吸入口和膨胀阀前等部位安装过滤器。

（6）氨泵。一般冷库用来输送低压氨液，将其送至冷库内设的蒸发排管并使其在蒸发器内强制流动。

4.5.9　制冷冻水系统的运转程序

为了更好地保证冷水机组的正常制冷，一般制冷冻水系统运转宜在室外温度高于 30℃左右进行，并需在单机运转和各项准备工作完成并检查合格后方可进行正式制冷冻水系统运转。

运转程序：

（1）向冷冻水管道系统注入软化水，注水时应从回水总管（或集水器处）处进水，进水时应注意自动排气阀排气情况，当水注满后，应对空调设备逐台进行手动排气，直至排除干净为止。检查膨胀水箱内水位，水位宜控制在最高水位线以下，同时可检验液位控制装置的动作是否准确灵活，在注水过程中检查管道系统有无渗漏，严重时应泄水修理。

（2）向冷却水管道系统进行充水，充水时可从冷却水循环水箱或冷却塔补水管处进水，并使系统充满水，检查管道和阀门有无渗漏或关闭不严处。

（3）当确认冷冻水、冷却水管道全部充满水后，开启冷冻水循环水泵和冷却水循环水泵，进行带负荷运转，在循环过程中仍需对空调设备进行第二次排气，设有自动排气阀的位置检查有无失灵和跑水情况，检查管道和阀门有无渗漏处，检查电机轴承温升、水泵振动情况。

（4）启动冷却塔风机运转。运转时检查循环水量，水槽水位和自动补水、浮球阀是否正常，喷嘴喷淋水是否均匀，喷嘴有无堵塞情况，待冷冻水、冷却水管道系统运行均正常后方可进行下道程序。

（5）启动冷水机组运转。在启动冷水机组前，如确定是厂家负责调试时，应由厂家有关技术人员在现场负责检查机组正式运转前各项准备工作是否做好，并对冷冻水、冷却水循环系统正常运转确认，施工单位与厂家共同检查电源接入部分和管道连接部分是否正确，检查阀门的开启状况均为正常后，先预热压缩机 12h 后，接通电源，主机延时 3min 后自动开启，正常后每隔 2h 记录一次在表盘显示出的压缩机吸入压力和排出压力、油压和油温、冷冻水进出口压力和温度、冷却水进出口压力和温度、冷凝压力和温度、蒸发压力和温度等技术数据，验证制冷效果。

（6）冷水机组连续运转 24h，其冷冻水进出口水温符合设计要求即可完成试运转程序。

（7）在停止运转时，首先应关闭冷水机组电源，待冷水机组停止运转后，再停止冷冻水循环泵、冷却水循环泵和冷却塔电机电源，在冷水机组开启、停止的操作顺序上应严格按规定程序进行，避免冷水机组的冷凝器、蒸发器因无水交换热量而损坏。

4.6 通风空调系统施工

4.6.1 风管加工制作

通风管道是通风系统中的重要组成部分，也是通风安装工程施工图预算的主要部分。通风管道种类很多，按风管截面形状分，有圆形风管、矩形风管两大类；按材质分，有薄钢板风管（镀锌或普通）、不锈钢风管、铝板风管、塑料风管、玻璃钢风管、复合风管等；按制作方式分，可分为咬口连接、铆接和焊接；按安装形式分，可分为有法兰连接和无法兰连接（抱箍连接）。

1. 通风空调工程中常用风管

风管材料常分为两大类：金属材料和非金属材料。金属材料有普通钢板（黑铁皮）、镀锌钢板（白铁皮）。镀锌板应采用热镀锌工艺镀层。非金属材料有硬质聚氯乙烯板（塑料板）、石棉水泥板、玻璃钢等。当有特殊需要时，还有铝板、铝合金板（管）、不锈钢板（管）等。钢板风管普遍用于含湿量低、无腐蚀性的送排风系统中；非金属风道适用于输送含腐蚀性气体的排风系统。

（1）钢板风管。钢板风管具有良好的可加工性，可制作成所需的任何形状的风道和各类管件，连接简单，安装方便，质量轻，并具有一定的机械强度和良好的防火性能，密封性能良好，内壁光滑，气流阻力小。但钢板风道保温性能差，在输送高温空气时需做保温处理。运行中噪声较大，抗静电性能差，耐腐蚀性、耐潮性能较差，易锈蚀。镀锌钢板具有较好的耐腐蚀及潮湿性能。薄钢板常用的规格有许多类型，应根据风道断面的尺寸进行选择，以减少损耗率。用做风道的厚度一般为 0.5～4mm，由设计者根据风道断面、输送介质的性质来选定。用于一般送排风系统时，当设计未标注钢板厚度时，可参照表 4-10 选择。当用做除尘系统中的风道，其钢板厚度一般在 3～4mm；用于排放带腐蚀性气体，不宜小于 2mm。

表 4-10 　　　　　　　　　　　一般送排风系统钢板最小厚度表　　　　　　　　　　　mm

矩形风道最长边或圆形风道直径	钢 板 厚 度	
	输送空气	输送烟气
<450	0.5	1.0
450～1000	0.8	1.5
1000～1500	1.0～1.2	2～2.5
>1500	1.2～1.5	3.0～4.0

（2）硬质聚氯乙烯板风道。硬质聚氯乙烯板又称塑料板，具有较强的耐酸碱的性质，内壁光滑，易于加工，导热性能较差，用于输送含有腐蚀性的气体。塑料板热稳定性能较差，会随着温度的升高而强度下降，在过低温度下又会变脆断裂，不利于运输与堆放，保管不当易变形。板材的厚度应由设计者确定，在未注明时可参照表 4 - 11 和表 4 - 12 选择。

表 4 - 11　　圆形风管厚度选择表　　mm

圆形风管直径	板材厚度
100～320	3
360～630	4
700～1000	5
1120～2000	6

表 4 - 12　　矩形风管厚度选择表　　mm

矩形风管长边	板材厚度
120～320	3
400～500	4
630～800	5
1100～1250	6
1600～2000	8

（3）玻璃钢风管。玻璃钢风管主要是由玻璃布与合成树脂交替粘制而成的一种复合材料做成的。玻璃钢具有质轻、耐腐蚀性能良好、工厂预制、强度高等优点，可内加阻燃型泡沫保温材料及无机填料制成保温风道。常用于输送排放带腐蚀性气体，使用较为广泛。风管可根据图纸要求在工厂预制成形，现场进行安装。风管的厚度可根据风道断面由设计选定，一般在 2～6mm，保温玻璃钢也可用于空调风道，一般厚度在 8～10mm。

（4）不锈钢板风管。不锈钢板一般多用含镍铬钢，有较强的耐腐蚀性，强度高，韧性大，硬度高。不锈钢板光滑平整，多用于化工、食品、医药等行业的空调通风。因化学成分稳定还适用于食品、医药业的气力输送管道。因其硬度高，在加工时切割较为困难，造价较高。在化工工业中，铝合金板也适用输送强酸、碱性的气体，因其具有防静电性能、摩擦不易起火花，适用于防爆系统。不锈钢板和铝合金板风道厚度可参照表 4 - 13 选择。

表 4 - 13　　　　　铝合金板、不锈钢板风管厚度选择表　　mm

铝 合 金 板		不 锈 钢 板	
圆管直径或矩形管长边尺寸	板厚	圆管直径或矩形管长边尺寸	板厚
100～320	1.0	100～500	0.5
360～630	1.5	560～1120	0.75
700～2000	2.0	1250～2000	1.0

2. 风管的连接方式

（1）钢板风管的咬口连接。薄钢板咬口就是将需连接的两块板的板边折成不同的弯钩形式，互相咬合在一起后再压实而接成一体，连接方便，是通风空调工程风道加工最常使用的连接方式，它可通过各种咬接方法加工出任何位置处的接缝。薄钢板的拼接和闭合口连接常采用的咬口形式有：单平咬口、单立咬口、转角咬口、按扣式咬口和联合角咬口等形式（见图 4 - 56）。

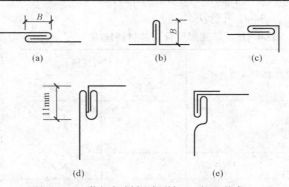

图 4 - 56　薄钢板拼板成形加工咬口形式
(a) 单平咬口；(b) 单立咬口；(c) 转角咬口；
(d) 按扣式咬口；(e) 联合角咬口

1）单平咬口，主要用于板材拼接的横向和纵向接缝。

2）单立咬口，主要用在圆形风管上的虾米腰弯头、来回弯等处的环向接缝处（见图4-57），这种咬口形式还可起到加强风道刚度的作用。

3）转角咬口，适用于矩形风道的纵向接缝或矩形弯头、三通的弯曲转角接缝。

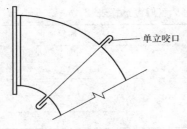

——单立咬口

图4-57　弯管咬口图示

4）联合角咬口，用于矩形风道的角缝上的接口。

5）按扣式咬口，宜用于要求严密性较高的风道接缝，这种咬口在矩形风道使用，其接合紧密，强度高，外观平整。

咬口的宽度可根据板材的厚度参照表4-14选择，以便于在下料时，准确地保证成型后风道的断面尺寸。

不管采用哪种方式咬口，均应保证咬口接缝平直、均匀、密实不漏风。咬口采用人工操作时，应避免敲击时使板面变形、出现凹坑，或造成破坏镀锌层与金属板面等质量弊病。

（2）钢板风管焊接。当风道的厚度大于1.2mm时，无法采用咬口连接形式，可采用焊接方法。焊接可采用气焊和电焊两种方法。气焊因热影响区较大，应选择合适的焊炬和焊丝。在焊接时应注意：

表4-14　　　薄钢板风管咬口宽度参照表　　　mm

板厚	平咬口 B	立咬口 B
0.7以下	6~8	6~7
0.8	8~10	7~8
1.0~1.2	10~12	9~10

1）当钢板较薄时，为了减少变形，宜采用两面花焊的形式。

2）电焊时，焊条直径应根据板厚选择。

3）调整焊接和焊缝的顺序来控制变形。

4）采用反变形法，即在焊接前预先做反方向变形，待焊接完毕即可保证平整。

5）当焊接完毕，变形不太大时，可在平台上用锤平整即可。

6）要求焊缝平直均匀，并保证风道内壁无焊渣、凹陷与焊瘤，角焊缝处应保证焊透，焊缝美观。

7）横向、纵向拼接缝不宜在同一位置和同一平面上。

8）平板接缝不宜采用搭接焊缝。

（3）风管法兰连接。

表4-15　　　圆形风管法兰材料规格　　　mm

圆形风管直径	法兰材料规格	
	扁钢	角钢
<280	-25×4	∠25×3
300~500		
530~1250		∠30×4
1320~2000		∠40×4

1）钢板风管法兰连接。在薄钢板风道中法兰主要用于风管之间、风管与管件之间、风管与阀类、风管与风口、风管与各类通风设备等处的连接。当风道断面较大时，可在风道外侧用法兰加固，以增加风道的刚度。在薄钢板风道中，常用的法兰是用扁钢或角钢制作的。圆形风道法兰在制作时，选用型钢规格可参照表4-15。圆形法兰在制作时可采用热煨制和法兰机冷煨制等方法。

①圆形风管法兰（见图 4-58）。扁钢法兰多用于小直径的风管，采用热煨的方法；角钢法兰可采用热煨制或法兰煨弯机加工。人工热煨法兰是在工作台上将胎模固定，自制手动煨弯工具，将扁钢或角钢加热至发红颜色，插入胎模外侧，一端用火钳夹住，手搬把柄迅速沿胎具煨弯，冷却后进行调整找圆、焊接。

②矩形法兰加工（见图 4-59）。矩形法兰是由四根角钢组对焊接而成。制作矩形法兰宜在平台上作胎具，胎具几何尺寸应准确，这样做出的同规格尺寸的法兰几何尺寸和法兰孔距均相等，在安装时可具有互换性。法兰组对应保证水平和直角角度，对角线误差不允许超过 2mm（不允许出现负值误差）。矩形风管法兰材料规格可参照表 4-16 选择。在制作法兰时，角钢应采用切割机（或角钢切断机）下料，不宜采用气焊切断和割法兰孔。孔距宜在 100～110mm，孔径应比连接螺栓直径大 2mm 为宜。螺栓孔在钻制时，应保证在同一条直线上。法兰在焊接时，应保证焊透，焊缝不应出现在连接面上，焊接完毕应清理焊渣和药皮。

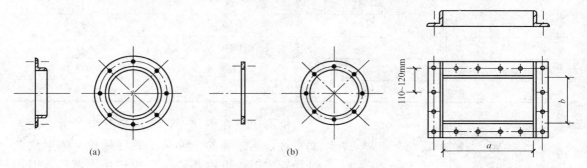

图 4-58　圆形风管法兰　　　　　　　　　图 4-59　矩形风管角钢法兰
（a）角钢法兰；（b）扁钢法兰

③风管法兰与风管的固定方式。当法兰固定在风管的端部时多采用铆接、焊接及翻边连接（见图 4-60），其中角钢法兰铆接适用于风管钢板厚度小于 1.2mm。当风管厚度大于 1.2mm 时，宜采用焊接，扁钢法兰可采用翻边连接方法，其翻边不应小于 5～6mm，边宽均匀，与扁钢面贴实平整。在铆接前，应套好法兰，敲打钢板与法兰边贴实，然后用手电钻在法兰与铁皮上钻孔，用铝制铆钉铆住，翻边时应均匀平整。当法兰焊接时，可采用断续焊或满焊，焊机电流应调整好，不要击穿钢板。

表 4-16　矩形法兰材料规格选择表　　　　　mm

矩形风管长边尺寸	法兰材料规格
≤630	∠25×3
800～1250	∠30×4
1600～2000	∠40×4

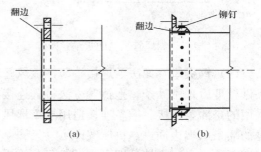

图 4-60　风管与法兰固定方法
（a）翻边；（b）铆接

2）塑料板风管法兰连接。当需在现场加工塑料风道法兰时，可参照表 4-17、表 4-18 来选择法兰的规格。风管与法兰采用塑料焊接，为了保证在风管连接处的强度，宜采用在法兰与管之间做三角加肋板（见图 4 - 61），肋板间距为 300mm 左右即可。

表 4 - 17　　　　　　　　　　　　圆 形 风 管 法 兰 规 格　　　　　　　　　　　　mm

风管直径	法兰规格（宽×厚）	风管直径	法兰规格（宽×厚）
≤180	35×6	560～800	40×10
200～400	35×8	900～1400	45×12
450～500	35×10	1600～2000	60×15

表 4 - 18　　　　　　　　　　　　矩 形 风 管 法 兰 规 格　　　　　　　　　　　　mm

风管长边	法兰规格（宽×厚）	风管长边	法兰规格（宽×厚）
120～160	35×6	800	40×10
200～250	35×8	1000	45×12
320	35×8	1250	45×12
400	35×8	1600	50×15
500	35×10	2000	60×18
630	40×10		

矩形法兰在焊接时，应保证几何尺寸，法兰面平直，连接螺栓全部采用镀锌螺栓。圆形法兰直径较大时，可由几块弧形板拼接成圆形，但需保证法兰面水平，内外径均匀准确，法兰与管道接触面或垂直板相接时，也应做坡口，以保证与管道连接强度（见图 4 - 62）。

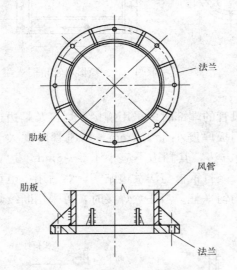

图 4 - 61　塑料风管法兰肋板示意图

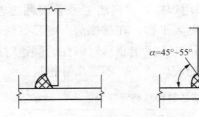

图 4 - 62　垂直板面焊接坡口形式

（4）钢板风管无法兰连接。薄钢板风管之间连接不需采用法兰来连接，而是将风道两端头做处理后采用插条、抱箍等方法将其连接在一起，该方法称为无法兰连接。无法兰连接常采用的是插条连接。插条连接适用于矩形风管，只需将风管两端制成平咬口形状，然后将制好的插条从端边插进，再压实即可（见图 4 - 63）。有折耳的插条在风管转角处应将其拍弯，包在相邻边上，再拍平即可。插条可分为平插条及立插条等形式。

抱箍式连接（见图 4 - 64）是将圆形直管的两端轧出鼓筋，风管一端略大于另一端，将风管略小端插入另一段风管的较大端内，再做一特制的抱箍将其固定，将抱箍上的螺栓拧紧。这种方法要求抱箍鼓筋弧度与管端鼓筋弧度一致，两鼓筋间距相吻合，方可保证连接严密。

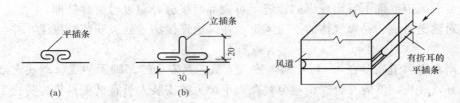

图 4 - 63　矩形风道采用插条连接方式

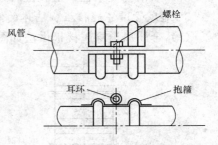

图 4 - 64　圆形风管采用抱箍连接示意图

　　无法兰连接能节省大量钢材，可提高施工速度，是一种新型、先进的连接方式。在风管预制同时可采用专用设备做出接口折边、起鼓等处理，既可减少施工工序，又可节省时间，安装简单方便。无法兰连接为了保证接口处的严密性，需采用密封胶带粘贴，或其他材料密封。采用插条连接时，不宜使用在经常拆卸的部位，无法兰连接一般多用于普通的通风和空调系统，不适合输送含尘、含有害气体、高温高湿的气体。

4.6.2　通风管道的安装程序

1. 通风管道安装

　　（1）风管组装。当风管较短时，可一次在地面组装而成，当风管较长时，可视安装场地的情况，在地面分段组装。组装时应尽量调整风道的中心度和水平度，避免风管扭曲或上下起波，左右摆龙，每段风道不宜超过 10m，组装时，垫片应垫平，法兰螺栓应均匀拧紧，螺母帽均朝向同一方向。

　　（2）风管就位。风管就位前应检查全部支架的水平度和标高、检查支架的牢固程度，风管就位可采用直接和吊具两种方法。对风管断面较小，又位置较低的可采用人工就位方法，只需搭设简易脚手架即可。当风管断面较大且管段较长时，可采用滑轮、倒链、大绳等方法吊装。为了便于风道就位，一般多采用将风道吊在脚手架上，然后再将其抬放在风道支架上的方法。脚手架应沿其风道长度方向搭设，高度和位置应适合施工操作，吊装顺序应先干管后支、立管，吊起时，吊点应牢固，两吊点应均匀受力。垂直风管可采用人工和大绳辅助就位，调整风管保证垂直度要求。

　　（3）风道调直。就位在支架上的风道，应拨正位置，调整风道横平竖直，然后再按图集要求固定。

2. 通风管道安装注意事项

　　（1）当风管与风机连接时，应在进出风口处加软接头，其软接头的断面尺寸应与风机进出风口一致。软管接头一般可采用帆布、人造革等材料，软管长度不宜小于 200mm，松紧度应适宜，柔性软管可缓冲风机的振动。

　　（2）当风道与除尘设备、加热设备等连接前，应待设备安装完毕后，按实际测绘的图纸进行预制和安装。

　　（3）风道安装时，进、出风口宜在风道预制时开出洞口，如需在安装完毕的风道上现开风口，其接口处应严密。

　　（4）当输送含凝结水或含湿量较大的气体时，其水平管道宜设有坡度，并在低点处接排水管。安装时风道底部不宜出现纵向接缝，对底部有接缝处应进行密封处理。

（5）对输送易燃、易爆气体的钢板风道，在风道连接法兰处应安装跨接线，并与静电接地网连接。

（6）当水平风道高度在 4m 以上时，安装人员应系安全带。脚手架或移动式支架上的跳板应固定好，跳板宽度应符合安全规范，在脚手架上的安装人员宜携工具袋，防止工具或电钻等物坠落伤人。

（7）双吊杆支架在风道就位后，应保证横担平直，吊杆不扭转，双吊杆受力均匀。

3. 通风管道穿越楼板、墙体的做法及注意事项

（1）金属风道穿越楼板做法如图 4-65 所示，金属风道穿楼板处，应浇注或砌筑出一个

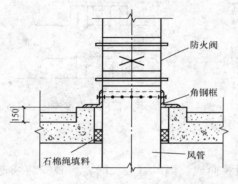

图 4-65　金属风管穿楼板做法

不小于 150mm 的台，与楼板间洞口留有 50mm 间隙，四周间隙应填塞非燃性填料，角钢框与风道铆接。当送风道穿越重要房间或火灾危险性较大的房间时，应设置防火阀。断面较小的风道也可直接穿越洞口，洞口与风管四周间隙填塞石棉绳。

（2）金属风道穿墙做法可参照图 4-66（a）施工，当水平风道穿普通墙体时，一般规范规定通风管道不宜穿防火墙和建筑上的沉降缝；当必须穿过时，应按图 4-66（b）、（c）做法施工，沉降缝的两侧必须加防火阀。

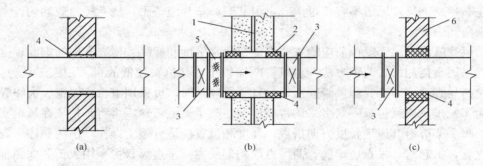

图 4-66　水平风管穿墙做法
（a）风管穿普通墙体；（b）风管穿沉降缝；（c）风管穿防火墙
1—沉降缝；2—镀锌钢板套管（δ＝1mm）；3—防火阀；4—石棉绳；5—软管接头；6—防火墙

（3）在风道穿越楼板或墙体时，不得在楼板和墙体内设置法兰。法兰接头宜距楼板或墙面 200mm 以上，以便于安装操作。

4. 薄钢板风管加固的方法

当风道断面较大时，只靠管段两端法兰固定有时会出现变形，同时当输送气体时易引起管壁振动而产生噪声，因此需采用加固措施。对圆形风管因受力较均匀，刚度较好，可不用加固。当风道直径较大时或两端法兰距离较远时，可在中间加 1~2 个加固扁钢圈，扁钢圈铆接在风管外侧壁上，矩形风道当板厚在 1.2mm 以下，长边大于 700mm 时，可考虑对风管进行加固。矩形风道多采用在板面上轧制起棱线，不保温风管棱线凸向外侧，棱线一般为对角交叉。该种方法目的是增加风管的刚度，但不适用于断面较大的风管。

当矩形风道无法兰管段较长时，可采用角钢铆接在风管的外侧壁上，角钢铆固方法可采用只在长边上做加固，或采用角钢框加固图如图 4-67 所示，风道加固不宜铆接在板内侧面上，因加固件在内壁可增加气流阻力，同时易滞留气流中的灰尘或尘粒。

5. 通风管道支架形式

通风管道支架多采用沿墙、沿柱敷设的托架和吊架形式如图 4-68 所示。因风道支架种类很多，采用各种型钢（角钢、扁钢、圆钢等）规格应根据国标图集规定选择，当采用吊架时，与楼板或梁等固定多采用图 4-69 中的方式。

6. 通风管道防腐保温

当风道输送一般气体时，对黑钢板风道应进行除锈、刷

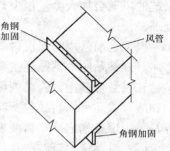

图 4-67　角钢加固风管做法

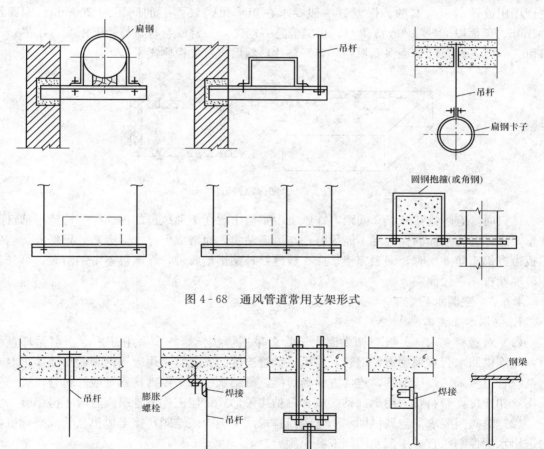

图 4-68　通风管道常用支架形式

图 4-69　风管吊杆与楼板固定形式

防锈漆处理，对含尘气体可喷涂防磨损保护层。当周围环境空气湿度较大时，风道外壁需做防腐蚀、防锈处理。输送高温、高湿气体的镀锌钢板风道内壁宜喷刷磷化底漆或其他耐蚀涂料。

在风道输送高温气体或低温空气时，风道外壁应做保温（保冷）处理，而在夏季往往因输送气体的温度低于周围环境的空气露点温度时，管道外壁会产生结露现象。这对集中空调系统的风道会加大冷量损失，同时凝结水滴会污染吊顶和墙地面，因此也应该进行保冷隔热处理。

根据目前常用的保温材料，风道保温多采用粘贴法及钉贴法。

（1）粘贴法。粘贴法主要是当采用聚苯乙烯泡沫塑料板做保温材料时，可将保温板直接粘贴在风管外壁上，胶黏剂可采用乳胶、101胶、酚醛树脂等，然后包扎玻璃丝布，布面刷调和漆（或防火涂料或包塑料布）。粘贴保温板时，应接缝严密，贴实粘牢，保温板切割整齐。采用聚氨酯泡沫塑料硬板也可进行粘贴。

（2）钉贴法。钉贴法是目前经常采用的一种保温方法。首先将保温钉粘在风道外壁上，然后再将保温板紧压在风道上，露出钉尖（见图4-70）。保温钉形式较多，有金属、尼龙或在现场用镀锌钢板自制的。保温钉一般要求在矩形风道底面上的间距约200mm、侧面约300mm、顶面以300～400mm为宜。板缝应整齐严密，板材或卷材要与管壁压实、压平，不得留有缝隙。保温钉穿透保温板后，套好垫片，然后将钉尖扳倒压平即可。

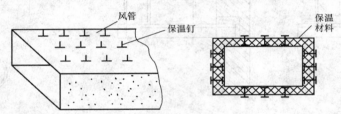

图4-70　贴保温钉方法

粘钉时，宜每排错开1/2间距，在施工中常会出现在矩形风道的顶面少粘钉或不粘钉的现象，这样会使顶面的保温层不能很好地与风道贴实，而造成保温（保冷）效果降低。当保温板带有铝箔防潮层时，保温完毕，应在板缝处补贴铝箔胶带，保温板不带铝箔时，可外包扎玻璃丝布，再做面层。

4.6.3　空调水管施工

1. 空调水管施工要求

（1）对管材要求。一般空调供回水干管多采用焊接钢管，当采用开式冷冻水循环系统时，冷冻供回水管宜采用镀锌钢管，与风机盘管连接的支管宜采用镀锌钢管丝扣连接，冷却水系统管道多采用焊接钢管，连接方式为焊接，凝结水管可采用镀锌钢管或塑料管，镀锌管采用丝扣连接，塑料管采用承插粘接或套箍粘接等形式，但需保证管道直管段不得塌腰。

（2）对阀门要求。空调供回水干管阀门宜采用闸板阀或蝶阀，接至风机盘管或空调机组的进出水管控制阀宜采用铜制闸阀或截止阀。

（3）从空调水的水平干管接至风机盘管的支管接法可参照图4-71。

（4）为了便于系统在初运行时，管道内的细小泥沙或焊渣进入风机盘管内，可根据情况考虑在进出风机盘管的支管上连接一根旁通管和阀门（见图4-72）。当系统在试运前冲洗时，可先关闭进出风机盘管的阀门，打开旁通阀进行冲洗，然后关闭旁通阀打开进出口阀，再正式运行，但也会增多接头漏水的几率，所以在实际施工中需根据具体要求考虑。

（5）在多种性质的管道和风道均安装在吊顶内时，空调水管宜安装在靠墙一侧平行敷

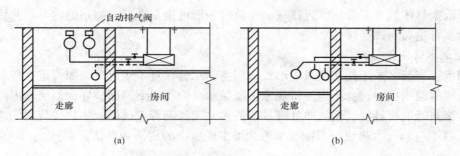

图 4-71　空调水干管与支管连接方式

(a) 空调水干管高于风机盘管；(b) 空调水干管低于风机盘管

设，并留出足够保温的操作距离，施工时必须与其他
专业的管道和线缆综合考虑施工的顺序。

（6）敷设在管井内的空调水立管应全部采用焊
接，保温前需进行强度试验，当立管上装有阀门时，
其阀门的位置应在管井检查门附近，手轮或手柄应朝
向易操作面处。

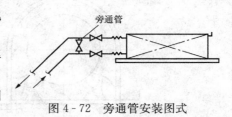

图 4-72　旁通管安装图式

（7）当空调冷冻水管穿越楼板时应做绝热处理，做法可参照有关施工图集。

（8）凡在吊顶内的暗装空调水阀门一律应进行绝热保温处理。

（9）空调水管道在施工时，如遇有与梁或风道相碰时，应采取合理的避让方法。管道不
宜随意上下返弯，如必须时，应在上下返弯处安装自动排气阀，防止管中空气排除不畅而形
成气塞。

（10）在安装空调机组的连接管道时，夏季运行中，为了将表冷器表面的凝结水顺利排
出，在凝结水出口处应制作存水弯，并保证一定的水封高度。一般水封高度应大于 150mm。

2. 空调水管道敷设坡度要求

空调水管道在安装时，为了顺利的排除系统内的空气，对水平干管要求有不小于 3‰ 的
坡度。供水水平干管应为逆坡敷设（供水水流方向与坡向相反）；回水水平干管为顺坡敷设
（水流方向与坡向一致）；凝结水管因是无压管，靠重力流动，因此应设有不小于 5‰ 的顺
坡，凝结水管道系统上不得安装阀门。

当连接风机盘管时（指卧式暗装），需根据风机盘管的高度确定排除空气的方法。当供
回水干管高于风机盘管的进出水管时，应在水平干管的
最高点安装自动排气阀；当供回水干管低于风机盘管的
进出水管时，可利用风机盘管的手动放风门进行排气。

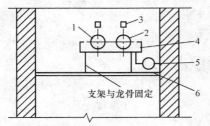

当自动排气阀安装在吊顶内时，为了防止因其失灵
而跑水污染吊顶，在吊顶净空高度允许的情况下，安装
一个接水托盘（见图 4-73），托盘接出管道与排凝结水
管连通。

图 4-73　接水托盘安装图式

1—空调供水管；2—空调回水管；
3—自动排气阀；4—接水托盘；
5—凝结水干管；6—吊顶

对凝结水排放管道应根据吊顶净空情况设置多根立
管排放，防止多台盘管连接的凝结水干管因其净空不够
而无法保证安装坡度。安装时应保证排水通畅无阻，凝

结水管可根据具体情况汇合后就近排放，排放时一般可接至地漏或拖布池内，不允许与污水管道、雨水管道做闭式连接。

3. 空调水管支架形式

空调水管支架多采用托架或吊架形式，当空调水管在夏季运行时，如管道直接与支架的型钢或吊架的扁钢接触，会产生冷桥现象，凝结水可沿支架下滴而破坏保温层，因此，在安装时在支架与管道接触面处做绝热处理，一般多采用经沥青煮过的木垫块或特制的塑料绝热吊架（见图 4-74），木垫块可根据支架形式加工成所需的规格和形状。

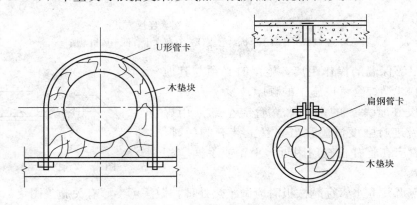

图 4-74　空调水管支吊架安装图示

4.7　定额内容概述及编制说明

4.7.1　定额内容概述

通风空调工程预算定额是《安装工程预算定额》的第七册，由十六个定额章和三个附录组成。可概括为五大部分内容：薄钢板通风管道及部件制作安装，不锈钢板、铝板、塑料、玻璃钢、复合型通风管道及部件制作安装，通风空调设备、人防设备及部件制作安装、通风工程系统调试。具体名称和排列顺序如下：

（1）第一章——薄钢板通风管道制作安装。

（2）第二章——调节阀制作安装。

（3）第三章——风口制作安装。

（4）第四章——风帽制作安装。

（5）第五章——罩类制作安装。

（6）第六章——消声器制作安装。

（7）第七章——空调部件及设备支架制作安装。

（8）第八章——通风空调设备安装。

（9）第九章——净化通风管道及部件制作安装。

（10）第十章——不锈钢板通风管道及部件制作安装。

（11）第十一章——铝板通风管道及部件制作安装。

（12）第十二章——塑料通风管道及部件制作安装。

（13）第十三章——复合型风管制作安装。

（14）第十四章——玻璃钢通风管道及部件安装。

（15）第十五章——人防通风设备及部件安装。

（16）第十六章——通风空调工程系统调试。

（17）附录一——主要材料损耗率表。

（18）附录二——国标通风部件标准重量表。

（19）附录三——除尘设备重量表。

4.7.2　定额编制说明

（1）适用范围。

《安装工程预算定额》第七册适用于为生产和生活服务的通风空调设备安装，管道、部件制作安装及相关器具制作等工程。

（2）制作安装比例。

《安装工程预算定额》第七册中人工、材料、机械凡未按制作和安装分别列出的，其制作费与安装费的比例可按表 4 - 19 划分。

表 4 - 19　　　　　　　　　　　　制 作 与 安 装 比 例

章号	项　目	制作占百分比（%）			安装占百分比（%）		
		人工	材料	机械	人工	材料	机械
第一章	薄钢板通风管道制作安装	60	95	95	40	5	5
第二章	调节阀制作安装	—	—	—	—	—	—
第三章	风口制作安装	—	—	—	—	—	—
第四章	风帽制作安装	75	80	99	25	20	1
第五章	罩类制作安装	78	98	95	22	2	5
第六章	消声器制作安装	91	98	99	9	2	1
第七章	空调部件及设备支架制作安装	86	98	95	14	2	5
第八章	通风空调设备安装	—	—	—	100	100	100
第九章	净化通风管道及部件制作安装	60	85	95	40	15	5
第十章	不锈钢板通风管道及部件制作安装	72	95	95	28	5	5
第十一章	铝板通风管道及部件制作安装	68	95	95	32	5	5
第十二章	塑料通风管道及部件制作安装	85	95	95	15	5	5
第十三章	复合型风管制作安装	60	—	99	40	—	1
第十四章	成品玻璃钢通风管道及部件安装	—	—	—	100	100	100

（3）脚手架搭拆费列入措施项目，按分部分项人工总工日数套第十三册《措施项目工程定额》进行计算。

（4）高层建筑增加费（指高度在 6 层或 20m 以上的工业与民用建筑）列入措施项目，按分部分项人工总工日数套第十三册《措施项目工程定额》进行计算。

（5）超高增加费（指操作物高度距离楼地面 6m 以上的工程）按超高部分的人工工日数套第十三册《措施项目工程定额》进行计算。

（6）系统调试费按系统工程人工总工日数套第七册《通风空调工程定额》进行计算。

（7）安装与生产同时进行增加的费用，计算方法同脚手架搭拆费，列入措施项目中。

（8）在有害身体健康的环境中施工增加的费用，计算方法同脚手架搭拆费，列入措施项目中。

（9）通风空调工程有关刷油、绝热、防腐蚀部分套用《安装工程预算定额》第十二册《刷油、防腐蚀、绝热工程》相应定额。

1）钢板风管刷油按其工程量执行相应子目，仅外（或内）面刷油者，定额基价及主材乘以系数1.2，内外均刷油者，定额基价及主材乘以乘数1.1（其法兰、加固框、吊托支架已包括在此系数内）。

2）薄钢板部件刷油按其工程量执行金属结构刷油子目，定额基价及主材乘以系数1.15。

3）不包括在风管工程量内而单独列项的各种支架（不锈钢吊托支架除外）按其工程量执行相应子目。

4）薄钢板风管、部件以及单独列项的支架，其除锈不分锈蚀程度，一律按其第一遍刷油的工程量执行轻锈相应子目。

（10）定额中未包括风管穿墙、穿楼板的孔洞修补，发生时参照建筑工程相关定额子目。

（11）风管制作安装项目，只列有法兰连接，如采用无法兰连接时，定额基价乘以系数0.9。

4.8　工程量计算规则与定额解释

4.8.1　说明及工程量计算规则

1. 薄钢板通风管道制作安装

（1）按形状分圆形、矩形；按材质分镀锌薄钢板、普通薄钢板、柔性软风管；按板厚分1.2mm以内（咬口）、2mm以内、3mm以内（焊接）。柔性软风管分无保温、有保温。除风管外还编有柔性软风管阀门、弯头导流叶片、帆布接口、检查孔、温度、风量测定孔定额。风管直径圆形以外径为准，矩形风管以外边长为准。

（2）整个通风系统设计采用渐缩管均匀送风者，圆形风管按平均直径，矩形风管按平均周长执行相应规格子目。其人工乘以系数2.5。

（3）镀锌薄钢板风管项目中的板材是按镀锌薄钢板编制的，如设计要求不用镀锌薄钢板者，板材可以换算，其他不变。

（4）风管导流叶片不分单叶片和香蕉形双叶片，均执行同一子目。

（5）如制作空气幕送风管时，按矩形风管平均周长执行相应风管规格子目，其人工乘以系数3，其余不变。

（6）薄钢板通风管道制作安装项目中，包括弯头、三通、变径管、天圆地方等管件及法兰、加固框和吊托支架，但不包括过跨风管落地支架，落地支架执行设备支架子目。

（7）薄钢板风管项目中的板材。如设计要求厚度不同者可以换算，但人工、机械不变。

（8）帆布接头使用人造革而不使用帆布者可以换算。

（9）项目中的法兰垫料如设计要求使用材料品种不同者可以换算，但人工不变。使用泡沫塑料者每千克橡胶板换算为泡沫塑料0.125kg；使用闭孔乳胶海绵者每千克橡胶板换算为闭孔乳胶海绵0.5kg。

（10）柔性软风管适用于由金属、涂塑化纤织物、聚酯、聚乙烯、聚氯乙烯薄膜等材料制成的软风管。

（11）风管制作安装以施工图规格不同按展开面积计算，不扣除检查孔、测定孔、送风口、吸风口等所占面积。

$$圆形风管　F = \pi DL$$

式中　F——圆形风管展开面积，m^2；

　　　D——圆形风管直径；

　　　L——管道中心线长度。

矩形风管按图示周长乘以管道中心线长度计算。

（12）风管长度一律以施工图示中心线长度为准（主管与支管以其中心线交点划分），包括弯头、三通、变径管、天圆地方等管件的长度，但不包括部件所占长度。直径和周长按图示尺寸为准展开。咬口重叠部分已包括在定额内，不得另行增加。注意：在计算风管长度时，必须扣除部件所占长度。部分通风部件长度值按下表计取。

1）部分通风部件长度见表 4 - 20。

表 4 - 20　　　　　　　　　　　　通 风 部 件 长 度

序号	部件名称	部件长度(mm)
1	蝶阀	200
2	止回阀	300
3	密闭式对开调节阀	210
4	圆形风管防火阀	当 $\phi \leqslant 320$ 时，$L=210$；当 $\phi > 320$ 时，$L=320$
5	矩形风管防火阀	当 A（阀体宽度）$\leqslant 630$ 时，$L=210$；当 A（阀体宽度）> 630 时，$L=250$

2）密闭式斜插板阀长度见表 4 - 21。

表 4 - 21　　　　　　　　　　　密闭式斜插板阀长度表　　　　　　　　　　　　mm

型号	1	2	3	4	5	6	7	8	9	10	11	12	13	14
D	80	85	90	95	100	105	110	115	120	125	130	135	140	145
L	280	285	290	300	305	310	315	320	325	330	335	340	345	350
型号	15	16	17	18	19	20	21	22	23	24	25	26	27	28
D	150	155	160	165	170	175	180	185	190	195	200	205	210	215
L	355	360	365	365	370	375	380	385	390	395	400	405	410	415
型号	29	30	31	32	33	34	35	36	37	38	39	40	41	42
D	220	225	230	235	240	245	250	255	260	265	270	275	280	285
L	420	425	430	435	440	445	450	455	460	465	470	475	480	485
型号	43	44	45	46	47	48								
D	290	300	310	320	330	340								
L	490	500	510	520	530	540								

注　D 为风管外径；L 为部件长度。

3）塑料手柄蝶阀长度见表 4 - 22。

表 4 - 22　　　　　　　　　　塑料手柄蝶阀长度　　　　　　　　　　mm

型号		1	2	3	4	5	6	7	8	9	10	11	12	13	14
圆管	D	100	120	140	160	180	200	220	250	280	320	360	400	450	500
	L	160	160	160	180	200	220	240	270	300	340	380	420	470	520
方管	A	120	160	200	250	320	400	500							
	L	160	180	220	270	340	420	520							

注　D 为风管外径；L 为部件长度；A 为方形风管外边宽。

4）塑料拉链式蝶阀长度见表 4 - 23。

表 4 - 23　　　　　　　　　　塑料拉链式蝶阀长度　　　　　　　　　　mm

型号		1	2	3	4	5	6	7	8	9	10	11
圆管	D	200	220	250	280	320	360	400	450	500	560	630
	L	240	240	270	300	340	380	420	470	520	580	650
方管	A	200	250	320	400	500	630					
	L	240	270	340	420	520	650					

注　D 为风管外径；L 为部件长度；A 为长方形风管外边宽。

5）塑料插板阀长度见表 4 - 24。

表 4 - 24　　　　　　　　　　塑料插板阀长度　　　　　　　　　　mm

型号		1	2	3	4	5	6	7	8	9	10	11
圆管	D	200	220	250	280	320	360	400	450	500	560	630
	L	200	200	200	200	300	300	300	300	300	300	300
方管	A	200	250	320	400	500	630					
	L	200	200	200	200	300	300					

注　D 为风管外径；L 为部件长度；A 为方形风管外边宽。

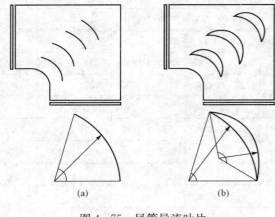

图 4 - 75　风管导流叶片

(a) 单叶片；(b) 双叶片

或按表 4 - 25 计算叶片面积。

（13）柔性软风管安装，按图示管道中心线长度以"m"为计量单位，柔性软风管阀门安装以"个"为计量单位。

（14）风管导流叶片（见图 4 - 75）制作安装按图示叶片的面积计算。

导流叶片面积计算如下：

单叶片面积 $F_d = 0.017\ 453 R\theta h +$ 折边

双叶片面积

$$F_s = 0.017\ 453 h(R_1\theta_1 + R_2\theta_2) + 折边$$

式中　h——导流叶片宽度；

θ——中心线夹角（角度）；

R——弯曲半径。

表 4 - 25					风管导流叶片表面积						m²
风管高 B	200	250	320	400	500	630	800	1000	1250	1600	2000
导流片	0.075	0.091	0.114	0.140	0.17	0.216	0.273	0.425	0.502	0.623	0.755

【例 4 - 1】　某工程为局部新风系统，风管截面积为 320mm×250mm，采用 0.5mm 镀锌薄钢板，价格为 34.4 元/m²，风管中心线长度为 5.5m，计算该风管工程量并套用定额。

解　风管周长 $=(A+B)×2=(0.320+0.250)×2=1.140$（m）

风管展开面积 $S=1.14×5.5=6.27$（m²）

风管厚度 $δ=0.5$mm，套用定额 7-6 镀锌薄钢板风管（$δ=1.2$mm 以内咬口），周长 2000mm 以下：

基价为 441 元，其中人工费 254.04 元，定额未计价主材含量 11.38m²，计量单位 10m²。

该镀锌薄钢板制作安装费 $=441×0.627=276.51$（元）

其中人工费＋机械费 $=(254.04+20.42)×0.627=172.09$（元）

未计价主材价值 $=0.627×11.38×34.4=245.45$（元）

2. 调节阀制作安装

定额分圆形和矩形，划分为蝶式、插板式、瓣式，保温和不保温，止回阀与防火阀等。

（1）阀门安装定额适用于钢制阀门、玻璃钢阀门安装，铝及铝合金阀门安装套用阀门安装相应子目，人工乘以系数 0.8。

（2）阀门标准部件的制作，按其成品质量以 "kg" 为计量单位，根据设计型号、规格，按定额附录二 "国际通风部件标准重量表" 计算，非标准部件按图示成品质量计算。阀门的安装按图示规格尺寸（周长或直径）以 "个" 为计量单位，分别执行相应定额。

【例 4 - 2】　钢制蝶阀（T302-8）制作安装，规格 120mm×120mm，10 只，试计算工程量并套用定额。

解　（1）调节阀制作。

查《安装工程预算定额》第七册附录二 "国标通风部件标准重量表"，T302-8，规格 120mm×120mm，2.87kg/个。

总质量 $=2.87×10=28.7$（kg）

套用定额 7-65，方矩形蝶阀制作（15kg 以下），计量单位：100kg。

基价为 1278 元，其中人工费为 542.06 元，机械费为 300.18 元。

10 个钢制蝶阀（T302-8）制作费 $=1278×0.287=366.79$（元）

其中，人工费 $=542.06×0.287=155.57$（元）；机械费 $=300.18×0.287=86.15$（元）。

（2）调节阀安装。

风管蝶阀周长 $=(0.12+0.12)×2=0.48$（m）

套用定额 7-84，风管蝶阀安装（周长 800mm 以内），计量单位：个。

基价为 9 元，其中人工费为 7.70 元，机械费为 0.17 元。

10 个钢制蝶阀（T302-8）安装费 $=9×10=90$（元）

其中，人工费 $=7.70×10=77$（元）；机械费 $=0.17×10=1.7$（元）。

注意：如为成品购买的调节阀，则不发生制作费用，直接套用调节阀安装定额，调节阀本身价值（作为未计价主材）另计。

3. 风口制作安装

定额分百叶式、矩形、插板式、旋转式、直片式、流线型、单双面、单双层等各种送排（回）风口。

（1）风口安装定额适用于钢板风口、玻璃钢风口的安装，铝及铝合金风口安装套用风口安装相应子目，人工乘以系数 0.8。

（2）风口标准部件的制作，按其成品质量以"kg"为计量单位，根据设计型号、规格，按《安装工程预算定额》第七册附录二"国际通风部件标准重量表"计算质量，非标准部件按图示成品质量计算。风口的安装按图示规格尺寸（周长或直径）以"个"为计量单位，分别执行相应定额。

【例 4 - 3】 单层百叶风口（T202-2）制作安装，规格 200mm×150mm，10 只，试计算工程量并套用定额。

解 （1）风口制作。

查《安装工程预算定额》第七册附录二"国标通风部件标准重量表"，T202-2，规格 200mm×150mm，0.88kg/个

总质量＝0.88×10＝8.8（kg）

套用定额 7-117，单层百叶风口制作（2kg 以下），计量单位：100kg。

基价为 2875 元，其中人工费为 2326.43 元，机械费为 12.31 元。

10 个单层百叶风口（T202-2）制作费＝2875×0.088＝253（元）

其中，人工费＝2326.43×0.088＝204.73（元）；机械费＝12.31×0.088＝1.08（元）。

（2）风口安装。

百叶风口周长＝（0.2＋0.15）×2＝0.7（m）

套用定额 7-156，百叶风口周长 900mm 以内，计量单位：个。

基价为 9 元，其中人工费为 6.58 元，机械费为 0.17 元。

10 个单层百叶风口（T202-2）安装费＝9×10＝90（元）

其中，人工费＝6.58×10＝65.8（元）；机械费＝0.17×10＝1.7（元）。

4. 风帽制作安装

定额分圆伞形、锥形、筒形风帽及滴水盘、风帽筝绳、风帽泛水等附件。风帽标准部件的制作安装，按其成品质量以"kg"为计量单位，根据设计型号、规格，按《安装工程预算定额》第七册附录二"国际通风部件标准重量表"计算质量，非标准部件按图示成品质量计算。风帽筝绳制作安装按图示规格、长度，以"kg"为计量单位。风帽泛水制作安装按图示展开面积以"m²"为计量单位。

5. 罩类制作安装

定额按组装形式分上、下、侧排，分升降回转式、防护、防雨、抽风罩及各型风罩调节阀。定额中未包括的排气罩套用近似的子目。

（1）罩类标准部件的制作安装，按其成品质量以"kg"为计量单位，根据设计型号、规格，按《安装工程预算定额》第七册附录二"国际通风部件标准重量表"计算质量，非标准部件按图示成品质量计算。

（2）各型风罩调节阀制作安装以"kg"为计量单位，单列项目计算。

6. 消声器制作安装

定额按结构形式分片式、管式、声流式及阻抗复合式及微穿孔板消声器。消声器标准部件的制作安装，按其成品质量以"kg"为计量单位，根据设计型号、规格，按《安装工程预算定额》第七册附录二"国际通风部件标准重量表"计算质量，非标准部件按图示成品质量计算。

7. 空调部件及设备支架制作安装

定额分金属空调器壳体、挡水板（三、六折曲板）、滤水器、溢水盘、密闭门（带视孔和不带视孔）及电加热器外壳。设备支架分 50kg 以下、50kg 以上。

（1）清洗槽、浸油槽、晾干架、LWP 滤尘器支架制作安装执行设备支架项目。

（2）风机减振台座执行设备支架项目，定额中不包括减振器用量，应依设计图纸按实计算。

（3）玻璃挡水板执行钢板挡水板相应项目，其材料、机械均乘以系数 0.45，人工不变。

（4）保温钢板密闭门执行钢板密闭门项目，其材料乘以系数 0.5，机械乘以系数 0.45，人工不变。

（5）钢板密闭门按个计算。钢板挡水板制作安装按空调器断面面积计算。滤水器、溢水盘标准部件的制作安装，按其成品质量以"kg"为计量单位，根据设计型号、规格，按《安装工程预算定额》第七册附录二"国际通风部件标准重量表"计算质量，非标准部件按图示成品质量计算。电加热器外壳、金属空调器壳体、设备支架按图纸质量计算。

8. 通风空调设备安装

定额包括加热（冷却）器、离心式通风机和轴流式通风机（落地式及吊式安装）、屋顶式通风机、卫生间通风器、除尘设备、空调机组（落地式及吊式安装）、空调器、风机盘管、分段组装式空调器及空气幕。

通风机安装项目内包括电动机安装，其安装形式包括 A、B、C 或 D 型，也适用不锈钢和塑料风机安装；设备安装项目的基价中不包括设备费和应配备的地脚螺栓价值；诱导器安装执行风机盘管安装项目；风机盘管的配管执行《安装工程预算定额》第十册《给排水、采暖、燃气工程》相应子目。

风机安装按设计不同型号以"台"为计量单位。整体式空调机组安装，按不同的制冷量以"台"为计量单位；空调器安装，按安装方式不同以"台"为计量单位；分段组装式空调器安装按质量以"kg"为计量单位；风机盘管安装按安装方式不同以"台"为计量单位。空气加热器、除尘设备安装按质量不同以"台"为计量单位。

9. 净化通风管道及部件制作安装

定额按空气洁净度 100000 级编制的。定额按优质镀锌薄钢板咬口连接编制，按风管周长划分子目。除风管外，部件定额分静压箱、铝制孔板风口、高中低效过滤器及过滤器框架、净化工作台、风淋室（按安装质量分 0.5、1.0、2.0、3.0t）。

风管定额只列有矩形风管，净化圆形风管执行矩形风管相应子目。净化风管项目中的板材，如设计厚度不同者可以换算，人工、机械不变。

风管涂密封胶是按全部口缝外表面涂抹考虑的，如设计要求口缝不涂抹而只在法兰处涂抹者，每 10m² 风管应减去密封胶 1.5kg 和人工 0.37 工日。

过滤器安装项目中包括试装，如设计不要求试装者，其人工、材料、机械不变。风管及部件项目中，型钢未包括镀锌费，如设计要求镀锌时，另加镀锌费。铝制孔板风口如需电化处理时，另加电化费。

低效过滤器指：M-A 型、WL 型、LWP 型等系列。中效过滤器指：ZKL 型、YB 型、M 型、ZX-1 型等系列。高效过滤器指：GB 型、GS 型、JX-20 型等系列。净化工作台指：XHK 型、BZK 型、SXP 型、SZP 型、SZX 型、SW 型、SZ 型、SXZ 型、TJ 型、CJ 型等系列，洁净室安装以质量计算，执行定额第八章"分段组装式空调器安装"项目。

风管制作安装工程量计算同薄钢板风管。

10. 不锈钢板通风管道及部件制作安装

不锈钢通风管道采用不锈钢板制作、焊接，编有圆形风管，按直径及壁厚划分子目。矩形风管按当量直径不同套用圆形风管相应子目，其计算公式为

$$D_d = 2AB/(A+B)$$

式中　D_d——矩形风管当量直径；

　　　A、B——矩形风管两边长。

如矩形风管 $AB = 800 \times 500$，套用公式 $D_d = 2 \times 800 \times 500/(800+500) = 615mm$，套用不锈钢圆形风管直径 700 以下定额，矩形风管法兰执行圆形法兰相应子目，材料乘以系数 0.45，机械乘以系数 0.6。风管凡以电焊考虑的子目，如需使用手工氩弧焊者，其人工乘以系数 1.238，材料乘以系数 1.163，机械乘以系数 1.673。

风管制作安装工程量计算同薄钢板风管按展开面积计算，定额包括管件制作安装，但不包括法兰和吊托支架，法兰和吊托支架应单独列项计算执行相应子目。不锈钢吊托支架执行定额相应子目。风管项目中的板材如设计要求厚度不同者可以换算，人工、机械不变。

11. 铝板通风管道及部件制作安装

铝板通风管定额按壁厚与外形直径（周长）及焊接方式（气焊、手工氩弧焊）划分子目；铝板部件分圆伞形风帽、风口及圆矩形法兰、蝶阀等子目。如以气焊考虑的项目，如需使用手工氩弧焊者，其人工乘以系数 1.154，材料乘以系数 0.852，机械乘以系数 9.242。

定额包括管件制作安装，但不包括法兰和吊托支架；法兰和吊托支架应单独列项计算执行相应子目。风管项目中的板材如设计要求厚度不同者可以换算，人工、机械不变。风管制作安装工程量计算同薄钢板风管按展开面积。

12. 塑料通风管道及部件制作安装

定额包括塑料通风管道、空气分布器、风口、阀门、风罩、风帽、柔性接口制作安装等项目。

风管项目规格表示的直径为内径，周长为内周长。定额包括管件、法兰、加固框，但不包括吊托支架，吊托支架执行相应子目。风管制作安装项目中的主体，板材（指每 10m² 定额用量为 11.6m²），如设计要求厚度不同者可以换算，人工、机械不变。项目中的法兰垫料如设计要求使用品种不同者可以换算，但人工不变。

塑料通风管道胎具材料摊销费的计算方法：塑料风管管件制作的胎具摊销材料费，未包括在定额内，按以下规定另行计算：风管工程量在 30m² 以上的，每 10m² 风管的胎具摊销木材为 0.06m³，按地区预算价格计算胎具材料摊销费。风管工程量在 30m² 以下的，每 10m² 风管的胎具摊销木材为 0.09m³，按地区预算价格计算胎具材料摊销费。

风管制作安装工程量计算同薄钢板风管按展开面积计算。标准部件的制作安装，按其成

品质量以"kg"为计量单位，根据设计型号、规格，按《安装工程预算定额》第七册附录二"国际通风部件标准重量表"计算质量，非标准部件按图示成品质量计算。

13. 复合型风管制作安装

定额包括玻纤复合风管、机制玻镁复合风管、彩钢复合风管、铝箔复合风管制作安装等项目。

复合型风管定额按直径（周长）划分子目，风管项目规格表示的直径为内径，周长为内周长，风管制作安装项目中包括管件、法兰、加固框、吊托支架，风管制作安装工程量计算同薄钢板风管按展开面积计算。

14. 玻璃钢通风管道及部件安装

（1）定额包括玻璃钢通风管道、部件安装项目。

（2）玻璃钢通风管道安装项目中，包括弯头、三通、变径管、天圆地方等管件的安装，吊托支架及加固框的制作安装，不包括过跨风管落地支架，落地支架执行设备支架项目。

（3）玻璃钢风管定额中未计价主材在组价时应包括同质法兰和加固框，其重量暂按风管全重的 15%～20% 计，风管修补应由加工单位负责。

风管制作安装工程量计算同薄钢板风管按展开面积计算。

15. 人防通风设备及部件安装

（1）定额包括人防通风工程的测压装置安装、换气堵头安装、密闭穿墙管制作安装、手动密闭阀安装、自动排气活门安装、脚踏电动两用风机安装、过滤吸收器安装、LWP 型油网滤尘器安装等项目。

（2）密闭穿墙管为成品时，按密闭穿墙管制作安装定额乘以系数 0.3，穿墙管主材另计。

（3）测压装置安装以"套"为计量单位，换气墙头、密闭穿墙管、手动密闭阀、自动排气活门安装以"个"为计量单位，脚踏电动两用风机、过滤吸收器安装以"台"为计量单位，LWP 型油网滤尘器安装以"m^2"为计量单位。

16. 通风空调工程系统调试

（1）定额为通风空调工程系统调试项目。

（2）通风空调工程系统调试费按通风空调系统工程人工总工日数，以"100 工日"为计量单位。

4.8.2　定额综合解释

薄钢板风管采用共板法兰时，相应风管保温定额如何套用？

答：当薄钢板风管采用共板法兰时，相应风管保温套用第十二册相应定额时，基价及主材乘以 1.03 系数。

4.9　工程量清单编制与计价

4.9.1　概况

《通用规范》附录 G（通风空调工程）适用于采用工程量清单报价的新建、扩建工程中的通风空调工程，内容分 4 个分部，共 52 个清单项目，包括通风空调设备安装、通风管道制作安装、通风管道部件制作安装、通风工程检测、试调等。通风设备、除尘设备、专供为通风工程配套的各种风机及除尘设备，其他工业用风机（如热力设备用风机）及除尘设备应按《通用规范》附录 A 及附录 B 的相关项目编制工程量清单。

4.9.2　工程量清单编制

1. 通风及空调设备

（1）工程量清单项目设置。工程量清单项目设置为通风及空调设备及部件安装，包括空气加热器、除尘设备、空调器（各式空调机、风机盘管等）、过滤器、净化工作台、风淋室、洁净室及空调设备部件制作安装等，共 15 个清单项目。

（2）清单项目特征描述。通风空调设备按设备名称、型号、规格、质量、安装形式、支架形式及材质、试压要求等描述项目特征。空调器的安装位置应描述吊顶式、落地式、墙上式、窗式、分段组装式，并标出每台空调器的质量；风机盘管的安装应描述吊顶式、落地式；过滤器的安装应描述初效过滤器、中效过滤器、高效过滤器。

（3）需要说明的问题。

1）冷冻机组站内的设备安装及管道安装，按《通用规范》附录 A 及附录 H 的相应项目编制清单项目，冷冻站外墙皮以外通往通风空调设备的供热、供冷、供水等管道，按《通用规范》附录 K 的相应项目编制清单项目。

2）通风空调设备安装的地脚螺栓按设备自带考虑。

（4）清单项目工程量计算。

1）通风及空调设备安装按设计图示数量计算。

2）挡水板制作安装按空调器断面面积计算。

3）金属壳体制作安装、滤水器及溢水盘制作安装按设计图示质量计算。

2. 通风管道制作安装

（1）工程量清单项目设置。工程量清单项目设置为通风管道制作安装，包括碳钢通风管道制作安装、净化通风管道制作安装、不锈钢板风管制作安装、铝板风管制作安装、塑料风管制作安装、复合型风管制作安装、柔性风管安装等 11 个清单项目。

（2）清单项目特征描述。通风管道制作安装应描述风管的材质、形状（圆形、矩形、渐缩形）、管径（矩形风管按周长）、板材厚度、接口形式（咬口、焊接）、风管附件及支架设计要求。

（3）需要说明的问题。

1）通风管道的法兰垫料或封口材料，可按图纸要求的材质计价。

2）净化风管的空气清净度按 100000 度标准编制。

3）净化风管使用的型钢材料如图纸要求镀锌时，镀锌费另列。

4）不锈钢风管制作安装，不论圆形、矩形均按圆形风管计价。

5）不锈钢、铝风管的风管厚度，可按图纸要求的厚度列项。厚度不同时只调整板材价，其他不作调整。

（4）清单项目工程量计算。

1）清单项目工程量按设计图示以展开面积计算，不扣除检查孔、测定孔、送风口、吸风口等所占面积。

2）风管长度以设计图示中心线长度为准（主管与支管以其中心线交点划分），包括弯头、三通、变径管、天圆地方等管件的长度，但不包括部件所占长度，直径和周长按图示尺寸为准展开，咬口重叠部分已包括在定额内，不得另行增加。

3）渐缩管。圆形风管按平均直径计算，矩形风管按平均周长计算。

【例 4-4】　某空调系统的风管采用镀锌薄钢板制作，风管截面积为 500mm×200mm，$\delta = 0.6mm$，风管中心线长度为 50m，要求风管外表面用离心超细玻璃棉保温，保温层厚度为 30mm，计算风管制作安装、风管保温的清单工程量。

解　（1）风管制作安装工程量

$$F = (A+B) \times 2L = (0.5+0.2) \times 2 \times 50 = 70(\text{m}^2)$$

（2）风管保温工程量

$$V = [(A+\delta)+(B+\delta)] \times 2L\delta$$
$$= [(0.5+0.03)+(0.2+0.03)] \times 2 \times 50 \times 0.03 = 2.28(\text{m}^3)$$

3. 通风管道部件制作安装

（1）工程量清单项目设置。工程量清单项目设置为通风管道部件制作安装，包括各种材质、规格和类型的阀类、散流器、风口、风帽、罩类、消声器制作安装等 24 个清单项目。

（2）清单项目特征描述。

1）有的部件图纸要求制作安装，有的要求用成品部件，只安装不制作，这类特征在工程量清单中应明确描述。

2）碳钢调节阀制作安装项目，包括空气加热器上通风旁通阀、圆形瓣式启动阀、保温及不保温风管蝶阀、风管止回阀、密闭式斜插阀、矩形风管三通调节阀、对开多叶调节阀、风管防火阀、各类风罩调节阀等。编制工程量清单时，除明确描述上述调节阀的类型外，还应描述其规格、质量、形状（方形、圆形）、支架形式、材质等特征。

3）碳钢风口、散流器制作安装项目，包括矩形空气分布器、圆形散流器、方形散流器、流线型散流器、百叶风口、矩形风口、旋转吹风口、送吸风口、活动算式风口、网式风口、钢百叶窗等。编制工程量清单时，除明确描述上述散流器及风口的类型外，还应描述其规格、质量、形状（方形、圆形）等特征。

4）风帽制作安装项目，包括碳钢风帽、不锈钢板风帽、铝板伞形风帽、塑料风帽等。编制工程量清单时，除明确描述上述风帽的材质外，还应描述其类型规格、质量、形状（伞形、锥形、筒形）、风帽等特征。

5）罩类制作安装项目，包括皮带防护罩，电动机防雨罩，侧吸罩，焊接台排气罩，整体、分组式槽边侧吸罩，吹、吸式槽边通风罩，条缝槽边抽风罩，泥心烘炉排气罩，升降式回转排气罩，上下吸式圆形回转罩，升降式排气罩，手锻炉排气罩等。编制罩类工程量清单时，应明确描述出罩类的类型、型号、规格、质量、形式等特征。

6）消声器制作安装项目，包括片式消声器、矿棉管式消声器、聚酯泡沫管式消声器、卡普隆纤维管式消声器、弧形声流式消声器、阻抗复合式消声器、消声弯头等。编制消声器制作安装工程量清单时，应明确描述出消声器的种类、规格、材质、形式、质量、支架形式、材质等特征。

【例 4-5】　某通风空调工程中的圆形风管止回阀（T303-1，直径 $D = 900mm$,）制作安装，数量为 9 个，计算清单工程量和定额计价工程量。

解　（1）清单工程量。圆形风管止回阀（T303-1，直径 $D = 900mm$）制作安装，碳钢，数量为 9 个。

（2）定额计价工程量。圆形风管止回阀（T303-1，直径 $D=900mm$）制作安装工程量：查第七册定额附表二，T303-1，直径 $D=900mm$ 的圆形风管止回阀质量为 31.13kg/个，圆形风管止回阀制作工程量＝31.13×9＝280.17kg。圆形风管止回阀安装工程量为 9 个。

4. 通风工程检测调试

（1）工程量清单项目设置。设置了通风工程检测调试及风管漏光试验、漏风试验 2 个清单项目。

（2）清单项目工程量计算。通风工程检测调试按由通风设备、管道及部件等组成的通风系统计算，以“系统”为计量单位，风管漏光试验、漏风试验按设计图纸或规范要求以风管展开面积计算。

4.10　工程量清单编制与计价实例

4.10.1　工程概况及识图

1. 工程概况

如图 4-76 所示为某七层综合楼空调系统部分安装工程图。

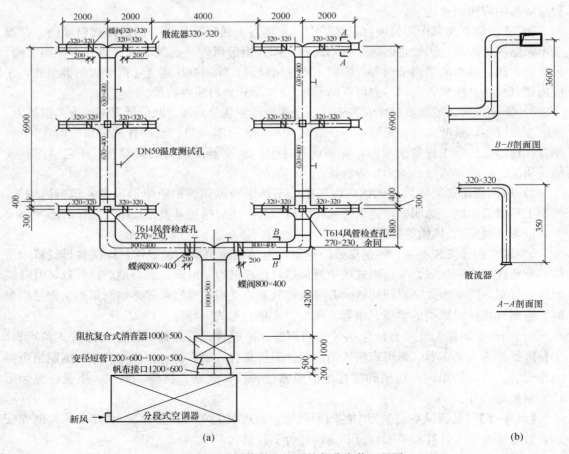

图 4-76　某综合楼空调系统部分安装工程图
（a）空调系统平面图；（b）剖面图

说明：整个空调系统（不考虑新风）设计风管采用镀锌薄钢板，厚度统一为 1.0mm、咬口连接，风管项目中的法兰垫料为闭孔乳胶海绵。风管采用橡塑板保温，保温厚度为 30mm。分段组装式空调器质量为 1000kg，其设备支架数量为 4 个，单个质量为 75kg/个；T701-6 型 1000×500 阻抗复合式消声器（110kg/台），其设备支架重量为 20kg/台；风管上设有温度测试孔 DN50 共 6 个，风管检查孔 270mm×230mm 共 4 个（1.68kg/个）。风管支托吊架及法兰加固框、设备的支架除轻锈、刷红丹防锈漆两遍。设备保温、帆布接口保温、风管及部件刷油、穿墙套管暂不考虑。设备材料价格见表 4-26。

表 4-26　　　　　　　　　　　　设 备 材 料 价 格 表

序号	名　称	单位	价格（元）	备注
1	镀锌薄钢板 $\delta=1.0$mm	m²	50.00	
2	橡塑板（保温厚度为 30mm）	m³	3000.00	
3	分段组装式空调器	台	20 000.00	质量 1000kg
4	T701-6 型阻抗复合式消声器 1000mm×500mm	个	1500.00	成品
5	设备支架（型钢综合）	t	5000.00	
6	T302 蝶阀 320mm×320mm	个	65	成品
7	T302 蝶阀 800mm×400mm	个	202.00	成品
8	铝合金方形散流器 320mm×320mm	个	110.00	成品
9	闭孔乳胶海绵垫料	kg	按 15 元/kg 进基价	

根据建设工程施工取费定额，该工程属三类民用建筑工程，工程所在地在市区，企业管理费按 25% 计取，利润按 12% 计取，风险费按主材费的 10% 计取，施工组织措施费中计取的费用内容及费率为：安全文明施工费 15.81%，冬雨季施工增加费 0.36%，夜间施工增加费 0.08%，已完工程及设备保护费 0.24%，二次搬运费 0.8%，其他项目清单费不计取，规费按 11.96% 计取，工伤保险费按 0.114% 计取，税金按 3.577% 计取，试用综合单价法计算该综合楼空调工程造价。

2. 识图

从空调平面图可以看到室外新风通过进风口进入分段组装式空调器，经过空调设备处理好的空气从空调器送风口送出，在送风口处有一段 200mm 的帆布接口（空调设备的软连接），帆布接口之后是 1200mm×600mm～1000mm×500mm 的变径管，变径管之后接 T701-6 型阻抗复合式消声器 1000mm×500mm，消声器之后是镀锌薄钢板主风管 1000mm×500mm，主风管向前敷设 4.2m，接 90°弯头向上敷设，向上敷设 3.6m 之后，接一个 90°弯头由垂直敷设变为水平敷设同时通过一个裤衩三通左右分支，并且风管规格发生变化，由 1000mm×500mm 变为 800mm×400mm，800mm×400mm 左右分支管敷设 4m 后同时接 90°弯头改变方向向前敷设，同时风管规格发生了变化，由 800mm×400mm 变为 630mm×400mm，在 630mm×400mm 风管上有 6 个分支（320mm×320mm 分支管），每一个 320mm×320mm 分支管的末端有一段 350mm 的垂直风管。从平面图上可以看出，风管上设有 T614 风管检查孔 270mm×230mm 共 4 个；设有温度测试孔 DN50 共 6 个，在 800mm×400mm 左右分支管上各安装 1 个蝶阀，共 2 个；在 320mm×320mm 分支管上各安装 1 个蝶阀，共 12 个；在 320mm×320mm 垂直风管的末端各安装 1 个铝合金方形散流器，共 12 个。

4.10.2　工程量计算

（1）分段组装式空调器：1 台（质量 1000kg）。

（2）T701-6 型阻抗复合式消声器 1000mm×500mm：1 台（110kg/台）。

（3）镀锌薄钢板制作安装及保温见表 4-27。

表 4-27　　　　　　　　　　　镀锌薄钢板制作安装及保温工程量计算

序号	工程量名称	单位	工程量计算式	数量
1	风管变径管 1200mm×600mm～1000mm×500mm			
	L	m	0.5	0.5
	F	m²	（1.2＋0.6＋1＋0.5）×0.5	1.65
	V	m³	（1.2＋0.6＋1＋0.5＋0.03×4）×0.5×0.03	0.051
2	风管 1000mm×500mm			
	L	m	4.2＋3.6	7.8
	F	m²	（1.0＋0.5）×2×7.8	23.4
	V	m³	（1.0＋0.5＋0.03×2）×2×7.8×0.03	0.73
3	风管 800mm×400mm			
	L	m	8＋1.8×2＋0.3×2－0.2×2	11.8
	F	m²	（0.8＋0.4）×2×11.8	28.32
	V	m³	（0.8＋0.4＋0.03×2）×2×（11.8＋0.2×2）×0.03	0.922
4	风管变径管 800mm×400mm～630mm×400mm			
	L	m	0.4×2	0.8
	F	m²	（0.8＋0.4＋0.63＋0.4）×0.8	1.784
	V	m³	（0.8＋0.4＋0.63＋0.4＋0.03×4）×0.8×0.03	0.056
5	风管 630mm×400mm			
	L	m	6.9×2	13.8
	F	m²	（0.63＋0.4）×2×13.8	28.43
	V	m³	（0.63＋0.4＋0.03×2）×2×13.8×0.03	0.903
6	风管 320mm×320mm			
	L	m	（2＋0.35－0.2）×12	25.8
	F	m²	（0.32＋0.32）×2×25.8	33.024
	V	m³	（0.32＋0.32＋0.03×2）×2×（25.8＋0.2×12）×0.03	1.184
7	帆布接口 1200mm×600mm	m²	（1.2＋0.6）×2×0.2	0.72
合　　计				
	风管周长 4000mm 以下	m²	1.65＋23.4＋28.32＋1.784＋28.43	83.59
	风管周长 2000mm 以下	m²	33.024	33.024
8	橡塑板保温：风管周长 4000mm 以下	m³	0.051＋0.73＋0.922＋0.056＋0.903	2.662
9	橡塑板保温：风管周长 2000mm 以下	m³	1.184	1.184

（4）T302 蝶阀 800mm×400mm：2 个。T302 蝶阀 320mm×320mm：12 个。

（5）铝合金方形散流器 320mm×320mm：12 个。

（6）分段组装式空调器支架：4 个×75kg/个＝300kg。

（7）T701-6 型 1000mm×500mm 阻抗复合式消声器支架：20kg。

（8）温度测试孔 DN50：6 个。

（9）风管检查孔 270×230：4 个×（1.68kg/个）＝6.72kg。

工程量见表 4-28。

表 4-28　　　　　　　　　　工　程　量

序号	工 程 量 名 称	按清单规则计算		按定额规则计算	
		计量单位	工程数量	计量单位	工程数量
1	镀锌钢板矩形风管制作安装，周长 2000mm 以内	m^2	33.02	$10m^2$	3.302
2	橡塑板保温：风管周长 2000mm 以内	m^3	1.184	m^3	1.184
3	镀锌钢板矩形风管制作安装，周长 4000mm 以内	m^2	83.59	$10m^2$	8.359
4	橡塑板保温：风管周长 4000mm 以内	m^3	2.662	m^3	2.662
5	温度测试孔	个	6	个	6
6	风管检查孔	kg	6.72	100kg	0.0672
7	分段组装式空调器安装	台	1	100kg	10
8	帆布软接口	m^2	0.72	m^2	0.72
9	分段组装式空调器设备支架制作安装	kg	300	100kg	3
10	消声器安装 1000mm×500mm	kg	110	100kg	1.1
11	消声器支架制作安装	kg	20	100kg	0.2
12	蝶阀安装 320mm×320mm	个	12	个	12
13	蝶阀安装 800mm×400mm	个	2	个	2
14	铝合金方形散流器安装 320mm×320mm	个	12	个	12
15	通风工程检测调试费	系统	1	100 日工	1.182
16	空调设备支架、消声器支架、风管法兰、法兰加固框、支吊架除轻锈、刷红丹防锈漆两遍	kg	720	100kg	7.2

4.10.3　工程量清单编制

招标人应填报的部分表格。

（1）分部分项工程量清单见表 4-29。

表 4 - 29 分部分项工程量清单

工程名称：某综合楼空调工程

序号	项目编码	项目名称	项 目 特 征	计量单位	工程数量
1	030701003001	空调器	1. 分段组装式空调器安装，质量 1000kg； 2. 设备支架 4 个，单个重量为 75kg/个	台	1
2	030702001001	碳钢通风管道	1. 镀锌钢板矩形风管制作安装，周长 4000mm 以下，厚度 δ＝1mm，咬口连接，风管采用法兰连接，法兰垫料为闭孔乳胶海绵； 2. 管件、法兰、零件、支吊架制作安装	m²	83.59
3	030702001002	碳钢通风管道	1. 镀锌钢板矩形风管制作安装，周长 2000mm 以下，厚度 δ＝1mm，咬口连接，风管采用法兰连接，法兰垫料为闭孔乳胶海绵； 2. 管件、法兰、零件、支吊架制作安装	m²	33.02
4	030702010001	风管检查孔	风管检查孔制作，270×230；4 个（1.68kg/个）	kg	6.72
5	030702011001	温度、风量测定孔	温度测定孔制作安装 DN50	个	6
6	030703001001	碳钢阀门	钢制蝶阀（成品）安装 800×400	个	2
7	030703001002	碳钢阀门	钢制蝶阀（成品）安装 320×320	个	12
8	030703011001	铝及铝合金风口、散流器	铝合金方形散流器（成品）安装 320×320	个	12
9	030703019001	柔性接口	帆布软管接口制作安装	m²	0.72
10	030703020001	消声器	1. 阻抗复合式消声器 T701-6（成品）安装，规格：1000×500，L＝1000mm； 2. 独立支吊架制作安装，20kg	kg	110
11	031201003001	金属结构刷油	空调设备支架、消声器独立支吊架、风管法兰、法兰加固框、支吊架除轻锈、刷红丹防锈漆两遍	kg	720
12	031208003001	通风管道绝热	风管采用橡塑板保温，厚度 δ＝30mm	m³	3.846
13	030704001001	通风工程检测、调试	1. 通风管道风量测定； 2. 风压测定； 3. 温度测定； 4. 各系统风口、阀门调整	系统	1

（2）施工技术措施项目清单、施工组织措施项目清单、其他项目清单见表 4 - 30～表 4 - 32。

表 4 - 30 施工技术措施项目清单

工程名称：某综合楼空调工程

序号	项目编码	项目名称	项目特征	计量单位	工程数量
1	031301017001	脚手架搭拆费		项	1
2	031302007001	高层施工增加费		项	1

表 4-31   施工组织措施项目清单

工程名称：某综合楼空调工程

序号	项目编码	项 目 名 称	费率（%）	金额（元）
1	031302001001	安全文明施工费		
2	031302005001	冬雨季施工增加费		
3	031302003001	夜间施工增加费		
4	031302006001	已完成工程及设备保护费		
5	031302004001	二次搬运费		

表 4-32   其 他 项 目 清 单

工程名称：某综合楼空调工程

序号	项 目 名 称	金额（元）	序号	项 目 名 称	金额（元）
1	暂列金额	0	2.2	专业工程暂估价	0
2	暂估价		3	计日工	0
2.1	材料暂估价	0	4	总承包服务费	0

4.10.4 工程量清单计价

投标单位应填报的部分表格

（1）单位工程投标报价计算表见表 4-33。

表 4-33   单位工程投标报价计算表

工程名称：某综合楼空调工程

序号	项 目 名 称	计算基数	费率（%）	金额（元）
1	分部分项工程量清单项目费			55161.55
1.1	其中：人工费＋机械费			5656.49
2	措施项目清单费			1004.30
2.1	施工技术措施项目清单费			279.76
2.1.1	其中：人工费＋机械费			118.05
2.2	施工组织措施项目清单费			724.54
3	其他项目清单费			0
4	规费	1.1＋2.1.1＝5774.54	11.96	690.63
5	工伤保险费	1＋2＋3＋4＝56 856.48	0.114	64.82
6	税金	1＋2＋3＋4＋5＝56 921.30	3.577	2036.07
7	安装工程造价	1＋2＋3＋4＋5＋6		58 957.37

注 工伤保险费费率按浙江省杭州市费率计取。

（2）分部分项工程量清单与计价表见表 4-34。

（3）工程量清单综合单价计算表见表 4-35。

（4）施工技术措施项目清单与计价表见表 4-36。

（5）施工技术措施项目清单综合单价计算表见表 4-37。

表 4-34

工程名称：某综合楼空调工程

分部分项工程量清单与计价表

序号	项目编码	项目名称	项目特征	计量单位	工程量	综合单价（元）	合价（元）	其中 人工费	其中 机械费	备注
1	030701003001	空调器	1. 分段组装式空调器安装，质量1000kg；2. 设备支架4个，单个重量为75kg/个	台	1	25 390	25 390	1150	40	
2	030702001001	碳钢通风管道	1. 镀锌钢板矩形风管制作安装，周长4000mm以下，厚度δ=1mm，咬口连接，风管采用法兰连接，法兰垫料为闭孔乳胶海绵；2. 管件、法兰、零件、支吊架制作安装	m²	83.59	105.79	8841.93	1618.94	92.77	
3	030702001002	碳钢通风管道	1. 镀锌钢板矩形风管制作安装，周长2000mm以下，厚度δ=1mm，咬口连接，风管采用法兰连接，法兰垫料为闭孔乳胶海绵；2. 管件、法兰、零件、支吊架制作安装	m²	33.02	117.17	3868.95	838.71	67.36	
4	030702010001	风管检查孔	风管检查孔制作，270×230，4个（1.68kg/个）	kg	6.72	17.46	117.33	51.34	7.06	
5	030702011001	温度、风量测定孔	温度测定孔制作安装DN50	个	6	44.96	269.76	133.92	15.42	
6	030703001001	碳钢阀门	钢制蝶阀安装800×400	个	2	148.09	296.18	38.02	8.68	
7	030703001002	碳钢阀门	钢制蝶阀（成品）安装320×320	个	12	26.99	323.88	131.64	34.32	
8	030703011001	铝及铝合金风口、散流器	铝合金方形散流器（成品）安装320×320	个	12	137.29	1647.48	126.36	0	
9	030703019001	柔性接口	帆布软管接口制作安装	m²	0.72	179.53	129.26	25.39	1.52	

续表

序号	项目编码	项目名称	项 目 特 征	计量单位	工程量	综合单价（元）	合价（元）	其中（元）		备注
								人工费	机械费	
10	030703020001	消声器	1. 阻抗复合式消声器 T701-6（成品）安装，规格：1000×500，L＝1000mm； 2. 独立支吊架制作安装，20kg	kg	110	17.7	1947	113.30	5.50	
11	031201003001	金属结构刷油	空调设备支架、消声器独立支吊架、风管法兰、法兰加固框、支吊架除轻锈、刷红丹防锈漆两遍	kg	720	0.93	669.60	194.4	136.80	
12	031208003001	通风管道绝热	风管采用橡塑板保温，厚度 δ＝30mm	m³	3.846	4107.52	10 938.33	659.86	0	
13	030704001001	通风工程检测、调试	1. 通风管道风量测定； 2. 风压测定； 3. 温度测定； 4. 各系统风口、阀门调整	系统	1	721.85	721.85	165.18	0	
		合　计						55 161.55	5247.06	409.43

表4-35　　工程量清单综合单价计算表

工程名称：某综合楼空调工程

序号	编码	名称	计量单位	数量	综合单价（元）							合计（元）
					人工费	材料费	机械费	管理费	利润	风险费用	小计	
1	030701003001	空调器：1. 分段组装式空调器安装，质量1000kg；2. 设备支架4个，单个重量为75kg/个	台	1	1150	21 600	40	300	140	2160	25 390	25 390
	7-333	分段组装式空调器安装	100kg	10	70.91	2000		17.73	8.51	200	2297.15	22 971.5
	主材	分段组装式空调器	台	1		20 000					20 000	20 000
	7-282	设备支架制作安装50kg以上	100kg	3	147.32	533.73	14.31	40.41	19.4	52	807.17	2421.51
	主材	型钢	kg	104		5					5	1560
2	030702001001	碳钢通风管道制作安装：1. 镀锌钢板矩形风管制作安装，周长4000mm以下，厚度 δ＝1mm，咬口连接，风管采用法兰连接，法兰垫料为闭孔乳胶海绵；2. 管件、法兰、零件、支吊架制作安装	m²	83.58	19.37	72.04	1.11	5.12	2.46	5.69	105.79	8841.93
	7-7换	镀锌薄钢板矩形风管制作安装 δ＝1.2mm以内 咬口周长4000mm以下	10m²	8.358	193.72	720.4	11.06	51.2	24.57	56.9	1057.85	8841.51
	主材	镀锌薄钢板	m²	11.38		50				50	50	4755.7
3	030702001002	碳钢通风管道制作安装：1. 镀锌钢板矩形风管制作安装，周长2000mm以下，厚度 δ＝1mm，咬口连接，风管采用法兰连接，法兰垫料为闭孔乳胶海绵；2. 管件、法兰、零件、支吊架制作安装	m²	33.02	25.40	73.88	2.04	6.86	3.29	5.69	117.17	3868.95

续表

序号	编码	名　称	计量单位	数量	综合单价（元）							合计（元）
					人工费	材料费	机械费	管理费	利润	风险费用	小计	
	7-6换	镀锌薄钢板矩形风管制作安装 δ=1.2mm以下 咬口周长 2000mm 以下	10m²	3.302	254.04	738.78	20.42	68.62	32.94	56.9	1171.7	3868.95
	主材	镀锌薄钢板	m²	11.38		50					50	1878.84
4	03070201001	风管检查孔：风管检查孔制作安装，270×230，4个（1.68kg/个）	kg	6.72	7.64	5.55	1.05	2.17	1.04	0	17.46	117.33
	7-54	风管检查孔 T614	100kg	0.067	766.43	557.03	104.89	217.83	104.56	0	1750.74	117.33
5	03070201101	温度、风量测定孔：温度测定孔制作安装 DN50	个	6	22.32	10.86	2.57	6.22	2.99		44.96	269.76
	7-55	温度、风量测定孔 T615	个	6	22.32	10.86	2.57	6.22	2.99		44.96	269.76
6	03070300101	碳钢阀门：碳钢蝶阀调节阀（成品）安装 800×400	个	2	19.01	106	4.34	5.84	2.8	10.1	148.09	296.18
	7-86	风管蝶阀安装周长 2400mm 以内	个	2	19.01	106	4.34	5.84	2.8	10.1	148.09	296.18
	主材	风管蝶阀	个	1		202					202	202
7	03070300102	碳钢阀门：碳钢蝶阀调节阀（成品）安装 320×320	个	12	10.97	7.5	2.86	3.46	1.66	0.54	26.99	323.88
	7-85	风管蝶阀安装周长 1600mm 以内	个	12	10.97	7.5	2.86	3.46	1.66	0.54	26.99	323.88
	主材	风管蝶阀	个	1		65					65	65
8	03070301101	铝及铝合金风口、散流器：铝合金方型散流器（成品）安装 320×320	个	12	10.53	111.87	0	2.63	1.26	11	137.29	1647.48
	7-185换	方形散流器安装周长 2000mm 以内	个	12	10.53	111.87	0	2.63	1.26	11	137.29	1647.48

续表

序号	编码	名称	计量单位	数量	综合单价（元）							合计（元）
					人工费	材料费	机械费	管理费	利润	风险费用	小计	
9	主材	铝合金方形散流器	个	1		110					110	110
	030703019001	柔性接口：帆布软管接口制作安装	m²	0.72	35.26	128.34	2.11	9.34	4.48		179.53	129.26
	7-53	帆布接口	m²	0.72	35.26	128.34	2.11	9.34	4.48		179.53	129.26
10	030703020001	消声器制作安装：1. 阻抗复合式消声器 T701-6（成品）安装，1000×500，L=1m，1个；2. 独立支吊架制作安装，20kg	kg	110	1.03	14.76	0.05	0.27	0.13	1.46	17.7	1947
	7-252换	阻抗复合式消声器安装 T701-6，人工×0.09，材料×0.02，机械×0.01	100kg	1.1	51.81	1375.67	0.08	12.97	6.23	136.36	1583.12	1741.43
	主材	阻抗复合式消声器（成品）1000×500，L=1m	个	1		1500					1500	1500
	7-281	设备支架制作安装 50kg以下	100kg	0.2	280.36	549.19	25.17	76.38	36.66	52	1019.76	203.95
	主材	型钢	kg	104		5					5	104
11	031201003001	金属结构刷油：空调设备支架，吊架、风管法兰、法兰加固框、支吊架除轻锈，刷红丹防锈漆两遍	kg	720	0.27	0.28	0.19	0.12	0.06	0.02	0.93	669.60
	12-7	手工除锈 一般钢结构 轻锈	100kg	7.20	11.7	2.45	6.4	4.53	2.17	0	27.25	196.20
	12-117	一般钢结构 红丹防锈漆 第一遍	100kg	7.20	7.91	13.73	6.4	3.58	1.72	1.16	34.5	248.40
	主材	醇酸防锈漆	kg	1.16		10					10	11.60
	12-118	一般钢结构 红丹防锈漆 第二遍	100kg	7.20	7.57	11.35	6.4	3.49	1.68	0.95	31.44	226.37

续表

序号	编码	名称	计量单位	数量	综合单价（元）							合计（元）
					人工费	材料费	机械费	管理费	利润	风险费用	小计	
	主材	醇酸防锈漆	kg	0.95		10					10	9.50
12	03120800003001	通风管道绝热：风管采用橡塑板保温，厚度 δ=30mm	m³	3.846	171.57	3522.02	0	42.89	20.59	350.45	4107.52	10 938.33
	12-1983	橡塑板安装（风管）风管厚度 32mm 以内	m³	3.846	171.57	3522.02	0	42.89	20.59	350.45	4107.52	10 938.33
	主材	橡塑板	m³	1.08		3000					3000	8628.12
	主材	粘合剂	L	5.29		50					50	704.36
13	03070400001001	通风工程检测、调试： 1. 通风管道风量测定； 2. 风压测定； 3. 温度测定； 4. 各系统风口、阀门调整	系统	1	165.18	495.55	0	41.3	19.82	0	721.85	721.85
	7-490	通风空调系统调试费	100 工日	1.182	139.75	419.25		34.94	16.77		610.71	721.86
合　计												55 161.55

表 4-36

工程名称：某综合楼空调工程

施工技术措施项目清单与计价表

序号	项目编码	项目名称	项目特征	计量单位	工程量	综合单价（元）	合价（元）	其中（元）		备注
								人工费	机械费	
1	031301017001	脚手架搭拆费		项	1	171.94	171.94	39.35	0	
2	031302007001	高层建筑增加费		项	1	107.82	107.82	39.35	39.35	
合　计							279.76	78.7	39.35	

表 4-37

工程名称：某综合楼空调工程

施工技术措施项目清单综合单价计算表

序号	编码	名称	计量单位	数量	综合单价（元）							合计（元）
					人工费	材料费	机械费	管理费	利润	风险费用	小计	
1	031401001002	脚手架搭拆费	项	1	39.35	118.04	0	9.83	4.72	0	171.94	171.94
	13-10	脚手架搭拆费 第七册	100工日	1.22	32.25	96.75	0	8.06	3.87	0	140.93	171.93
2	031501001002	高层建筑增加费	项	1	39.35	0	39.35	19.68	9.44	0	107.82	107.82
	13-35	高层建筑增加费 9层 30m 以下	100工日	1.22	32.25	0	32.25	16.13	7.74	0	88.37	107.81
合　计												279.76

（6）施工组织措施项目清单与计价表见表 4 - 38。

表 4 - 38 **施工组织措施项目清单与计价表**

工程名称：某综合楼空调工程

序号	名 称	计 算 基 础	费率（%）	金额（元）
1	安全文明施工费	分部分项人工费＋分部分项机械费＋技术措施项目人工费＋技术措施项目机械费 5656.49＋118.05＝5774.54	15.81×0.7	639.07
2	冬雨季施工增加费	分部分项人工费＋分部分项机械费＋技术措施项目人工费＋技术措施项目机械费 5656.49＋118.05＝5774.54	0.36	20.79
3	夜间施工增加费	分部分项人工费＋分部分项机械费＋技术措施项目人工费＋技术措施项目机械费 5656.49＋118.05＝5774.54	0.08	4.62
4	已完成工程及设备保护费	分部分项人工费＋分部分项机械费＋技术措施项目人工费＋技术措施项目机械费 5656.49＋118.05＝5774.54	0.24	13.86
5	二次搬运费	分部分项人工费＋分部分项机械费＋技术措施项目人工费＋技术措施项目机械费 5656.49＋118.05＝5774.54	0.8	46.20
	合 计			724.54

注 浙江省建设工程施工费用定额（2010 版）规定：建筑设备安装工程和民用建筑物或构筑物合并为单位工程的，安装工程的安全文明施工费费率乘以系数 0.7。

（7）主要材料价格见表 4 - 39。

表 4 - 39 **主 要 材 料 价 格 表**

工程名称：某综合楼空调工程

序号	材料编码	材 料 名 称	单位	数量	单价	合价（元）
1	主材	镀锌钢板 $\delta＝1.0mm$	m²	98.260	50.00	4913.00
2	主材	橡塑板	m³	2.973	3000.00	8919.00
3	主材	分段组装式空调器	台	1.000	20 000.00	20 000.00
4	主材	阻抗复合式消声器	台	1.000	1650.00	1650.00
5	主材	铝合金方形散流器	个	12.000	110.00	1320.00
6	主材	T302 钢制蝶阀 320×320	个	12.000	65.00	780.00
7	主材	T302 钢制蝶阀 800×400	个	2.000	202.00	404.00
8	主材	黏和剂	L	47.220	50.00	2361.02

思 考 与 练 习

1. 简述通风空调工程中常用的管道材质、连接方式及施工工艺。

2. 简述通风设备的类型及其安装方式。

3. 简述空调设备的类型及其安装方式。

4. 简述通风系统的分类。

5. 简述空调系统的分类。

6. 《安装工程预算定额》第七册《通风空调工程》适用于哪些范围？风管的刷油、绝热套用定额时有何规定？

7. 《安装工程预算定额》第七册《通风空调工程》如何划分制作与安装费？

8. 清单中脚手架搭拆费、系统调试费是如何处理的？

9. 填写表 4-40 中各项的定额编号、单位及单价。

表 4-40　　　　　　　　　　　　　定 额 套 用 与 换 算

定额编号	项 目 名 称	定额计量单位	单位价值（元）		安装费计算式
			主材费	安装费	
	方形蝶阀安装 200mm×200mm，T302-8（方形蝶阀 300 元/个）				
	铝合金方形散流器安装 300mm×300mm（铝合金方形散流器 150 元/个）				
	阻抗复合式消声器安装 1000mm×800mm，T701-6（阻抗复合式消声器 1500 元/台）				
	只在法兰处涂密封胶，周长 1800mm，厚 1mm 镀锌钢板矩形净化（咬口）风管制作安装（厚 1mm 镀锌钢板 50 元/m²）				
	不锈钢板 800mm×600mm 矩形（壁厚 2mm）风管制作安装（不锈钢板 300 元/m²）				
	钢板矩形风管两面刷红丹防锈漆一遍（醇酸防锈漆 10 元/kg）				
	不锈钢板矩形风管（手工氩弧焊）500mm×300mm，厚 2mm（不锈钢板 300 元/m²）				

10. 某通风系统设计采用圆形渐缩风管中 400/200 均匀送风，镀锌薄钢板 $\delta=0.6$mm，风管中心线长度为 2m，设镀锌薄钢板主材单价为 6.2 元/kg，试套用《安装工程预算定额》第七册《通风空调工程》，计算风管主材费。

11. 试述薄钢板通风管道和塑料板通风管道、不锈钢通风管道的工程量计算规则有何不同。

12. 净化圆形风管如何套用矩形风管有关定额？不锈钢矩形风管如何套用圆形风管有关定额？

13. 某空调系统的风管采用镀锌薄钢板制作，风管截面积有 800mm × 300mm 和 600mm×200mm 两种规格，厚度分别为 $\delta=0.75$mm 和 $\delta=0.6$mm，风管中心线长度分别为 15m 和 18m，要求风管外表面用离心超细玻璃棉保温，保温层厚度为 30mm，试计算风管制作安装、风管保温清单工程量，并计算各清单综合单价。

第5章

工业管道工程基础与计价

5.1 基 础 知 识

工业管道工程属于工业建设项目中安装工程的一大类。在工业建设项目中，工业管道工程占有非常重要的地位，从原料的投入到产品的产出，物质流动的每道工序几乎都离不开工业管道。工业管道的种类很多，概括地讲，工业建设项目中的生产用管道均属工业管道。

5.1.1 公称直径和管道压力

1. 公称直径

管道工程中公称直径又称公称通径，常用字母 DN 表示，其后附加公称直径的尺寸。如 DN150 表示公称直径 150mm。但在一般情况下，公称直径既不是内径，也不是外径，而是一个与内径相近的整数。常用工业管道公称直径与外径对照见表 5-1。

表 5-1 　　　　　　　　常用工业管道公称直径与外径对照表 　　　　　　　　mm

公　称　直　径	外　　径	公　称　直　径	外　　径
DN15	φ20	DN125	φ133
DN20	φ25	DN150	φ159
DN25	φ32	DN200	φ219
DN32	φ38	DN250	φ273
DN40	φ45	DN300	φ325
DN50	φ57	DN350	φ377
DN65	φ76	DN400	φ426
DN80	φ89	DN450	φ478
DN100	φ108	DN500	φ530

2. 管道压力

管道系统的压力分为公称压力、试验压力和工作压力。

（1）公称压力。在工程上为了达到统一，以介质工作温度在 0℃时，制品所承受的工作压力作为该制品的耐压强度标准，称为公称压力，常用符号 PN 表示，单位为 MPa。

（2）试验压力。对制品进行强度试验的压力称为试验压力，用符号 P_s 表示，单位为 MPa。

（3）工作压力。工作压力用符号 P 表示，某一公称压力的制品能适应于何种工作压力（介质的实际压力），要由介质的工作温度来决定。随着介质温度的升高，材料强度要降低。同一制品在不同温度下，具有不同的耐压强度。在每一个温度等级下，都有相应的允许承受的最大工作压力。

5.1.2 工业管道的分类与分级

1. 工业管道按介质压力分类

工业管道在介质压力作用下，必须满足以下主要要求：

（1）具有足够的机械强度。管道所用的管子与管路附件，以及接头构造，都必须在介质压力作用下安全可靠。特别是高压管道，不但介质压力高，而且还产生振动，所以高压管道还必须注意防振加固问题。

（2）具有可靠的密封性。保证管子与管路附件以及连接接头，在介质压力作用下严密不漏。这就必须正确的选用连接方法和密封材料，并进行合理地施工安装。工业管道按设计压力为主要参数分类见表5-2。

表 5 - 2　　　　　　　**工业管道按压力分类**

序号	分类名称	压力值（MPa）	序号	分类名称	压力值（MPa）
1	真空管道	$P<0$	4	高压管道	$10<P\leqslant100$
2	低压管道	$0<P\leqslant1.6$	5	超高压管道	$P>100$
3	中压管道	$1.6<P\leqslant10$	6	蒸汽（高压）管道	$P\geqslant9$ 工作温度$\geqslant500℃$

2. 工业管道按介质温度分类（见表5-3）

表 5 - 3　　　　　　　　**工业管道按介质温度分类**

序号	分类名称	温度值（℃）	序号	分类名称	温度值（℃）
1	常温管道	工作温度为$-40\sim120$	3	中温管道	工作温度为$121\sim450$
2	低温管道	工作温度低于-40	4	高温管道	工作温度超过450

管道在介质温度作用下，应满足以下主要要求：

（1）管道耐热的稳定性。管材在介质温度的作用下必须稳定可靠。对于同时承受介质温度和介质压力的管道，必须从耐热性能和机械强度两个方面满足工作条件的要求。

（2）管道热应变的补偿。管道在介质温度及外界温度变化作用下，将产生热变形，并使管子承受热应力的作用。所以，输送热介质的管道，应设有补偿器，以便吸收管子的热变形，减少管道应力。

（3）管道的绝热保温。为了减少管壁的热交换和温差应力，输送冷介质和热介质的管道，在一般情况下，管外应设绝热层。

3. 按介质的毒性与易燃程度分类

按介质的毒性与易燃程度将工业管道进行分类，见表5-4。

表 5 - 4　　　　　　　　　**工业管道的分级**

管道分级	适　用　范　围
A 类管道	（1）输送剧毒介质的管道 （2）高压管道
B 类管道	（1）$1.6\text{MPa}<P\leqslant10\text{MPa}$ （2）动力蒸汽系统管道
C 类管道	（1）$P<1.6\text{MPa}$ 输送有毒与易燃介质管道 （2）$P<1.6\text{MPa}$ 且设计温度低于$-29℃$或高于$186℃$，输送无毒或非易燃介质管道 （3）$1.6\text{MPa}\leqslant P<10\text{MPa}$ 输送无毒或非易燃介质管道
D 类管道	$P<1.6\text{MPa}$ 且设计温度为$-29\sim186℃$，输送无毒或非易燃介质管道

4. 工业管道的分级

根据操作压力（工作压力）和操作温度（工作温度）的最高参数决定管道的级别，两个参数都较高的管道，应按操作压力和温度换算为公称压力套用压力等级，管道的分级见表5-5。

表5-5　　　　　　　　　　　　　　　工业管道的分级

级别	操作压力（MPa）	操作温度（℃）	级别	操作压力（MPa）	操作温度（℃）
I	＞6.4	＞450 −140～−45	Ⅲ	＞1.6～4	＞200～350 ＞−30～−20
Ⅱ	＞4～6.4	＞350～450 ＞−45～−30	Ⅳ	≤1.6	＞−20～200

5.1.3　管材与管件

1. 管材分类

工业管道工程所用的管材种类繁多，按管道的材质可分为金属管、非金属管和衬里管。金属管又分为钢管、铸铁管和有色金属管。钢管按其管壁有无焊缝区分为无缝钢管和有缝钢管。无缝钢管根据生产方式不同分为热轧管和冷拔管；有缝焊接钢管根据不同的制造方法，分为水煤气管和卷焊管。卷焊管按其焊缝分为直缝管和螺旋缝管。铸铁管可分为普通铸铁管和硅铸铁管；有色金属管按其材质分类，常用的有铝管、铝合金管铜管、铜合金器等。

非金属管按其材质分类，常用的有混凝土管、塑料管、玻璃钢管。

衬里管，是指具有耐腐蚀衬里的管子通称为衬里管。一般常在碳素钢管和铸铁管件内衬里。作为衬里的材料很多，属于金属材料的有铅、铝和不锈钢等，属于非金属材料的有搪瓷、玻璃、塑料、橡胶、玻璃钢以及水泥砂浆等。

2. 钢管

（1）无缝钢管。普通无缝钢管用普通碳素钢、优质碳素钢、低合金钢或合金结构钢制成，品种规格多，强度高，广泛用于压力较高的管道。冷拔（冷轧）无缝钢管直径规格有14，18，22，25，28，32，38，45，57，73，76，89，108，113mm，壁厚规格有1.5，2.0，2.5，3.0，3.5，4.0，5.0，6.0mm；常用热轧无缝钢管直径规格有32，38，45，57，73，76，89，108，133，159，219，273，325，377，426，480，530，600mm，壁厚规格有2.5，3.0，3.5，4.0，4.5，5.0，5.5，6，7，8，9，10，11，12，13，14，15mm。无缝钢管的规格通常用外径×壁厚表示，如D57×4.5，表示外径为57mm，壁厚为4mm的无缝钢管。

（2）水煤气输送钢管。水、煤气输送主要采用低压流体输送用钢管，故常常将低压流体输送用钢管称为水煤气管。水煤气输送钢管按镀锌与否分为焊接钢管（黑铁管）和镀锌焊接钢管（白铁管）；按壁厚分为普通钢管和加厚钢管；按管端形式分为不带螺纹和带螺纹钢管。水煤气输送管道适用于介质温度不超过200℃、工作压力不超过1.0MPa（普通钢管）和1.6MPa（加厚钢管）。水煤气管路配件主要用可锻铸铁（俗称玛钢或韧性铸铁）或软钢制造。管件按镀锌或不镀锌分为镀锌管件（白铁管件）和不镀锌管件（黑铁管件）两种，如图5-1所示。管件按其用途可分为管路延长连接用配件（管箍、外丝）；管路分支连接用配件（三通、四通）；管路转弯用配件（90°弯头、45°弯头）；节点碰头连接用配件（补心、大小头）；管路堵口用配件（丝堵、管堵头）。水煤气管件的规格与管子相同，以公称通径DN表示。

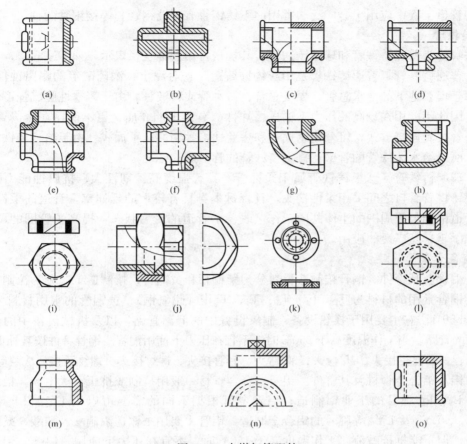

图 5-1　水煤气管配件

（a）管箍；（b）对丝；（c）同径三通；（d）异径三通；（e）同径四通；
（f）异径四通；（g）同径弯头；（h）异径弯头；（i）根母；（j）活接头；
（k）法兰盘；（l）补心；（m）大小头；（n）丝堵；（o）管堵头

（3）螺旋缝电焊钢管。一般用 A_2、A_3、A_4、B_2、B_3 普通碳素钢或 16Mn 低合金钢制造。它包括螺旋高频焊接钢管及螺旋埋弧自动焊接钢管两类，后者又可分为单面焊接和双面焊接。螺旋高频焊接钢管和螺旋单面焊接钢管一般用于工作压力不超过 2MPa、介质温度最高不超过 200℃、直径较大的室外煤气、天然气及凝结水管道。螺旋缝电焊钢管的外径规格有 219，245，273，325，377，426，529，630，720，820mm，管壁厚度规格有 7，8，9，10mm。规格的表示方法为外径×壁厚，如 $D529×8$。

（4）钢板卷制直缝电焊钢管。直缝卷制电焊钢管是用钢板分块卷制焊成，一般根据需要确定材质，由现场加工或委托加工厂加工，管子规格的表示方法为外径×壁厚，如 $D630×8$，$D1220×8$，$D1220×10$。直缝卷制电焊钢管的常用规格在第二章已叙述。钢板卷制直缝电焊钢管用于输送蒸汽、煤气、水、油品、油气以及其他类似介质，主要用于大直径低压管道。

3. 不锈钢管

不锈钢是不锈耐酸钢的简称。各种不锈钢管适合的温度为 −196～700℃，具有很高的耐腐蚀性能，能抵抗各种酸类介质的腐蚀，能承受各种压力。在化肥、化纤、医药、炼油等工业企业的管道工程中应用十分广泛。常用的不锈钢管有无缝钢管和焊接钢管两种。

4. 铸铁管

铸铁管分为普通铸铁管和球墨铸铁管，其规格常用公称直径表示，如 DN200。

（1）普通铸铁管。普通铸铁管是用灰铸铁铸造。它对泥土、浓硫酸等的耐腐蚀性较好，所以常用于埋在地下的给水总管、煤气总管、污水管或料液管。由于铸铁性脆、强度低、紧密性差，因此不能用在较高的压力下输送爆炸性、有毒害的介质，更不能用在蒸汽管路上。普通铸铁管按其连接方式，可分为承插式和法兰式，常用的是承插式。由于给水铸铁管要承受压力，所以给水铸铁管的管壁比排水铸铁管的管壁厚。

（2）球墨铸铁管。球墨铸铁管属于柔性管，具有强度高、韧性大、抗腐蚀能力强的特点。球墨铸铁管管口之间采用柔性接头，且管材本身具有较大的延伸率，管道的柔性较好，在埋地管道中能与管周围的土体共同工作，改善了管道的受力状态，提高了管网的可靠性，因此得到了越来越广泛的应用。

5. 有色金属管

（1）铜管及其管件。铜管按制造材料分为紫铜管和黄铜管；按制造工艺分为拉制管和挤制管。紫铜管常用的材料为 T_1、T_2、T_3、T_4、TUP（脱氧铜）；黄铜管的常用材料为 H_{62}、H_{68}、HPb59-1。它主要用于换热设备、制氧设备中的低温管路，以及机械设备中的油管和控制系统的管路。当工作温度高于 250℃时，不宜在压力下使用铜管。铜管管件按其外形分为：三通接头、三通异径接头、45°弯头、90°弯头、套管接头、螺纹接头、螺纹活接、法兰等。

（2）铝及铝合金管材及其管件。铝及铝合金管材一般用拉制或挤压方法生产，铝管多用 L_2、L_3、L_4、L_5 牌号的工业铝制造；铝合金管根据不同的需要可以用 LF_2、LF_3、LF_5、LF_6、LF_{21}、LY_{11} 及 LY_{12} 等牌号的铝合金制造。铝管主要用来输送浓硝酸、醋酸、蚁酸以及其他介质，但不能抵抗碱液。工作温度高于 160℃时，不宜在压力下使用。铝管的管子配件目前无统一的标准。铝管的弯头，当直径在 100mm 以下时，可用冷弯的方法加工（与碳钢管冷弯相同），直径大于 100mm 者加工压制弯头或焊接弯头。三通管的制作方法与碳钢管相同。

6. 非金属管材与管件

（1）预应力钢筋混凝土管和自应力钢筋混凝土管预应力钢筋混凝土管是在管身施加纵向和环向应力制成的双向预应力钢筋混凝土管，具有良好的抗裂性能，其耐土壤电流的侵蚀性能远比金属管好。

自应力钢筋混凝土管是借膨胀水泥在养护过程中发生膨胀，张拉钢筋，而混凝土则因钢筋所给予的张拉反作用力而产生拉应力。自应力钢筋混凝土管在使用上具有与预应力钢筋混凝土管相同的优点。

预应力和自应力钢筋混凝土管的接口形式多采用承插式橡胶圈接口，其胶圈断面多为圆形，能承受 1MPa 的内压力及一定量的沉陷、错口和弯折；抗震性能良好，在地震烈度 10°左右接口无破坏现象，胶圈埋置地下，耐老化性能好，使用期常达数十年。

承插式钢筋混凝土压力管的缺点是质脆、重量大、运输与安装不便，管道转向、分支与变径目前还需采用金属配件。

（2）塑料管。塑料管具有良好的耐腐蚀性和一定的机械强度，管内壁光滑，流体摩阻力小，加工成型与安装方便，材质轻，运输方便等优点。其缺点是强度较低，刚性差，热胀冷缩量大，日光下老化速度快，易于断裂。塑料管按制造原料不同，分为硬聚氯乙烯管

（PVC-U 管）、聚乙烯管（PE 管）、聚丙烯管、聚丁烯管和工程塑料管（ABS 管）等。塑料管的连接方法主要有螺纹连接、焊接连接和承插连接。

7. 衬里管道

金属管道强度高，抗冲击性能好，但耐腐蚀性能差。非金属管道耐腐蚀性能好，但强度低、质脆，容易因冲击而损坏。为了获得高强和耐腐蚀的管材，可采用各种衬里的金属管道。目前，除大量采用水泥砂浆衬里外，还有衬胶、衬塑、衬玻璃、衬石墨等。

8. 管件制作

钢管道的管件按制作方法分为两类：压制法、热推弯法及管段预制法制成的无缝管件；用管段或钢板焊接制成的焊接管件。常用的钢管件主要有：弯头、三通、同心异径管、偏心异径管等。

（1）模压弯管。又称压制弯。它是根据一定的弯曲半径制成模具，然后将下好料的钢板或管段放入加热炉中加热至 900℃左右，取出放在模具中用锻压机压制成型。用板材压制的为有缝弯管，用管段压制的为无缝弯管。目前，模压弯管已实现了工厂化生产，不同规格、不同材质、不同弯曲半径的模压弯管都有产品，它具有成本低、质量好等优点，已逐渐取代了现场各种弯管方法，广泛用于管道安装工程中。

（2）焊接弯管。当管径较大、弯曲半径较小时，可采用焊接弯管（俗称虾米弯）。大直径的卷焊管道，一般都采用焊接弯管。

1）焊接弯头的节数及尺寸计算。焊接弯头是由若干节带有斜截面的直管段焊接而成的，每个弯头有两个端节和若干个中间节（见图 5-2）。中间节两端带斜截面，端节一端带斜截面，长度为中间节的一半。每个弯头的节数不应少于表 5-6 所列的节数。

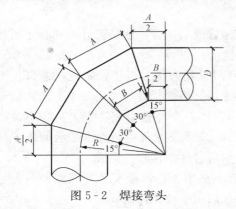

图 5-2　焊接弯头

表 5-6　　焊接弯头的最少节数

弯曲角度	节数	其中	
		中间节	端节
90°	4	2	2
60°	3	1	2
45°	3	1	2
30°	2	0	2

2）用管子制作焊接弯头的下料。公称通径大于 400mm 的焊接弯头，一般用钢板卷制。公称通径小于 400mm 的焊接弯头，可根据设计要求用焊接钢管或无缝钢管制作，如图 5-3 所示。

（3）焊接三通制作。

1）同径弯管三通。俗称裤衩管，它是用两个 90°弯管切掉外臂处半个圆周管壁，然后将剩下两个弯管焊接起来，成为同径三通，如图 5-4 所示。

2）直管三通。它分同径正三通和异径正三通，如图 5-5 所示。制作前按两个相贯的圆柱面画展开图，展开图一般画在油毡或厚纸上称作样板。将样

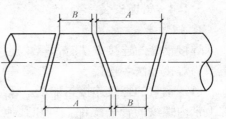

图 5-3　用管子制作焊接弯头的下料

板围在管上画线，然后切割下料。最后将三通支管和主管焊接起来，施焊时应采取分段对称焊接。

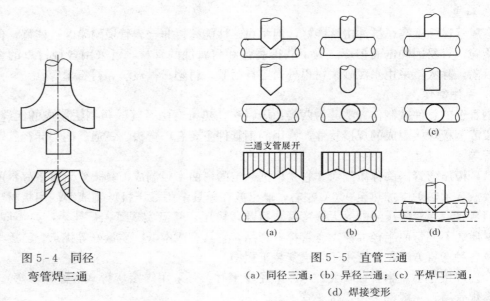

图 5-4　同径
弯管焊三通

图 5-5　直管三通
（a）同径三通；（b）异径三通；（c）平焊口三通；
（d）焊接变形

3）平焊口三通。加工方法是在直通管上切割一个椭圆孔，椭圆的短轴等于支管外径的 3/2，长轴等于支管外径，再将椭圆孔的两侧管壁加热至 900℃左右（烧红）后，向外扳边做成圆口。这种三通焊缝短、变形较小、节省管子、加工较简单，特别适宜于管壁较薄的中、小口径管子加工。

（4）变径管制作。变径管俗称大小头，又称减缩管或渐扩管，变径管分为同心变径和偏心变径两种，用于大直径管和小直径管连接，减小阻力损失。

1）焊接变径管。又称抽条变径管。制作变径管时只允许用大直径管做成渐缩口，不允许用小直径的管子扩大，以保证变径管强度。同心变径管指变径管的大头和小头的圆截面的圆心在同一管轴线上的变径管，如图 5-6（a）所示。偏心变径管指变径管大头和小头圆截面的圆心不在同一管轴线上的变径管，如图 5-6（b）所示。抽条变径管按图示抽条下料完毕后，加热余下的部分，用手锤拍打成减缩管。最后将各片焊接起来即成。

2）缩口变径管。又称煨制变径管、摔制变径管。适用于小口径变径管或变径不大时的变径管管件制作。缩口时需将管子加热，当加热变红后用手锤捻打而成。

3）钢板卷制变径管。对于管径较大的变径管一般采用钢板卷制。根据变径管的高度及两端管径画出展开图，制成样板后下料，将扇形板料加热后煨制焊接即可。

5.1.4　管道安装

1. 钢管安装

焊接钢管的连接方法有：螺纹连接、焊接及法兰连接。无缝钢管、不锈钢管的连接方式主要为焊接和法兰连接。

（1）钢管的螺纹连接与加工。螺纹连接也称丝扣连接。它是在钢管端部加工螺纹，然后拧上带内螺纹的管子配件，再和其他管段连接起来构成管路系统。螺纹连接常用于 DN≤100mm，PN≤1MPa 的焊接钢管（水煤气管）的连接。

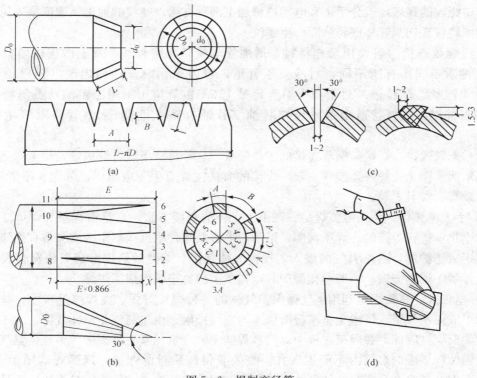

图 5 - 6　焊制变径管

(a) 同心变径；(b) 偏心变径；(c) 焊接坡口；(d) 焊接操作

　　管子连接采用的管螺纹有圆锥形和圆柱形两种。圆柱形管螺纹的螺纹深度及每圈的螺纹直径均相等。管子配件及螺纹阀门的内螺纹均为圆柱形螺纹，此种螺纹加工方便。圆锥形管螺纹的各圈螺纹直径不相等，从螺纹的端头到根部成锥台形。管子连接一般采用圆锥外螺纹与圆柱形内螺纹连接，简称锥接柱。这种连接方式丝扣越拧越紧，接口较严密（见图 5 - 7）。连接最严密的是锥接锥，一般用于严密性要求高的管路连接，如制冷管道与设备的连接。

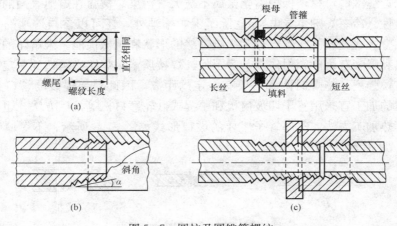

图 5 - 7　圆柱及圆锥管螺纹

(a) 圆柱管螺纹；(b) 圆锥管螺纹；(c) 长丝活接头

　　管道螺纹的现场加工分手工和电动机械加工两种方法。螺纹的加工原理都是采用装在铰板上的四块板牙切削管外壁，从而产生螺纹。

　　管道螺纹连接一般要用填充材料，增加管子接口的密封性。管子的接口填料因管道的工艺性质不同而有所不同，对冷热水管道，可以采用麻丝沾白铅油（铅丹粉拌干性油）或聚四氟乙烯胶带。对于介质温度超过115℃的管道可采用黑铅油（石墨粉拌干性油）和石棉绳。氧气管道用黄丹粉拌甘油（甘油有防火性能）。氨管路用氧化铝粉拌甘油。

　　（2）钢管焊接。焊接是钢管连接的主要形式，它是将管子接口处加热，使金属达到熔融状态，从而使两个被焊件连接在一起。焊接的方法主要有手工电弧焊、气焊、手工氩弧焊、埋弧自动焊、接触焊等。

　　1）手工电弧焊。手工电弧焊是一种手工操作的焊接方法，它是由焊条和焊件之间建立电弧产生热量进行焊接的。焊条端部、熔池、电弧及焊件附近区域由药皮分解和燃烧所产生的气体形成防护罩，阻止大气的侵入，提供气体保护。熔融的药皮形成熔渣覆盖在熔池表面，也保护了熔融金属。不断熔化的焊芯则提供了填充金属形成了焊缝。

　　2）氩弧焊。氩弧焊是利用氩气做保护气体的一种焊接方式。在焊接过程中，氩气在电弧周围形成保护气罩，使融化金属及电极不与空气接触。由于氩气是惰性气体，它不与金属发生化学反应，因此，在焊接过程中焊件和焊丝中的合金元素不易损坏；另外，氩气不溶于金属，因此在熔融的金属内不产生气孔，故能获得高质量的焊缝。氩弧焊适用于合金钢、铝、镁、铜及其合金和稀有金属等材料的焊接。对管内洁净要求较高，且焊接后不易清理的管道，其焊缝底层应采用氩弧焊施焊。合金钢和不锈钢管焊缝采用氩弧焊打底时，焊缝内侧应充氩气保护。

　　3）氩电联焊。氩电联焊是把一个焊缝的底部和上部分别采用两种不同的方法焊接，即在焊缝的底部采用氩弧焊打底，焊缝的上部采用电弧焊盖面。这种焊接方法既能保证焊缝质量，又能节省费用，适用于各种钢管的Ⅰ、Ⅱ级焊缝和管内要求洁净的管道。

　　4）埋弧焊。埋弧焊是由裸金属熔化极与工件之间在颗粒状可熔焊剂覆盖下建立电弧，产生热量进行焊接。电弧将不断送进的焊丝和焊接区母材熔化，形成熔池。焊剂覆盖着熔化的焊缝金属和近缝区的母材，保护熔化金属不被大气污染。覆盖在熔池表面的熔化焊剂一般有很高的导电性（冷态焊剂不导电），它除了保护熔池外，还可以参与熔池的冶金反应净化焊接熔池，调整焊缝金属的化学成分并影响焊缝的形状和机械性能。未熔化的焊剂则可以隔离空气、绝热和屏蔽有害的辐射作用。为了保证焊接质量，焊缝必须达到一定的熔深，才能保证焊缝的抗拉强度。施焊时两管口要有一定的距离，因此对要焊接的管口必须坡口和钝边。管子坡口的加工宜采用管子切坡口机和手提式砂轮磨口机等机械方法，也可采用等离子弧、氧乙炔等热加工方法。等厚管子主要的坡口形式如图5-8所示，不等厚管子的主要坡口形式如图5-9所示。

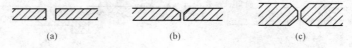

　　　　　　(a)　　　　　　　　　(b)　　　　　　　　　(c)

图5-8　等厚管道焊缝坡口形式
(a) 平口；(b) V形坡口；(c) X形坡口

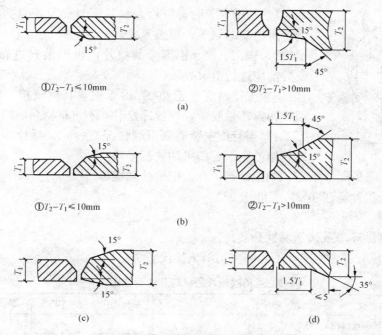

图 5-9　不等厚管道焊件坡口形式

(a) 内壁尺寸不相等；(b) 外壁尺寸不相等；(c) 内外壁尺寸均不相等；(d) 内壁尺寸不相等的削薄

（3）钢管的法兰连接。法兰是在管口上的带螺栓孔的圆盘。法兰连接严密性好，安装拆卸方便，用于需要检修或定期清理的阀门、管路附属设备与管子的连接。法兰的形式如图 5-10 所示。法兰的螺纹连接，适用于钢管铸铁法兰的连接，或镀锌钢管与铸钢法兰盘的连接。平焊法兰、对焊法兰与管子连接，均采用焊接。法兰连接必须加垫片，以保障管口的严密性（见图 5-11）。法兰垫片厚度一般为 3～5mm，垫片材质根据管内流体介质的性质或同一介质在不同温度和压力条件下选用。通常中、低压法兰选用软垫片，高压法兰采用金属垫片。法兰用软垫片材料见表 5-7。法兰连接如图 5-12 所示。钢管安装时应注意以下几点：

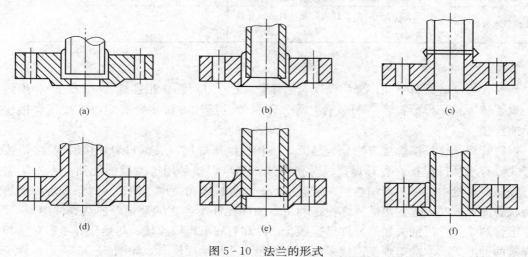

图 5-10　法兰的形式

(a)、(b) 平焊法兰；(c) 对焊法兰；(d) 碳钢法兰；(e) 铸铁螺纹法兰；(f) 翻边松套法兰

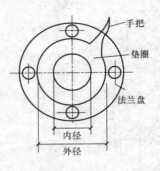

图 5-11　法兰垫片

1）管道安装时，应检查法兰密封面及密封垫片，不得有影响密封性能的划痕、斑点等缺陷。

2）软钢、铜、铝等金属垫片，出厂前未进行退火处理时，安装前应进行退火处理。

3）工作温度低于 200℃ 的管道，其螺纹接头密封材料宜选用聚四氟乙烯胶带，拧紧螺栓时，不得将密封材料挤入管内。

4）当管道安装遇到下列情况之一时，螺栓、螺母应涂以二硫化钼油脂、石墨机油或石墨粉。

①不锈钢、合金钢螺栓和螺母。

②管道设计温度高于 100℃ 或低于 0℃。

③露天装置。

④于大气腐蚀环境或输送腐蚀介质。

5）法兰垫片应符合标准，不允许使用斜垫片或双层垫片。

表 5-7　　　　　　　　　　　法兰用软垫片的材料及适用范围

垫片材料	适　用　介　质	最高工作压力（MPa）	最高工作温度（℃）
橡胶板	水、压缩空气、惰性气体	0.6	60
夹布橡胶板	水、压缩空气、惰性气体	1.0	60
低压橡胶石棉板	水、压缩空气、惰性气体、蒸汽、煤气	1.6	200
中压橡胶石棉板	水、压缩空气、惰性气体、蒸汽、煤气、具有氧化性的气体（二氧化硫、氧化氮、氯等）、酸、碱稀溶液、氨	4.0	350
高压橡胶石棉板	蒸汽、压缩空气、煤气、惰性气体	10	450
耐酸石棉板	有机溶剂、碳氢化合物、浓无机酸（硝酸、硫酸、盐酸）、强氧化性盐溶液	0.6	300
耐油橡胶石棉板	油品、溶剂	4.0	350
浸渍过的石棉板	具有氧化性的气体	0.6	300
软聚氯乙烯板	水、压缩空气，酸、碱稀溶液，具有氧化性的气体	0.6	50

2. 塑料管道安装

塑料管按制造原料不同，分为硬聚氯乙烯管（PVC-U 管）、聚乙烯管（PE 管）、聚丙烯管、聚丁烯管和工程塑料管（ABS 管）等。塑料管的连接方法主要有螺纹连接、焊接连接和承插连接。

塑料管焊接连接按焊接方法分为热风焊接和热熔压焊接（又称对焊和接触焊接），按焊口形式分有承插口焊接、套管焊接、对接焊接。热风焊接是用过滤后的无油、无水压缩空气，经塑料焊枪中的加热器加热到一定温度后，由焊枪喷嘴喷出，使塑料焊条和焊件加热呈熔融状态而连接在一起。热熔压焊接是利用电加热元件所产生的高温，加热焊件的焊接面，直至熔稀翻浆，然后抽去加热元件迅速压合，冷却后即可牢固连接。热熔压焊接有对接和承插焊接两种形式。承插口焊接连接采用的电加热元件是承插模具，如图 5-13 所示；管子对焊采用的电加热元件是电加热盘，如图 5-14 所示。

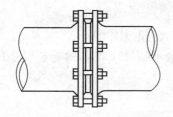

图 5-12　法兰连接

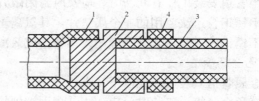

图 5-13　塑料管承插对接焊

1—承口；2—加热元件；3—平口管端；4—夹环（限位用）

塑料管粘接连接常用于承插口粘接，接口强度较高。首先，需将管子一端扩张成承口，然后将管子粘接口污物去掉，用砂纸打磨粗糙，均匀的将黏合剂涂刷到黏合面上，将插口插入承口内即可，承插口之间应结合紧密，间隙不得大于 0.3mm。

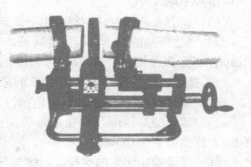

3. 铸铁管道安装

铸铁管道的连接主要采用承插连接，承插连接是在承插口的环向间隙内塞入密封材料。普通铸铁管的接口材料由内外两层组成，内层的嵌缝材料是

图 5-14　塑料管热熔对焊

用油麻或橡胶圈，其作用是使承插口的间隙均匀，使管子相对固定，并使外层填料不致落入管内。外层的材料主要是水泥、石棉水泥、膨胀水泥、青铅等，其作用是密封。

石棉水泥接口材料是在水泥中加入石棉纤维，以改善接口的抗震、抗弯性能，使接口有一定的弹性。石棉水泥接口材料的配比为石棉绒∶水泥∶水＝（3～2）∶（7～8）∶1。石棉水泥应自下而上填塞，并应分层填打，每层填打不应少于两遍。填口打实后表面应平整严实，并应湿养护 1～2 昼夜，寒冷季节应有防冻措施。

膨胀水泥接口的做法较多，其主要特点是接口不需要填打，只需将膨胀水泥在承插口间隙内填塞密实即可，劳动强度小，施工速度快。膨胀水泥应配比正确、及时使用、分层捣实、压平表面，表面凹承口边缘不宜大于 2mm，并应及时充分进行湿养护。

普通铸铁管很早就应用铅接口。铅接口具有较好的抗振、抗弯性能，接口的地震破坏率远比石棉水泥和膨胀水泥接口低。铅接口通水性好，接口操作完毕即可通水，损坏时容易修理。由于铅具有柔性，当铅接口的管道渗漏时，不必剔口，只需将铅用铅錾再予以击打即可堵漏。因此，设在桥下、穿越铁路、过河、地基不均匀沉降等特殊地段，直径在 600mm 以上的碰头连接需要立即通水时，仍需采用铅接口。

4. 不锈钢管安装

不锈钢管安装应注意以下问题：

（1）不锈钢管严禁使用氧－乙炔焰切割，应采用锯床、手锯、砂轮切割机、等离子切割机等进行管子的切割。

（2）不锈钢管的连接采用焊接连接和法兰连接。不锈钢管件可使用压制件或现场制作弯管、三通等。

（3）管子穿过墙壁和楼板时，均应加装套管，管子与套管之间的间隙不应小于 10mm，并在空隙内添加绝缘物，填入物不得有铁屑、铁锈等杂物，绝缘物一般为石棉绳。

（4）当管道安装工作有间断时，应及时封闭敞开的管口。

（5）不锈钢管道法兰用的非金属垫片，其氯离子含量不得超过 0.05‰。

（6）不锈钢管道与支架之间应垫入不锈钢或氯离子含量不超过 0.05‰的非金属垫片。

5. 有色金属管道安装

有色金属管道安装应注意以下几点：

（1）有色金属管道安装时，应防止其表面被硬物划伤。

（2）铜、铝、钛管调直，宜在管内充砂，用调直器调整，不得用铁锤敲打。调直后，管内应清理干净。

（3）铜管在连接时，应符合以下规定：

1）翻边连接的管子，应保持同轴，当公称直径小于或等于 50mm 时，其偏差不应大于 1mm；当公称直径大于 50mm 时，其偏差不应大于 2mm。

2）螺纹连接的管子，其螺纹部分应涂以石墨甘油。

（4）安装铜波纹膨胀节时，其直管长度不得小于 100mm。

（5）铅管的加固圈及其拉条，装配前应经防腐处理，加固圈直径允许偏差为±5mm，间距允许偏差为±10mm。

（6）安装铅制法兰的螺栓时，螺母与法兰间应加置钢垫圈。

（7）用钢管保护的铅、铝管，在装入钢管前应经试压合格。

（8）钛管宜采用尼龙带搬运或吊装，当使用钢丝绳、卡扣时，钢丝绳、卡扣等不得与钛管直接接触，应采用橡胶、石棉或木板等予以隔离。

（9）钛管安装后，不得再进行其他管道焊接和铁离子污染。当其他管道需要焊接时，严禁将焊渣等焊接飞溅物撒落在钛管上。

5.1.5　支架

管道支架分活动支架和固定支架两大类。按支撑方式又分为支架（座）、托架（座）、吊架三种形式。活动支架直接承受管道的重量，并使管道在温度作用下能自由伸缩移动。活动支架不允许管道横向位移，但允许管道纵向或竖向位移。活动支架有滑动支架、滚动支架及悬吊支架、导向支架。固定支架不允许管道有任何横向、纵向及竖向移动。安装有补偿器的管道，在靠补偿器的两侧管道应安装导向支架，使管道在伸缩时不至于偏移管道中心线。

1. 活动支架

（1）滑动支架。滑动支架有低位滑动支架和高位滑动支架。低位滑动支架适用于不保温管道，当用于保温管道时，在支架四周的管道不能保温，以便支架能自由滑动，滑动支架如图 5-15 和图 5-16 所示。高位滑动支架适用于保温管道，保温层把支架包起来，其支架下部可在底座上滑动，如图 5-16 所示。

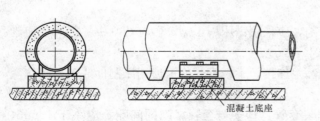

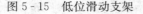
混凝土底座

图 5-15　低位滑动支架

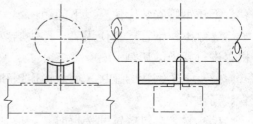

图 5-16　高位滑动支架

（2）悬吊支架。悬吊支架一般用于管道离墙柱较远的地方，如图 5-17 所示。

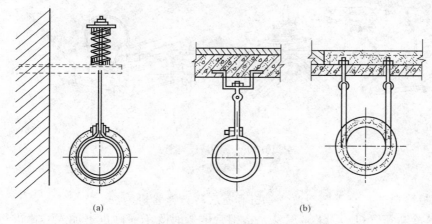

图 5-17　吊架

（a）弹簧吊架；（b）活动吊架

（3）滚动支架。在支架的底座处置一圆轴，利用其可滚动的性能减少承重底座的轴向推力。滚动支架如图 5-18 所示。

（4）导向支架。导向支架是为了使管子在支架上滑动时不致偏离

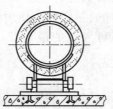
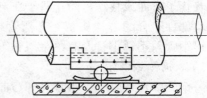

图 5-18　滚动支架

管子轴线而设置的，通常的做法是在支架滑托两侧各焊接一节角钢或 T 形钢。

2. 固定支架

固定支架用于介质温度变化不大的管道，主要作用是支托固定管道。用于热介质工艺管道是为了均匀分配补偿器间的管道热膨胀量。固定支架必须保证管道在该点不发生移动。固定支架除了支撑管道重量以外，还要承受管道内压力的不平衡力、滑动支架的水平摩擦力和补偿器的反力等水平作用力，如图 5-19 所示。

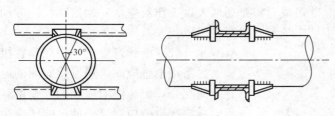

图 5-19　固定支架

5.1.6　弯管加工

在管道安装工程中，需要大量各种角度的弯管，如 90°和 45°管道弯曲、"乙"字弯（又叫来回弯）、抱弯（弧形弯）、方形伸缩器等，经常要遇到弯管加工的问题。

1. 钢管冷弯法

钢管冷弯是指管道在常温下进行弯曲加工。冷弯一般借助于弯管器和液压弯管机，由于冷弯法耗费动力较大，所以常用于 $D \leqslant 175\text{mm}$ 的管道。钢管的冷弯方法有手工冷弯法和机械冷弯法。

（1）手工冷弯法。有弯管板煨弯、滚轮弯管器和小型液压弯管机。弯管板法适用于 DN15～DN20 的钢管，小型液压弯管机操作省力，弯管范围为 DN15～DN40，适合施工现

场安装采用。小型液压弯管机如图 5-20 所示。

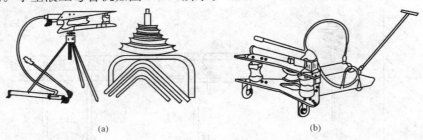

图 5-20　小型液压弯管机
(a) 三脚架式；(b) 小车式

（2）机械冷弯法。有无芯冷弯弯管机和有芯冷弯弯管机。

1）无芯冷弯弯管机。无芯弯管法是指钢管煨弯时既不灌砂也不加入芯棒进行煨弯。无芯弯管机适用于有缝、无缝、镀锌钢管和有色金属管、DN≤100mm 以下的管道。

2）有芯冷弯弯管机。有芯冷弯弯管机的特点是在管子弯曲段加入芯棒，在煨弯时它可随着管子弯曲或移动，防止管子在弯曲时被压扁。使用的芯棒有两种，单件芯棒头和两块或三块部件组合的芯棒头。有芯弯管机可加工的最大管径为 325mm，可适用于有缝、无缝、镀锌钢管，不锈钢管及有色金属管等。

2. 钢管热煨弯

钢管冷弯适宜于中小管径和弯曲半径较大的管子。对于大直径管子的弯曲加工，采用冷弯时需要的动力很大，而且质量也不易保证，故常采用热煨弯。热煨弯是指将钢管加热到一定温度后，利用钢材的塑性增强、机械强度降低的特性，使用较小的动力，将管道弯曲成所需要的形状。

（1）管子灌砂热煨弯。管子煨弯时，在管内灌砂，以防止管子弯曲段的断面变形，同时砂子的蓄热能力更有利于弯管操作。灌砂热煨弯需要场地大，工作效率低，操作麻烦，劳动强度大，质量不易保证，所以现在逐步被中频弯管机弯管所取代。

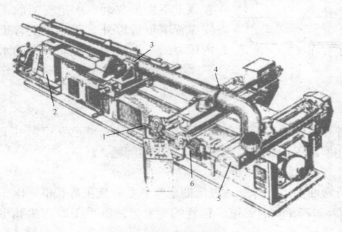

图 5-21　中频电热弯管机的全貌
1—导轮架；2—纵向顶管机构；3—管子夹持器；4—中频感应圈；
5—顶轮架；6—冷却装置

（2）中频弯管机。中频弯管机是采用电感应圈，通过感应圈的电流交变，感应圈对应处的管壁中就相应产生感应涡流，使电能转变为热能，对管子的弯曲部分分段加热，采取边加热边煨弯，直至达到所需要的角度，如图 5-21 所示。管子在涡流电的热效应作用下，加热宽度一般为 15～20mm，形成一个红色的环带，俗称红带，当红带温度达到 900℃时，就对红带进行微煨弯，受热带经过煨弯后立刻喷水冷却，使煨弯总是控制在红带以内，如此反复，前进一段，加热一段，微煨弯一段，冷却一段，即可弯成所需要的弯管，整个过程通过自控系统连续进行。

5.1.7 钢板卷管制作

大直径低压输送钢管一般采用钢板卷制的卷焊钢管，现场制作的为直缝卷焊钢管。卷焊钢管单节管长一般为 6～8m，管线中各种零件也用钢板卷制拼装焊接制成。

卷制钢管时，先在钢板上划线，确定管子在钢板上被切割的外形。划线时，要考虑切割与机械加工的余量。为了提高划线速度，对小批量的管子可以采取在油毡或厚纸板上划线，剪成样板，再用此样板在钢板上划线。

钢板毛料采用各种剪切机、切割机剪裁，但施工现场多采用氧—乙炔气切割，氧—乙炔气切割面不平整，还需用砂轮机或风铲修整。

钢板毛料在卷圆前，应根据壁厚进行焊缝坡口加工。毛料一般采用三辊对称式卷板机滚弯成圆，如图 5 - 22 所示。滚弯后的曲度取决于滚轴的相对位置、毛料的厚度和机械性能。在实际卷圆的操作中，一般是采取逐渐调整 H 值，以达到所要求的卷圆半径，如图 5 - 23 所示。

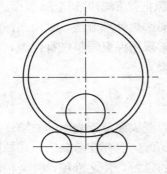

图 5 - 22　三轴卷板机示意图

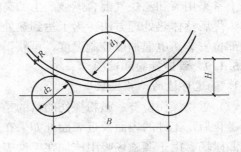

图 5 - 23　滚弯各项参数示意图

钢板在三辊卷板机上卷圆时，板边可在弧形垫板上预弯，以避免首尾两端因卷板机上滚不到而成直线段，如图 5 - 24 所示。管子卷圆后焊接和堆放时，可用米字形活动支撑撑于管内，并校正弧度误差，如图 5 - 25 所示。

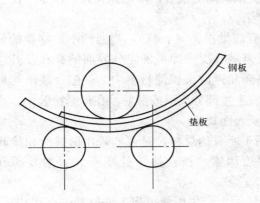

图 5 - 24　垫板消除直线段

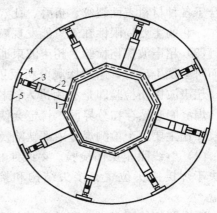

图 5 - 25　米字形支撑

1—箱形梁；2—管套；3—螺旋千斤顶；

4—弧形衬板；5—钢管

管子卷圆后的焊接方法有手工电弧焊、手工氩弧焊和自动埋弧焊等。

5.1.8　预热与热处理

为降低或消除焊接接头的残余应力，防止产生裂纹，改善焊缝和热影响区的金属组织与性能，应根据钢材的淬硬性、焊件厚度及使用条件等因素，进行焊前预热和焊后热处理。

预热时，应使焊口两侧及内外壁的温度均匀，防止局部过热。加热区附近应予以保温，以减少热损失。焊前预热的加热范围，以焊口中心为基准，每侧不小于壁厚的 3 倍。焊后热处理的加热范围，以焊口中心为基准，每侧应不小于焊缝宽度 3 倍。

管道焊后热处理时，升温至 400℃ 以上应缓慢加热。达到规定温度后的保温时间，按每25mm 壁厚 1h 计算，但最少保温时间以不少于 30min 为宜，保温后在 400℃ 以上应缓冷，400℃ 以下可自然冷却。

焊后热处理的方法有感应加热和辐射加热。感应加热是利用钢材在交变磁场中产生感应电势，因涡流和磁滞的作用使钢材发热。辐射加热由热源把热量辐射到金属表面进行加热。工程上常采用氧和乙炔气混合燃烧产生的高温作为焊后局部热处理方法，采用柴油加热内燃法作为焊后整体热处理方法。为了达到热处理的目的，常采用保温材料进行保温，同时在热处理部位安装热电偶加以控制温度，可获得较理想的结果。

5.1.9　管道检验和试验

1. 管道焊缝的无损检验

（1）磁粉探伤检查。磁粉探伤的目的是检查材料和焊缝表面及近表面的缺陷。当被检验部分磁化后，工件的表面及近表面处如果在垂直于磁场的方向上存在着缺陷，在缺陷处就会引起漏磁场，由于漏磁场吸引施加在工件表面上的极细的磁粉，使之堆积，就会很清楚地显现出缺陷的位置、性质和大小。磁粉探伤对材料表面及近表面的缺陷有较高的检出率，但磁粉探伤只能用于铁磁性材料的检验。

（2）渗透探伤检验。微小孔隙和裂纹对液体有毛细作用。渗透探伤检验即是利用这一原理使渗透液渗入的检验方法。渗透探伤不受工件形状、尺寸、材料化学成分和组织的限制，适合于各种材料表面裂纹、折叠、孔穴、分层及类似缺陷的检查。渗透探伤设备简单，便于操作。它的主要局限性在于只能发现表面开口缺陷。

（3）超声波探伤检验。超声波束通过材料时有能量损失（衰减），当遇到不同物质的分界面时会发生反射，通过探测分析反射的波速及衰减状况，即可确定分界面的存在及其位置。超声波探伤检验即是利用进入被检材料的高频超声波束探测材料中的缺陷。缺陷与母材、焊缝间必然存在分界面，肯定会使探伤超声波发生部分反射或散射。在焊缝检验中，超声波探伤主要用于检测焊缝内部缺陷及焊缝不可及表面缺陷。

（4）射线照相探伤检验。射线照相检验可用于所有的材料，是否能采用射线照相检验取决于焊接接头位置、接头结构和接头材料厚度因素。被检接头处应能放置射线源和暗盒。

射线照相使用 X 或 α 射线，使其穿透工件在底片上产生影像。当工件材料中存在孔穴、夹杂、裂纹和未焊透等缺陷时，由于缺陷部位的密度与工件明显不同，对穿透工件材料的射线所造成的衰减量不同，因此在底片上的曝光量也产生了差异，使材料中密度变化的影像反映在底片上。

2. 管道压力试验

管道安装完毕、热处理和无损检验合格后，应对管道系统进行压力试验。按试验目的，可分为压力试验和泄漏性试验；按试验时使用的介质，可分为用水作介质的水压试验和用气作介质的气压试验。

压力试验是在管内充满试验介质并加压至规定值，用以检验管路的机械强度和安装的严密性。压力试验应以液体为试验介质。当管道的设计压力小于或等于 0.6MPa 时，也可采用气体为试验介质，但应采取有效的安全措施。脆性材料严禁使用气体进行压力试验。当现场条件不允许使用液体或气体进行压力试验时，经建设单位同意，可同时采用下列方法代替：所有焊缝（包括附着件上的焊缝）用液体渗透法或磁粉法进行检验；对接焊缝用 100％射线照射进行检验。

一般热力管道和压缩空气管道用清洁水作介质进行压力试验；煤气管道和天然气管道用气体进行压力试验；各种化工工艺管道的试验介质，应按设计的具体规定；当对奥氏体不锈钢管道或对连有奥氏体不锈钢管道或设备的管道进行试验时，水中氯离子含量不得超过 0.025‰；当采用可燃液体介质进行试验时，其闪点不得低于 50℃。

（1）水压试验。承受内压的地上钢管道及有色金属管道试验压力应为设计压力的 1.5 倍，埋地钢管道的试验压力应为设计压力的 1.5 倍，且不得低于 0.4MPa。当管道与设备作为一个系统进行试验，管道的试验压力等于或小于设备的试验压力时，应按管道的试验压力进行试验；当管道的试验压力大于设备的试验压力，且设备的试验压力不低于管道设计压力的 1.15 倍时，经建设单位同意，可按设备的试验压力进行试验。承受内压的埋地铸铁管道的试验压力，当设计压力小于或等于 0.5MPa 时，应为设计压力的 2 倍；当设计压力大于 0.5MPa 时，应为设计压力加 0.5MPa。

管道试压前，试验范围内的管道不得涂漆、绝热，焊缝和其他待检部位尚未涂漆和绝热，待试管道与无关系统已用盲板或其他措施隔开；管道上的膨胀节已设置了临时约束装置。试验结束后，应及时拆除盲板、膨胀节限位设施，排尽积液。

水压试验应缓慢升压，待达到试验压力后，稳压 10min，再将试验压力降至设计压力，停压 30min，以压力不降、无渗漏为合格。

（2）气压试验。承受内压钢管及有色金属管的试验压力应为设计压力的 1.15 倍，真空管道试验压力应为 0.2MPa。当管道的设计压力大于 0.5MPa 时，必须有设计文件规定或经建设单位同意，方可用气体进行压力试验。

试验前，必须用空气进行预试验，试验压力宜为 0.2MPa。试验时，应逐步缓慢增加压力，当压力升至试验压力的 50％时，如未发现异状或泄漏，继续按试验压力的 10％逐级升压，每级稳压 3min，直至试验压力。稳压 10min，再将压力降至设计压力，停压时间应根据查漏工作需要而定，以发泡剂检验不泄漏为合格。

（3）泄漏性试验。输送剧毒流体、有毒流体、可燃流体的管道必须进行泄漏性试验。泄漏性试验应在压力试验合格后进行，试验介质应采用空气，试验压力应为设计压力，试验可结合试车工作一并进行。泄漏性试验应重点检验阀门填料函、法兰或螺纹连接处、放空阀、排气阀、排水阀等。试验结果以发泡剂检验不泄漏为合格。当设计文件规定以卤素、氦气、氨气或其他方法进行泄漏性试验时，应按相应的技术规定进行。

真空系统在压力试验合格后，还应按设计文件规定进行 24h 的真空度试验，增压率不应大于 5%。

3. 管道的吹扫与清洗

各种管道在投入使用前，必须进行吹扫或清洗，以清除管道内的焊渣和杂物。吹扫和清洗方法应根据对管道的使用要求、工作介质及管道内表面的脏污程度决定。公称直径大于或等于 600mm 的液体或气体管道，宜采用人工清理；公称直径小于 600mm 的液体管道宜采用水冲洗；公称直径小于 600mm 的气体管道宜采用空气吹扫；蒸汽管道应以蒸汽吹扫；非热力管道不得用蒸汽吹扫。

管道吹扫和清洗前，不应安装孔板、法兰连接的调节阀、重要阀门、节流阀、安全阀、仪表等，对于焊接的上述阀门和仪表，应采取流经旁路或卸掉阀头及阀座加保护套等保护措施。

（1）水冲洗。冲洗管道应使用洁净水，冲洗奥氏体不锈钢管道时，水中氯离子含量不得超过 0.025‰。冲洗时，采用最大流量，流速不得低于 1.5m/s。排放水应引入可靠的排水井或沟中，排放管的截面积不得小于被冲洗管截面积的 60%，管道的排水支管应全部冲洗。水冲洗应连续进行，以排出口的水色和透明度与入口水目测一致为合格。

（2）空气吹扫。压缩空气管道、氧气管道、乙炔管道、煤气和天然气管道用压缩空气进行吹扫。空气吹扫利用生产装置的大型压缩机，也可利用装置中的大型容器蓄气，进行间断性的吹扫。吹扫压力不得超过容器和管道的设计压力，流速不宜小于 20m/s。当吹扫氧气管道和其他忌油管道时，应当用不带油的压缩空气进行吹扫。空气吹扫过程中，当目测排气无烟尘时，应在排气口设置贴白布或涂白漆的木制靶板检验，5min 内靶板上无铁锈、尘土、水分及其他杂物，应为合格。

（3）蒸汽吹扫。蒸汽管道一般用蒸汽吹扫。蒸汽管道以大流量蒸汽进行吹扫，流速不应低于 30m/s。吹扫时，先向管内送入少量蒸汽，对管道进行加热（俗称暖管），当吹扫末端与管端的温度接近相等时，再逐渐增大蒸汽流量进行吹扫。蒸汽吹扫应分段进行，一般每次吹扫一根，轮流吹扫。吹扫时，排汽口附近的管道应进行加固，排汽管应接至室外安全的地方。经蒸汽吹扫后的管道应设检验靶片检验。

（4）脱脂。氧气管道接触到少量的油脂会立刻剧烈燃烧而引起爆炸，有些管道因输送介质的需要，要求管内不允许有任何的油迹。因此，这类管道所用的管子、阀门、管件、垫料及所有与氧气接触的材料都必须在安装时进行严格的脱脂。管子脱脂的方法是将脱脂溶剂灌入管内，或将管子放在盛有脱脂剂的槽内，浸泡和刷洗脱脂。脱脂后，应进行自然干燥或用不含油的压缩空气或氧气吹干，用塑料薄膜将管口封严以防管子再被油脂污染。常用的脱脂剂有四氯化碳、工业用二氯乙烷、丙酮和工业酒精等。

（5）化学清洗。

1）化学清洗液的配方必须经过鉴定，并曾在生产装置中使用过，经实践证明是有效和可靠的。

2）化学清洗时，操作人员应着专用防护服装，并根据不同清洗液对人体的危害佩戴护目镜、防毒面具等防护用具。

3）化学清洗合格的管道，当不能及时投入运行时，应进行封闭或充氮保护。

（6）油清洗。

1）润滑、密封及控制油管道，应在机械及管道酸洗合格后、系统试运前进行油清洗。

不锈钢管道宜先用蒸汽吹净,然后进行油清洗。

2)油清洗应以油循环的方式进行,循环过程中每 8h 应在 40～70℃范围内反复升降油温 2～3 次,并及时清洗或更换滤芯。

3)当设计文件或制造厂无需要时,管道油清洗后应采用滤网检验,合格标准应符合有关规定。

5.1.10 工业管道安装常识

几种主要的工业管道安装常识见表 5-8～表 5-14。

表 5-8 热力管道安装常识

管材	附件	安装要点	检验方式
钢管	补偿器、疏水器、减压阀(包括截止阀、压力表、安全阀),阀前管道与减压阀同径,阀后管道比阀前管道大 1～2 级	(1)地上敷设方式:支架、旱桥; (2)地下敷设方式:通行地沟、半通行地沟、不通行地沟; (3)补偿器竖直安装时,热水管道应在补偿器的最高点安装放气阀,最低点安装放水阀门;蒸汽管道应在补偿器的最低点安装疏水器或放水阀门。两个补偿器之间都应设置固定支架,两个固定支架之间应设置导向支架	(1)水压试验; (2)试压后,正式运行前要进行冲洗。为了防止用蒸汽或热水冲洗时升温过快引起系统破坏,在冲洗前必须进行缓慢加热,又称暖管; (3)蒸汽管道用蒸汽冲洗,热水管道用热水冲洗

表 5-9 煤气管道安装常识

管材	附件	安装要点	检验方式
铸铁管、钢管、石棉水泥管、塑料管、黄铜管	阀门多用铁壳铁芯,如煤气脱过硫,可以用铜质密封圈的阀门。穿墙时设铜套管,内填纸筋灰	法兰垫片应用石棉橡胶板,并涂黄甘油,不得涂白漆。螺纹连接时不得用麻丝做填料,应用厚白漆、黄粉拌甘油或聚四氟乙烯生料带。在法兰连接处和丝扣连接处的两边,应用铜板或扁铁进行跨接,焊接连接的管道,应用镀锌扁钢接地	(1)强度和严密性试验均采用气压试验; (2)煤气管道内部不允许有杂物,否则不但会堵塞管道,而且杂物在随气流运行中还会碰撞管壁发生火花引起严重事故。故试压后,要用压缩空气进行吹扫

表 5-10 压缩空气管道安装常识

管材	附件	安装要点	检验方式
水煤气管、无缝钢管、铜管、铝管	压力计、减压器、流量计、油水分离器、阀门、分气筒	(1)DN<50mm,螺纹连接,填白漆麻丝或聚四氟乙烯生料带; (2)DN>50mm,焊接,弯头尽量采用煨弯; (3)压缩空气中含有水分和汽缸油,故避油水分离; (4)分气筒一般安装在压缩空气管道的末端或最低点,其作用是利用一根供气管供应几个用气设备,排除管道中的凝结水; (5)穿墙过楼板应设套管,架空管道外表面一般先刷一道防锈漆,再涂刷一遍浅蓝色调和面漆; (6)埋地管道刷沥青漆	(1)管路安装完毕后,用压缩空气吹扫; (2)压力试验

表 5 - 11　　　　　　　　　　　　　　制 冷 管 道 安 装 常 识

管　材	附　件	安 装 要 点	检 验 方 式
（1）氨制冷管道用无缝钢管； （2）氟利昂制冷管道，DN＜20mm 时用甘油钢管，DN＞20mm 时用无缝钢管； （3）冷却水及盐水管道一般可采用黑铁管、镀锌钢管、电焊钢管	（1）氨管道所用的阀门是特制的专用阀门； （2）法兰垫片采用耐油橡胶石棉板，安装前用冷冻油浸湿并加涂石墨粉； （3）除安全阀外，其余阀门安装前应逐个拆卸清洗，除去油污和铁锈，并应注意检查密封效果，必要时做研磨； （4）穿墙时应设套管	（1）螺纹连接前，先用汽油或煤油清洗丝扣； （2）从液体主管接支管时，支管宜从主管的底部接出；从气体主管接支管时，支管宜从主管上部接出； （3）制冷管道在安装前，必须进行管壁的除锈、清洗和干燥工作，钢管的清洗方法有人工机械除污加压缩空气吹除。紫铜管在煨弯时应进行烧红退火，退火后的铜管内壁产生氧化皮，用酸洗或纱头拉洗的方法清除； （4）螺纹连接的密封填料应为氧化铅与甘油的调和料，严禁用白厚漆和麻丝代替	（1）制冷系统安装完成后，必须用压缩空气对整个系统进行吹扫和清洗工作，将系统内残存的铁屑、焊渣、泥沙等杂物清理干净。 （2）制冷系统内的污物吹净后，对整个系统（包括设备、阀门）进行密封性试验，试验内容有：压力试验、真空试验、充液试验。 1）压力试验。对于氨制冷系统，用压缩空气试压；对于氟利昂制冷系统，多采用钢瓶装的氮气进行。试验时，充气 24～48h 后，观察压力值未下降（室温基本恒定），就认为合格。 2）真空试验。压力试验合格后，将系统抽成真空，以检查系统在真空条件运行的密封性，为充灌制冷剂准备条件。当真空值在－2.67～－4kPa 以下，整个系统的真空度在 18h 内无变化即为合格，检验方法为 U 形水银压差计。 3）充液试验。在系统正式灌制冷剂前，必须进行一次充液试验（采用制冷剂），以验证系统能否耐受制冷剂的渗透性，氨制冷系统的充液检漏方法采用酚酞试纸；氟利昂制冷系统的检漏方法可用肥皂水、烧红的铜丝、卤素喷灯或卤素检漏仪

表 5 - 12　　　　　　　　　　　　　　氧 气 管 道 安 装 常 识

管　材	附　件	安 装 要 点	检 验 方 式
碳素钢管、不锈钢管、铜管、铝管、当温度低于－40℃时采用有色金属管、直接埋地的管道均采用无缝钢管	（1）尽量用氧气系统用的专用产品； （2）阀门的各部件必须无油脂，与氧气接触的部分严禁用可燃材料，填料应采用除油处理过后用石墨处理的石棉或聚四氟乙烯等； （3）阀门的密封圈应为有色金属、不锈钢或聚四氟乙烯材料制成； （4）工作压力大于 3MPa 时，应采用铜合金或不锈钢制成的阀门； （5）穿墙过楼板应设套管	（1）氧气管路上决不可使用易燃、含油的填料或垫料； （2）螺纹连接使用的填料应采用一氧化铅和水玻璃（硅酸钠）或蒸馏水调和料，最好用聚四氟乙烯生料带，决不可用亚麻、铅油等； （3）管材和管件安装前应进行脱脂以去除油分。脱脂前应先对管材和管件清扫除锈； （4）碳钢管采用电焊或气焊，不锈钢管采用电焊或氩弧焊，铝合金管采用氩弧焊，铜管采用气焊	（1）试压：强度试验为水压试验，严密性试验采用无油的空气； （2）吹扫：严密性试验合格后，管道需用不含油的空气或氮气吹扫；氧气管道投产前，需再用氧气吹扫，吹扫用的氧气量应不小于管道总体积的 3 倍

表 5 - 13　　　　　　　　　　　　　　输 油 管 道 安 装 常 识

管　材	附　件	安 装 要 点	检验方式
钢管	（1）铁路、公路下埋设应设套管； （2）油管道应设蒸汽吹扫管； （3）油管道应设加热装置，一般为伴热管	（1）管道沿线应设置可靠的防静电接地装置。法兰连接处，应以铜导线或镀锌扁钢进行跨接； （2）管道应采用焊接，管道与设备和附件的连接采用法兰连接。DN≤50 的水煤气管可以采用螺纹连接，填料应用黄粉拌甘油或聚四氟乙烯生料带，不能用麻丝	水压试验

表 5 - 14　　　　　　　　　　　　　　**乙炔管道安装常识**

管　材	附　　件	安 装 要 点	检 验 方 式
无缝钢管高压时用无缝钢管或不锈钢管	阀门和部件所用的材料应为钢、可锻铸铁或球墨铸铁，也可采用含铜量不超过70%的铜合金	（1）管道采用焊接，特殊情况下用螺纹连接，此时填料应为黄粉拌甘油或聚四氟乙烯生料带，不得使用白漆、麻丝做填料； （2）中低压管道用平焊法兰，垫片用石棉橡胶板；高压管道采用对焊高颈法兰，用波纹金属垫片； （3）乙炔管道应用红丹防锈漆打底，表面一般涂白色防锈漆	（1）试压：强度试验为水压试验、严密性试验为气压试验； （2）严密性试验后，用空气或氮气将管道吹扫干净。管道使用前，应用 3 倍于管道体积的氮气（含氧量不大于 1%）吹扫

5. 1. 11　工业管道工程常用图例

工业管道常用的施工图例见表 5 - 15。

表 5 - 15　　　　　　　　　　　　　　**工业管道常用施工图例**

名　　称	图　例	名　　称	图　例
闸阀		异径管	
旋塞		偏心异径管	
三通旋塞		堵板	
角阀		法兰	
压力调节阀		法兰连接	
升降式止回阀		丝堵	
旋启式止回阀		人孔	
减压阀		流量孔板	
电动闸阀		放气（汽）管	
滚动闸阀		防雨罩	
自动截门		地漏	
带手动装置的自动截门		压力表	
浮力调节阀		U 形压力表	
放气阀		自动记录压力表	
密闭式弹簧安全阀		水银温度计	
开启式弹簧安全阀		电阻温度计	
开启式及密闭式重锤安全阀		热电偶	
自动放气阀		温包	
立管及立管上阀门		温度控制器	
挡住阀		流量表	
疏水器		自动记录流量表	
方型补偿器		文氏管	
套管补偿器		过滤器	
波型、鼓型补偿器		二次蒸发器	

续表

名　称	图　例	名　称	图　例
安全水封		手摇泵	
水柱式水封		喷射泵	
离心水泵		热交换器	
立式油水分离器（用于压缩空气）$D_g \leqslant 80$		室外架空管道固定支架	
卧式油水分离器（用于压缩空气）$D_g \geqslant 100$		室外架空煤气道管单层支架	M
单、双、三接头立式集水器（用于压缩空气）		室外架空煤气管道摇摆支架	M
6 表压软管接头		室外埋地敷设管道	
3 表压软管接头		漏气检查点	
乙炔水隔器		套管	
乙炔耗气点		带检查点的套管	TJ
氧气耗气点		埋地敷设管道排水器	
氧气、乙炔汇流排		管道坡度	
防火器		固定支架	GZ
地沟及检查井		滑动支架	HZ
地沟 U 形膨胀穴		摆动支架	BZ
地沟安装孔		导向支架	DZ
地沟通风口		吊架	DJ
地沟排风口		弹簧支（吊）架	TZ(TD)

5.2　定 额 内 容 概 述

《安装工程预算定额》第八册《工业管道工程》共分八章和十个附录。《通用规范》附录 H（工业管道工程）共分十七个分部，共 129 个清单项目。

5.2.1　章节及附录

《工业管道工程》相关章节及附录如下。

章节：

第一章　管道安装

第二章　管件连接

第三章　阀门安装

第四章　法兰安装

第五章　板卷管制作与管件制作

第六章　管道压力试验、吹扫与清洗

第七章　无损探伤与焊口热处理

第八章　其他

附录：

主要材料损耗表

平焊法兰螺栓重量表

榫槽面平焊法兰螺栓重量表

对焊法兰螺栓重量表

梯形槽式对焊法兰螺栓重量表

焊环活动法兰螺栓重量表

管口翻边活动法兰螺栓重量表

不锈钢翻边短管加工制作

铝翻边短管加工制作

铜翻边短管加工制作

5.2.2　适用范围及与其他相关册的界限划分

（1）适用于新建、扩建、改建项目中厂区范围内的车间、装置、站、罐区及其相互之间各种生产用介质输送管道，厂区第一个连接点以内的生产用（包括生产和生活共用）给水、排水、蒸汽、煤气输送管道的安装工程。其中给水以入口水表井为界；排水以厂区围墙外第一个污水井为界；蒸汽和煤气以入口第一个计量表（阀门）为界；锅炉房、水泵房以外墙皮为界。

（2）与其他相关册界限划分：

1）生产、生活共用的给水、排水、蒸汽、煤气输送管道，执行《安装工程预算定额》第八册《工业管道工程》相应项目；民用的各种介质管道执行《安装工程预算定额》第十册《给排水、采暖、燃气工程》相应项目。

2）单件质量 100kg 以上的管道支架、管道预制钢平台的摊销均执行《安装工程预算定额》第三册《静置设备与工艺金属结构制作安装工程》相应项目。

3）管道和管道支架的喷砂除锈、刷油、绝热执行《安装工程预算定额》第十二册《刷油、防腐蚀、绝热工程》相应项目。

4）埋地管道挖填土方、管道基础及阀门井、砌筑工程执行《市政工程预算定额》的相应子目。

5.2.3 定额编制说明

（1）定额中各类管道适用材质范围。

1）碳钢管适用于焊接钢管、无缝钢管、16Mn钢管。

2）不锈钢管除超低碳不锈钢管按章说明外，适用于各种材质。

3）碳钢板卷管安装适用于16Mn钢板卷管。

4）铜管适用于紫铜、黄铜、青铜等。

5）管件、阀门、法兰适用范围参照管道材质。

6）合金钢管除高合金钢管按章说明外，适用于各种材质的合金钢管。

（2）定额中的材料用量凡注明"设计用量"者应为施工图用量，凡注明"施工用量"者应为设计用量加规定的损耗量。定额中带有括弧的含量为未计价材料，应另行计算。

（3）本定额是按管道集中预制后运往现场安装与直接在现场预制安装综合考虑的，执行定额时，现场无论采用何种方法，均不作调整。

（4）定额的管道壁厚是考虑了压力等级所涉及的壁厚范围综合取定的，执行定额时，不得调整。

（5）直管安装按设计压力及介质执行定额，管件、阀门及法兰按设计公称压力及介质执行定额。

（6）方形补偿器弯头执行《安装工程预算定额》第八册第二章相应项目，直管执行《安装工程预算定额》第八册第一章相应项目。

（7）关于下列各项费用的规定。

1）场外运输超过1km时，其超过部分的人工和机械乘以系数1.1。

2）车间内整体封闭式地沟管道安装，其中人工和机械乘以系数1.2（管道安装后盖板封闭地沟除外）。

3）超低碳不锈钢管执行不锈钢管项目，其人工和机械乘以系数1.15，焊条消耗量不变，单价可以换算。

4）高合金钢管执行合金钢管项目，其人工和机械乘以系数1.15，焊条消耗量不变，单价可以换算。

5）脚手架搭拆按措施项目进行计算（单独承担的埋地管道工程，不计取脚手架费用）。

6）安装与生产同时进行增加的费用，按措施项目进行计算。

7）在有害身体健康的环境中施工增加的费用，按措施项目进行计算。

（8）不包括下列内容，按有关规定或施工方案另计。

1）单体和局部试运所需的水、电、蒸汽、气体、油（油脂）、燃料等。

2）配合局部联动试车费。

3）管道安装完后的充气保护和防冻保护。

4）设备、材料、成品、半成品、构件等在施工现场范围以外的运输费用。

5.3　工程量计算规则与定额解释

5.3.1　主要说明及工程量计算规则

1. 管道安装

（1）包括碳钢管、不锈钢管、合金钢管及有色金属管、非金属管、生产用铸铁管安装。

（2）均包括直管安装全部工序内容，不包括管件的管口连接工序，以"10m"为计量单位。

（3）衬里钢管包括直管、管件、法兰含量的安装及拆除全部工序内容，以"10m"为计量单位。

（4）管道预安装（衬里钢管除外），其人工费按直管安装和管件安装连接的人工之和乘以系数 2.0（二次安装，指确实需要且实际发生管子吊装上去进行预安装，然后拆下来，经镀锌后再二次安装的部分）。

（5）不包括以下工作内容，应执行《安装工程预算定额》第八册其他章相应定额。

1）管件连接。

2）阀门安装。

3）法兰安装。

4）管道压力试验、吹扫与清洗。

5）焊口无损探伤与热处理。

6）管道支架制作与安装。

7）管口焊接管内、外充氩保护。

8）管件制作、煨弯。

（6）工程量计算规则。

1）管道安装按压力等级、材质、焊接形式分别列项，以"10m"为计量单位。

2）管道安装不包括管件连接内容，其工程量可按设计用量执行《安装工程预算定额》第八册第二章管件连接项目。

3）各种管道安装工程量，均按设计管道中心线长度，以"延长米"计算，不扣除阀门及各种管件所占长度；主材按定额用量计算，即包括施工损耗用量。

4）衬里钢管预制安装，管件按成品，弯头两端是按接短管焊法兰考虑，定额中已包括了直管、管件、法兰全部安装工作内容，并考虑了衬里前一次预安装，一次拆除及衬里后的一次安装，但不包括衬里及场外运输。

5）有缝钢管螺纹连接项目已包括封头、补芯安装内容，不得另行计算。

6）伴热管项目已包括煨弯工序内容，不得另行计算。

7）加热套管安装按内、外管分别计算工程量，执行相应定额项目。

2. 管件连接

（1）与《安装工程预算定额》第八册第一章"直管安装"配套使用。

（2）管件连接不分种类以"10 个"为计量单位，其中包括了弯头、三通、异径管、管接头、管帽。

（3）现场在主管上挖眼接管三通及摔制异径管，均按实际数量执行，但不得再执行管件制作定额。

（4）各种管件连接均按压力等级、材质、焊接形式，不分种类，以“10个”为计量单位。

（5）管件连接中已综合考虑了弯头、三通、异径管、管帽、管接头等管口含量的差异，应按设计图纸用量，执行相应定额。

（6）现场在主管上挖眼接管三通，摔制异径管，应按不同压力、材质、规格以主管径计算工程量执行管径连接相应定额，不再另计制作费和主材费。

（7）挖眼接管三通支线管径小于主管径1/2时，不计算管件工程量（其管口工作内容包括在直管安装内）；在主管上挖眼焊接管接头、凸台等配件，按配件管径计算工程量。

（8）管件用法兰连接时，执行法兰安装相应项目。管件本身安装不再计算安装费。

（9）全加热套管的外套管件安装，定额按两半管件考虑的，包括二道纵缝和两个环缝。两半封闭短管可执行两半弯头项目。

（10）半加热外套管摔口后焊在内套管上，每个套管按一个管件计算。外套钢套管如焊在不锈管内套管上时焊口间需加不锈钢短管衬垫，每处焊口按两个管件计算，衬垫短管长度按设计长度计算，如设计无规定时可按50mm长度计算。

（11）在管道上安装的仪表部件，有管道安装专业负责安装并计算安装费。

1）在管道上安装的仪表一次部件，执行管件连接相应定额乘以系数0.7。

2）仪表的温度计扩大管制作安装，执行管件连接相应定额乘以系数1.5，工程量按大口径计算。

（12）管件制作，执行《安装工程预算定额》第八册第五章相应定额。

3. 阀门安装

（1）本章适用于低、中、高压管道上的各种阀门安装，以“个”为计量单位。

（2）高压对焊阀门是按碳钢焊接考虑的，如设计要求其他材质，其电焊条价格可以换算，其他不变。本项目不包括壳体试验、解体研磨三道工序，发生时应另行计算。

（3）调节阀门安装定额仅包括安装工序内容，配合安装工作内容由仪表专业考虑。

（4）安全阀门包括壳体压力试验及调试内容。

（5）电动阀门的安装包括电动机的安装，检查接线工程量应另行计算。

（6）各种法兰阀门安装，定额中只包括一个垫片和一副法兰用的螺栓。

（7）透镜垫和螺栓本身价格另计，其中螺栓按实际用量加损耗计算。

（8）定额内垫片材质与实际不符时，可按实调整。

（9）各种阀门按不同压力、连接形式，不分种类以“个”为计量单位。压力等级按设计图纸规定执行相应定额。

（10）各种法兰、阀门安装与配套法兰的安装，应分别计算工程量；螺栓与透镜垫的安装费已包括在定额内，其本身价值另行计算；螺栓的规格数量，如设计未作规定时，可根据法兰阀门的压力和法兰密封形式，按《安装工程预算定额》第八册附录的“法兰螺栓重量表”计算。

（11）减压阀直径按高压侧计算。

（12）阀门安装综合考虑了壳体压力试验（包括强度试验和严密性试验）、解体研磨工序内容，执行定额时，不得因现场情况不同而调整。

（13）阀门壳体液压试验介质是普通水考虑的，如设计要求用其他介质时，可作调整。

（14）阀门安装不包括阀体磁粉探伤、密封作气密性试验、阀杆密封填料的更换等特殊要求的工作内容。

（15）直接安装在管道上的仪表流量计执行阀门安装相应定额乘以系数 0.7。

4. 法兰安装

（1）适用于低、中、高压管道、管件、法兰阀门上的各种法兰安装，应按不同压力、材质、规格和种类，分别以"副"为计量单位。压力等级按设计图纸规定执行相应定额。

（2）不锈钢、有色金属的焊环活动法兰安装，执行翻边活动法兰安装相应定额，但应将定额中的翻边短管换为焊环，并另行计算其价值。

（3）透镜垫和螺栓本身价格另计，其中螺栓按实际用量加损耗计算。

（4）定额内垫片材质与实际不符时，可按实调整。

（5）全加热套管法兰安装，按内套管法兰公称直径执行相应定额乘以系数调整 2.0。

（6）法兰安装以"个"为单位计算时，执行法兰安装定额乘以系数 0.61，螺栓数量不变。

（7）中压平焊法兰、中压螺纹法兰安装，执行低压法兰相应定额乘以系数 1.2。

（8）各种法兰安装，定额只包括一个垫片和一副法兰用的螺栓。

（9）中、低压法兰安装的垫片是按石棉橡胶板考虑的，如设计有特殊要求时可作调整。

（10）法兰安装不包括安装后系统调试运转中的冷、热态紧固内容，发生时可另行计算。

（11）高压碳钢螺纹法兰安装，依据规范要求，包括了螺栓涂二硫化钼工作内容。

（12）高压对焊法兰安装，依据规范要求，包括了密封面涂机油工作内容，但不包括螺栓涂二硫化钼、石墨机油或石墨粉。硬度检查按设计要求另行计算。

（13）用法兰连接的管道安装，管道与法兰分别计算工程量，执行相应定额。

（14）在管道上安装的节流装置，已包括了短管装拆工作内容，执行法兰安装相应定额乘以系数 0.8。

（15）配法兰的盲板只计算主材费，安装费已包括在单片法兰安装中。

（16）焊接盲板（封头）执行管件连接相应项目乘以系数 0.6。

5. 板卷管与管件制作

（1）适用于各种板卷管与管件制作，包括加工制作全部操作过程，并按标准成品考虑，符合规范质量标准。

（2）板卷管制作，按不同材质、规格以"t"为计量单位。主材用量包括规定的损耗量。

（3）板卷管件制作，按不同材质、规格、种类以"t"为计量单位。主材用量包括规定的损耗量。

（4）成品管材制作管件，按不同材质、规格、种类以"个"为计量单位。主材用量包括规定的损耗量。

（5）各种板卷管与板卷管件制作，其焊缝均按透油式试漏考虑，不包括单件压力试验和无损探伤。

（6）三通不分同径或异径，均按主管径计算；异径管不分同心或偏心，按大管径计算。

（7）各种板卷管与板卷管件制作，是按在结构（加工）厂制作考虑的，不包括原材料

（板材）及成品的水平运输、卷筒钢板展开、分段切割、平直工序内容，发生时应按相应定额另行计算。

（8）用管材制作管件项目，其焊缝均不包括试漏和无损探伤工作内容，应按相应管道类别要求计算探伤费用。

（9）中频煨弯定额不包括煨制时胎具更换内容。

（10）煨弯定额按 90°考虑，煨 180°时，定额乘以系数 1.5。

6. 管道压力试验、吹扫与清洗

管道压力试验、吹扫与清洗定额工料机消耗量的确定，是根据《工业金属管道工程施工规范》（GB 50235—2010）有关规定编制的。压力试验分液压试验、气体试验、气密性试验及负压试验（抽真空）。吹扫与清洗指当管道压力试验合格后，由建设单位负责组织施工单位配合的系统吹扫、清洗等工作，包括水冲洗、空气吹扫、蒸汽吹扫、油清洗及化学清洗等。

（1）管道压力实验、吹扫与清洗按不同的压力、规格，不分材质以"100m"为计量单位。

（2）液压实验和气压实验定额依据《工业金属管道工程施工规范》（GB 50235—2010）规定，包括强度实验和密实性试验工作内容；一般应以液体作为试验介质，除设计有规定，方可以气体进行压力试验。

（3）定额均已包括临时用空压和水泵作动力进行试压、吹扫、清洗管道连接的临时管线、盲板阀门、螺栓等材料摊销量；不包括管道之间的串通临时管口及管道排放口至排放点的临时管，其工程量应按施工方案另计。

（4）调节阀等临时短管制作装拆项目，使用管道系统试压、吹扫时需要拆除的阀件以临时短管代替连通管道，其工作内容包括完工后短管拆除和原阀复位等。

（5）蒸汽吹扫定额中不包括排汽临时管线和固定排汽管支撑用的型钢应按吹扫方案另行计算。

（6）管道油清洗项目使用与输送润滑、密封及控制的油介质的管道，一般在管道酸洗合格后，系统试运转前进行油清洗。定额费用以油循环的方式，按等距离配入敲打管道，并及时清洗和更换滤芯，清洗后采用滤网检验符合规范要求的指标考虑。

（7）泄漏性试验适用于输送剧毒、有毒及可燃介质的管道，按压力、规格不分材质以"m"为计量单位。泄漏性试验一般在压力合格后进行，试验介质为空气，重点检验阀门填料函、法兰或螺栓连接处、放空阀、排气阀、排水阀等，以发泡剂检验不泄漏为合格。

（8）当管道与设备作为一个系统进行试验时，如管道的试验压力等于或小于设备的试验压力，则按管道的实验压力进行试验；如管道试验压力超过设备的试验压力，且设备的试验压力不低于管道设计压力的 115%，可按设备的试验压力进行试验。

7. 无损探伤与焊缝热处理

（1）无损探伤。

1）适用于工业管道焊缝及母材的无损探伤。

2）定额内已综合考虑了高空作业降效因素。

3）不包括下列内容：

①固定射线探伤仪器使用的各种支架的制作。

②因超声波探伤需要各种对比试块的制作。

(2) 预热与热处理。

1) 适用于碳钢、低合金钢和中高压合金钢各种施工方法的焊前预热或焊后热处理。

2) 电加热片或电感应预热中，如要求焊后立即进行热处理，按焊前预热定额人工乘系数 0.87。

3) 电加热片加热进行焊前预热或焊后局部处理中，如要求增加一层石棉布保温，石棉布的消耗量与高硅（氧）布相同，人工不再增加。

(3) 管材表面磁粉探伤和超声波探伤，不分材质、壁厚以"m"为计量单位。

(4) 焊缝 X 光射线、γ 射线探伤，按管壁厚不分规格、材质以"张"为计量单位。

(5) 焊缝超声波、磁粉及渗透探伤，按规格不分材质、壁厚以"口"为计量单位。

(6) 计算 X 光射线、γ 射线探伤工程量时，按管材的双壁厚执行相应定额项目。

(7) 管材对接焊接过程中的渗透探伤检验及管材表面的渗透探伤检验，执行管材对接焊缝渗透探伤定额。

(8) 管道焊缝采用超声波无损探伤时，其检测范围内的打磨工程量按展开长度计算。

(9) 管道焊缝应按设计要求的检验方法和数量进行无损探伤。当设计无规定时，管道焊缝的射线照相比例应符合规范规定。管口射线片子数量按现场实际拍片张数计算。

(10) 焊前预热和焊后热处理，按不同材质、规格及施工方法以"口"为计量单位。

(11) 热处理的有效时间是依据《工业金属管道工程施工规范》（GB 50235—2010）所规定的加热速率、温度下的恒温时间及冷却速率公式计算的，并考虑了必要的辅助时间、拆除和回收用料等工作内容。

(12) 电加热片或电感应法加热进行焊前预热或焊后局部处理的项目中，除石棉布和高硅（氧）布为一次性消耗材料外，其他各种材料均按摊销量计入定额。

(13) 电加热片是按履带式考虑的，如实际与定额不符时可按实调整。

8. 其他

(1) 一般管架制作安装定额按单件质量列项，并包括所需螺栓、螺母及膨胀螺栓本身的价格。以"100kg"为计量单位，适用于单件质量在 100kg 以内的管架制作安装；单件质量大于 100kg 的管架制作安装应执行第三册《静置设备与工艺金属结构制作安装工程》相应定额。

(2) 空气调节器喷雾管安装，按全国通用《采暖通风国家标准图集》T704-12 以六种型式分列，可按不同型式以组分别计算。

(3) 木垫式管架重量，不包括木垫重量；但木垫的安装工料已包括在定额内。

(4) 弹簧式管架制作，不包括弹簧本身价格，其价格应另行计算。

(5) 管道支架制作、安装参考比例。一般管架：制作占 65%，安装占 35%。木垫式管架和弹簧式管架：制作占 78%，安装占 22%。

(6) 冷排管制作于安装，以"m"为计量单位。定额内包括煨弯、组对、焊接、钢带的轧绞、绕片工作内容，但不包括钢带退火和冲、套翅片工作内容，应另行计算。

(7) 分气缸、集气罐和空气分气筒安装，定额内不包括附件安装，其附件安装按相应定额另行计算。

(8) 套管制作与安装，按不同规格，分一般穿墙套管和柔性、刚性套管，以"个"为计量单位。所需的钢管和钢板以包括在制作定额内，执行定额时应按设计及规范要求选用定额子目。柔性、刚性套管制作安装按主管径计算工程量；一般穿墙制作与安装按套管管径计算工程量。

（9）有色金属、非金属管的管架制作与安装，按一般管架定额乘以系数1.1。

（10）采用成型钢管焊接的异型管架制作与安装，按一般管架定额乘以系数1.3，其中不锈钢用焊条可作调整。

（11）管道焊接焊口充氩保护定额，适用于各种材质氩弧焊或氩电联焊焊接方法的项目，按不同的规格和充氩部位，不分材质以"口"为计量单位。执行定额时，按设计规范要求选用定额子目。

5.3.2 定额解释

（1）第八册《工业管道工程》中第一章管道安装说明"直管段长度超过30米的管道安装，其管道主材含量按实计算"。按实计算具体该如何操作？

答：按敷设管道的主材长度加损耗率计算。

（2）机械钻孔适用于混凝土厚度小于120mm，如果厚度小于120mm，该如何处理？

答：机械钻孔如混凝土厚度小于120mm时，基价乘以系数0.8。

5.3.3 工业管道工程在工程量清单编制与计价的运用

1. 有关问题说明

（1）关于项目特征。项目特征是工程量清单计价的关键依据之一，由于项目的特征不同，其计价也相应发生差异，如不锈钢管道安装，其特征中有用手工电弧焊连接，有用氩弧焊连接，有用氩电联焊连接，三者的计价结果是有明显差异的。因而招标单位在编制工程量清单时，要明确描述该清单项目的特征。投标人应按工程特征要求计价。

（2）关于工程量计算规则。清单工程量必须依据《通用规范》工程量计算规则进行计算。

（3）关于工作内容。《通用规范》的工作内容是完成该工程量清单可能发生的综合工程项目，工程量清单编制与计价时，按图纸、规范、规程等要求，选择编制所需项目。这些项目应该包括完成该实体的全部内容。所以对工作内容的描述很重要，它是报价人计算综合单价的主要依据。如030801001低压碳钢管，此项的"工作内容"有：管道安装；压力试验；系统吹扫；系统清洗；脱脂。

（4）关于措施项目清单。工业管道经常发生的措施项目一般有：脚手架搭拆费、组装平台的搭拆、管道防冻和焊接保护措施、特殊管道充气保护、高压管道检验、地下管道穿越地上建筑物的保护措施等。措施项目清单应单独编制、单独计价。

（5）编制工程量清单项目如涉及管沟及井类的土石方开挖、回填、运输、垫层、基础、砌筑抹灰、地沟盖板预制安装、路面开挖及修复、管道支墩等，应按《市政工程工程量计算规范》（GB 50857—2013）相关项目编码列项。

2. 工程量清单项目设置

（1）《通用规范》H.1~H.3低、中、高压管道安装。

1）管道工程量按设计图示管道中心线长度以延长米计算，不扣除阀门、管件所占长度，遇弯管时，按两管交叉的中心线交点计算。方形补偿器以其所占长度按管道安装工程量计算。

2）预算定额的伴热管项目包括管道煨弯工作内容，采用定额计价时，不应再计算煨弯工作内容。

3）用法兰连接的管道（管材本身带有法兰的除外，如法兰铸铁管）应按管道安装和法兰安装分别列项。

（2）《通用规范》H.4～H.6 低、中、高压管件安装。

1）管件包括弯头、三通、四通、异径管、管接头、管帽、管道上仪表一次部件、仪表温度计扩大管制作安装等。

2）管件压力试验、吹扫、清洗、脱脂、除锈、刷油、防腐、保温及其补口均包括在管道安装中。

3）管件用法兰连接时，按法兰安装列项，管件安装不再列项。

（3）《通用规范》H.7～H.9 低、中、高压阀门安装。

1）各种形式补偿器（方形补偿器除外）、仪表流量计均按阀门安装工程量计算。

2）阀门与法兰连接时，其连接用螺栓应在阀门安装和法兰安装中各计取一副法兰用的螺栓材料费。

（4）《通用规范》H.10～H.12 低、中、高压法兰安装。

1）翻边活动法兰短管如为成品供应时，不列工作内容中的翻边活动法兰短管制作项目。

2）配法兰的盲板只计算主材费，安装费已包括在单片法兰安装中。

3）与法兰阀门连接的法兰保温，已包括在阀门保温定额中，不得重复计算。

4）焊接盲板（封头）按管件连接计算工程量。

（5）《通用规范》H.13 板卷管安装。碳钢卷板直管如使用卷筒式板材时，卷筒板材的开卷、平直等另行计价。

（6）《通用规范》H.14 管件制作。碳钢板制管件制作如采用卷筒式板材时，应对卷筒板材的开卷、平直等另行计价。

（7）《通用规范》H.15 管架制作安装。

1）管架制作安装仅限于单件质量在 100kg 以内的管支架，如单件质量超过 100kg 时，按《通用规范》附录 C 中 C.7 工艺金属结构制作安装的桁架或管廊项目编制工程量清单。

2）弹簧式管架制作，不包括弹簧价格，其价格应另行计算。

（8）《通用规范》H.16 无损探伤与热处理。

1）管道安装在计算焊缝无损探伤时，应将管道焊口、管件焊口、焊接的阀门焊口、对焊法兰焊口、平焊法兰焊口、翻边法兰短管焊口一并计入管道焊缝无损探伤工程量内。管件、阀门、法兰不再列焊缝无损探伤项目。

2）在工作内容中，未列的探伤试块制作及探伤时固定支架的制作，如工程需要时另行计价。

5.4　工程量清单编制与计价实例

5.4.1　工程概况

图 5-26 所示为某加压站的部分工艺管道部分安装工程图。

（1）该管道系统工作压力为 1.6MPa。图中标注标高以 m 计，其他以 mm 计。

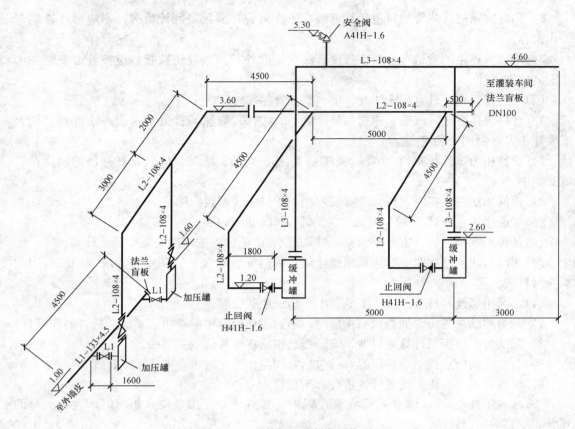

图 5-26　某加压站部分系统图

（2）管道采用碳钢无缝钢管，电弧焊连接。管件：弯头采用成品冲压弯头，三通现场挖眼连接，穿墙套管采用无缝钢管 $\phi219\times6$。

（3）阀门、法兰：所有法兰均为碳钢焊接法兰，阀门除图中说明外，均为 J41H-1.6 焊接法兰连接，设备接头带法兰。

（4）管道支架为普通支架，$\phi133\times4.5$ 支架共 5 处，每处 20kg，$\phi108\times4$ 管支架共 20 处，每处 20kg；管道支架除轻锈，刷红丹漆两遍，调和漆两遍。

（5）管道安装完毕做水压试验。

（6）管道安装就位后，所有管道外壁刷红丹漆两遍，采用带铝箔离心玻璃棉管壳保温（厚度为 60mm）。

（7）所有设备安装暂不考虑。

（8）主要材料见表 5-16。

（9）根据建设工程施工取费定额，该工程属三类工程，工程所在地在市区，企业管理费按 25％计取，利润按 12％计取，风险费按主材费的 10％计取，施工组织措施费中计取的费用内容及费率为：安全文明施工费 15.81％，冬雨季施工增加费 0.36％，夜间施工增加费 0.08％，已完工程及设备保护费 0.24％，二次搬运费 0.8％；其他项目清单费不计取，规费按 11.96％计取，工伤保险费按 0.114％计取，税金按 3.577％计取，试用综合单价法计算该加压站工业管道工程造价。

表 5 - 16　　　　　　　　　　　　　　主 要 材 料 表

序号	名　　称	单位	预算单价（元）	备注
1	无缝钢管 $\phi108\times4$	t	5000	10.26kg/m
2	无缝钢管 $\phi133\times4.5$	t	5000	14.26kg/m
3	无缝钢管 $\phi219\times6$	t	5000	31.52kg/m
4	无缝弯头 $\phi108$	个	52	
5	型钢（综合）	kg	4	
6	法兰截止阀 J41H-1.6DN125	个	1600	
7	法兰截止阀 J41H-1.6DN100	个	1500	
8	法兰逆止阀 H41H-1.6DN100	个	1200	
9	安全阀 A41H-1.6 DN100	个	1000	
10	碳钢平焊法兰 DN125，1.6MPa	片	30	
11	碳钢平焊法兰 DN100，1.6MPa	片	25	
12	法兰盲板 DN100	片	27	
13	法兰盲板 DN125	个	60	
14	铝箔离心玻璃棉管壳	m³	900	
15	红丹漆	kg	8.5	
16	调和漆	kg	15	
17	螺栓带帽 M16×70	套	1.8	
18	螺栓带帽 M16×75	套	2	

5.4.2　识图与计算工程量

1. 识图

从图中可知，加压站工艺管道有三种管道（L1、L2、L3），规格有 $\phi108\times4$、$\phi133\times4.5$ 两种，其中 L2、L3 为 $\phi108\times4$，L1 为 $\phi133\times4.5$。从室外至加压罐部分为 L1 部分，从加压罐至缓冲罐为 L2 部分，从缓冲罐至灌装车间为 L3 部分。

2. 工程量计算

工程量计算见表 5 - 17～表 5 - 19。

（1）L1 管道工程量计算见表 5 - 17。

（2）L2 管道工程量计算见表 5 - 18。

（3）L3 管道工程量计算见表 5 - 19。

（4）刷油保温工程量计算见表 5 - 20。

表 5 - 17　L1 管道工程量计算

项目	无缝钢管 φ133×4.5 (m)	法兰阀门 J41H-1.6 DN125 法兰阀门 (个)	螺栓 M16×75 (套)	DN125法兰（与加压罐接）法兰 (片)	螺栓 M16×75 (套)	DN125法兰（与法兰盲板接）法兰 (片)	法兰盲板 (片)	螺栓 M16×75 (套)	挖眼三通 φ133 (个)	无缝钢管 穿墙套管 φ219×6 (个)
工程量	1.6×2+4.5	2	8×2	2	8×4	1	1	8×1	2	1
对应的刷油保温工程量	无缝钢管 φ133×4.5 刷油 (m²)/保温 (m³) 见表 5 - 20	J41H-1.6 DN125 保温（个）2		法兰保温（个）0		法兰保温（个）1				

表 5 - 18　L2 管道工程量计算

项目	无缝钢管 φ108×4 (m)	法兰阀门 J41H-1.6 DN100 法兰阀门 (个)	螺栓 M16×70 (套)	法兰阀门 H41H-1.6 DN100 法兰阀门 (个)	螺栓 M16×70 (套)	DN100法兰（与加压罐、缓冲罐接）法兰 (片)	螺栓 M16×70 (套)	DN100法兰（与法兰盲板接）法兰 (片)	法兰盲板 (片)	螺栓 M16×70 (套)	法兰 DN100（副）法兰 (副)	螺栓 M16×70 (套)	无缝弯头 φ108 (个)	挖眼三通 φ108 (个)
工程量	(3.6－1.6)×2＋3＋2＋4.5＋5＋0.5＋4.5×2＋(3.6－1.2)×2＋1.8×2	2	8×2	2	8×2	4	8×4	1	1	8×1	1	8×1	6	3
对应的刷油保温工程量	无缝钢管 φ108×4 刷油 (m²)/保温 (m³) 见表 5 - 20	J41H-1.6 DN100 保温（个）2		H41H-1.6 DN100 保温（个）2		法兰保温（个）0		法兰保温（个）1			法兰保温（个）1			

表 5 - 19　L3 管道工程量计算

项目	无缝钢管 $\phi108\times4$ (m)	法兰安全阀 A41H-1.6 DN100 法兰阀门 (个)	螺栓 M16×70 (套)	法兰 DN100 (与缓冲罐接) 法兰 (片)	螺栓 M16×70 (套)	法兰 DN100 (与安全阀接) 法兰 (副)	螺栓 M16×70 (套)	无缝弯头 $\phi108$ (个)	挖眼三通 $\phi108$ (个)
工程量	$5+3+(5.3-4.6)$ $+(4.6-2.6)\times2$	1	8×1	2	8×2	1	8×1	1	2
对应的刷油 保温工程量	无缝钢管 $\phi108\times4$ 刷油 (m²)/保温 (m³) 见表 5 - 20	A41H-1.6 DN100 保温 (个) 1		法兰保温 (个) 2		法兰保温 (个) 0			

表 5 - 20 管道刷油保温工程量计算表

序号	管道	计 算 式	单位	工程量
1	L1(ϕ133×4.5)	1.6×2＋4.5	m	7.700
2	刷油	3.14×0.133×7.7	m²	3.216
3	保温	3.14×(0.133＋1.033×0.06)×1.033×0.06×7.700	m³	0.292
4	L2(ϕ108×4)	(3.6－1.6)×2＋3＋2＋4.5＋5＋0.5＋4.5×2＋(3.6－1.2)×2＋1.8×2	m	36.400
5	刷油	3.14×0.108×36.4	m²	12.344
6	保温	3.14×(0.108＋1.033×0.06)×1.033×0.06×36.400	m³	1.204
7	L3(ϕ108×4)	(4.6－2.6)×2＋5＋3＋(5.3－4.6)	m	12.700
8	刷油	3.14×0.108×12.7	m²	4.307
9	保温	3.14×(0.108＋1.033×0.06)×1.033×0.06×12.700	m³	0.420

3. 工程量表

工程量表见表 5 - 21。

表 5 - 21 工 程 量 表

序号	项 目 名 称	按定额规则计算的工程量		按清单规则计算的工程量	
		计量单位	工程量	计量单位	工程量
1	无缝钢管 ϕ133×4.5	10m	0.770	m	7.700
2	无缝钢管 ϕ133×4.5 刷油	10m²	0.322	m²	3.22
3	无缝钢管 ϕ133×4.5 保温	m³	0.292	m³	0.292
4	无缝钢管 ϕ108×4	10m	4.910	m	49.100
5	无缝钢管 ϕ108×4 刷油	10m²	1.665	m²	16.65
6	无缝钢管 ϕ108×4 保温	m³	1.624	m³	1.624
7	无缝弯头 ϕ108	个	7	个	7
8	挖眼三通 ϕ133	个	2	个	2
9	挖眼三通 ϕ108	个	5	个	5
10	法兰阀门 J41H-1.6 DN125	个	2	个	2
	阀门保温 J41H-1.6 DN125	10个	0.2	m³	0.026
	螺栓 M16×75	套	16		
11	法兰阀门 J41H-1.6 DN100	个	2	个	2
	J41H-1.6 DN100 阀门保温	10个	0.2	m³	0.019
	螺栓 M16×70	套	16		
12	法兰阀门 H41H-1.6 DN100	个	2	个	2
	阀门保温 H41H-1.6 DN100	10个	0.2	m³	0.019
	螺栓 M16×70	套	16		

序号	项 目 名 称	按定额规则计算的工程量		按清单规则计算的工程量	
		计量单位	工程量	计量单位	工程量
13	法兰阀门 A41H-1.6 DN100	个	1	个	1
	阀门保温 A41H-1.6 DN100	10 个	0.1	m³	0.009
	螺栓 M16×70	套	8		
14	法兰 DN125	片	2	片	2
	螺栓 M16×75	套	16		
15	法兰 DN100	片	6	片	6
	法兰 DN100 保温	10 个	0.2	m³	0.011
	螺栓 M16×70	套	48		
16	法兰 DN100	副	2	副	2
	法兰 DN100 保温	10 个	0.1	m³	0.011
	螺栓 M16×70	套	16		
17	法兰 DN125（与盲板接）	副	1	副	1
	法兰盲板 DN125	片	1		
	法兰 DN125 保温	个	1	m³	0.016
	螺栓 M16×75	套	8		
18	法兰 DN100（与盲板接）	副	1	副	1
	法兰盲板 DN100	片	1		
	法兰 DN100 保温	个	1	m³	0.011
	螺栓 M16×70	套	8		
19	无缝钢管穿墙套管 ϕ219×6	个	1	个	1
20	管道支架制作安装	100kg	5	kg	500

5.4.3 工程量清单编制

招标人应填报的部分表格。

（1）分部分项工程量清单见表 5-22。

表 5-22　　　　　　　　　　　　**分部分项工程量清单**

工程名称：某加压站工艺管道安装

序号	项目编号	项目名称	项 目 特 征	计量单位	工程数量
1	030801001001	低压碳钢管	低压碳钢无缝钢管 ϕ133×4.5，电弧焊连接，管道压力试验	m	7.7
2	030801001002	低压碳钢管	低压碳钢无缝钢管 ϕ108×4，电弧焊连接，管道压力试验	m	49.1
3	030804001001	低压碳钢管件	低压碳钢管冲压弯头 ϕ108×4，电弧焊	个	7
4	030804001002	低压碳钢管件	挖眼三通 ϕ108×108，电弧焊	个	5

续表

序号	项目编号	项目名称	项 目 特 征	计量单位	工程数量
5	030804001003	低压碳钢管件	挖眼三通 φ133×133，电弧焊	个	2
6	030807003001	低压法兰阀门	法兰截止阀 J41H-1.6 DN125 安装，螺栓带帽连垫 M16×75，16 套	个	2
7	030807003002	低压法兰阀门	法兰截止阀 J41H-1.6 DN100 安装，螺栓带帽连垫 M16×70，16 套	个	2
8	030807003003	低压法兰阀门	法兰止回阀 H41H-1.6 DN100 安装，螺栓带帽连垫 M16×70，16 套	个	2
9	030807003004	低压法兰阀门	法兰安全阀 A41H-1.6 DN100 安装，螺栓带帽连垫 M16×70，8 套	个	1
10	030810002001	低压碳钢平焊法兰	普通碳钢平焊法兰 1.6MPa DN125，电弧焊，螺栓带帽连垫 M16×75，16 套	片	2
11	030810002002	低压碳钢平焊法兰	普通碳钢平焊法兰 1.6MPa DN100，电弧焊，螺栓带帽连垫 M16×70，48 套	片	6
12	030810002003	低压碳钢平焊法兰	普通碳钢平焊法兰 1.6MPa DN100，电弧焊，螺栓带帽连垫 M16×70，16 套	副	2
13	030810002004	低压碳钢平焊法兰	普通碳钢平焊法兰 1.6MPa DN125，电弧焊，螺栓带帽连垫 M16×75，8 套，带盲板	副	1
14	030810002005	低压碳钢平焊法兰	普通碳钢平焊法兰 1.6MPa DN100，电弧焊，螺栓带帽连垫 M16×70，8 套，带盲板	副	1
15	030815001001	管架制作安装	一般管道支架制作安装，φ133×4.5 管道支架共 5 处，每处 20kg，φ108×4 管道支架共 20 处，每处 20kg	kg	500
16	030817008001	套管制作安装	一般穿墙套管制作安装 DN200	个	1
17	031201001001	管道刷油	管道外壁刷红丹防锈漆二遍	m²	19.867
18	031201003001	金属结构刷油	管道支架除轻锈，刷红丹防锈漆二遍，调和漆二遍	kg	500
19	031208002001	管道绝热	管道 φ133mm 以下带铝箔离心玻璃棉管壳安装，保温厚度 δ＝60mm	m³	1.916
20	031208004001	阀门绝热	阀门 φ133mm 以下带铝箔离心玻璃棉安装，保温厚度 δ＝60mm	m³	0.073
21	031208005001	法兰绝热	法兰 φ133mm 以下带铝箔离心玻璃棉板安装，保温厚度 δ＝60mm	m³	0.049

（2）施工技术措施项目清单、施工组织措施项目清单、其他项目清单见表 5-23～表 5-25。

表 5-23　　　　　　　　　　　施工技术措施项目清单

序号	项目编码	项 目 名 称	项 目 特 征	计量单位	工程数量
1	031301017001	脚手架搭拆费		项	1

表 5 - 24 施工组织措施项目清单

序号	项目编码	项 目 名 称	费率（％）	金额（元）
1	031302001001	安全文明施工费		
2	031302005001	冬雨季施工增加费		
3	031302003001	夜间施工增加费		
4	031302006001	已完成工程及设备保护费		
5	031302004001	二次搬运费		

表 5 - 25 其 他 项 目 清 单

序号	项 目 名 称	金额（元）	序号	项 目 名 称	金额（元）
1	暂列金额	0	2.2	专业工程暂估价	0
2	暂估价	0	3	计日工	0
2.1	材料暂估价	0	4	总承包服务费	0

5.4.4 工程量清单计价

投标单位应填报的部分表格。

（1）单位工程投标报价计算表见表 5 - 26。

表 5 - 26 单位工程投标报价计算表

工程名称：某加压站工艺管道安装

序号	项 目 名 称	计算基数	费率（％）	金额（元）
1	分部分项工程量清单项目费			24 489.68
1.1	其中：人工费＋机械费			4120.38
2	措施项目清单费			607.36
2.1	施工技术措施项目清单费			159.26
2.1.1	其中：人工费＋机械费			36.44
2.2	施工组织措施项目清单费			448.10
3	其他项目清单费			0
4	规费	1.1＋2.1.1	11.96	497.16
5	工伤保险费	1＋2＋3＋4	0.114	29.18
6	税金	1＋2＋3＋4＋5	3.577	916.55
	安装工程造价	1＋2＋3＋4＋5＋6		26 539.94

注 工伤保险费费率按浙江省杭州市费率计取。

（2）分部分项工程量清单与计价表见表 5 - 27。

（3）工程量清单综合单价计算表见表 5 - 28。

（4）施工技术措施项目清单与计价表见表 5 - 29。

表 5 - 27

分部分项工程量清单与计价表

工程名称：某加压站工艺管道安装

序号	项目编码	项目名称	项 目 特 征	计量单位	工程量	综合单价（元）	合价（元）	其中（元） 人工费	其中（元） 机械费	备注
1	030801001001	低压碳钢管	低压碳钢无缝钢管 φ133×4.5，电弧焊连接，管道压力试验	m	7.7	92.07	708.94	49.13	45.51	
2	030801001002	低压碳钢管	低压碳钢无缝钢管 φ108×4，电弧焊连接，管道压力试验	m	49.1	68.84	3380.04	262.69	228.81	
3	030804001001	低压碳钢管件	低压碳钢管冲压弯头 φ108×4，电弧焊	个	7	104.56	731.92	104.09	106.61	
4	030804001002	低压碳钢管件	挖眼三通 φ108×108，电弧焊	个	5	47.36	236.8	74.35	76.15	
5	030804001003	低压碳钢管件	挖眼三通 φ133×133，电弧焊	个	2	52.36	104.72	33.26	34.5	
6	030807003001	低压法兰阀门	法兰截止阀 J41H-1.6 DN125 安装，螺栓带帽连接 M16×75，16 套	个	2	1838.68	3677.36	73.78	6.64	
7	030807003002	低压法兰阀门	法兰截止阀 J41H-1.6 DN100 安装，螺栓带帽连接 M16×70，16 套	个	2	1714.42	3428.84	58.22	5.44	
8	030807003003	低压法兰阀门	法兰止回阀 H41H-1.6 DN100 安装，螺栓带帽连接 M16×70，16 套	个	2	1384.42	2768.84	58.22	5.44	
9	030807003004	低压法兰阀门	法兰安全阀 A41H-1.6 DN100 安装，螺栓带帽连接 M16×70，8 套	个	1	1154.42	1154.42	29.11	2.72	
10	030810002001	低压碳钢平焊法兰	普通碳钢平焊法兰 1.6MPa DN125，电弧焊，螺栓带帽连接垫 M16×75，16 套	片	2	76.13	152.26	19.2	12.62	
11	030810002002	低压碳钢平焊法兰	普通碳钢平焊法兰 1.6MPa DN100，电弧焊，螺栓带帽连接垫 M16×70，48 套	片	6	67.13	402.78	54.12	36.00	

续表

序号	项目编码	项目名称	项目特征	计量单位	工程量	综合单价（元）	合价（元）	其中（元）		备注
								人工费	机械费	
12	030810002003	低压碳钢平焊法兰	普通碳钢平焊法兰 1.6MPa DN100，电弧焊，螺栓带帽连垫 M16×70，16套	副	2	45.43	90.86	29.58	19.66	
13	030810002004	低压碳钢平焊法兰	普通碳钢平焊法兰 1.6MPa DN125，电弧焊，螺栓带帽连垫 M16×75，8套，带盲板	副	1	142.13	142.13	9.6	6.31	
14	030810002005	低压碳钢平焊法兰	普通碳钢平焊法兰 1.6MPa DN100，电弧焊，螺栓带帽连垫 M16×70，8套，带盲板	副	1	96.83	96.83	9.02	6	
15	030815001001	管架制作安装	一般管道支架制作安装，φ133×4.5 管道支架共5处，每处20kg、φ108×4 管道支架共20处，每处20kg	kg	500	12.17	6085	1665.00	475	
16	030817008001	套管制作安装	一般穿墙套管制作安装 DN200	个	1	128.12	128.12	42.4	0.66	
17	031201001001	管道刷油	管道外壁刷红丹防锈漆二遍	m²	19.867	0.92	18.28	5.96	0	
18	031201003001	金属结构刷油	管道支架除轻锈，刷红丹防锈漆二遍、调和漆二遍	kg	500	1.06	530	180.00	135.00	
19	031208002001	管道绝热	管道 φ133mm 以下带铝箔离心玻璃棉管壳安装，保温厚度 δ=60mm	m³	1.916	180.46	345.76	26.90	2.76	
20	031208004001	阀门绝热	阀门 φ133mm 以下带铝箔离心玻璃棉安装，保温厚度 δ=60mm	个	0.073	2552.61	186.34	74.76	0.56	
21	031208005001	法兰绝热	法兰 φ133mm 以下带铝箔离心玻璃棉板安装，保温厚度 δ=60mm	个	0.049	2437.54	119.44	54.20	0.40	
		合　计					24 489.68	2913.59	1206.79	

表5-28

工程名称：某加压站工艺管道安装

工程量清单综合单价计算表

序号	编码	名称	计量单位	数量	综合单价（元）							合计（元）
					人工费	材料费	机械费	管理费	利润	风险费用	小计	
1	03080801001001	低压碳钢管：低压碳钢无缝钢管 φ133×4.5，电弧焊连接，管道压力试验	m	7.7	6.38	68.51	5.91	3.07	1.48	6.72	92.07	708.94
	8-37	低压碳钢管（电弧焊）公称直径125mm以内	10m	0.77	44.33	678.9	58.05	25.6	12.29	67.09	886.26	682.42
	主材	低压碳钢管	m	9.41		71.3					71.3	670.93
	8-2393	低压中压管道液压试验 公称直径200mm以内	100m	0.077	194.7	62.24	10.3	51.25	24.6	0.65	343.74	26.47
	主材	水	m³	2.592		2.5					2.5	6.48
2	03080801001002	低压碳钢管：低压碳钢无缝钢管 φ108×4，电弧焊连接，管道压力试验	m	49.1	5.35	50.22	4.66	2.50	1.20	4.91	68.84	3380.04
	8-36	低压碳钢管（电弧焊）公称直径100mm以内	10m	4.91	37.58	498.66	45.79	20.84	10	49.09	661.96	3250.22
	主材	低压碳钢管	m	9.57		51.3					51.3	490.94
	8-2392	低压中压管道液压试验 公称直径100mm以内	100m	0.491	159.27	35.59	8.5	41.94	20.13	0.16	265.59	130.40
	主材	水	m³	0.656		2.5					2.5	1.64
3	03080401001001	低压碳钢管件：低压碳钢管冲压弯头 φ108×4，电弧焊	个	7	14.87	58.12	15.23	7.53	3.61	5.2	104.56	731.92
	8-634	碳钢管件（电弧焊）公称直径100mm以内	10个	0.7	148.69	581.21	152.32	75.25	36.12	52	1045.59	731.91
	主材	低压碳钢对焊管件	个	10		52				52	52	520
4	03080401001002	低压碳钢管件：挖眼三通 φ108×108，电弧焊	个	5	14.87	6.12	15.23	7.53	3.61		47.36	236.8
	8-634	碳钢管件（电弧焊）公称直径100mm以内	10个	0.5	148.69	61.21	152.32	75.25	36.12		473.59	236.80
5	03080401001003	低压碳钢管件：挖眼三通 φ133×133，电弧焊	个	2	16.63	5.94	17.25	8.47	4.07		52.36	104.72
	8-635	碳钢管件（电弧焊）公称直径125mm以内	10个	0.2	166.32	59.34	172.47	84.7	40.65		523.48	104.70

续表

序号	编码	名　　称	计量单位	数量	综合单价（元）						小计	合计（元）
					人工费	材料费	机械费	管理费	利润	风险费用		
6	030807003001	低压法兰阀门：法兰截止阀 J41H-1.6 DN125 安装，螺栓带帽连垫 M16×75，16 套	个	2	36.89	1621.99	3.32	10.05	4.83	161.6	1838.68	3677.36
	8-1243	低压法兰阀门　公称直径 125mm 以内	个	2	36.89	1621.99	3.32	10.05	4.83	161.6	1838.68	3677.36
	主材	低压法兰阀门	个	1		1600					1600	1600
	主材	螺栓带帽连垫 M16×75	套	16		2					2	32
7	030807003002	低压法兰阀门：法兰截止阀 J41H-1.6 DN100 安装，螺栓带帽连垫 M16×70，16 套	个	2	29.11	1519.37	2.72	7.96	3.82	151.44	1714.42	3428.84
	8-1242	低压法兰阀门　公称直径 100mm 以内	个	2	29.11	1519.37	2.72	7.96	3.82	151.44	1714.42	3428.84
	主材	低压法兰阀门	个	1		1500					1500	1500
	主材	螺栓带帽连垫 M16×70	套	16		1.80					1.80	28.8
8	030807003003	低压法兰阀门：法兰止回阀 H41H-1.6 DN100 安装，螺栓带帽连垫 M16×70，16 套	个	2	29.11	1219.37	2.72	7.96	3.82	121.44	1384.42	2768.84
	8-1242	低压法兰阀门　公称直径 100mm 以内	个	2	29.11	1219.37	2.72	7.96	3.82	121.44	1384.42	2768.84
	主材	低压法兰阀门	个	1		1200					1200	1200
	主材	螺栓带帽连垫 M16×70	套	16		1.80					1.80	28.8
9	030807003004	低压法兰阀门：法兰安全阀 A41H-1.6 DN100，螺栓带帽连垫 M16×70，8 套	个	1	29.11	1009.37	2.72	7.96	3.82	101.44	1154.42	1154.42
	8-1242	低压法兰阀门　公称直径 100mm 以内	个	1	29.11	1009.37	2.72	7.96	3.82	101.44	1154.42	1154.42
	主材	低压法兰阀门	个	1		1000					1000	1000
	主材	螺栓带帽连垫 M16×70	套	8		1.80					1.80	14.4

续表

序号	编码	名称	计量单位	数量	综合单价（元）							合计（元）
					人工费	材料费	机械费	管理费	利润	风险费用	小计	
10	030810002001	低压碳钢平焊法兰：普通碳钢平焊法兰 DN125，电弧焊，螺栓带帽连垫 M16×75，16套	片	2	9.6	49.73	6.31	3.98	1.91	4.6	76.13	152.26
	8-1472×0.61	低压碳钢平焊法兰（电弧焊）公称直径 125mm 以内，法兰安装以"片"为单位计算时单价× 0.61	片	2	9.6	49.73	6.31	3.98	1.91	4.6	76.13	152.26
	主材	低压碳钢平焊法兰	片	1		30					30	30
	主材	带帽螺栓连接 M16×75	套	16		2					2	32
11	030810002002	低压碳钢平焊法兰：普通碳钢平焊法兰 DN100，电弧焊，螺栓带帽连垫 M16×70，48套	片	6	9.02	42.61	6	3.76	1.8	3.94	67.13	402.78
	8-1471×0.61	低压碳钢平焊法兰（电弧焊）公称直径 100mm 以内，法兰安装以"片"为单位计算时单价× 0.61	片	6	9.02	42.61	6	3.76	1.8	3.94	67.13	402.78
	主材	低压碳钢平焊法兰	片	1		25					25	25
	主材	带帽螺栓连接 M16×70	套	48		1.8					1.8	86.4
12	030810002003	低压碳钢平焊法兰：普通碳钢平焊法兰 DN100，电弧焊，螺栓带帽连垫 M16×70，16套	副	2	14.79	5.26	9.83	6.16	2.95	6.44	45.43	90.86
	8-1471	低压碳钢平焊法兰（电弧焊）公称直径 100mm 以内	副	2	14.79	5.26	9.83	6.16	2.95	6.44	45.43	90.86
	主材	低压碳钢平焊法兰	片	2		25					25	50
	主材	带帽螺栓连接 M16×70	套	16		1.8					1.8	28.8

续表

序号	编码	名　称	计量单位	数量	综合单价（元）							合计（元）
					人工费	材料费	机械费	管理费	利润	风险费用	小计	
13	03081000 2004	低压碳钢平焊法兰: 普通碳钢平焊法兰 1.6MPa DN125、电弧焊、带盲板、螺栓带帽连垫 M16×75、8套	副	1	9.6	109.73	6.31	3.98	1.91	10.6	142.13	142.13
	8-1472×0.61	低压碳钢平焊法兰（电弧焊）公称直径125mm 以内 法兰安装以"片"为单位计算时 单价× 0.61	片	1	9.6	109.73	6.31	3.98	1.91	10.6	142.13	142.13
	主材	低压碳钢平焊法兰 DN125	片	1		30					30	30
	主材	法兰盲板 DN125	片	1		60					60	60
	主材	带帽螺栓连接 M16×75	套	8		2					2	16
14	03081000 2005	低压碳钢平焊法兰: 普通碳钢平焊法兰 1.6MPa DN100、电弧焊、带盲板、螺栓带帽连垫 M16×70、8套	副	1	9.02	69.61	6	3.76	1.8	6.64	96.83	96.83
	8-1471×0.61	低压碳钢平焊法兰（电弧焊）公称直径100mm 以内 法兰安装以"片"为单位计算时 单价× 0.61	片	1	9.02	69.61	6	3.76	1.8	6.64	96.83	96.83
	主材	低压碳钢平焊法兰	片	1		25					25	25
	主材	法兰盲板	片	1		27					27	27
	主材	带帽螺栓连接 M16×70	套	8		1.8					1.8	14.4
15	03081500 1001	管道支架制作安装: 一般管架制作安装, φ133×4.5 管道支架共 5 处, 每处 20kg、φ108×4 管道支架共 20 处, 每处 20kg	kg	500	3.33	5.89	0.95	1.07	0.51	0.42	12.17	6085
	8-2809	一般管架制作安装	100kg	5	332.99	589.3	95.00	107	51.36	42	1217.65	6088.25
	主材	型钢	kg	105		4					4	420

续表

序号	编码	名称	计量单位	数量	综合单价（元）							合计（元）
					人工费	材料费	机械费	管理费	利润	风险费用	小计	
16	031201003001	金属结构刷油：管道支架除轻锈，刷红丹防锈漆二遍，调和漆二遍	kg	500	0.36	0.16	0.27	0.16	0.08	0.03	1.06	530
	12-7	手工除锈 一般钢结构 轻锈	100kg	5	11.7	2.45	6.4	4.53	2.17	0	27.25	136.25
	12-117	一般钢结构 红丹防锈漆 第一遍	100kg	1.16	7.91	11.99	6.4	3.58	1.72	0.99	32.59	37.80
	主材	醇酸防锈漆	kg	5.8		8.5					8.5	49.30
	12-118	一般钢结构 红丹防锈漆 第二遍	100kg	5	7.57	9.93	6.4	3.49	1.68	0.81	29.88	149.40
	主材	醇酸防锈漆	kg	0.95		8.5					8.5	8.08
	12-126	一般钢结构 调和漆 第一遍	100kg	5	7.57	0.64	6.4	3.49	1.68	1.20	20.98	104.90
	主材	酚醛调和漆	kg	0.8		15					15	12
	12-127	一般钢结构 调和漆 第二遍	100kg	5	7.57	0.57	6.4	3.49	1.68	1.05	20.76	103.80
	主材	酚醛调和漆	kg	0.7		15					15	10.5
17	030817008001	套管制作安装：一般穿墙套管制作安装 DN200	个	1	42.4	64.39	0.66	10.77	5.17	4.73	128.12	128.12
	8-2943	一般穿墙套管制作安装 公称直径200mm以内	个	1	42.4	64.39	0.66	10.77	5.17	4.73	128.12	128.12
	主材	碳钢管	m	0.3		157.6					157.6	47.28
18	031201001001	管道刷油：管道外壁刷红丹防锈漆二遍	m²	19.867	0.30	0.46	0	0.08	0.04	0.04	0.92	18.28
	12-51	管道刷油 红丹防锈漆 第一遍	10m²	0.322	9.29	15.13	0	2.32	1.11	1.25	29.1	9.36
	主材	醇酸防锈漆	kg	1.47		8.5					8.5	12.495
	12-52	管道刷油 红丹防锈漆 第二遍	10m²	0.322	9.29	13.39	0	2.32	1.11	1.11	27.22	8.75
	主材	醇酸防锈漆	kg	1.3		8.5					8.5	11.05

续表

序号	编码	名　称	计量单位	数量	综合单价（元）						小计	合计（元）
---	---	---	---	---	人工费	材料费	机械费	管理费	利润	风险费用		
19	03120800 2001	管道绝热：管道 φ133mm 以下带铝箔离心玻璃棉管壳安装，保温厚度 δ=60mm	m³	1.916	14.04	145.12	1.44	3.87	1.86	14.13	180.46	345.76
	12-1905	φ133mm 以下管道带铝箔离心玻璃棉管壳安装（保温厚度 60mm）	m³	0.292	92.11	952.24	9.47	25.4	12.19	92.7	1184.11	345.76
	主材	带铝箔离心玻璃棉管壳	m³	1.03		900					900	927
20	03120800 4001	阀门绝热：φ133mm 以下阀门带铝箔离心玻璃棉安装，保温厚度 δ=60mm	m³	0.073	1024.21	1044.15	7.58	257.95	123.79	94.93	2552.61	186.34
	12-1959	φ133mm 以下阀门带铝箔离心玻璃棉板安装	10 个	0.7	106.81	108.89	0.79	26.9	12.91	9.9	266.2	186.34
	主材	带铝箔离心玻璃棉板	m³	0.11		900					900	99
21	03120800 5001	法兰绝热：φ133mm 以下法兰带铝箔离心玻璃棉板安装，保温厚度 δ=60mm	m³	0.049	1105.71	838.16	8.06	278.47	133.67	73.47	2437.54	119.44
	12-1964	φ133mm 以下法兰带铝箔离心玻璃棉板安装	10 个	0.5	108.36	82.14	0.79	27.29	13.1	7.2	238.88	119.44
	主材	带铝箔离心玻璃棉板	m³	0.016		900					900	14.4
合　计												24489.68

表 5 - 29 施工技术措施项目清单与计价表

工程名称：某加压站工艺管道

序号	项目编码	项目名称	项目特征	计量单位	工程量	综合单价（元）	合价（元）	其中（元）		备注
								人工费	机械费	
1	031401001001	脚手架搭拆费		项	1	159.26	159.26	36.44	0	
		合　计					159.26	36.44	0	

（5）施工技术措施项目清单与计价表见表 5 - 30。

表 5 - 30 施工技术措施项目清单综合单价计价表

工程名称：某加压站工艺管道

序号	编码	项目名称	计量单位	数量	综合单价（元）							合计（元）
					人工费	材料费	机械费	管理费	利润	风险费用	小计	
1	031401001001	脚手架搭拆费	项	1	36.44	109.33	0	9.11	4.37	0	159.26	159.26
	13-11	脚手架搭拆费	100 工日	0.678	53.75	161.25	0	13.44	6.45	0	234.89	159.26
			合　计									159.26

（6）施工组织措施项目清单与计价表见表 5 - 31。

表 5 - 31 施工组织措施项目清单与计价表

工程名称：某加压站工艺管道

序号	名称	计 算 基 础	费率（%）	金额（元）
1	安全文明施工费	分部分项人工费＋分部分项机械费＋技术措施项目人工费＋技术措施项目机械费（4120.38＋36.44）	15.81	657.19
2	冬雨季施工增加费	分部分项人工费＋分部分项机械费＋技术措施项目人工费＋技术措施项目机械费（4120.38＋36.44）	0.36	14.96
3	夜间施工增加费	分部分项人工费＋分部分项机械费＋技术措施项目人工费＋技术措施项目机械费（4120.38＋36.44）	0.08	3.33
4	已完成工程及设备保护费	分部分项人工费＋分部分项机械费＋技术措施项目人工费＋技术措施项目机械费（4120.38＋36.44）	0.24	9.98
5	二次搬运费	分部分项人工费＋分部分项机械费＋技术措施项目人工费＋技术措施项目机械费（4120.38＋36.44）	0.8	33.25
	合　计			718.71

（7）主材价格见表 5 - 32。

表 5 - 32　　　　　　　　　　　**主 材 价 格 表**

工程名称：某加压站工业管道

序号	材料编码	材料名称	单位	数量	单价（元）	合价（元）
1	主材	碳钢管 $\phi133\times4.5$	m	7.246	71.30	516.64
2	主材	碳钢管 $\phi108\times4$	m	46.989	51.30	2410.54
3	主材	碳钢管 $\phi219\times6$	m	0.300	157.60	47.28
4	主材	带铝箔离心玻璃棉管壳	m^3	1.974	900.00	1776.60
5	主材	带铝箔离心玻璃棉板	m^3	0.117	900.00	105.30
6	主材	无缝弯头 $\phi108$	个	7.000	52.00	364.00
7	主材	法兰截止阀 J41H-1.6 DN125	个	2.000	1600.00	3200.00
8	主材	法兰截止阀 J41H-1.6 DN100	个	2.000	1500.00	3000.00
9	主材	法兰止回阀阀 H41H-1.6 DN100	个	2.000	1200.00	2400.00
10	主材	法兰安全阀 A41H-1.6 DN100	个	1.000	1000.00	1000.00
11	主材	碳钢平焊法兰 DN125	片	3.000	30.00	90.00
12	主材	碳钢平焊法兰 DN100	片	11.000	25.00	275.00
13	主材	碳钢法兰盲板 DN125	片	1.000	60.00	60.00
14	主材	碳钢法兰盲板 DN100	片	1.000	27.00	27.00
15	主材	型钢（综合）	kg	525.000	4.00	2100.00
16	主材	红丹漆	kg	5.505	8.50	46.79
17	主材	酚醛调和漆各色	kg	7.500	15	112.50
18	主材	螺栓带帽连垫 M16×70	套	80.00	1.80	144.00
19	主材	螺栓带帽连垫 M16×75	套	40.000	2.00	80.00
		合计				17 755.65

思 考 与 练 习

1. 简述工业管道常用材质、连接方式及施工工艺。

2. 《安装工程预算定额》第八册《工业管道工程》适用于哪些范围？它与第十册《给排水、采暖、煤气管道》及其他册的界线如何划分？

3. 工业管道的压力等级如何划分？

4. 《安装工程预算定额》第八册《工业管道工程》的脚手架搭拆费如何计算？

5. 写出《安装工程预算定额》第八册《工业管道工程》的工程量计算规则。

6. 按下列项目填写工程量清单报价，见表 5 - 33。

表 5 - 33　　　　　　　　　　　　工 程 量 清 单 与 报 价

序号	项目编码	项 目 名 称	单位	数量	综合单价（元）	合价（元）
1		不锈钢管氩弧焊 108×4（不锈钢管 12.80 元/m）	m	12.8		
2		不锈钢压制弯 108×4（不锈钢压制弯 5.00 元/个）	个	5		
3		球阀 Q41F-1.6P，DN100（球阀 980 元/个）	个	2		
4		不锈钢平焊法兰 1.6MPa，DN100（不锈钢平焊法兰 90 元/片）	副	5		
5		小　　计	元			

7. 某空压站如图 5 - 27 所示。

(1) 施工说明：

1) 空压机工作压力 P_g ＝1.2MPa。

2) 管道采用无缝钢管电弧焊连接。

3) 压缩空气启闭采用法兰截止阀 J41T-1.6，安全阀 A41H-1.6，排污泄水阀采用 J11T-1.6。

(2) 计算管道工程量及清单报价。

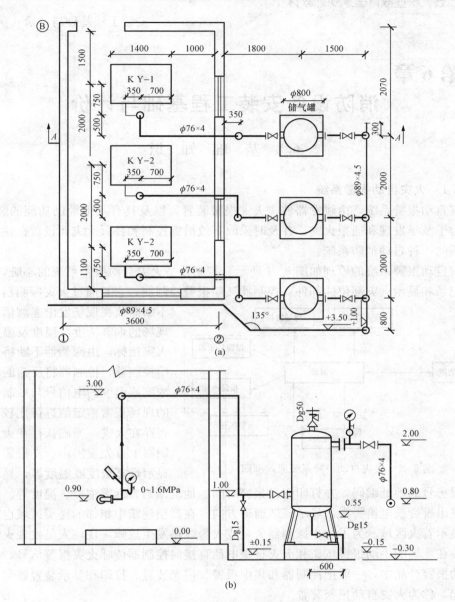

图 5-27　某空压站平面图及剖面图

(a) 平面图；(b) A—A 剖面图

第6章
消防设备安装工程基础与计价

6.1 基 础 知 识

6.1.1 火灾自动报警系统

火灾自动报警系统，由触发器件、火灾报警装置，以及具有其他辅助功能的装置组成，是人们为了及早发现和通报火灾，并及时采取有效措施控制和扑灭火灾而设置在建筑物内或其他场所的一种自动消防系统。

火灾自动报警系统的原理如图 6-1 所示。控制器是火灾自动报警系统的心脏，是分析、判断、记录和显示火灾部位的部件。控制器又叫报警控制器，它是通过火灾探测器（探头），不断向监视现场发出巡测信号、监视现场的烟雾浓度、温度及温度变化等火灾指标，由探测器不断将信息反馈给控制器，控制器将反馈的代表烟雾浓度或温度的电信号与控制器内存储的现场正常整定值进行比较，判断是否存在火灾。当确认存在火灾，在控制器上首先发出声、光报警信号，并显示烟雾浓度或温度等，显示火灾区

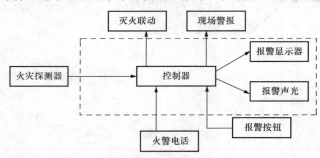

图 6-1 火灾自动报警系统原理框图

域或楼层房号的地址编码，并打印记录报警时间、地址编码、烟雾浓度、温度等。同时向火灾现场发出警铃或电笛警报，显示疏散通道方向。在高层建筑中相邻的楼层区域也发出报警信号，显示着火区域。为了防止探测器失灵或火警线路发生故障，现场人员发现火情也可以通过安装在现场的手动报警按钮和火灾报警电话直接向控制器传呼火灾报警信号。在目前的火灾自动报警产品中，一般把控制器和集中报警、声光装置、打印和显示装置成套设计和组装在一起，称为火灾自动报警装置。

1. 系统组成

火灾自动报警系统通常是指由触发装置、火灾报警装置、火灾警报装置及电源四部分组成的通报火灾发生的全套设备。基本组成如图 6-2 所示。

（1）触发装置是指自动或手动产生火灾报警信号的器件。自动触发器件包括各种火灾探测器、水流指示器、压力开关等。手动报警按钮是用人工手动发出火警信号通报火警的部件，是一种简单易行、报警可靠的触发装置。火灾探测器有感烟式、感温式、感光式、可燃气体探测式及复合式等。

（2）火灾报警装置主要是指火灾报警控制器。火灾报警控制器接收触发装置发来的报警信号，发出声光报警信号，指示火灾发生的具体部位，按照预先编制的逻辑关系，发出控制信号，联动各种灭火控制设备，迅速有效地扑灭火灾。对一些建筑平面比较复杂或特别重要

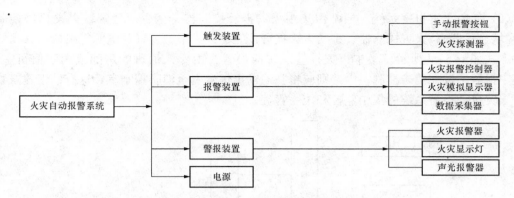

图 6-2　火灾自动报警系统基本组成框图

的建筑物，为了使发生火灾时值班人员能确定报警部位，采用火灾模拟显示盘，它较普通火灾报警控制器的显示更为形象和直观。某些大型或超大型的建筑物，为了减少火灾自动报警系统的布线，已广泛采用总线制火警系统、数据采集器或中继器。

（3）火灾警报装置是在确认火灾后，由报警装置自动或手动向外界通报火灾发生的一种设备。可以是警铃、警笛、高音喇叭等音响设备；警灯、闪光等光指示设备或两者的组合，供疏散人群、向消防队报警等用。

（4）电源是向触发装置、报警装置、警报装置提供电能的设备。火灾自动报警系统中的电源应由消防电源供电，还要有直流备用电源。

在具体的应用中，火灾自动报警系统的形式决定于火灾报警控制器的类别和建筑物的复杂程度，目前，国内采用的火灾自动报警系统有三种基本形式：区域报警系统、集中报警系统和控制中心报警系统。

2. 火灾自动报警系统的基本形式

随着电子技术的迅速发展和计算机软件技术在现代消防技术中的大量应用，火灾自动报警系统的结构、形式越来越灵活多样，很难精确划分成几种固定的模式。火灾自动报警技术的发展趋向于智能化系统，这种系统可组合成任何形式的火灾自动报警网络结构。它既可以是区域自动报警系统，也可以是集中报警系统和控制中心报警系统形式。它们无绝对明显的区别，设计人员可任意组合设计成自己需要的系统形式。根据火灾自动报警系统联动功能的复杂程度及报警系统保护范围的大小，将火灾自动报警系统分为区域火灾报警系统、集中火灾报警系统和控制中心报警系统三种基本形式。

（1）区域火灾报警系统。通常由区域火灾报警控制器、火灾探测器、手动火灾报警按钮、火灾报警装置及电源等组成，其系统结构、形式如图 6-3 所示。采用区域报警系统时，其区域报警控制器不应超过三台，因为未设集中报警控制器，当火灾报警区域过多而又分散时就不便于集中监控与管理。

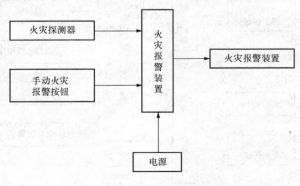

图 6-3　区域火灾报警系统

（2）集中火灾报警系统。通常由集中火灾报警控制器、至少两台区域火灾报警控制器（或区域显示器）、火灾探测器、手动火灾报警按钮、火灾报警装置及电源等组成，其系统结构、形式如图 6-4 所示。集中火灾报警系统应设置在由专人值班的房间或消防值班室内，若集中报警不设在消防控制室内，则应将它的输出信号引至消防控制室，这有助于建筑物内整体火灾自动报警系统的集中监控和统一管理。

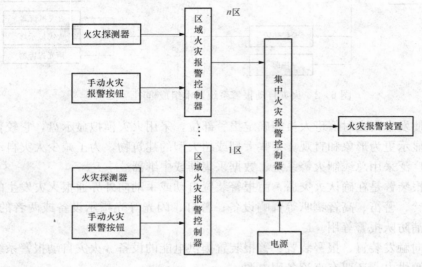

图 6-4　集中火灾报警系统

（3）控制中心报警系统。通常由至少一台集中火灾报警控制器、一台消防联动控制设备、至少两台区域火灾报警控制器（或区域显示器）、火灾探测器、手动火灾报警按钮、火灾报警装置、火警电话、火灾应急照明、火灾应急广播、联动装置及电源等组成，其系统结构、形式如图 6-5 所示。集中火灾报警控制器设在消防控制室内，其他消防设备及联动控制设备，可采用分散控制和集中遥控两种方式。各消防设备工作状态的反馈信号，必须集中显示在消防控制室的监视或总控制台上，以便对建筑物内的防火安全设施进行全面控制与管理。控制中心报警系统探测区域可多达数百甚至上千个。

3. 火灾自动报警系统的线制

从上述技术特点看出，线制对系统是相当重要的。这里说的线制是指探测器和控制器间的长线数量。更确切地说，线制是火灾自动报警系统运行机制的体现。按线制分，火灾自动报警系统有多线制和总线制之分。多线制目前基本不用，但已运行的工程有许多为多线制系统。

（1）多线制系统。多线制系统结构形式与早期的火灾探测器设计、火

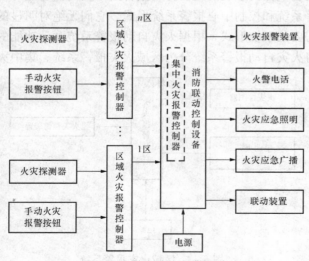

图 6-5　控制中心报警系统

灾探测器与火灾报警控制器的连接等有关。一般要求每个火灾探测器采用两条或更多条导线与火灾报警控制器相连接，以确保从每个火灾探测点发出火灾报警信号。简而言之，多线制结构的火灾报警系统采用简单的模拟或数字电路构成火灾探测器并通过电平翻转输出火警信号，火灾报警控制器依靠直流信号巡检和向火灾探测器供电，火灾探测器与火灾报警控制器采用硬线一一对应连接，有一个火灾探测点便需要一组硬线与之对应。

1）四线制。即 $n+4$ 线制，n 为探测器数，4 指公用线为电源线（+24V）、地线（G）、信号线（S）、自诊断线（T），另外每个探测器设一根选通线（ST）。仅当某选通线处于有效电平时，在信号线上传送的信息才是该探测部位的状态信号，如图 6-6 所示。这种方式的优点是探测器的电路比较简单，供电和取信息相当直观。但缺点是线多，配管直径大，穿线复杂，线路故障也多，故已不用。

2）两线制。也称 $n+1$ 线制，即一条公用地线，另一条则承担供电、选通信息与自检的功能。这种线制比四线制简化得多，但仍为多线制系统。探测器采用两线制时，可完成电源供电故障检查、火灾报警、断线报警（包括接触不良、探测器被取走）等功能。

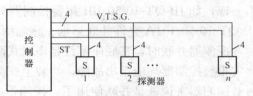

图 6-6　多线制（四线制）接线方式

火灾探测器与区域报警器的最少接线是：$n+n/10$，其中 n 为占用部位号的线数，即探测器信号线的数量，$n/10$（小数进位取整数）为正电源线数（采用红线导线），也就是每 10 个部位合用一根正电源线。

另外也可以用另一种算法，即 $n+1$，其中 n 为探测器数目（准确地说是房号数），如探测器数 $n=50$，则总线为 51 根。用前一种计算方法应是 $50+50/10=55$ 根，这是已进行了巡检分组的根数，与后一种分组后是一致的。

①每个探测器各占一个部位时底座的接线方法。例如有 10 只探测器，占 10 个部位，无论采用哪种计算方法其接线及线数均相同，如图 6-7 所示。在施工时应注意：

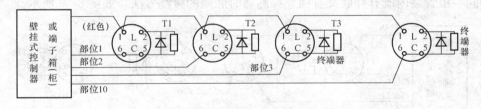

图 6-7　探测器各占一个部位时的接线

a. 为保证区域控制器的自检功能，布线时每根连接底座 L1 的正电源红色导线，不能超过 10 个部位数的底座（并联底座时作为一个看待）。

b. 每台区域报警器允许引出的正电源线数为 $n/10$（小数进位取整数），n 为区域控制器的部位数。当碰到管道较多时，要特别注意这一情况，以便 10 个部位分成一组，有时某些管道要多放一根电源正线，以利编组。

c. 探测器底座安装好并确定接线无误后，将终端器接上。然后用小塑料袋罩紧，防止损坏和污染，待装上探测器时才除去塑料罩。

d. 终端器为一个二极管（2CK 或 2CZ 型）和一个电阻并联。安装时应注意二极管负极接＋24V 端子或底座 L2 端。其终端电阻值大小不一，一般取 5～36kΩ。凡是没有接探测器的区域控制器的空位，应在其相应接线端子上接终端器。如设计时有特殊要求可与厂家联系解决。

②探测器并联时的接线方法。同一部位上，为增大保护面积，可以将探测器并联使用，这些并联在一起的探测器仅占用 1 个部位号。不同部位的探测器不宜并联使用。如比较大的会议室，使用一个探测器保护面积不够，假如使用 3 个探测器并联就够的话，则这 3 个探测器中的任何一个发出火灾信号时，区域报警器的相应部位的信号灯燃亮，但无法知道哪一个探测器报警，需要现场确认。某些同一部位但情况特殊时，探测器不应并联使用。如大仓库，由于货物堆放较高，当探测器发出火灾信号后，到现场确认困难。所以从使用方便、准确的角度看，应尽量不使用并联探测器为好。不同的报警控制器所允许探测器并联的只数也不一样，如 JB-QT-10-50-101 报警控制器只允许并联 3 只感烟探测器和 7 只感温探测器；而 JB-QT-10-50-101A 允许并联感烟、感温探测器的数量分别为 10 只。

探测器并联时，其底座配线是串联式配线连接，这样可以保证取走任何一只探测器时，火灾报警控制器均能报出故障。当装上探测器后，L1 和 L2 通过探测器连接片连接起来，这时对探测器来说就是并联使用了。探测器并联时，其底座应依次接线，如图 6-8 所示。不应有分支线路，这样才能保证终端器接在最后一只底座的 L2、L5 两端，以保证火灾报警控制器的自检功能。

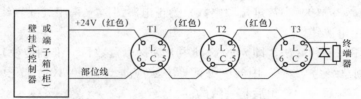

图 6-8　探测器并联时的接线

③同一根管路内既有并联又有独立探测器时底座的接线方法，如图 6-9 所示。

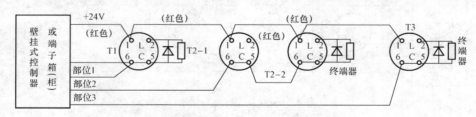

图 6-9　探测器的混合接线

（2）总线制系统。总线制系统采用地址编码技术，整个系统只用几根总线，建筑物内布线极其简单，给设计、施工及维护带来了极大的方便，因此被广泛采用。值得注意的是：一旦总线回路中出现短路问题，则整个回路失效，甚至损坏部分控制器和探测器，因此为了保证系统正常运行和免受损失，必须采取短路隔离措施，如分段加装短路隔离器。

1）总线的概念。总线是一些信号线的集合，这些信号线是组成计算机及计算机各器件、各功能部件和各系统之间传输与交换信息通路时用的。选择各种系统要求的标准芯片，直接通过总线传输和交换信息，能构成具有不同功能的各种微型计算机系统。到目前为止，已经定义和建立了各种各样的标准总线，种类繁多。通常的总线包括几十根到 100 多根信号线，一般可以把这些信号线分成以下四类。

①数据线和地址线。决定了数据传输的宽度和直接选址的范围。

②控制、时序和中断信号线。决定了总线功能的强弱以及适应性的好坏，好的总线应该控制功能强、时序简单、使用方便。

③电源线和地线。决定了电源的种类及地线的分布利用法。

④备用线。备用线是厂家和用户作为性能扩充或作为特殊要求使用的线。

根据信息是否可以朝两个方向传送，总线可分为单向传送总线和双向传送总线。双向总线可以朝两个方向传送，既可用来发送数据，也可用来接收数据。单向总线只能朝一个方向传送。连接微处理器、存储器和输入/输出接口电路的信号线（例如一个微型计算机的系统总线），一般由三种总线组成。

a. 控制总线。通过它传输控制信号使微型计算机各个部件动作同步。这些控制信号有从微处理器向其他部件输出，也有从其他部件输入到微处理器中的。它们有用于系统控制的，如控制存储器或输入/输出设备的读、写及动态存储器的刷新等；有用于微处理器控制的，如中断请求、复位、暂停、等待等；还有用于总线控制方向的，如数据总线接通来自微处理器的可使用的总线信号；有些系统还提供直接存储器存取和多处理机管理所需的信号。根据需要，一部分控制总线也是三态的。

b. 地址总线。地址总线是三态控制的单向总线，是微处理器输出地址用的总线，用来确定存储器中存放信息的地址单元或输入/输出端口的地址。对于 8 位微型计算机，有 16 位宽度，可对 $2^{16} = 65\,536$ 个单元地址寻址。地址总线常和数据总线结合使用，以确定在数据总线上传输数据的来源或目的地。

c. 数据总线。数据总线是一种三态控制的双向总线。通过它可实现微处理器、存储器和输入/输出接口电路之间的数据交换。

总线的三态控制对于快速数据传送方式，即直接存储器存取（DMA）是必要的。当进行 DMA 传送时，从外部看，微处理器是与总线"脱开"的。这时，利用总线外设可以直接与存储器交换数据。

2）四总线制。四总线制的连接，如图 6-10 所示。四条总线分别为：P 线给出探测器的电源、编码、选址信号；T 线给出自检信号以判断探测部位或传输线是否有故障；控制器从 S 线上获得探测部位的信息；G 为公共地线。P、T、S、G 均为并联方式连接，S 线上的信号对探测部位而言是分时的，从逻辑实现方式上看是"或"逻辑。由图 6-10 可见，从探测器到区域报警器只用四根总线，另外一根 V 线为 DC24V，也以总线形式由区域报警控制器接出来，其他现场设备也可使用。这样控制器与区域报警器的布线为 5 线，大大简化了系统，尤其是在大系统中，这种布线优点更为突出。

3）二总线制。二总线制是一种最简单的接线方法，用线量更少，但技术的复杂性和难度也提高了。二总线中的 G 线为公共地线，P 线则完成供电、选址、自检、获取信息等功能。目前，二总线制应用最多，新型智能火灾报警系统也建立在二总线的运行机制上。二总线系统有树枝形和环形两种。

①树枝形接线如图 6-11 所示。这种方式应用广泛，这种接线如果发生断线，可以报出断线故障点，但断点之后的探测器不能工作。

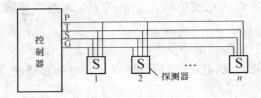

图 6-10　四总线制的连接

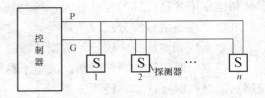

图 6-11　树枝形接线（二总线制）

②环形接线如图 6-12 所示。这种系统要求输出的两根总线再返回控制器的另两个输出端子，构成环形。这种接线方式，若中间发生断线，不影响系统正常工作。

③链式接线如图 6-13 所示。这种系统的 P 线对各探测器是串联的，对探测器而言，变成了三根线，而对控制器还是两根线。

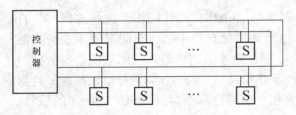

图 6-12　环形接线（二总线制）

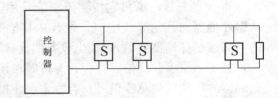

图 6-13　链式接线（二总线制）

6.1.2　水灭火系统

水是最常用的灭火剂。水灭火系统是应用最广泛的灭火系统。用水灭火，器材简单、价格便宜、灭火效果好。水灭火系统按水流形态可分为消火栓灭火系统和自动喷水灭火系统。

1. 喷淋系统概述

自动喷水灭火系统是目前世界上采用最广泛的一种固定式自动灭火系统，它利用固定管网、喷头自动作用喷水灭火，并同时发出火警信号的灭火系统，是解决建筑物早期自防自救的重要措施。从 19 世纪中叶开始使用，至今已有 100 多年的历史。它具有价格低廉、灭火效率高的特点。据统计，自动喷水灭火系统的灭火成功率在 96% 以上，有的已达 99%。在一些发达国家（美国、英国、日本、德国等）的消防规范中，几乎所有的建筑都要求具有自动喷水灭火系统。有的国家（如美国、日本等）已将其应用在住宅中了。我国随着工业民用建筑的飞速发展，消防法规正逐步完善，自动喷水灭火系统在宾馆、公寓、高层建筑、石油化工中得到了广泛的应用。

（1）基本功能。

1）能在火灾发生后，自动地进行喷水灭火。

2）能在喷水灭火的同时发出警报。

（2）自动喷水灭火系统的分类。目前，采用的自动喷水灭火系统类型较多，主要有湿式喷水灭火系统、干式喷水灭火系统、预作用喷水灭火系统、雨淋灭火系统、水幕系统等。

1）湿式喷水灭火系统。湿式喷水灭火系统是应用最广泛的自动喷水灭火系统，应用面占 70% 以上，建筑物的重要场所通常均设置此类喷水灭火系统，尤其当室内温度不低于 4℃ 的场合下，应用此系统特别合适，如图 6-14 所示。湿式喷水灭火系统及其控制：该系统由闭式感温喷头、管道系统、水流指示器、湿式报警阀及压力开关、喷淋泵及供水设施等组成。与火灾报警控制系统配合，可构成自动水喷淋灭火系统。在水流指示器和压力开关上连接输入模块，即构成报警点（地址由输入模块设定），经输入总线进入火灾报警控制系统，从而达到自动启动喷淋泵的目的。湿式喷水灭火系统的特点是在报警阀前后管道内均充满有一定压力的水，当发生火灾后，闭式感温喷头处达到额定温度值时，感温元件自动释放（易熔合金）或爆裂（玻璃泡），压力水从喷水头喷出，管内水的流动，使水流指示器动作而报警。由于自动喷水而引起湿式报警阀动作，总管内的水流向支管，当总管内水压下降到一定值时，使压力开关动作而报警，火灾报警控制器接收到水流指示器和压力开关的报警信号后，一方面发出声光报警提示值班人员，并记录报警地址和时间；另一方面同时将报警点数据传递给联动控制器，经其内部设定的逻辑控制关系判断，发出控制执行信号，使相应的配套器件中的控制继电器动作，控制启动喷淋泵，以保证压力水从喷头持续均匀地喷泻出来，达到灭火的目的。喷淋泵控制的设计规范要求与消防泵相同，所以要使用多线制可编程联动控制器。有的湿式喷水灭火系统只设置水流指示器报警，而不同时采用压力开关报警，故当水流指示器动作，即可自动启动喷淋泵。为了避免水管内水的偶然流动而使水流指示器发生误报而自动启泵，水流指示器的输入模块能延时 10s，以确认喷头喷水后再报警。

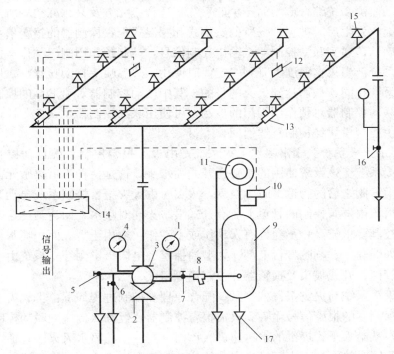

图 6-14　湿式喷水灭火系统组成

1—阀前压力表；2—控制阀；3—湿式报警阀；4—阀后压力表；5—放水阀；6—试警铃阀；7—警铃管截止阀；
8—过滤器；9—延迟器；10—压力继电器；11—水力警铃；12—火灾探测器；13—水流指示器；
14—火灾报警控制箱；15—闭式喷头；16—末端检验装置；17—排水漏斗

2）干式喷水灭火系统。干式喷水灭火系统与湿式喷水灭火系统的不同之处在于：

①在灭火速度上不如湿式系统来得快，原因在于感温喷头受热动作后，先排出管网中的气体，才能喷水灭火，不如湿式喷水系统中喷头喷水是持续进行的。

②充气管网内的气压平时要保持在一定范围内，否则就必须充气补充，所以必须在消防控制室内设置充气压力指示装置和高、低压力警告信号显示装置。

干式喷水灭火系统及其控制：干式喷水灭火系统是在报警阀前的管道内充以一定压力的水，在报警阀后的管道内充以压力气体。适用于环境温度在4℃以下和70℃以上而不宜采用湿式喷水灭火系统的场所。该系统包括闭式感温喷头、管道系统、水流指示器、干式报警阀、压力开关、充气设备、喷淋泵及供水设施等。其特点是报警阀后的管道无水，不怕冻结，不怕环境温度高，不怕水渍会造成污染损失。其与火灾报警控制系统控制原理和湿式喷水灭火系统基本相同，同样采用水流指示器和压力开关的无源动合触点上连接输入模块构成报警点，联动控制器对喷淋泵的控制与接线也同消防泵相同。

3）预作用喷水灭火系统。预作用喷水灭火系统又称干式喷水灭火系统，该系统更多地采用了报警技术与自动控制技术，尤其在该系统中采用感烟、感温探测器，使其更完善、更安全可靠。系统在预作用控制阀门之后的干式喷水管网中平时不充水或充入有压气体（空气或氮气），监视管网是否有渗漏现象。火灾时由火灾报警控制系统，自动开启或手动开启预作用阀门，迅速排出管网内的有压气体，使管道充水呈临时湿式系统。该系统可认为是干式系统和火灾自动监测系统综合应用而产生的系统，适合于北方及易冰冻的场所。该系统控制过程如下：当火灾发生后，被保护场所的感烟式和感温式火灾探测器的报警信号输入火灾报警控制器，经确认传递到联动控制器，输出控制信号，控制预作用阀门动作，使之开阀向管网充水呈湿式系统。当火灾温度上升到一定值时使闭式感温喷头自动喷水，之后控制过程与湿式喷水灭水系统相同，从而达到灭火的目的。其中联动控制器对喷淋泵的控制及接线同消防泵也相同。联动控制器对预作用阀门的控制，可使用联动控制器及其控制模块实施，阀门动作状态信号由控制模块经控制总线返回。

4）雨淋喷水灭火系统。雨淋喷水灭火系统是由火灾报警控制系统自动控制的带雨淋阀的开式喷水灭火系统。该系统使用的是普通开式喷水头，这是一种不带热敏元件和密封件的敞口喷水头，雨淋阀之后的管道平时为空管，火灾时由火灾报警控制系统自动开启或手动开启雨淋阀，使由该雨淋阀控制的管道上所有开式喷水头同时喷水，而达到迅速灭火目的。这类系统对电气控制要求较高，不允许有误动作或不动作。适用于需大面积喷水快速灭火的特殊危险场所，如炸药厂、剧院舞台上部、大型演播室、电影摄影棚等。系统由水箱、喷淋水泵、雨淋阀、管网、开式喷头及报警器和控制箱等组成。

雨淋喷水灭火系统与火灾报警控制系统配合原理和控制过程如下：当火灾发生后，被保护场所的火灾探测器的报警信号输入到火灾报警控制器，经确认传递到联动控制器，控制相应雨淋阀动作，从给水干管提供的水迅速进入该雨淋阀控制的喷水灭火区管道，并使管道上所有开式喷水头同时喷水，灭火区管道中水的流动，使水流指示器动作而报警。由于自动喷水引起湿式报警阀动作，总管内水补充入上述灭火区管道，引起总管水压下降，至一定值时使压力开关动作而报警，火灾报警控制器接收到水流指示器和压力开关的报警信号后，在发出声光报警指示和记录报警地址的同时，将该报警点数据传递给联动控制器，经其内部控制逻辑判断后发出控制执行信号，通过相应的配套器件自动控制启动雨淋泵，以保证压力水从开式喷水头持续喷泻出来，迅速扑灭火灾。另外，一个系统中放水灭火区一般宜在4个及4个以下。联动控制器对雨淋阀的控制与预作用系统中的预作用阀相同。另外，还常用带易熔锁封的钢索绳装置来控制雨淋阀的动作。其原理是：当火灾发生时，易熔锁封受热熔解脱开后，传动阀自动开启，使传动管排水，传动管网压力降低自动开启雨淋阀，雨淋阀的动作状态信号同样应反馈给联动控制器主机。

　　5）水幕系统及其控制。水幕系统也是由火灾报警控制系统自动控制的开式喷水系统，由水幕喷头、管道、控制阀等组成。它的工作原理与雨淋喷水灭火系统相同，与雨淋系统不同的是，水幕系统不直接用于扑灭火灾，而是用做防火隔断或进行防火分区及局部降温保护，因此，该系统使用的开式喷头为水幕喷头，喷出的水能形成一个水幕，起隔火降温作用。通常，该系统与防火卷帘门或防火幕配合使用，做降温防火保护，喷头成单排布置，并喷向防火卷帘门、防火幕或保护对象。在一些大空间，可用水幕系统来做防火分隔或进行防火分区，此时喷头布置应为 2～3 排。水幕系统与火灾报警控制系统的配合原理及控制过程同雨淋系统类似，联动控制器对水幕泵的控制及接线也同雨淋泵相同。

　　6）水喷雾灭火系统及其控制。水喷雾灭火系统是一种用特殊的加压设备，使水经喷雾喷头呈雾状散射出来的灭火、防火装置。一般包括有喷雾喷头、配水管道系统、水流指示器、控制阀、压力开关、加压水泵、供水管道等组成，与火灾报警控制系统配合，可构成自动水喷雾灭火系统。喷雾喷头可将有一定压力的水，喷射成微粒状态的水雾，由于喷出的水雾压力高、水滴小、分布均匀，且水雾的绝缘性好，灭火时能形成大量的水蒸气，所以有以下灭火作用：冷却灭火作用、窒息灭火作用、乳化灭火作用、稀释灭火作用和阻燃灭火作用等。

　　该系统通常用于扑救固体火灾、闪点高于 60℃ 的液体火灾和电气火灾；用于防护时可对可燃气体和甲、乙、丙类液体的生产、储存场所或装卸设施进行防护冷却；并对有火灾危险的工业装置，有粉尘火灾或爆炸危险的车间及电气、橡胶等特殊可燃物的火灾危险场所进行防护。

　　水喷雾灭火系统的联动控制方法与湿式喷水灭火系统类似，可用自动喷头做感温元件，水流指示器和压力开关做报警点，控制阀作用类似报警阀，水流指示器和压力开关的报警信号输入火灾报警控制系统，从而自动控制启动加压水泵，以保证加压水源。其中，联动控制器对加压水泵的控制及接线与喷淋泵相同。

　　此外也可采取以下控制方法，即不采用自动感温喷头和水流指示器，而直接由火灾探测器的报警信号输入火灾报警控制器，再传递至联动控制器，分别控制控制阀动作和启动加压水泵供水，向喷雾灭火系统管网充水，压力水从水雾喷头喷向保护区域。控制阀和加压水泵的动作状态信号均应反馈给联动控制器主机。

　　为了防止水中杂质堵塞喷头，在控制阀或水泵出水处，应安装过滤器，为便于过滤器的经常性清洁，要求其易装易卸。除此以外，还有干湿两用灭火系统、轻装简易系统、泡沫雨淋系统、大水滴（附加化学品）系统及自动启动系统等。

　　2. 消火栓灭火系统

　　消火栓灭火系统分为室外消火栓灭火系统和室内消火栓灭火系统，通常由管路、阀门和消火栓组成。

　　（1）室外消火栓灭火系统。室外消火栓是设置于室外供消防车用水或直接接出水带水枪进行灭火的供水设备。室外消火栓按安装方法分为地上式消火栓和地下式消火栓。

　　1）地上式消火栓。地上式消火栓大部分露出地面，具有易于寻找、出水方便等优点，但具有易冻结、易损坏，在某些场合妨碍交通，影响市容等缺点。因此，适用于常年气温较高地区。

2）地下式消火栓。地下式消火栓设置在消火栓井内，具有不易损坏、不易冻结、便利交通等优点，但具有操作不便、不易寻找（特别是在下雨天、下雪天和夜间）等缺点。因此，适用于北方寒冷地区，并且要求在地下消火栓旁设置明显标志。

（2）室内消火栓灭火系统。设置于建筑物内的消火栓灭火系统，有单栓、双栓、带自救式等。一般建筑消防给水宜与生产、生活给水管道合并，如合并不经济或技术上不可能，可采用独立的消防给水管道系统。高层民用建筑与工业建筑室内消防给水应采用独立的消防给水管道系统。

采用消火栓灭火是最常用的灭火方式，它由蓄水池、水箱、加压送水装置（水泵）及室内消火栓等主要设备构成。这些设备的电气控制包括水池、水箱的水位控制、消防用水和加压水泵的启动。水位控制应能显示出水位的变化情况和高、低水位报警及控制水泵的开/停。室内消火栓系统由水枪、水龙带、消火栓、消防管道等组成。为保证喷水枪在灭火时具有足够的水压，需要采用加压设备。常用的加压设备有两种：消防水泵和气压给水装置。采用消防水泵时，在每个消火栓内设置消防按钮，灭火时用小锤击碎按钮上的玻璃小窗，按钮不受压而复位，从而通过控制电路启动消防水泵；水压增高后，灭火水管有水，用水枪喷水灭火。采用气压给水装置时，由于采用了气压水罐，并以气水分离器来保证供水压力，所以水泵功率较小，可采用电接点压力表，通过测量供水压力来控制水泵的启动。

室内消火栓系统如图 6-15 所示。在建筑物各防火分区（或楼层）内均设置消火栓箱，内装有消火栓按钮，在其无源触点上连接输入模块，构成由输入模块设定地址的报警点，经输入总线进入火灾报警控制系统，达到自动启动消防泵的目的。

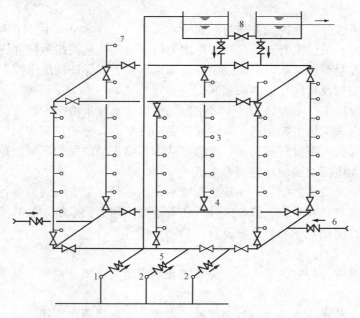

图 6-15　室内消火栓系统图

1—生活泵；2—消防泵；3—消火栓；4—阀门；5—单向阀；
6—水泵接合器；7—屋顶消火栓；8—高位水箱

消火栓按钮与手动报警按钮不同，除了发出报警信号还有启动消防泵的功能。消火栓按钮必须安装在消火栓箱内，当敲破消火栓箱门玻璃使用消火栓时，才能使用消火栓按钮报警，并自动启动消防泵以补充水源，供灭火时使用，整个控制过程如下：当发生火灾时，消火栓箱玻璃罩被击碎，按下消火栓按钮报警，火灾报警控制器接收到此报警信号后，一方面发出声光报警指示，显示并记录报警地址和时间；另一方面同时将报警点数据传送给联动控制器经其内部逻辑关系判断，发出控制执行信号，使相应的配套器件中的控制继电器动作自动控制启动消防泵。

按照《火灾自动报警系统设计规范》要求，对消防泵必须有启动、停止控制功能；必须具备显示消防泵工作状态（运行、停机）的功能。多线制可编程联动控制器或用可编程联动控制器和输出模块配合使用，均可满足设计规范的要求，而且都具备自动联动控制功能。

3. 喷淋泵系统联动控制原理

喷淋泵系统联动控制原理，如图 6-16 所示。当发生火灾时，温度上升，喷头开启喷水，管网压力下降，报警阀后压力下降使阀板开启，接通管网和水源以供水灭火。管网中设置的水流指示器感应到水流动时，发出电信号。管网中压力开关因管网压力下降到一定值时，也发出电信号，启动水泵供水，消防控制室同时接到信号。

4. 消火栓泵系统联动控制原理

在现场，对消防泵的手动控制有两种方式：

①通过消火栓按钮（打破玻璃按钮）直接启动消防泵。

②通过手动报警按钮，将手动报警信号送入控制室的控制器后，由手动或自动信号控制消防泵启动，同时接收返回的水位信号。一般消防泵都是经中控室联动控制，其联动控制过程如图 6-17 所示。

6.1.3　气体灭火系统

在一些不能用水灭火的场合，如计算机房、档案室和通信机房等，可选用不同的气体进行灭火。常用的灭火气体有二氧

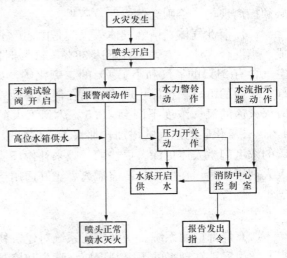

图 6-16　喷淋泵系统联动控制

化碳气体、七氟丙烷气体、惰性气体。气体灭火系统按灭火方式来分可分为全淹没系统、局部应用系统，按系统保护范围可分为单元独立系统、组合分配系统。

1. 灭火气体

（1）二氧化碳。二氧化碳气体是一种常用的灭火剂，常温常压下是一种无色无味的气体，二氧化碳气体在空气中含量达到 15% 以上时能使人窒息死亡；达到 35%～40% 时，能使一般可燃物质的燃烧熄灭；达到 43.6% 时能抑制汽油蒸汽和其他燃烧气体的燃烧和爆炸。所以，二氧化碳气体能灭火主要是向灭火区喷放高浓度的二氧化碳气体，增强灭火区空气中二氧化碳气体的含量，降低灭火区空气中的含氧浓度，达到灭火的目的。

（2）七氟丙烷。七氟丙烷气体是替代卤代烷气体的一种新的化学灭火剂。卤代烷气体灭

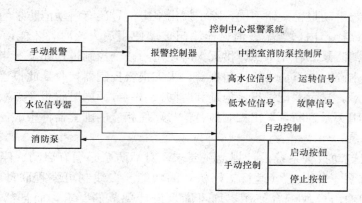

图 6 - 17　消防泵联动控制过程

火过程中产生大量的氟氯烃，对大气臭氧层造成破坏，所以被七氟丙烷灭火剂替代。其灭火机理是：七氟丙烷灭火剂参与物质燃烧过程中的化学反应，消除维持燃烧所必需的活性游离基 H 和 OH，生成稳定的水分子和二氧化碳以及活性较低的游离基 R，从而抑制燃烧达到灭火的目的。

以上两种灭火剂在灭火时多对在场人员身体造成危害，甚至窒息死亡，所以灭火时人员必须撤离现场，否则会造成严重后果。

（3）惰性气体。惰性气体灭火剂是由 40% 的氩气、52% 的氮气和 8% 的二氧化碳混合而成，当混合气体在空气中含量达 38%～40% 时能使一般可燃物质的燃烧熄灭。通常房间的空气含有 21% 的氧气和小于 1% 的二氧化碳，如果房间的空气中氧气的含量小于 15%，大部分普通的可燃物将停止燃烧，而在使用惰性气体灭火时，由于三种气体严格的配比，灭火时灭火区的氧气浓度下降到 12.5% 达到灭火的目的，而灭火区的二氧化碳的浓度上升到 4%，二氧化碳的浓度的增加，加快了人的呼吸速率和人体吸收氧气的能力，即 4% 二氧化碳的浓度刺激人体更深、更快的呼吸来补偿环境中较低的含氧浓度。因此，在使用惰性气体灭火剂灭火时，在场人员不需撤离，正好适用于火灾时不允许人员离开的场合，如指挥中心等重要场合。

2. 灭火方式

（1）局部应用系统。局部应用系统对建筑物的局部或对局部保护对象进行保护的系统。它通常由安装在现场的灭火剂钢瓶、喷头和控制阀门组成。当报警控制器接到火灾现场的两种不同探测器发来的报警信号时，自动或手动打开控制阀门，灭火剂从喷头喷出，达到灭火的目的。

（2）全淹没系统。全淹没系统指在规定时间内，向防火区喷射一定浓度的气体灭火剂，并使其均匀地充满整个防火区，达到灭火的目的。它由专门的存储灭火剂的钢瓶间，通往保护区的钢管及现场喷头组成，储气钢瓶上装有电控或气控阀门，受报警控制中心控制。同样，当报警控制器接到火灾现场的两种不同探测器发来的报警信号时，自动或手动打开控制阀门，灭火剂沿固定钢管送往保护区现场，从喷头喷出，达到灭火的目的。

（3）系统保护范围。

1）单元独立系统。单元独立系统是指一个或一组灭火剂钢瓶保护一个区域的灭火形式。

2）组合分配系统。组合分配系统是指一个或一组灭火剂钢瓶保护几个封闭区域的灭火形式。在灭火气体的总管上接若干根支管分别通往不同的防护区，支管上装有选择阀，根据灭火需要打开相应区域的选择阀，灭火气体通过固定管道送往灭火现场，达到灭火的目的，如图6-18所示。

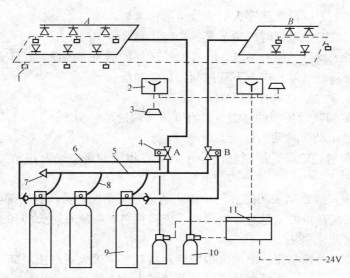

图6-18　组合分配型气体灭火系统

1—探测器；2—手动启动按钮；3—报警器；4—选择阀；5—总管；6—操作管；7—安全阀；
8—连接管；9—储存容器；10—启动用气容器；11—报警控制装置

（4）有管网气体灭火系统及其控制。气体灭火系统有以七氟丙烷气体为灭火剂的灭火系统、以二氧化碳为灭火剂的二氧化碳灭火系统和以惰性气体为灭火剂的灭火系统。

1）气体灭火系统的特点。它的特点是对保护物体不产生污损，可用于怕水污染的场合，同时还具有灭火速度快，空间淹没性能好等优点。通常应用于计算机房、通信机房、电视发射机房、精密仪器室、图书档案室和文物资料储藏室等重要场所，而且一般均为有管网全淹没气体灭火系统。

2）气体灭火系统的控制。有管网全淹没气体灭火系统通常由灭火剂储存容器、容器阀（瓶头阀）、选择阀（分配阀）、管网、喷嘴、起动气瓶装置（包括储气钢瓶、起动容器阀、操纵管等），以及安全阀、单向阀（止回阀）、集流管等组成。如图6-18所示，A、B为两个保护区，其灭火控制过程如下：当防护区（灭火区）发生火灾时，火灾探测器动作报警，经火灾报警控制器和气体灭火联动控制器，进行顺序控制（现场发出声光报警指示、关闭防护区的通风空调、防火门窗及有关部位的防火阀），延时30s后，起动气瓶装置启动容器阀，利用高压的起动气体开启灭火剂储存容器的容器阀和分配阀，灭火剂通过管道输送到防护区从喷嘴喷出实施灭火，在管网上一般设有压力（或流量）信号装置（如压力开关），集流管为储存容器至选择阀的管道，安全阀用于安全泄压，防止集流管内压力过高引起事故，单向阀用于防止灭火剂的回流。

3）有管网气体灭火系统控制的要求。《火灾自动报警系统设计规范》（GB 50116）详细规定了有管网七氟丙烷、二氧化碳等灭火系统的控制应符合下列要求：

①设有七氟丙烷、二氧化碳等气体灭火系统的保护场所，应设置感烟、感温探测器及其联动控制装置。

②被保护场所主要出入口门外，应设置手动紧急启动、停止控制按钮，并有显明的标志。

③主要出入口上方应设气体灭火剂喷放指示标志灯。

④联动控制装置应设置延时机构及声、光警报器。

⑤组合分配系统及单元控制系统，宜在保护区外的适当部位设置气体灭火控制盘（箱）。

⑥气体灭火控制盘（箱）应有下列控制、显示功能。

a. 控制系统的紧急启动和停止。

b. 由火灾探测器联动控制的系统应具有 30s 可调的延时功能。

c. 显示系统的手动、自动工作状态。

d. 在报警、喷射各阶段，控制盘（箱）上应有相应的声、光警报信号，且声响信号可手动切除。

e. 在延时阶段，应自动关闭防火门，停止通风空调系统，关闭有关部位的防火阀。

⑦气体灭火系统在报警、延时、喷放时，应将报警、喷放及防火门和通风空调等联动信号送至消防控制室。

（5）气体自动灭火控制器。由火灾报警控制器和气体灭火联动控制部分组成，可与有管网气体灭火系统配合使用，并要满足设计规范的要求。

与其他灭火系统相比，气体灭火系统造价高，尤其是灭火剂价格昂贵，同时，七氟丙烷、二氧化碳灭火剂都具有一定的毒性，灭火的同时会对人产生毒性危害，所以有几点问题应特别注意：

（1）设计规范规定了必须设置感烟和感温两类探测器，只有当两类不同探测器都动作报警后的"与"控制信号才能联动控制灭火系统。

（2）设置在防护区出入口门外的手动紧急启动、停止控制按钮，必须有透明的玻璃保护窗口并加强管理，不能因人为原因造成误动作，使灭火剂无故释放。

（3）延时 30s（可调）期间，关闭防火门、防火阀、关停通风空调系统、关闭防护区的门窗和防护区内人员的安全疏散。

6.1.4　泡沫灭火系统

凡能与水混溶，并可通过化学反应或机械方法产生灭火泡沫的灭火剂称为泡沫灭火剂，其组成包括发泡剂、泡沫稳定剂、降黏剂、抗冻剂、助溶剂、防腐剂及水。以泡沫为灭火介质的灭火系统称为泡沫灭火系统。

泡沫灭火系统主要用于扑灭非水溶性可燃液体及一般固体火灾。其灭火原理是泡沫灭火剂的水溶液通过化学、物理作用，充填大量气体（二氧化碳、空气）后形成无数小气泡，覆盖在燃烧物表面，使燃烧物与空气隔绝，阻断火焰的热辐射，从而形成灭火能力。同时泡沫在灭火过程中析出液体，可使燃烧物冷却。受热产生的水蒸气还可降低燃烧物附近的氧气浓度，也能起到较好的灭火效能。

6.1.5　消防系统施工图常用图例符号

消防系统施工图常用图例符号见表 6-1～表 6-3。

表 6 - 1　　　　　　　　　消防系统施工图常用图例符号

名　称	符　号	名　称	符　号
手提式灭火器	△	灭火设备安装处所	
推车式灭火器		控制和指示设备	
固定式灭火系统（全淹没）		报警自动装置	
固定式灭火系统（局部应用）		火灾警报装置	
固定式灭火系统（指出应用区）		消防通风口	
消防用水立管	○		

表 6 - 2　　　　　　　　　消防管路及配件符号

名　称	符　号	名　称	符　号	名　称	符　号
阀		消防水管线	— X —	喷淋管	— PL —
管线及流向		泡沫混合接管线	— R —	报警阀	
消火栓带自救		消火栓		开式喷头	
消防报警阀		消防泵		闭式喷头	
水流指示器		泡沫比例混合器		水泵接合器	
信号阀		泡沫产生器		泡沫液灌	

自动报警设备符号

名　称	符　号	名　称	符　号
消防控制中心		火灾报警装置	
感温探测器		感光探测器	
手动报警装置		感烟探测器	
气体探测器		电铃	
火灾警铃		火灾警报扬声器	
火灾警报发声器		火灾光信号装置	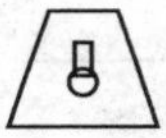
电话			

6.2　定额内容概述

《安装工程预算定额》第九册《消防设备安装工程》适用于新建、扩建、改建项目中的消防设备安装工程，定额共分五章。

第一章　火灾自动报警系统；

第二章　水灭火系统；

第三章　气体灭火系统；

第四章　泡沫灭火系统；

第五章　消防系统调试。

6.2.1　《安装工程预算定额》第九册与其他册的关系

（1）电缆敷设、桥架安装、配管配线、电气支架制作安装、接线盒、动力、应急照明控制设备、应急照明器具、电动机检查接线、防雷接地装置等安装，均执行《安装工程预算定额》第四册《电气设备安装工程》相应定额。

（2）各种套管的制作安装，不锈钢管和管件，铜管和管件及泵间管道安装，强度试验、严密性试验和吹扫等执行《安装工程预算定额》第八册《工业管道工程》定额。

（3）消火栓管道、室外消防管道安装及消防水箱制作安装执行《安装工程预算定额》第十册《给排水、采暖、燃气工程》相应定额。

（4）各种消防泵、稳压泵等机械设备安装及二次灌浆执行《安装工程预算定额》第一册《机械设备安装工程》相应定额。

（5）各种仪表的安装执行第六册《自动化控制仪表安装工程》相应定额。带电讯号的阀门、水流指示器、压力开关、驱动装置及泄漏报警开关的接线、校线等可参照《安装工程预算定额》第六册6-423"继电线路报警系统4点以下子目"，定额乘0.3系数。

（6）泡沫液储罐、设备支架制作安装等执行《安装工程预算定额》第三册《静置设备与工艺金属结构制作安装工程》相应定额。

（7）设备及管道除锈、刷油及绝热工程执行《安装工程预算定额》第十二册《刷油、防腐蚀、绝热工程》相应定额。

6.2.2　各项增加费

（1）脚手架搭拆费，按措施项目进行计算。

（2）高层建筑增加费（指高度在6层或20m以上的工业与民用建筑）按措施项目进行计算。

（3）超高增加费。指操作物高度距离楼、地面5m以上的工程，按其超高部分的定额人工费计算超高增加费，超高增加费列入措施项目进行计算。

（4）安装与生产同时进行增加的费用，按措施项目进行计算。

（5）在有害身体健康的环境中施工增加的费用，按措施项目进行计算。

6.3　定额说明与工程量计算规则

6.3.1　火灾自动报警系统安装

（1）包括探测器、按钮、模块（接口）、报警控制器、联动控制器、报警联动一体机、重复显示器、警报装置、远程控制器、火灾事故广播、消防通信、报警备用电源安装等项目。

（2）包括以下工作内容：

1）施工技术准备、施工机械准备、标准仪器准备、施工安全防护措施、安装位置的清理。

2）设备和箱、机及元件的搬运，开箱检查，清点，杂物回收，安装就位，接地，密封，箱、机内的校线，接线，挂锡，编码，测试，清洗，记录整理等。

（3）均包括了校线、接线和本体调试。

（4）箱、机是以成套装置编制的；柜式及琴台式安装均执行落地式安装相应项目。

（5）不包括以下工作内容：

1）设备支架、底座、基础的制作与安装。

2）构件加工、制作。

、接线及调试。

照明及疏散指示控制装置安装。

RT 彩色显示装置安装，执行《安装工程预算定额》第五册《建筑智能化系统设备

工程》相关定额。

（6）工程量计算规则：

1）点型探测器按线制的不同分为多线制与总线制，不分规格、型号、安装方式与位置，以"只"为计量单位。探测器安装包括了探头和底座的安装及本体调试。

2）红外线探测器以"对"为计量单位。红外线探测器是成对使用的，在计算时一对为两只。定额中包括了探头支架安装和探测器的调试、对中。

3）火焰探测器、可燃气体探测器按线制的不同分为多线制与总线制两种，计算时不分规格、型号、安装方式与位置，以"只"为计量单位。探测器安装包括了探头和底座的安装及本体调试。

4）线型探测器的安装方式按环绕、正弦及直线综合考虑，不分线制及保护形式，以"m"为计量单位。定额中未包括探测器连接的一只模块和终端，其工程量应按相应定额另行计算。

5）按钮包括消火栓按钮、手动报警按钮、气体灭火器/停按钮，以"只"为计量单位。按照在轻质墙体和硬质墙体上安装两种方式综合考虑，执行时不得因安装方式不同而调整。

6）控制模块（接口）是指仅能起控制作用的模块（接口），亦称为中继器，依据其给出控制信号的数量，分为单输出和多输出两种形式，执行时不分安装方式，按照输出数量以"只"为计量单位。

7）报警模块（接口）不起控制作用，只能起监视、报警作用，执行时不分安装方式，以"只"为计量单位。

8）报警控制器按线制的不同分为多线制与总线制两种，其中又按其安装方式不同分为壁挂式和落地式。在不同线制、不同安装方式中按照"点"数的不同划分定额项目，以"台"为计量单位。

①多线制"点"是指报警控制器所带报警器件（探测器、报警按钮等）的数量。

②总线制"点"是指报警控制器所带的地址编码的报警器件（探测器、报警按钮、模块等）的数量。如果一个模块带数个探测器，则只能计为一点。

9）联动控制器按线制的不同分为多线制与总线制两种，其中又按其安装方式不同分为壁挂式和落地式。在不同线制、不同安装方式中按照"点"数不同划分定额项目，以"台"为计量单位。

①多线制"点"是指联动控制器所带联动设备的状态控制和状态显示的数量。

②总线制"点"是指联动控制器所带的控制模块（接口）的数量。

10）报警联动一体机按其安装方式不同分为壁挂式和落地式，按照"点"数的不同划分定额项目，以"台"为计量单位。

①多线制"点"是指报警联动一体机所带报警器件与联动设备的状态控制和状态显示的数量。

②总线制"点"是指报警联动一体机所带的有地址编码的报警器件与控制模块（接口）的数量。

11）重复显示器（楼层显示器）不分规格、型号、安装方式，按总线制与～以"台"为计量单位。

12）警报装置分为声光报警和警铃报警两种形式，均以"台"为计量单位。

13）远程控制器按其控制回路数以"台"为计量单位。

14）火灾事故广播中的功放机、录音机的安装按柜内及台上两种方式综合考虑，分别以"台"为计量单位。属于报警联动一体机的功放机、录音机不得重复计算工程量。

15）消防广播控制柜是指安装成套消防广播设备的成品机柜，不分规格、型号以"台"为计量单位，属于报警联动一体机消防控制柜不得重复计算工程量。

16）火灾事故广播中的扬声器不分规格、型号，按照吸顶式与壁挂式以"只"为计量单位。

17）广播分配器是指单独安装的消防广播用分配器（操作盘），以"台"为计量单位。

18）消防通讯系统中的电话交换机按"门"数不同以"台"为计量单位；通讯分机、插孔是指消防专用电话分机与电话插孔，不分安装方式，分别以"部"、"个"为计量单位。

19）报警备用电源综合考虑了规格、型号，以"台"为计量单位。

6.3.2　水灭火系统

（1）适用于工业和民用建（构）筑物设置的自动喷水灭火系统的管道、各种组件、消火栓、气压水罐的安装及管道支吊架的制作安装。

（2）界线划分。

1）室内外界线：以建筑物外墙皮 1.5m 为界，入口处设阀门者以阀门为界。

2）设在高层建筑内的消防泵间管道与本章界线，以泵间外墙皮为界。

（3）管道安装定额。

1）管道安装定额只适用于自动喷水灭火系统。

2）包括工序内一次性水压试验。

3）镀锌钢管法兰连接定额，管件是按成品、弯头两端是按接短管焊法兰考虑的，定额中包括了直管、管件、法兰等全部安装工序内容，但管件、法兰及螺栓的主材数量应按设计规定另行计算。

4）定额也适用于镀锌无缝钢管的安装。

（4）喷头、报警装置及水流指示器安装定额均按管网系统试压、冲洗合格后安装考虑的，定额中已包括丝堵、临时短管的安装，拆除及其摊销。

（5）其他报警装置适用于雨淋、干湿两用及预作用报警装置。

（6）温感式水幕装置安装定额中已包括给水三通至喷头、阀门间的管道、管件、阀门、喷头等全部安装内容。但管道的主材数量按设计管道中心长度另加损耗计算；喷头数量按设计数量计算。

（7）集热板的安装位置。当高架仓库分层板上方有孔洞、缝隙时，应在喷头上方设置集热板。

（8）隔膜式气压水罐安装定额中地脚螺栓是按设备带有考虑的，定额中包括指导二次灌浆工，但二次灌浆费用另计。

（9）管道支吊架制作安装定额中包括了支架、吊架及防晃支架。

（10）管网冲洗定额是按水冲洗考虑的，若采用水压气动冲洗法时，可按施工方案另行动喷水灭火系统。

下工作内容：

计算管的制作安装，泵房间管道安装及管道系统强度试验、严密性试验执行《安装定额》第八册《工业管道工程》相应定额。

阀门、法兰安装（工作内容中已包含者除外）、消火栓管道、室外消防管道安装，消火箱制作安装，执行《安装工程预算定额》第十册《给排水、采暖、燃气工程》相应定额。

3）各种消防泵、稳压泵等安装及设备二次灌浆，执行《安装工程预算定额》第一册《机械设备安装工程》相应定额。

4）各种仪表的安装及带电讯号的阀门、水流指示器、压力开关的接线、校线，执行《安装工程预算定额》第六册《自动化控制装置及仪表安装工程》相应定额。

5）各种设备支架的制作安装，执行《安装工程预算定额》第三册《静置设备与工艺金属结构制作安装工程》相应定额。

6）管道、设备、支架、法兰焊口除锈刷油，执行《安装工程预算定额》第十二册《刷油、防腐蚀、绝热工程》相应定额。

7）系统调试，执行《安装工程预算定额》第九册第五章相应定额子目。

（12）其他有关规定。

1）设置于管道井、封闭式管廊内的管道，其定额人工乘以系数1.3。

2）管道预安装（即二次安装，指确实需要且实际发生管子吊装上去进行预安装，然后拆下来，经镀锌后再二次安装的部分），其人工费乘以系数2.0。

3）喷淋系统的室外管道套用《安装工程预算定额》第十册相应定额子目。

（13）工程量计算规则。

1）管道安装按设计管道中心长度，以"m"为计量单位，不扣除阀门、管件及各种组件所占长度。主材数量应按定额用量计算。

2）镀锌钢管安装定额也适用于无缝钢管，其对应关系见表6-4。

表6-4　　　　　　　　　　公称直径与管外径对应关系表　　　　　　　　　mm

公称直径	15	20	25	32	40	50	70	80	100	150	200
无缝钢管外径	20	25	32	38	45	57	76	89	108	159	219

3）喷头安装按有吊顶、无吊顶，分别以"个"为计量单位。

4）报警装置安装按成套产品以"组"为计量单位。其他报警装置适用于雨淋、干湿两用及预作用报警装置，其安装执行湿式报警装置安装定额，其人工乘以系数1.2，其余不变。

5）温感式水幕装置安装，按规格以"组"为计量单位。但给水三通至喷头、阀门间管道的主材数量按设计管道中心长度另加损耗计算；喷头数量按设计数量计算。

6）水流指示器、减压孔板安装，按不同的规格以"个"为计量单位。

7）末端试水装置按不同的规格以"组"为计量单位。其中已包括压力表和压力气门主材和安装费用。

8）集热板制作安装均以"个"为计量单位。

9）室内消火栓安装，区分单栓和双栓以"套"为计量单位，所带消防按钮的安装另行计算。

10）室内消火栓组合卷盘安装，执行室内消火栓安装定额乘以系数 1.2。

11）室外消火栓安装，区分不同规格、工作压力和覆土深度以"套"为计量单位。

12）消防水泵接合器安装，区分不同安装方式和规格以"套"为计量单位。如设计要求用短管时，其本身价值可另行计算，其余不变。

13）隔膜式气压水罐安装，区分不同规格以"台"为计量单位。出入口法兰和螺栓按设计规定另行计算。地脚螺栓是按设备带有考虑的，定额中包括指导二次灌浆用工，但二次灌浆费用应按相应定额另行计算。

14）管道支吊架已综合支架、吊架及防晃支架的制作安装，均以"kg"为计量单位。

15）自动喷水灭火系统管网水冲洗，区分不同规格以"m"为计量单位。

6.3.3　气体灭火系统

（1）适用于工业和民用建筑中设置的二氧化碳灭火系统、卤代烷 1211 灭火系统和卤代烷 1301 灭火系统中管道、管件、系统组件等的安装。

（2）定额中的无缝钢管、钢制管件、选择阀安装及系统组件试验等均适用于卤代烷 1211 和 1301 灭火系统，二氧化碳灭火系统。

（3）管道及管件安装定额。

1）管道安装包括无缝钢管的螺纹连接、法兰连接、气动驱动装置管道安装。

2）各种管道安装按设计管道中心长度，以"m"为计量单位，不扣除阀门、管件及各种组件所占长度，主材数量应按定额用量计算。

3）无缝钢管和钢制管件内外镀锌及场外运输费用另行计算。

4）螺纹连接的不锈钢管、铜管及管件安装时，按无缝钢管和钢制管件安装相应定额乘以系数 1.2。

5）无缝钢管的螺纹连接定额中不包括钢制管件的连接，钢制管件螺纹连接均按不同规格以"个"为计量单位，执行《安装工程预算定额》第九册第三章相应项目。

6）无缝钢管法兰连接定额，管件是按成品、弯头两端是按接短管焊接法兰考虑的，定额中包括了直管、管件、法兰等全部安装工序内容，但管件、法兰及螺栓的主材数量应按设计规定另行计算。

7）气动驱动装置管道安装定额中卡套连接件按实际用量另行计算主材价值。

（4）喷头安装定额中包括管件安装及配合水压试验安装拆除丝堵的工作内容，以"个"为计量单位。

（5）储存装置安装，定额中包括灭火剂储存容器和驱动气瓶的安装固定、支框架、系统组件（集流管，容器阀，气、液单向阀，高压软管）、安全阀等储存装置和阀驱动装置的安装，需氮气增压时，高纯氮气用量按实际发生情况另计。储存装置安装按储存容器和驱动气瓶的规格（L）以"套"为计量单位，每瓶一套。

（6）选择阀安装均按不同规格和连接方式分别以"个"为计量单位。

（7）二氧化碳称重检漏装置包括泄漏报警开关、配重及支架，以"套"为计量单位。

（8）系统组件包括选择阀、气、液单向阀和高压软管。试验按水压强度试验和气压严密性试验，分别以"个"为计量单位，未作试验者不得计取"系统组件试验"费用。

（9）不包括的工作内容。

1）管道支吊架的制作安装应执行《安装工程预算定额》第九册第二章的相应项目。

2）不锈钢管、铜管及管件的焊接或法兰连接，各种套管的制作安装，管道系统强度试验、严密性试验和吹扫等均执行《安装工程预算定额》第八册《工业管道工程》定额相应项目。

3）管道及支吊架防腐、刷油执行《安装工程预算定额》第十二册《刷油、防腐蚀、绝热工程》定额相应项目。

4）系统调试执行《安装工程预算定额》第九册第五章的相应项目。

5）电磁驱动器与泄漏报警开关的电气接线等参照执行《安装工程预算定额》第六册《自动化控制装置及仪表安装工程》的信号报警装置 6-423 定额基价×0.3。

6.3.4　泡沫灭火系统

（1）适用于高、中、低倍数固定式或半固定式泡沫灭火系统的发生器及泡沫比例混合器安装。

（2）泡沫发生器及泡沫比例混合器安装中包括整体安装、焊法兰、单体调试及配合管道试压时隔离本体所消耗的人工和材料，但不包括支架的制作、安装和二次灌浆的工作内容，地脚螺栓按本体带有考虑。均按不同型号以"台"为计量单位，法兰与螺栓除与设备连接的法兰外，其余按设计规定另行计算。

（3）不包括的内容有：

1）泡沫灭火系统的管道、管件、法兰、阀门、管道支架等的安装及管道系统水冲洗、强度试验、严密性试验等执行《安装工程预算定额》第八册《工业管道工程》定额相应项目。

2）泡沫喷淋系统的管道、组件、气压水罐、管道支吊架等安装可执行《安装工程预算定额》第九册第二章相应定额及有关规定。

3）消防泵等机械设备安装及二次灌浆执行《安装工程预算定额》第一册《机械设备安装工程》定额相应项目。

4）泡沫液储罐、设备支架制作安装执行《安装工程预算定额》第三册《静置设备和工艺金属结构制作安装工程》定额相应项目。

5）油罐上安装的泡沫发生器及化学泡沫室执行《安装工程预算定额》第五册《静置设备和工艺金属结构制作安装工程》定额相应项目。

6）除锈、刷油、保温等均执行《安装工程预算定额》第十二册《刷油、防腐蚀、绝热工程》定额相应项目。

7）泡沫液充装定额是按生产厂在施工现场充装考虑的，若由施工单位充装时，可另行计算。

8）泡沫灭火系统调试应按批准的施工方案另行计算。

6.3.5　消防系统调试

（1）包括自动报警系统装置调试，水灭火系统控制装置调试，火灾事故广播、消防通讯、消防电梯系统装置调试，电动防火门、防火卷帘门、正压送风阀、排烟阀、防火阀控制系统装置调试、气体灭火系统装置调试等项目。

（2）系统调试是指消防报警和灭火系统安装完毕且联通，并达到国家有关消防施工验收规范、标准所进行的全系统的检测、调整和试验。

（3）消防系统调试定额是按施工单位、建设单位、检测单位和消防局共同进行调试、检验及验收合格为标准编制的。

（4）气体灭火系统调试试验时采取的安全措施，应按施工组织设计另行计算。

（5）自动报警系统包括各种探测器、报警按钮、报警控制器组成的报警系统，分别不同点数以"系统"为计量单位。其点数按多线制与总线制报警器的点数计量。水灭火系统控制装置包括消火栓、自动喷水、卤代烷、二氧化碳等固定灭火系统的控制装置，按不同点数以"系统"为计量单位。其点数按多线制与总线制联动控制器的点数计量。

（6）火灾事故广播、消防通信系统中的消防广播喇叭、音箱和消防通信的电话分机、电话插孔，按其数量以"只"或"个"为计量单位。

（7）消防用电梯与控制中心间的控制调试以"部"为计量单位。

（8）电动防火门、防火卷帘门指可由消防控制中心显示与控制的电动防火门、防火卷帘门，以"处"为计量单位，每樘为一处。

（9）正压送风阀、排烟阀、防火阀，以"处"为计量单位，一个阀为一处。

（10）气体灭火系统装置调试包括模拟喷气试验，备用灭火器储存容器切换操作试验，按试验容器的规格（L），分别以"个"为计量单位。试验容器的数量包括系统调试、检测和验收所消耗的试验容器的总数，试验介质不同时可以换算。

6.3.6　定额解释

《安装工程预算定额》第九册《消防设备安装工程》中带电信号的阀门、水流指示器、压力开关、驱动装置及泄漏报警开关的接线、校线等可参照《安装工程预算定额》第六册《自动化控制仪表安装工程》6-423"继电线路报警系统 4 点以下子目"，定额乘 0.3 系数。

6.4　工程量清单编制与计价

6.4.1　概述

（1）《通用规范》附录 J（消防工程）共分五个分部，共计 52 个清单项目。消防工程清单计价内容包括水灭火系统、气体灭火系统、泡沫灭火系统、火灾自动报警系统、消防系统调试。

（2）适用于采用工程量清单计价的新建或扩建的工业与民用建筑的消防工程。

（3）与其他有关工程的界限划分。

1）喷淋系统水灭火管道和消火栓管道的室内外划分，以建筑外墙皮 1.5m 处为分界点。如入口处设阀门时，以阀门为分界点。

2）消防水泵房内的管道为工业管道项目，与消防管道划分以泵房外墙皮或泵房屋顶板为分界点。

3）消防管道与市政管道的划分，以水表井为界。无水表井的，以市政给水管道的碰头点为界。

4）凡涉及管沟及井类的土石方开挖、垫层、基础、砌筑、抹灰、地井盖板预制安装、回填、运输，路面开挖及修复、管道支墩等，应按《房屋建筑与装饰工程工程量计算规范》

（GB 50854—2013）、《市政工程工程量计算规范》（GB 50857—2013）相关项目编码列项。

6.4.2 工程量清单项目设置

1. 水灭火系统

（1）概况。

1）水灭火系统包括消火栓灭火和自动喷淋灭火。包括的项目有管道安装、系统组件安装（喷头、报警装置、水流指示器）、其他组件安装（减压孔板、末端试水装置、集热板）、消火栓（室内外消火栓、水泵接合器）、气压水罐、管道支架等工程。按安装部位（室内外）、材质、型号规格、连接方式等不同特征设置清单项目。编制工程量清单时，必须明确描述各种特征，以便计价。

"报警装置"项目包括湿式报警装置、干湿两用报警装置、电动雨淋报警装置、预作用报警装置。

①湿式报警装置包括湿式阀、碟阀、装配管、供水压力表、装置压力表、试验阀、泄放试验阀管、试验管流量计、过滤器、延时器、水力警铃、报警截止阀、漏斗、压力开关等。

②干湿两用报警装置包括两用阀、碟阀、装置截止阀、装配管、加速器、加速器压力表、供水压力表、试验阀、泄放试验阀、挠性接头、泄放试验管、试验管流量计、排气阀、截止阀、漏斗、过滤器、延时器、水力警铃、压力开关等。

③电动雨淋报警装置包括雨淋阀、碟阀（2个）、装配管、压力表、泄放试验阀、流量表、截止阀、注水阀、止回阀、电磁阀、排水阀、手动应急球阀、报警试验阀、漏斗、压力开关、过滤器、水力警铃等。

④预作用报警装置包括干式报警阀、控制碟阀（2个）、压力表（2块）、流量表、截止阀、排放阀、注水阀、止回阀、泄放阀、报警试验阀、液压切断阀、装配管、供水检验管、气压开关（2个）、试压电磁阀、应急手动试压阀、漏斗、过滤器、水力警铃等。

⑤"消火栓"项目包括：室内消火栓、室外地上式消火栓、室外地下式消火栓。

a. 室内消火栓包括消火栓箱、消火栓、水枪、水龙带、水龙带接扣、挂架、消防按钮。

b. 室外地上式消火栓包括地上式消火栓、法兰接管、弯管底座。

c. 室外地下式消火栓包括地下式消火栓、法兰接管、弯管底座或消火栓三通。

2）特征中要求描述的安装部位：管道是指室内、室外；消火栓是指室内、室外、地上、地下；消防水泵接合器是指地上、地下、壁挂等。要求描述的材质：管道是指焊接钢管（镀锌、不镀锌）、无缝钢管（冷拔、热轧）。要求描述的型号规格：管道是指口径（一般为公称直径，无缝钢管应按外径及壁厚表示）；阀门是指阀门的型号，如 Z41T-10 $DN50$、J11T-16 $DN25$；报警装置是指湿式报警、干湿两用报警、电动雨淋报警、预作用报警等；连接形式是指螺纹连接、焊接等。

（2）需要说明的问题。

1）泵房间内管道安装工程量清单按《通用规范》附录 H（工业管道工程）有关项目编制。

2）各种消防泵、稳压泵安装工程量清单按《通用规范》附录 A（机械设备安装工程）有关项目编制。

3）各种仪表的安装工程量清单按《通用规范》附录 F（自动化控制仪表安装工程）有关项目编制。

2. 气体灭火系统

（1）概况。

1）气体灭火系统是指卤代烷（1211、1301）灭火系统和二氧化碳灭火系统。包括管道安装、系统组件安装（喷头、选择阀、储存装置）、二氧化碳称重检验装置安装。按材质、规格、连接方式、压力试验和吹扫等不同特征设置清单项目。编制工程量清单时，必须明确描述各种特征，以便计价。

2）特征中要求描述的材质：无缝钢管（冷拔、热轧、钢号要求）、不锈钢管（1Cr18Ni9、1Cr18Ni9Ti、Cr18Ni13Mo3Ti）、铜管为纯铜管（T1、T2、T3）、黄铜管（H59～H96），规格为公称直径或外径（外径应按外径乘管厚表示），连接方式是指螺纹连接和焊接等，压力试验是指采用试压方法（液压、气压、泄漏、真空），吹扫是指水冲洗、空气吹扫、蒸汽吹扫。

（2）需要说明的问题。

1）储存装置安装应包括灭火剂储存器及驱动瓶装置两个系统。储存系统包括灭火气体储存瓶、储存瓶固定架、储存瓶压力指示器、容器阀、单向阀、集流管、集流管与容器阀连接的高压软管、集流管上的安全阀；驱动瓶装置包括驱动气瓶、驱动气瓶支架、驱动气瓶的容器阀、压力指示器等安装，气瓶之间驱动管道安装应按气体驱动装置管道清单项目列项。

2）二氧化碳为灭火剂储存装置安装不需用高纯氮气增压，工程量清单综合单价不计氮气价值。

3. 泡沫灭火系统

（1）泡沫灭火系统包括的项目有管道安装、阀门安装、法兰安装及泡沫发生器、混合储存装置安装。按材质、型号规格、焊接方式等不同特征列项。编制工程量清单时，必须明确描述各种特征，以便计价。

（2）需要说明的问题。

1）泡沫灭火系统的管道安装、管件安装、法兰安装、阀门安装、管道系统水冲洗、强度试验、严密性试验等参考《通用规范》附录 H（工业管道工程）相应项目编制。

2）各种消防泵、稳压泵安装工程量清单参考《通用规范》附录 A（机械设备安装工程）相应项目编制。

4. 火灾自动报警系统

（1）概况。火灾自动报警系统主要包括探测器、按钮、模块（接口）、报警控制器、联动控制器、报警联动一体机、重复显示器、报警装置（指声光报警及警铃报警）、远程控制器等。按安装方式、控制点数量、控制回路、输出形式、多线制、总线制等不同特征列项。编列清单项目时，应明确描述上述特征。

（2）需要说明的问题。

1）消防通信、火灾事故广播项目工程量清单可按《通用规范》附录 L（通信设备及线路工程）、附录 E（建筑智能化工程）编制工程量清单。

2）探测系统、联动控制系统中的电缆敷设、桥架安装、配管配线、动力应急照明控制设备、应急照明器具、电动阀门检查接线、水流指示器检查接线、防雷接地装置等项目工程量清单可按《通用规范》附录 D（电气设备安装工程）编制工程量清单。

5. 消防系统调试

（1）概况。消防系统调试内容包括自动报警系统装置调试、水灭火系统控制装置调试、防火控制系统装置调试、气体灭火控制系统装置调试。按点数、类型、名称、试验容器规格等不同特征设置清单项目。编制工程量清单时，必须明确描述各种特征，以便计价。

（2）各消防系统调试工作范围如下：

1）自动报警系统装置调试为各种探测器、报警按钮、报警控制器，以系统为单位按不同点数编制工程量清单并计价。

2）水灭火系统控制装置调试为水喷头、消火栓、消防水泵接合器、水流指示器、末端试水装置等，以系统为单位按不同点数编制工程量清单并计价。

3）气体灭火控制系统装置调试由驱动瓶起始至气体喷头为止。包括进行模拟喷气试验和储存容器的切换试验。调试按储存容器的规格、容器的容量不同以"个"为单位计价。

4）防火控制系统装置调试包括电动防火门、防火卷帘门、正压送风门、排压阀、防火阀等装置的调试，并按其特征以"处"为单位编制工程量清单项目。

6. 相关问题及说明

（1）消防管道上的阀门、管道及设备支架、套管制作安装，按《通用规范》附录 K（给排水、采暖、燃气工程）相关项目编码列项。

（2）消防管道及设备除锈、刷油、保温除注明者外，均应按《通用规范》附录 M（刷油、防腐蚀、绝热工程）相关项目编码列项。

（3）消防工程措施项目，应按《通用规范》附录 N（措施项目）相关项目编码列项。

6.5 某工程火灾自动报警及消防联动控制系统投标实例

1. 系统功能

某工程火灾自动报警及消防联动控制系统的主要作用是：及早监测到火灾发生情况，及时报警。同时火灾报警控制器根据事先设定执行相应的联动灭火功能，详细功能描述如下：

（1）数据采集功能。在正常情况下，火灾报警控制器对整个系统的火灾报警实现时时监控，并能反映系统中各探测区域中探测设备、报警设备、联动设备情况及各火灾探测回路的故障。

（2）火灾报警功能。系统在自动模式下，当火灾探测器报警时，系统将自动启动报警区域内的声光火灾报警器，发出声光警报，提醒现场人员注意，并同时启动该区域内的消防联动设备。系统在人工确认火警模式下，当探测器发出火灾报警信号时，消防值班人员借助其他手段如消防（对讲）电话等进行火灾确认后，通过控制器上的人工确认按钮，实施人工报警确认，启动控制器进入火灾处理程序。

（3）消防联动功能：系统在火灾确认后，即发出火灾声光报警、火灾信息显示、火灾打印记录等，同时还将进入消防联动模式，即对消防设备进行监控，主要完成以下联动功能：

1）能切断火灾发生区域的非消防电源，接通消防电源，并将控制信号传送至消防控制中心。

2）火灾时能控制应急照明系统投入工作。

3）可通过自动或手动两种方式控制消防水泵的启动和停止，接收反馈信号并显示状态。

编码型消火栓手动报警按钮可显示其所在位置。

4）能输出自动喷水和水喷雾灭火系统的启动和停止的信号，可自动或手动控制喷淋泵的启动和停止，接收反馈信号并显示状态，能显示水流指示器、报警阀以及其他有关阀门所处状态。

5）能启动有关部位的防烟、排烟风机和排烟阀，并接收反馈信号并显示状态，排烟风机能自动、手动直接控制。

6）能控制用作防火分隔的防火卷帘门的控制信号，接收反馈信号并显示状态。

7）能控制疏散通道防火卷帘门的半降、全降的控制信号，接收反馈信号并显示状态。

8）能控制平开防火门的控制信号，接收反馈信号并显示状态。

9）火灾时能对失火区域疏散通道上的门禁系统控制器进行解锁，并显示反馈信号。

10）能在管网气体灭火系统的报警、喷洒各个阶段发出相应的声、光警报信号，声信号能手动清除；在延时阶段能输出关闭相关的防火门、窗，停止空调通风系统，关闭相关部位防火阀的控制信号，接收反馈信号并显示状态。

11）能停止有关部位的空调通风机、关闭电动防火阀，接收反馈信号并显示状态。

12）能控制常用电梯，使其自动降至首层，接收反馈信号并显示状态。

13）火灾时能将火灾疏散层的扬声器和公共广播扩音机强制转入火灾应急广播状态，并接收反馈信号。

14）火灾时能输出相关的疏散、诱导指示设备投入工作的控制信号。

15）火灾时能输出警报装置投入工作的控制信号。

（4）数据通信功能。报警控制器可实现与消防专用电话系统、火灾应急广播系统之间的通信功能。系统具有开放的通信协议和通信接口，可在控制中心集成在一个平台下，以便于系统进行统一管理和联动控制，将现场状况显示在主机液晶屏上。

2. 现场设备的设置

（1）探测器的设置。

1）点型火灾探测器的探测区域应按独立房（套）间划分，每个探测器带有地址编码点。根据被保护场所类型选用不同类型的点型火灾探测器。

2）智能光电感烟探测器 JTY-GD-G3：设置在火灾发生时易产生烟雾的场所。探测器内置单片机，为智能型探测器。探测器可直接接入无极性信号二总线。

3）智能电子差定温感温探测器 JTW-ZCD-G3N：设置在火灾发生时有明显温升或温度可缓慢升至报警温度的场所。探测器兼具有差温、定温报警功能。内置单片机，为智能型探测器。探测器可直接接入无极性信号二总线。

（2）手动火灾报警按钮的设置。根据《火灾自动报警系统设计规范》的要求，每个防火分区至少设置一个手动火灾报警按钮。从一个防火分区内的任何位置到最邻近的一个手动火灾报警按钮的距离不应大于 30m。手动报警按钮（J-SAM-GST9121 型、J-SAM-GST9122型）：主要设置在公共活动场所的出入口处或通道处等明显的便于操作的地方。手动报警按钮安装在墙上时其底边距地高度宜为 1.3～1.5m，并有明显标志。火灾时按下玻璃片，向消防控制中心报火警。J-SAM-GST9122 型手动报警按钮带电话插孔。手动报警按钮为电子编码型，可直接接入无极性信号二总线。

（3）报警按钮的设置。设有室内消火栓灭火系统的场所在消火栓箱内设置消火栓手动报警按钮。消火栓手动报警按钮（J-SAM-GST9123 型、J-SAM-GST9124 型）：设置在现场消火栓箱内。消火栓按钮具有直接启动消火栓泵的触点，并带有泵运行指示灯。火灾时按下玻璃片，可向消防控制中心报火警，并且启动消火栓泵。消火栓按钮为电子编码型，可直接接入无极性信号二总线。

（4）声光警报装置的设置。每个防火分区至少应设置一部声光警报装置，便于在各楼层楼梯间和走道上能听到警报信号，以满足火灾时的疏散要求。火灾声光警报器（HX-100B 型、GST-HX-M8502 型）：设置在各楼层走道靠近楼梯出口处的火灾声光警报器采用电子编码方式，采用四线制连接方式，与控制器采用无极性信号二总线，与电源线采用无极性电源二总线。火灾时由火灾报警控制器启动。声压级大于或等于 85dB。

（5）各类模块的设置。

1）输入模块 GST-LD-8300。将现场各种信号输出型设备，如水流指示器、压力开关、防火阀等接入到火灾自动报警系统的信号总线上。通过模块将这些设备的动作反馈信号传至火灾报警控制器。该模块为电子编码型设备，直接接入无极性信号二总线。

2）输入输出模块 GST-LD-8301。将现场各种一次动作并有动作信号输出的设备，如排烟阀、送风阀、排烟防火阀等接入到火灾自动报警系统的信号总线上。模块提供直流 24V 有源输出，控制现场设备的关闭或打开；模块具有开关量信号输入端子，将现场设备的动作信号传至火灾报警控制器。该模块为电子编码型设备，直接接入无极性信号二总线。

3）输入输出模块 GST-LD-8303。完成对二步降防火卷帘门、消防泵、排烟风机等双动作设备的控制。模块具有两路动合、动断无源输出端子，可完成对水泵及风机的启/停控制，并可对防火卷帘门的两步降进行控制。模块具有的两路无源输入端子将设备的动作反馈信号传至火灾报警控制器。该模块为电子编码型设备，具有两个编码地址，编码地址连续，模块可直接接入无极性信号二总线。

3. 消防控制中心

本方案采用控制中心报警系统，消防控制中心由 GST9000 琴台柜式火灾报警控制器（联动型）、消防控制室 CRT 彩色显示系统、多线制联动盘、消防应急广播系统、消防电话系统组成。

火灾报警控制器采用海湾公司 JB-QG-GST9000 型火灾报警控制器（联动型）。控制器采用琴台柜安装。火灾报警控制器显示屏采用汉字液晶显示，清晰直观。除可显示各种报警信息外，还可显示各类图形。火灾报警控制器可直接接收火灾探测器传送的各类状态信号，通过控制器可将现场火灾探测器采集到的现场环境参数信号进行数据及曲线分析，为更准确的判断现场是否发生火灾提供了有利的工具。

控制器采用内部并行总线设计，积木式结构，容量扩充简单方便。探测器与控制器采用无极性信号二总线技术，整个报警系统的布线极大简化，便于工程安装、线路维修，降低了工程造价。系统还设有总线故障报警功能，随时监测总线工作状态，保证系统可靠工作。

报警控制器可自动记录报警类别、报警时间及报警地址号，便于查核。报警控制器配有时钟及打印机，记录、备份方便。

GST-CRT 彩色显示系统：包含一套图形显示软件、一台计算机。其主要功能有：建立图形监控中心；提供多媒体功能，并在设备火警、故障、动作时进行语音提示；图形显示时可进行局部放大缩小；可进行多控制器组网监控；可在本系统上完成所有设备控制操作（启动、停止、隔离、释放设备等）；系统提供多级密码，便于系统安全管理，防止误操作。

4. 联动控制系统

工程火灾报警联动控制系统采用总线制联动与多线制联动方式相结合的方式。总线制联动控制系统通过连接在信号总线上的各类控制及监视模块对防排烟系统、空调送风系统及消防水系统进行自动或手动控制。在自动状态下，火灾报警控制器自动通过预先编制好的联动逻辑关系发出控制命令，打开排烟阀、排烟风机、消防水泵，关闭防火阀，空调送风等设备；在手动状态下，通过总线制手动盘上的操作按钮启/停相关设备。

多线制联动控制系统采用多线制控制盘对重要的消防设备（如消防泵、排烟风机等）进行直接可靠控制。从控制室多线制控制盘到每台设备引出一根联动控制电缆，通过多线制控制盘上的启/停按钮对消防设备进行直接操作。在自动状态下，自动通过火灾报警控制器预先编制好的联动逻辑关系发出控制命令，打开排烟风机、消防水泵等设备；在手动状态下，通过多线制控制盘上的操作按钮启停相关设备。

（1）消火栓系统联动。

1）消火栓报警按钮设置在消火栓箱内，采用 J-SAM-GST9123 型编码消火栓按钮。启动消火栓时，可按下按钮上的有机玻璃片，启动消防水泵，同时向报警控制器发出泵启动信号，控制器在确认消火栓泵启动后点亮按钮上的泵运行指示灯。

2）对消火栓泵的总线制联动采用 GST-LD-8303 型输入输出模块，通过报警控制器对消火栓泵进行自动或者手动启停，并采集其反馈信号。

3）对消火栓泵的多线制联动采用 LD-KZ014 多线制控制盘，多线制控制盘采用直接硬拉线方式对消火栓泵进行启/停控制。

（2）自动喷淋灭火系统联动。

1）对水流指示器、信号蝶阀、湿式报警阀（湿式灭火系统适用）采用 GST-LD-8300 型输入模块，火灾时采集其反馈信号。

2）对雨淋阀及预作用阀（干式灭火系统适用）采用 GST-LD-8301 型输入输出模块，火灾时打开，并采集其反馈信号。

3）对喷淋泵的总线制联动采用 GST-LD-8303 型输入输出模块，通过报警控制器对喷淋水泵进行自动或者手动启停，并采集其反馈信号。

4）对喷淋泵的多线制联动采用 LD-KZ014 多线制控制盘，多线制控制盘采用直接硬拉线方式对排烟风机进行启停/控制。

（3）气体灭火系统联动。气体灭火系统的联动控制可采用两种方式：

1）采用 GST-QKP01 气体灭火控制器/火灾报警控制器。GST-QKP01 气体灭火控制器是满足《火灾报警控制器》（GB 4717—2005）和《消防联动控制系统》（GB 16806—2006）的火灾报警控制器。可直接配接感烟、感温、火焰探测器、手动报警按钮、紧急启/停按钮、声光警报器、气体喷洒指示灯、手动自动转换开关以及输出模块等，具有火灾探测和气体灭火控制功能。GST-QKP01 气体灭火控制器可设置在防护区门口、现场钢瓶间，也可设置在控制室，可实现对 1 个防火区的火灾报警和气体灭火控制。控制器外接气体灭火钢瓶电磁阀，通过控制器上的启停按钮打开或关闭。气体灭火设备启动后，控制器可接收压力开关的反馈动作信号。防护区内设置火灾声报警器，必要时，可增设闪光报警器，提醒室内人员及时疏散。防护区门口设置声光报警器及喷洒指示灯，在气体喷洒阶段提醒人员注意。在防护区门口设置紧急启/停按钮，用于在防护区外对气体灭火钢瓶电磁阀打开或关闭。在防护区门口设置手动自动转换开关，设置各区的手动和自动工作方式。控制器外接输出模块，可联动启动输出模块实现关闭防护区内防火阀和停止空调等。

手自动开关的手动工作方式只适于保护区有人时使用；保护区无人时应使用自动工作方式。

2）GST-QKP04 型、GST-QKP04/2 型气体灭火控制器。GST-QKP04 型气体灭火控制器符合《消防联动控制系统》（GB 16806—2006）中有关气体灭火控制器的要求。具有气体灭火控制功能，可实现四个防火区的气体灭火控制；本产品为典型的气体灭火控制装置，可配接紧急启/停按钮、声光警报器、气体喷洒指示灯、手动自动转换开关以及输出模块等。GST-QKP04 气体灭火控制器与海湾公司的各类火灾报警控制器配套使用，组成火灾报警和气体灭火控制系统，可满足大多数气体灭火系统设计需要。

GST-QKP04/2 型气体灭火控制器是 GST-QKP04 型控制器的分型产品，除最多控制 2 个防火区的气体灭火外，其他均与 GST-QKP04 型控制器相同。GST-QKP04 型气体灭火控制器可设置在防护区门口、现场钢瓶间，也可设置在控制室，最大可控制 4 个气体灭火分区。控制器外接气体灭火钢瓶电磁阀，通过控制器上的启/停按钮打开或关闭。气体灭火设备启动后，控制器可接收压力开关的反馈动作信号。防护区内设置火灾声报警器，必要时，可增设闪光报警器，提醒室内人员及时疏散。防护区门口设置声光报警器及喷洒指示灯，在气体喷洒阶段提醒人员注意。在防护区门口设置紧急启停按钮，用于在防护区外对气体灭火钢瓶电磁阀打开或关闭。在防护区门口设置手动自动转换开关，设置各区的手动和自动工作方式。控制器外接输出模块，可联动启动输出模块实现关闭防护区内防火阀和停止空调等。

手自动开关的手动工作方式只适于保护区有人时使用，保护区无人时应使用自动工作方式。

（4）防排烟系统联动。

1）对防火阀采用 GST-LD-8300 型输入模块，火灾时采集防火阀的反馈信号。

2）对排烟阀采用 GST-LD-8301 型输入输出模块，火灾时打开，并采集其反馈信号。

3）对排烟风机的总线制联动采用 GST-LD-8303 型输入输出模块，通过报警控制器对排烟风机进行自动或者手动启/停，并采集其反馈信号。

4）对排烟风机的多线制联动采用 LD-KZ014 多线制控制盘，多线制控制盘采用直接硬拉线方式对排烟风机进行启/停控制。

5. 消防电话系统

消防通信电话系统是消防专用的通信系统，通过消防电话系统可迅速实现对火灾现场的人工确认，并可及时掌握火灾现场情况及进行其他必要的通信联络，便于指挥灭火及恢复工作。

本系统采用总线制消防电话系统，在消防控制中心设置一台消防电话主机。在经常有人值守的与消防联动有关的机房设置消防电话分机。在设有手动报警按钮的地方设置电话插孔（本系统手动报警按钮带电话插孔）。

电话总机容量满足火灾自动报警及消防联动系统要求。另外在控制室设置一部直拨外线电话，可直接拨通当地 119 火灾报警电话以及主要负责人的电话或传呼。总线制消防通信电话系统接线示意图如图 6-19 所示。

（1）系统组成。GST-TS9000型消防电话系统满足《消防联动控制系统》（GB 16806—2006）中对消防电话的要求，是一套总线制消防电话系统。总线制消防电话系统由消防电话总机、火灾报警控制器（联动型）、消防电话接口、固定消防电话分机、消防电话插孔、手提消防电话分机等设备构成，系统主要设备如下：GST-TS-Z01A型消防电话总机、GST-TS-100A/100B型消防电话分机、GST-LD-8312型消防电话插孔、GST-LD-8304型消防电话接口。

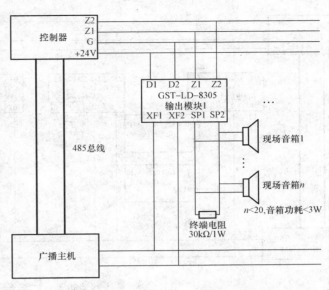

图 6-19　总线制消防通信电话系统接线示意图

（2）设备布置原则。

1）消防控制室设置消防专用电话总机。

2）在消防控制室、企业消防站、总调度室、消防泵房、备用发电机房、配变电室、主要通风和空调机房、排烟机房、消防电梯间及其他与消防联动控制有关且经常有人值班的机房等重要场所设置固定式消防电话分机。

3）设有手动火灾报警按钮、消火栓按钮等处设置消防电话插孔。

4）消防控制室、消防值班室等处设有直接报警的外线电话。

（3）配置说明。

1）每台电话主机最多可连接90路消防电话分机或2100个消防电话插孔。

2）GST-LD-8304消防电话接口可连接一台固定消防电话分机或最多连接25只消防电话插孔。

6. 消防应急广播系统

消防应急广播系统是火灾逃生疏散和灭火指挥的重要设备，在整个消防控制管理系统中起着极其重要作用。当发生火灾时，火灾报警控制器通（联动型）过自动或人工方式接通着火的防火分区及其相邻的防火分区的广播音箱进行火警紧急广播，进行人员疏散、指挥现场人员有效、快速的灭火，减少损失。总线制消防紧急广播系统接线示意图如图 6-20 所示。

（1）系统组成。GST-GF9000型总线制消防应急广播系统完全满足《消防联动控制系统》（GB 16806—2006）要求，系统主要由音源设备、广播功率放大器、广播分配盘、火灾报警控制器（联动型）、消防广播输出模块、音箱等设备构成。系统主要设备如下：GST-CD型CD录放盘、GST-GF300/150型广播功率放大器、GST-GBFB200型广播分配盘、GST-LD-8305型输出模块、YXG3-3和YXJ3-4A型室内扬声器。

（2）设备布置原则。在经常有人出入的走道和大厅等公共场所设置扬声器。每个扬声器的额定功率大于或等于3W。保证从一个防火分区的任何部位到最近一个扬声器的距离不大于25m。走道内最后一个扬声器至走道末端的距离不大于12.5m。在环境噪声大于60dB的场所设置扬声器，其播放范围内最远点的播放声压级应高于背景噪声15dB。

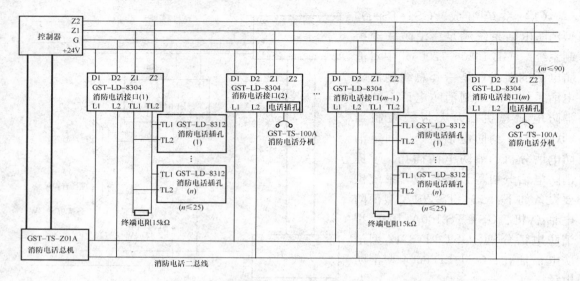

图 6 - 20　总线制消防紧急广播系统接线示意图

（3）配置说明。

1）广播区域应根据防火分区设置，设置原则为每个防火分区至少设置一只消防广播输出模块。

2）每个消防广播输出模块可接入音箱总功率 60W。

3）依据广播分区数量确定广播分配盘，GST-GBFB-200 型广播分配盘主盘为 30 个分区，最多可增加两个扩展盘，可达 90 个分区。

4）GST-GBFB-200 型广播分配盘主盘可级联两个功率放大器，提供两条广播干线。

7. 消防电源

（1）火灾自动报警系统采用主电源和直流备用电源两种供电方式。主电源采用消防电源，由业主提供，在末端自动切换后接入电源盘。直流备用电源采用蓄电池。备用电源和主电源可以自动切换，以保证控制器正常工作。

（2）本工程的电源系统选用 GST-LD-D02 型智能电源盘。GST-LD-D02 型智能电源盘由交直流转换电路、备用电源浮充控制电路及电源监控电路三个部分组成，专门为整个消防联动控制系统供电。

（3）GST-LD-D02 型智能电源盘以交流 220V 作为主电源，同时可外接 DC 24V/24Ah 蓄电池作为备电。备用电源正常时接受主电源充电，当现场交流掉电时，备用电源自动导入为外部设备供电。智能电源盘可对主电故障及输出故障进行报警，当交流 220V 主电源掉电时，报主电故障；当输出发生短路、断路或输出电流跌落时，报输出故障。同时还设有电池过充及过放保护功能。电源监控部分用来指示当前正在使用哪一路电源、交流输入的电压值及输出电压值，以及各类故障及状态显示。

（4）在以柜式火灾报警控制器（联动型）作为控制核心的系统中，电源盘可作为联动控制系统的电源使用。

8. 系统接地

火灾自动报警系统采用专用接地装置，接地电阻值不应大于 4Ω。当采用共用接地装置时接地电阻值不应大于 1Ω。火灾自动报警系统设专用接地干线，并在控制室设置专用接地板，专用接地干线穿硬质塑料管从专用接地板引至接地体。专用接地干线采用铜芯绝缘导线，其线芯截面积应大于 25mm²。由接地板引至各消防电子设备的专用接地线选用铜芯绝缘导线，其线芯截面积应大于 4mm²。消防电子设备凡采用交流供电时，设备金属外壳和金属支架等应作保护接地，接地线应与电气保护接地干线（PE 线）相连接。

9. 布线

火灾自动报警系统的传输线路应采用穿金属管、经阻燃处理的硬质塑料管或封闭式线槽保护方式布线。消防控制、通信和警报线路采用暗敷设时，宜采用金属管或经阻燃处理的硬质塑料管保护，并应敷设在不燃烧体的结构层内，且保护层厚度不宜小于 30mm。当采用明敷设时，应采用金属管或金属线槽保护，并应在金属管或金属线槽上采取防火保护措施。采用经阻燃处理的电缆时，可不穿金属管保护，但应敷设在电缆竖井或吊顶内有防火保护措施的封闭式线槽内。

火灾自动报警系统用的电缆竖井，宜与电力、照明用的低压配电线路电缆竖井分别设置。如受条件限制必须合用时，两种电缆应分别布置在竖井的两侧。

10. 火灾自动报警及消防联动控制系统清单报价（见表 6-5）

表 6-5　　　　　　　　　　火灾自动报警及消防联动控制系统清单报价

项目编码	项 目 名 称	计量单位	数量	综合单价（元）	合价（元）	其中（元）	
						人工费	机械费
030411004001	管内穿线 ZR-BV-1.5mm²	m	1967.8	1.71	3365.00	452.59	0.00
030411004002	管内穿线 ZR-BV-2.5mm²	m	1049.2	2.64	2770.00	241.32	0.00
030411004003	管内穿线 ZR-BV-2×1.5mm²	m	1583.4	3.44	5447.00	728.36	0.00
030408002001	控制电缆敷设 ZR-KYJV-7×1.5	m	130	12.62	1641.00	139.10	0.00
030408007001	控制电缆头制作安装 ZR-KYJV-7×1.5	个	28	32.21	901.88	276.36	0.00
030904001001	智能光电烟感探测器 BDS051	只	254	76.54	19 441.00	2179.32	167.64
030904001002	智能温感探测器 BDS031	只	3	73.06	219.00	25.74	0.54
030904003001	手动火灾报警按钮 BDS121	只	3	62.23	187.00	10.92	2.94
030904004001	警铃 ZR2114	只	3	132.72	398.00	23.40	1.62
030904006001	固定电话 ZR2712A	只	3	90.05	270.00	7.02	0.00
030904006002	消防电话插孔 ZR2714A	只	3	39.44	118.00	3.90	0.00
030904008001	控制模块 BDS161	只	92	79.65	7328.00	2081.04	141.68
030904008002	信号模块 BDS132	只	62	107.01	16 635.00	1869.92	147.56
030904003002	消火栓按钮	只	61	60.86	3712.00	222.04	59.78
030904002001	煤气探测器	只	1	205.74	206.00	8.58	0.18
030904009001	楼层显示器	台	1	894.31	894.00	83.20	43.21

续表

项目编码	项目名称	计量单位	数量	综合单价（元）	合价（元）	其中（元）	
						人工费	机械费
030411005001	消防接线箱	个	14	471.47	6601.00	491.40	0.00
030905003001	电梯系统调试	部	6	337.68	2026.00	1035.84	107.52
030905003002	正压送风阀、排烟阀、防火阀控制系统装置调试	个	81	47.84	3875.00	730.62	224.37
030411001001	焊接钢管 SC20 沿砖、混凝土结构暗配，钢管接地	m	1075.2	12.77	13 730.00	2075.14	204.29
030411006001	接线盒暗装	个	260	4.66	1211.60	452.92	0.00
030411004001	管内穿线 ZR-BV-1.5mm^2	m	688.4	1.71	1177.00	158.33	0.00
030411004002	管内穿线 ZR-BV-2.5mm^2	m	528.8	2.64	1396.00	121.62	0.00
030411004003	管内穿线 ZR-BV-2×1.5mm^2	m	599.3	1.71	1025.00	137.84	0.00
030408002001	控制电缆敷设 ZR-KYJV-7×1.5	m	39.4	12.71	501.00	42.95	0.00
030408007001	控制电缆头制作安装 ZR-KYJV-7×1.5	个	10	32.21	322.10	98.70	0.00
030904001001	智能光电烟感探测器 BDS051	只	151	76.54	11 558.00	1295.58	99.66
030904003001	手动火灾报警按钮 BDS121	只	3	62.23	187.00	10.92	2.94
030904004001	警铃 ZR2114	只	3	132.72	398.00	23.40	1.62
030904006001	固定电话 ZR2712A	只	1	90.05	90.00	2.34	0.00
030904006002	消防电话插孔 ZR2714A	只	3	39.44	118.00	3.90	0.00
030904008001	控制模块 BDS161	只	35	79.65	2788.00	791.70	53.90
030904008002	信号模块 BDS132	只	33	107.01	3531.00	995.28	78.54
030904003002	消火栓按钮	只	30	60.86	1826.00	109.20	29.40
030411005001	消防接线箱	个	5	471.47	2357.00	175.50	0.00
030904009001	楼层显示器	台	1	894.31	894.00	83.20	43.21
030905003001	电梯系统调试	部	3	337.68	1013.00	517.92	53.76
030905003002	正压送风阀、排烟阀、防火阀控制系统装置调试	个	25	47.84	1196.00	225.50	69.25
030411001001	焊接钢管 SC20 沿砖、混凝土结构暗配，钢管接地	m	1037.9	12.39	12 860.00	1930.49	197.20
030411006001	接线盒暗装	个	180	4.66	838.80	313.56	0.00
030411004001	管内穿线 ZR-BV-1.5mm^2	m	683	1.71	1168.00	157.09	0.00
030411004002	管内穿线 ZR-BV-2.5mm^2	m	365.4	2.64	965.00	84.04	0.00
030411004003	管内穿线 ZR-BV-2×1.5mm^2	m	618.4	3.44	2127.00	284.46	0.00
030408002001	控制电缆敷设 ZR-KYJV-7×1.5	m	37.7	12.75	481.00	41.47	0.00

续表

项目编码	项目名称	计量单位	数量	综合单价（元）	合价（元）	其中（元）	
						人工费	机械费
030408007001	控制电缆头制作安装 ZR-KYJV-7×1.5	个	8	32.21	257.68	78.96	0.00
030904001001	智能光电烟感探测器 BDS051	只	95	76.54	7271.00	815.10	62.70
030904003001	手动火灾报警按钮 BDS121	只	3	62.23	187.00	10.92	2.94
030904004001	警铃 ZR2114	只	3	132.72	398.00	23.40	1.62
030904006001	固定电话 ZR2712A	只	1	90.05	90.00	2.34	0.00
030904006002	消防电话插孔 ZR2714A	只	3	39.44	118.00	3.90	0.00
030904008001	控制模块 BDS161	只	31	79.65	2469.00	701.22	47.74
030904008002	信号模块 BDS132	只	17	107.01	1819.00	512.72	40.46
030904003002	消火栓按钮	只	26	60.86	1582.00	94.64	25.48
030411005001	消防接线箱	个	4	471.47	1886.00	140.40	0.00
030904009001	楼层显示器	台	1	894.31	894.00	83.20	43.21
030905003001	电梯系统调试	部	1	337.68	338.00	172.64	17.92
030905003002	正压送风阀、排烟阀、防火阀控制系统装置调试	个	27	47.84	1292.00	243.54	74.79
030411001001	焊接钢管 SC20 沿砖、混凝土结构暗配，钢管接地	m	1297.8	12.83	16 651.00	2530.71	246.58
030411006001	接线盒暗装	个	330	4.66	1537.80	574.86	0.00
030411004001	管内穿线 ZR-BV-1.5mm²	m	1124	1.71	1922.00	258.52	0.00
030411004002	管内穿线 ZR-BV-2.5mm²	m	701	2.64	1851.00	161.23	0.00
030411004003	管内穿线 ZR-BV-2×1.5mm²	m	625.7	3.44	2152.00	287.82	0.00
030408002001	控制电缆敷设 ZR-KYJV-7×1.5	m	40.2	12.69	510.00	43.82	0.00
030408007001	控制电缆头制作安装 ZR-KYJV-7×1.5	个	12	32.21	386.52	118.44	0.00
030904001001	智能光电烟感探测器 BDSO51	只	156	76.54	11 940.00	1338.48	102.96
030904003001	手动火灾报警按钮 BDS121	只	3	62.23	187.00	10.92	2.94
030904004001	警铃 ZR2114	只	3	132.72	398.00	23.40	1.62
030904006001	固定电话 ZR2712A	只	1	90.05	90.00	2.34	0.00
030904006002	消防电话插孔 ZR2714A	只	3	39.44	118.00	3.90	0.00
030904008001	控制模块 BDS161	只	64	79.65	5098.00	1447.68	98.56
030904008002	信号模块 BDS132	只	48	107.01	5136.00	1447.68	114.24
030904003002	消火栓按钮	只	51	60.86	3104.00	185.64	49.98
030411005001	消防接线箱	个	6	471.47	2829.00	210.60	0.00
030904009001	楼层显示器	台	1	894.31	894.00	83.20	43.21

项目编码	项 目 名 称	计量单位	数量	综合单价（元）	合价（元）	其中（元）	
						人工费	机械费
030905003001	电梯系统调试	部	3	337.68	1013.00	517.92	53.76
030905003002	正压送风阀、排烟阀、防火阀控制系统装置调试	个	49	47.84	2344.00	441.98	135.73
030411001001	焊接钢管 SC20 沿砖、混凝土结构暗配，钢管接地	m	9999.9	12.63	126 299.00	19 099.81	1899.98
030411001002	焊接钢管 SC20 沿砖、混凝土结构暗配，钢管接地	m	923.8	16.43	15 178.00	1884.55	267.90
030411006001	接线盒暗装	个	4783	4.66	22 288.78	8331.99	0.00
030411004001	管内穿线 ZR-BV-1.5mm²	m	7288.6	1.71	12 464.00	1676.38	0.00
030411004002	管内穿线 ZR-BV-2.5mm²	m	1486	2.64	3923.00	341.78	0.00
030411004003	管内穿线 ZR-BV-2×1.5mm²	m	7548.8	3.44	25 968.00	3472.45	0.00
030411004004	线槽配线 ZR-BV-2×1.5mm²	m	1263.6	3.30	4170.00	593.89	0.00
030411004005	线槽配线 ZR-BV-2.5mm²	m	2527.2	2.53	6394.00	606.53	0.00
030408002001	控制电缆敷设 ZR-KYJV-7×1.5	m	3789.7	11.79	44 681.00	3334.94	0.00
030408007001	控制电缆头制作安装 ZR-KYJV-7×1.5	个	76	32.21	2447.96	750.12	0.00
030904001001	智能光电烟感探测器 BDSO51	只	1326	76.54	101 492.00	11 377.08	875.16
030904001002	智能温感探测器 BDSO31	只	252	73.06	18 411.00	2162.16	45.36
030904003001	手动火灾报警按钮 BDS121	只	73	62.23	4543.00	265.72	71.54
030904004001	警铃 ZR2114	只	73	132.72	9689.00	569.40	39.42
030904006001	固定电话 ZR2712A	只	2	90.05	180.00	4.68	0.00
030904006002	消防电话插孔 ZR2714A	只	73	39.44	2879.00	94.90	0.00
030904008001	控制模块 BDS161	只	42	79.65	3345.00	950.04	64.68
030904008002	信号模块 BDS132	只	146	107.01	15 623.00	4403.36	347.48
030904003002	消火栓按钮	只	141	60.86	8581.00	513.24	138.18
030904009001	重复显示器	台	19	894.31	16 992.00	1580.80	820.99
030411005001	消防接线箱	个	38	471.47	17 916.00	1333.80	0.00
030904013001	联动控制器；消防电源 1 台；消防控制机 FS1131 1 台；消防电话 1 台；手动控制面板 1 台；广播切换 1 台；通信接口 1 只	台	1	11 088.40	11 088.00	1012.96	279.24
030905003001	电梯系统调试	部	8	126.63	1013.00	517.92	53.76
030905003002	正压送风阀、排烟阀、防火阀控制系统装置调试	个	40	29.90	1196.00	225.60	69.20
030411001001	金属软管敷设 DN20，接地	m	850	7.50	6375.00	1360.00	0.00

续表

项目编码	项 目 名 称	计量单位	数量	综合单价（元）	合价（元）	其中（元）	
						人工费	机械费
030411004001	管内穿线铜芯 ZR-BV-1.5mm²	m	27 098.4	1.71	46 338.00	6232.63	0.00
030411004002	管内穿线铜芯 ZR-BV-2.5mm²	m	2655.6	2.64	7011.00	610.79	0.00
030408002001	控制电缆敷设 ZR-KYJV-7×1.5	m	544.4	12.16	6620.00	528.07	0.00
030408007001	控制电缆头制作安装 ZR-KYJV-7×1.5	个	12	32.21	386.52	118.44	0.00
030411003001	金属桥架 200×100	m	362	121.36	43 932.00	5310.54	923.10
030904001001	智能光电烟感探测器 BDS051 吸顶安装	只	514	76.54	39 342.00	4410.12	339.24
030904003001	消火栓按钮（消火栓箱内安装）	只	100	60.86	6086.00	364.00	98.00
030904001002	智能感温探测器 BDS031 吸顶安装	只	1461	73.06	106 741.00	12 535.38	262.98
030904003002	手动火灾报警按钮 BDS121 挂墙明装	只	75	62.23	4667.00	273.00	73.50
030904006001	固定电话 ZR2712A	台	8	90.05	720.00	18.72	0.00
030904006002	消防电话插孔 ZR2714A 挂墙明装	m	75	39.44	2958.00	97.50	0.00
030904004001	警铃 ZR2114 挂墙明装	台	75	132.72	9954.00	585.00	40.50
030904009001	楼层显示器	台	10	894.31	8943.00	832.00	432.10
030904008001	控制模块 BDS161	只	107	79.65	8523.00	2420.34	164.78
030904008002	信号模块 BDS161	只	199	107.01	21 295.00	6001.84	473.62
030904008003	总线隔离器	只	12	61.78	741.00	271.44	18.48
030905002001	水灭火系统控制装置调试 500 点以下	系统	22	5741.26	126 308.00	89 503.70	4928.88
030607004001	继电线路报警系统 4 点以下	套	6	37.81	227.00	137.10	18.96
030905003001	广播喇叭及音箱、通信分机及插孔调试	个	233	11.36	2647.00	699.00	724.63
030905003002	防火卷帘门调试	个	13	101.09	1314.00	880.88	71.11
030905003003	正压送风阀、排烟阀、防火阀控制系统装置调试	个	52	47.84	2488.00	469.04	144.04
030905001001	自动报警系统装置调试 2000 点以下	系统	2	12 505.42	25 011.00	14 255.80	2405.72
030413001001	金属桥架支架制作安装	kg	750	13.18	9885.00	3103.43	592.28
031201003001	金属桥架支架除锈刷油	kg	750	1.06	795.00	270.00	202.50

思 考 与 练 习

1. 试述火灾自动报警系统的定义及火灾自动报警系统的组成。
2. 试述总线制的定义。
3. 试述水灭火系统按水流形态分几种系统？
4. 试述报警控制器总线制"点"的定义。
5. 试述消防管道与市政管道的划分界限。
6. 填出表 6-6 所列项目的定额编号、计量单位及单位价值。

表 6-6   **定 额 套 用 与 换 算**

定额编号	项 目 名 称	定额计量单位	单位价值（元）		安装费计算式
			主材费	安装费	
	DN100 预作用报警装置安装（预作用报警装置 3000 元/套，平焊法兰 50 元/片）				
	总线制红外线探测器安装（80 元/只）				
	室内消火栓组合卷盘安装（双栓 1500 元/套）				

参 考 文 献

[1] 本书编委会. 安装工程计价应用与案例 [M]. 北京：中国建筑工业出版社，2004.

[2] 汤万龙. 建筑给水排水系统安装 [M]. 北京：机械工业出版社，2007.

[3] 阴振勇. 建筑电气工程施工与安装 [M]. 北京：中国电力出版社，2003.

[4] 秦树和. 管道工程识图与施工工艺 [M]. 重庆：重庆大学出版社，2002.

[5] 杨连武. 火灾报警及联动控制系统施工 [M]. 北京：电子工业出版社，2006.

[6] 吴心伦，等. 安装工程造价 [M]. 2版. 重庆：重庆大学出版社，2006.

[7] 赵宏家. 电气工程识图与施工工艺 [M]. 重庆：重庆大学出版社，2003.

[8] 浙江省建设工程造价管理总站. 浙江省安装工程预算定额：第一册～第十三册 [M]. 北京：中国计划出版社，2010.

[9] 浙江省建设工程造价管理总站. 浙江省建设工程施工取费定额 [M]. 北京：中国计划出版社，2004.

[10] 刘金言. 给排水·暖通·空调百问 [M]. 北京：中国建筑工业出版社，2001.

[11] 郑发泰. 建筑供配电与照明系统施工 [M]. 北京：中国建筑工业出版社，2005.

[12] 唐定曾，等. 建筑电气技术 [M]. 北京：机械工业出版社，2003.

[13] 蒋传辉. 建设工程造价管理 [M]. 南昌：江西高校出版社，1999.

[14] 中华人民共和国建设部. GB 50242—2002 建筑给水排水及采暖工程施工质量验收规范 [S]. 北京：中国计划出版社，2002.

[15] 中华人民共和国建设部. GB 50303—2002 建筑电气工程施工质量验收规范 [S]. 北京：中国计划出版社，2002.

[16] 中华人民共和国住房和城乡建设部. GB 50500—2013 建设工程工程量清单计价规范 [S]. 北京：中国计划出版社，2013.

[17] 中华人民共和国建设部. GB 50500—2008 建设工程工程量清单计价规范 [S]. 北京：中国计划出版社，2008.

[18] 中华人民共和国住房和城乡建设部. GB 50856—2013 通用安装工程工程量计算规范 [S]. 北京：中国计划出版社，2013.